高等理工院校数学基础教材

概率论与数理统计教程

第2版

主　编　汪忠志

编写组　范爱华　张敬和　张永进

胡　萍　胡姿岚　吴绍凤

中国科学技术大学出版社

内 容 简 介

本书在系统介绍概率统计的基本理论和方法的同时，尽量收集来自社会科学、工程技术、医学、经济与金融和自然科学等领域的实际问题，进而讲解概率统计学是如何解决这些问题的．全书共分10章，内容包括：随机事件与概率，一维随机变量及其分布，多维随机变量及其分布，随机变量的数字特征，大数定律与中心极限定理，数理统计学简介，参数估计，假设检验，方差分析和回归分析简介，R语言简介等。

本书可作为高等院校理工科非数学专业的教材，也可供有关人员和教师参考．

图书在版编目(CIP)数据

概率论与数理统计教程/汪忠志主编．—2版．—合肥：中国科学技术大学出版社，2014.8(2020.8重印)

ISBN 978-7-312-03537-1

Ⅰ．概…　Ⅱ．汪…　Ⅲ．① 概率论—高等学校—教材 ② 数理统计—高等学校—教材　Ⅳ．O21

中国版本图书馆CIP数据核字(2014)第152749号

出版　中国科学技术大学出版社
安徽省合肥市金寨路96号，230026
http://press.ustc.edu.cn
https://zgkxjsdxcbs.tmall.com
印刷　安徽省瑞隆印务有限公司
发行　中国科学技术大学出版社
经销　全国新华书店
开本　710 mm×960 mm　1/16
印张　21
字数　399千
版次　2010年8月第1版　2014年8月第2版
印次　2020年8月第9次印刷
定价　33.00元

第2版前言

本书第1版自2010年8月出版以来,已经历了4年的教学实践.这次我们根据在教学过程中积累的第一手材料,并且听取多次使用本教材的同事们的宝贵意见,对第1版的一些内容进行了必要的修正、删减或增补.另外,作为一门紧密联系实际的课程,我们鼓励学生利用软件来解题.为此,根据当前国内外该课程教学的发展动向,由吴绍凤老师撰写了"R语言简介"这一章,这样就使得本书更加完整.

参加第2版编写修订工作的有安徽工业大学工程数学教研室范爱华、张敬和、胡萍、张永进、胡姿岚、吴绍凤等.信息与计算科学教研室侯为根老师绘制了全部插图.全书最后由汪忠志统稿.

由于我们水平有限,书中一定还有不少缺点和错误,欢迎读者和专家批评指正。

最后我们要感谢中国科学技术大学出版社对本书出版的支持.

作　者

2014年7月

前　言

概率论与数理统计作为现代数学的重要分支,在自然科学、社会科学和工程技术的各个领域有着极其广泛的应用,特别是近20多年来,随着计算机的迅速普及和数学软件的大量出现,其应用得到长足的发展.本书是按教育部颁布的高等学校理工科类专业核心课程“概率论与数理统计”教学大纲并参考近些年硕士研究生入学统一考试数学考试大纲编写而成的.

本书的大部分内容在安徽工业大学理工类专业课上讲授过多次.我们写作的指导思想是:考虑到初学者往往对本课程中的一些重要概念的实质领会感到困难,在编写过程中,尽量注意贯彻由浅入深、循序渐进和融会贯通的原则,力求既注重基本概念、基本理论和基本方法的阐述,又注重学生基本运算能力的训练和分析问题、解决问题能力的培养.

概率论与数理统计和现实生活非常贴近.本书在系统介绍概率统计的基本理论和方法的同时,尽量收集来自社会科学、工程技术、医学、经济与金融、自然科学等领域的实际问题,进而讲解概率统计学是如何解决这些问题的,使本书更具有时代气息.由此,学生不仅可以感受到概率统计的实用性,还会促使他们联想本专业的问题,激发学习和研究的兴趣.

概率论与数理统计是大学随机数学最重要的基础课,在学生数学能力培养中占有十分重要的地位,但由于它与学生比较习惯的连续量数学(如微积分)有不同特点,学生在学习时往往感到困难.本书针对学生学习的难点所在,从直观分析入手逐步过渡到严格的数学叙述,并通过大量的应用性问题,启发学生由浅入深,由表及里地掌握重要概念和方法,最终学会正确应用,从而有效地化解学生学习中的难点,提高教学效果.

为了尽可能满足不同读者的需要,本书有一些楷体字内容或带*号的内容和习题供读者选用,在学时有限时可跳过这部分内容,并不影响本书的体系.本书编写了大量例题,有些例题是我们在日常教学和考研辅导中收集起来的,有部分例题为了体现其典型性引自他人著作.在此,我们谨致谢意.

本书讲授64课时较为合适,能有多媒体设备的配合,教学将会更为方便、有效.

本书为安徽工业大学"十五"规划教材及安徽省教育厅重点建设学科的子项目之一.在写作过程中,得到了安徽工业大学教务处、数理学院和应用教学系领导的大力支持.陈松林、徐龙封两位教授在百忙之中认真审阅了教材初稿.提出了不少中肯的意见.在此基础上我们对教材做了认真修改,若现在书中仍有不妥之处,责任当由笔者自负.尽管作者倾尽全力,但囿于水平,书中的错漏与不妥之处在所难免,因此,作者殷切希望广大教师和同学不吝赐教,以期改正.

本书第1~2章由范爱华编写,第3章、第7章由张敬和编写,第4章、第6章由陈文波编写,第5章、第8章由汪忠志编写,第9章由张永进和胡姿岚编写,最后由汪忠志统稿.

我们感谢多年来担任本课程的授课老师,在我们致力于不断改进本书的过程中他们提出了许多有益的建议,他们是胡萍、花春、罗冬梅、李霞、李孜、宋静、王军秀、王二红、吴绍凤、许武玲、徐伟亮、闫志莲、张世涛、张杰、智丽萍等.

作　者

2010年8月

目　次

我又转念,见日光之下,快跑的未必能赢,力战的未必得胜,智慧的未必得粮食,明哲的未必得资财,灵巧的未必得喜悦,所临到众人的,是在乎当时的机会.

——《传道书》

第1章 随机事件与概率

概率论是研究随机现象规律性的数学分支,为了对随机现象的有关问题做出明确的数学描述,像其他数学学科一样,概率论具有自己严格的体系和结构.本章重点介绍概率论的两个基本概念——随机事件和概率.

1.1 基本概念

1.1.1 随机现象

日常生活中,有些问题是很难给予准确无误的回答的.例如,抛掷一枚硬币,它可能是正面朝上,也可能是反面朝上,就是说,"正面朝上"这个结果可能出现也可能不出现;下一个交易日股市的指数可能上升也可能下跌,而且升跌幅度大小也不可能事先确定.这些问题的结果都是不确定的、偶然的,很难准确给出答案.许多影响事物发展的偶然因素的存在,是产生这类现象中不确定性的原因.

1.1.2 随机现象的统计规律性

虽然随机现象中出现什么样的结果不能事先预言,但是可以假定全部可能结果是已知的.在上述例子中,抛掷一枚硬币只会有"正面"与"反面"这两种可能结果,而股指的升跌幅度大小充其量假定它可能是任意的实数.可见,“全部可能的结果的集合是已知的”这个假定是合理的,而且它会给我们的学习研究带来许多方便.

进行一次试验,如果其所得结果不能完全预知,但其全体可能结果是已知的,则称此试验为**随机试验**(random experiment).

由于随机现象的结果是事先无法预知的,初看起来,随机现象毫无规律可言.然而人们发现同一随机现象在大量重复出现时,其每种可能的结果出现的频率却具有稳定性,从而表明随机现象也有其固有的规律性.历史上许多科学家都对抛硬币会出现正反面的现象感兴趣,并做了许多试验.下面是一些著名的记录(表1.1).

表1.1　抛硬币试验

试验者	抛硬币次数	出现正面次数	出现正面频率
Buffon	4 040	2 048	0.506 9
De Morgan	4 092	2 048	0.500 5
Kerrich	7 000	3 516	0.502 2
Kerrich	8 000	4 034	0.504 2
Kerrich	9 000	4 538	0.504 2
Feller	10 000	4 979	0.497 9
Pearson	12 000	6 019	0.501 6
Pearson	24 000	12 012	0.500 5
Lomanovskii	80 640	39 699	0.492 3

这里的De Morgan(1806～1871)是印度人,在逻辑学方面有重要的创新,在数学和数学史方面也有重要贡献;Buffon(1701～1788)是法国博物学家;Karl Pearson(1895～1936)是英国统计学家;Kerrich是南非数学家,他的抛币试验是在德国人的集中营里进行的.二战爆发时,Kerrich访问哥本哈根,德国入侵丹麦时他被关进Jutland集中营,在那里度过了漫长的岁月.为了消磨时光,他一次次地抛硬币,并记录了上面的结果.

从上面的数据可以看出,当抛掷次数很大时,正面出现的频率愈来愈接近于0.5,就是说,出现正面与出现反面的机会差不多各占一半.上述试验的结果表明,在相同条件下大量地重复某一随机试验时,各种可能结果出现的频率稳定在某个确定的数值附近.称这种性质为频率的稳定性.频率的稳定性的存在,标志着随机现象也有它的数量规律性.

注　一般地，随机试验原则上是可以重复的，对不可重复的情况，我们不去研究(至少概率论上是这样认为的)，因为我们无法确定其发生的频率.

1.1.3　样本空间

随机试验的每一个可能的结果称为一个**样本点**(sample point)，因而一个随机试验的所有样本点也是明确的，它们的全体称为**样本空间**(sample space)，习惯上分别用 ω 与 Ω 表示样本点与样本空间.

例 1.1.1　抛两枚硬币观察其正面与反面出现的情况. 其样本空间由四个样本点组成，即 $\Omega=\{$(正，正)，(正，反)，(反，正)，(反，反)$\}$. 这里，比如样本点 $\omega=$(正，反)表示第一枚硬币抛出正面而第二枚抛出反面.

例 1.1.2　观察某电话交换台在一天内收到的呼叫次数，其样本点有可数无穷多个：i $(i=0,1,2,\cdots)$次，样本空间为：$\Omega=\{0$ 次，1 次，2 次，$\cdots\}$.

例 1.1.3　接连射击直到命中为止. 为了简洁地写出其样本空间，我们约定以“0”表示某次射击未中，而以“1”表示命中，则样本空间 $\Omega=\{1,01,001,\cdots\}$.

例 1.1.4　观察一个新灯泡的寿命，其样本点也有无穷多个(t 小时，$0\leqslant t<+\infty$)，样本空间为：$\Omega=\{t\mid 0\leqslant t<+\infty\}$.

1.1.4　随机事件及其运算

我们时常会关心试验的某一部分可能结果是否会出现. 如在例 1.1.2 中，若以每小时是否达到 5 次电话呼叫来区分这台电话机是否太繁忙，那么“不太繁忙”即不足 5 次的呼叫，它由样本空间中前 5 个样本点 0,1,2,3,4 组成. 由于它是由 Ω 中的一部分样本点组成的子集合，故在未来的一次试验中可能发生也可能不发生. 称这种由部分样本点组成的试验结果为**随机事件**(random event)，简称事件. 通常用大写的字母 $A,B,\cdots$表示. 某事件发生，表示属于该集合的某一样本点在试验中出现. 记 ω 为试验中出现的样本点，那么事件 A 发生当且仅当$\omega\in A$ 发生. 只包含一个样本点 ω 的单点集合$\{\omega\}$，称为试验的一个**基本事件**. 由于样本空间 Ω 包含了全部可能结果，因此在每次试验中 Ω 都会发生，故称 Ω 为**必然事件**(certain event). 相反，空集$\varnothing$不包含任何样本点，每次试验必定不发生，故称$\varnothing$为**不可能事件**(impossible event).

在一个随机试验中，一般有很多随机事件，为了通过对简单事件的研究来掌握复杂事件，我们需要研究事件之间的关系和事件之间的一些运算.

1. 事件的包含

若事件 A 发生必然导致 B 发生，即属于 A 的每一个样本点一定也属于 B，则

称事件 B **包含**(contain)事件 A,或者称事件 A 包含于事件 B,记作 $B \supset A$ 或 $A \subset B$.

2. 事件的相等

若事件 A 包含事件 B,事件 B 也包含事件 A,则称事件 A 与 B **相等**(equivalent),记作 $A = B$.

3. 事件的并

"事件 A 与 B 至少有一个发生"这一事件称作事件 A 与 B 的**并**(union),记作 $A \cup B$. 显然 $A \cup B$ 是由 A 与 B 的样本点共同构成的事件,这与集合的并的含义是一致的.

4. 事件的交

"事件 A 与 B 都发生"这一事件称作事件 A 与 B 的**交**(intersection),记作 $A \cap B$(或 AB). 显然 $A \cap B$ 是由 A 与 B 的公共样本点所构成的事件,这与集合的交的含义是一致的.

5. 事件的差

"事件 A 发生而 B 不发生"这一事件称作事件 A 与 B 的**差**,记作 $A - B$. 显然 $A - B$ 是由所有属于 A 但不属于 B 的样本点构成的事件,这与集合的差的含义也是一致的.

6. 互不相容事件

若事件 A 与 B 不能同时发生,也就是说 AB 是不可能事件,即 $AB = \varnothing$,则称 A 与 B 是**互斥事件**(mutually exclusive event)或**互不相容事件**(incompatible event).

7. 对立事件

"事件 A 不发生"这一事件称作事件 A 的**对立事件**(opposite event)或**逆事件**(complementary event),记作 $\bar{A}$. 易见,$\bar{A} = \Omega - A$.

为了帮助大家理解上述概念,现把集合论的有关结论与事件的关系和运算的对应情况列于表 1.2.

表 1.2

符号	集合论	概率论
Ω	全集	样本空间;必然事件
$\varnothing$	空集	不可能事件
$\omega \in \Omega$	Ω 中的点(或元素)	样本点

续表

符号	集合论	概率论
$\{\omega\}$	单点集	基本事件
$A\subset\Omega$	Ω 的子集 A	事件 A
$A\subset B$	集合 A 包含在集合 B 中	事件 A 包含于事件 B
$A=B$	集合 A 与 B 相等	事件 A 与 B 相等
$A\cup B$	集合 A 与 B 之并	事件 A 与 B 至少有一个发生
$A\cap B$	集合 A 与 B 之交	事件 A 与 B 同时发生
$\bar{A}$	集合 A 的余集	事件 A 的对立事件
$A-B$	集合 A 与 B 之差	事件 A 发生而 B 不发生
$A\cap B=\varnothing$	集合 A 与 B 没有公共元素	事件 A 与 B 互不相容(互斥)

1.2　随机事件的概率

1.2.1　概率和频率

对于随机事件,知道它发生的可能性大小是非常重要的.用概率度量随机事件的可能性大小能为我们的决策提供关键性的依据.随机事件在一次试验中是否发生带有偶然性,但大量试验中,它的发生具有统计规律性,人们可以确定随机事件发生的可能性大小.若随机事件 A 在 n 次试验中发生了 m $(0\leqslant m\leqslant n)$次,则量 m/n 称为事件 A 在 n 次试验中发生的**频率**(frequency),记作 $f_n(A)$,即 $f_n(A)=m/n$.它满足不等式:$0\leqslant m/n\leqslant 1$.

如果 A 是必然事件,则有 $m=n$,$f_n(A)=1$;如果 A 是不可能事件,则有 $m=0$,$f_n(A)=0$.也就是说,必然事件的频率为1,不可能事件的频率为0.

在抛硬币试验中,我们用 A 表示事件出现正面,由表1.1可以看出,随着试验次数 n 的增加,A 发生的频率在0.5这个数值附近摆动的幅度越来越小,即随机事件 A 发生的频率具有稳定性.一般地,在大量重复试验中,随机事件发生的频率,总是在某个确定值 p 附近徘徊,而且随着试验次数增多,事件 A 的频率就越来越接近 p,数 p 称为频率的**稳定中心**.频率的稳定性揭示了随机现象的客观规律性，它是事件 A 在一次随机试验时发生可能性大小的度量.

定义 1.2.1（概率的统计定义） 在相同的条件下，进行大量重复试验，当试验次数充分大时，事件 A 的频率总围绕着某一确定值 p 作微小摆动，则称 p 为事件 A 的**概率**（probability），记为 $P(A)$.

数字 p（即 $P(A)$）就是在一次试验中对事件 A 发生的可能性大小的数量描述. 例如，用 0.5 来描述掷一枚均匀的硬币"正面"出现的可能性. 在具体问题中，按统计定义来求概率是不现实的. 因此，在实际应用时，往往就简单地把频率当作概率来使用.

例 1.2.1 为了设计某路口向左转弯的汽车候车道，在每天交通最繁忙的时间（上午 9 点）观测候车数，共观测了 60 次，所得数据如表 1.3 所示.

表 1.3

等候车辆数	0	1	2	3	4	5	6	总和
出现的次数	4	16	20	14	3	2	1	60
频率	$\frac{4}{60}$	$\frac{16}{60}$	$\frac{20}{60}$	$\frac{14}{60}$	$\frac{3}{60}$	$\frac{2}{60}$	$\frac{1}{60}$	1

试求某天上午 9 点在该路口至少有 5 辆汽车在等候左转弯的概率.

解 设事件 A 表示"至少有 5 辆汽车在等候左转弯"，在 60 次观测中，事件 A 发生的频率

$$f_{60}(A) = \frac{2+1}{60} = \frac{1}{20} = 0.05$$

实际工作者往往可认为至少有 5 辆汽车在等候左转弯的概率为 0.05.

以频率取代概率在社会科学（例如经济科学）中已广泛地采用，即使试验次数 n 不大时也是如此.

1.2.2 组合记数

排列与组合是两类记数公式. 它们的推导都基于如下两条记数原理：

(1) **乘法原理** 如果某事件需经 k 个步骤才能完成，做第一步有 m_1 种方法，做第二步有 m_2 种方法……做第 k 步有 m_k 种方法，那么完成这件事共有 $m_1 \times m_2 \times \cdots \times m_k$ 种方法.

(2) **加法原理** 如果某事件可用 k 类不同方法去完成，在第一类方法中又有 m_1 种完成方法，在第二类方法中又有 m_2 种完成方法……在第 k 类方法中又有 m_k 种完成方法，那么完成这件事共有 $m_1 + m_2 + \cdots + m_k$ 种方法.

(3) **排列**　从 n 个不同元素中任取 $r\ (r \leqslant n)$ 个元素排成一列，称为一个排列，按乘法原理，此种排列数共有 $n \times (n-1) \times \cdots \times (n-r+1)$ 个，记为 P_n^r. 若 $r=n$，称为全排列，全排列数共有 $n!$ 个，记为 P_n.

(4) **重复排列**　从 n 个不同元素中每次取出一个，放回后再取一个，如此连续取 r 次所得的排列称为重复排列，此种重复排列数共有 n^r 个. 注意，这里的 r 允许大于 n.

(5) **组合**　从 n 个不同元素中任取 $r\ (r \leqslant n)$ 个元素组成一组（不考虑其间顺序）称为一个组合，按乘法原理，此种组合总数共有

$$\binom{n}{r} = \frac{P_n^r}{r!} = \frac{n(n-1)\cdots(n-r+1)}{r!} = \frac{n!}{r!(n-r)!}$$

并规定 $0!=1$ 和 $\binom{n}{0}=1$.

(6) **重复组合**　从 n 个不同元素中每次取出一个，放回后再取出一个，如此连续取 r 次所得的组合称为重复组合，此种重复组合数共有 $\binom{n+r-1}{r}$.

上述四种排列组合及其总数计算公式将在古典概率计算中经常使用，在使用中要注意识别有序与无序、重复与不重复.

1.2.3　古典概率

将一骰子投掷两次，观察所得数对，或丢一枚钱币观察所得正、反面的情况，或从一副扑克牌（52 张）中任取 13 张牌，观察得牌情况，这一类试验有如下两个特点：

(1) 随机试验中只有有限种可能的试验结果，或者说组成试验的基本事件（样本点）总数为有限个.

(2) 每次试验中，每个基本事件（样本点）出现的可能性是相同的.

具备以上两个特征的试验模型叫作**等可能概型**（equally-likely model）或**古典概型**（classical probability model）. 在概率论发展史上，首先研究的是这类问题，至今在概率论中仍占有重要地位.

定义 1.2.2　在古典概型中，如果随机试验结果一共由 n 个基本事件 A_1，A_2，…，A_n 组成，而事件 A 含有其中 m 个基本事件，则事件 A 的概率为

$$P(A) = m/n$$

这就是古典概型中事件 A 的概率计算公式，用这种方法算得的概率称为**古典概率**.

从定义 1.2.2 出发,易得概率的基本性质:

(1) $0 \leqslant P(A) \leqslant 1$;

(2) $P(\Omega)=1, P(\varnothing)=0$.

例 1.2.2 将一颗骰子接连掷两次,试求下列事件的概率:

(1) 两次掷得的点数之和为 8;

(2) 第二次掷得 3 点.

解 将一颗骰子接连掷两次视为一次试验.第一次掷得 i 点、第二次掷得 j 点的试验结果用(i,j)表示,则

$$\Omega = \{(1,1),(1,2),\cdots,(1,6),(2,1),\cdots,(2,6),\cdots,(6,1),\cdots,(6,6)\}$$

显然 Ω 共有 36 个样本点.因为骰子为质量均匀的正方体,所以每个面朝上的可能性是等可能的.

设 A 表示"点数之和为 8"的事件,B 表示"第二次掷得 3 点"的事件,则

$$A = \{(2,6),(3,5),(4,4),(5,3),(6,2)\}$$

$$B = \{(1,3),(2,3),(3,3),(4,3),(5,3),(6,3)\}$$

根据定义得

$$P(A) = \frac{5}{36}, \quad P(B) = \frac{6}{36} = \frac{1}{6}$$

例 1.2.3 设有 k 个不同的(可分辨)球,每个球都能以同样的概率 $1/n$ 落到 n 个格子的任一个中($n \geqslant k$),且每个格子可容纳任意多个球,试分别求如下两个事件的概率:

A:指定的 k 个格子中各有一个球;

B:存在 k 个格子,其中各有一个球.

解 由于每个球可以落入 n 个格子中的任一个,并且每个格子中可落入任意多个球,所以 k 个球落入 n 个格子中的分布情况相当于从 n 个格子中选取 k 个的可重复排列,故样本空间共有 n^k 种等可能的基本结果.

事件 A 所含基本结果数应是 k 个球在指定的 k 个格子中的全排列数,即 $k!$,所以

$$P(A) = \frac{k!}{n^k}$$

为了算出事件 B 所含的基本事件数,可设想分两步进行:因为 k 个格子可以是任意选取的,故可先从 n 个格子中任意选出 k 个,选法共有 $\binom{n}{k}$ 种;对于每种选定的 k 个格子,依题中条件,即每个格子有一个球,则有 $k!$ 个基本结果,故 B 含

有$\binom{n}{k}$个基本结果，所以

$$P(B) = \binom{n}{k}\frac{k!}{n^k} = \frac{n!}{(n-k)!\,n^k}$$

概率论历史上有一个颇为著名的问题——生日问题：求 k 个同班同学中没有两个人生日相同的概率.

若把这 k 个同学看作例1.2.3中的 k 个球，而把一年365天看作格子，即 $n=365$，则上述的 $P(B)$就是所求的概率. 例如，$k=40$ 时，$P(B)=0.109$. 换句话说，在40个同学的班级中至少有两人同一天过生日的概率是

$$P(\bar{B}) = 1 - 0.109 = 0.891$$

这大大出乎人们的意料.

1.2.4　几何概率

古典概型要求试验的样本空间只含有有限个可能的样本点，实际问题中，当试验的样本空间有无限多个样本点时，就不能按古典概型来计算概率，而在有些场合可借用几何方法来定义概率.

若一个试验满足：

(1) 试验的样本空间 Ω 是直线上某个区间，或者是平面、空间上的某个区域，从而 Ω 含有无限多个样本点；

(2) 每个样本点的发生具有等可能性，

则称该试验为**几何概型试验**(geometric probability model). 该试验的每个样本点可看作等可能地落入区间域 Ω 上的随机点. 因此样本点有无限多个.

概率的几何定义　设试验的每个样本点是等可能地落入区间域 Ω 上的随机点M，且 $D\subseteq\Omega$，则 M 点落入子域D(事件 A)上的概率为

$$P(A) = \frac{m(D)}{m(\Omega)}$$

注　① 用这种方法算得的概率称为几何概率(geometric probability). $m(\Omega)$及 $m(D)$在 Ω 是区间时，表示相应的长度；在 Ω 是平面或空间区域时，表示相应的面积或体积.

② 在保留"等可能性"的条件下，几何概率的意义是指：随机点 M 落在Ω 内任意可度量的区域D ($\subseteq\Omega$)上的概率与 D 的测度(长度、面积或体积)成正比，而与 D 的形状及其在Ω 中的位置无关.

例 1.2.4　军舰直线行驶通过一水雷线，航线与水雷中心连线的夹角为 α，相

邻的水雷中心的间隔为 l，军舰宽为 b，水雷直径为 d，如图 1.1 所示. 求军舰被炸的概率.

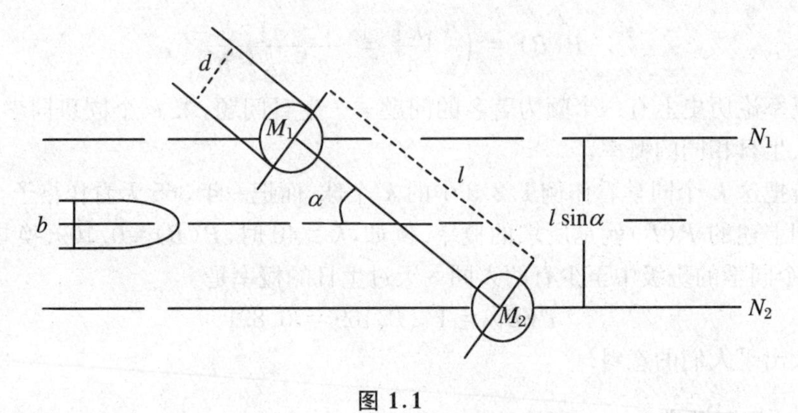

图 1.1

分析　在图 1.1 中，点 M_1，M_2 为相邻两水雷的中心，间隔为 l. 过点 M_1，M_2 得到平行航线的直线 N_1M_1，N_2M_2. 这两条平行线的宽度为 $l\sin\alpha$. 显然，当军舰宽度 $b \geqslant l\sin\alpha - d$ 时，军舰被炸是必然的.

解　在 $b \geqslant l\sin\alpha - d$ 时，军舰被炸的概率

$$p = 1$$

在 $b < l\sin\alpha - d$ 时，军舰被炸的概率

$$p = \frac{b + d}{l\sin\alpha}$$

1.2.5　主观概率

概率的相对频率的解释是很有用的，但有时它难以应用于必须估计其概率的特定的实际问题. 可能没有合理的自然的"试验"能重复很多次，这只能使我们计算某种结果出现的相对次数. 例如，有什么试验能让你来估计下一个 10 年中唐山可能发生灾难性地震的概率呢？这里，不确定性只是在我们的头脑里，并非在现实之中.

统计界的贝叶斯学派认为：一个事件的概率是由人们根据经验对该事件发生的可能性给出的. 这样给出的概率称为**主观概率**(subjective probability). 这种概率具有一定的主观性(取决于人们的知识和个人的偏好). 表面上看主观概率会因人而异，缺乏客观性，其实如果主观概率是由专家所赋，则其中包含有经验和知识的信息，因此有一定程度的客观性.

1.3　概率的定义与性质

1.3.1　概率的公理化定义

前面分别介绍了统计概率、古典概率及几何概率的定义，它们在解决各自相适应的实际问题中，都起着很重要的作用，但它们各自都有一定的局限性：

① 古典概率要求试验的样本空间是有限集且每个样本点在一次试验中以相等的可能性出现.

② 几何概率虽然把样本空间扩展到无限集，但仍保留样本点的等可能性的要求.

③ 统计概率虽然没有上述局限性，但它的定义建立在大量试验的基础上，有时难以实现，且频率具有波动性.

为了克服这些局限性，1933年，苏联数学家柯尔莫戈洛夫在综合前人成果的基础上，抓住概率的共有特性，提出了概率的公理化定义，为现代概率论的发展奠定了理论基础.

下面我们就给出概率的公理化定义.

设 Ω 是给定的试验 E 的样本空间，对任意一个事件 $A\ (\subseteq\Omega)$，规定一个实数 $P(A)$，若 $P(A)$ 满足：

(1) **非负性**：$P(A)\geqslant 0$；

(2) **规范性**：$P(\Omega)=1$；

(3) **可列可加性**：设 $A_1,A_2,\cdots$ 为两两互不相容的事件，即对于 $i\neq j$，$A_iA_j=\varnothing\ (i,j=1,2,\cdots)$，有

$$P(A_1\cup A_2\cup\cdots)=P(A_1)+P(A_2)+\cdots$$

则称 $P(A)$ 为事件 A 的**概率**(probability).

1.3.2　概率的基本性质

由概率的三条公理可以推出概率的所有性质，这些性质有助于我们对概率概念的进一步理解，同时，它们也是概率计算的重要基础.

性质1(对立事件的概率)　$P(\bar{A})=1-P(A)$.

性质2　$P(\varnothing)=0$.

证明　因为不可能事件$\varnothing$与必然事件 Ω 互为对立事件，故

$$P(\varnothing) = 1 - P(\Omega) = 0$$

性质 3　对于 n 个互不相容事件 $A_1, A_2, \cdots, A_n$，有

$$P\left(\bigcup_{i=1}^{n} A_i\right) = \sum_{i=1}^{n} P(A_i)$$

证明　只需在公理化定义(3)中取 $A_i = \varnothing\ (i = n+1, n+2, \cdots)$即可.

性质 4　$P(A-B) = P(A) - P(AB)$.

特别地，若 $A \supset B$，则

$$P(A-B) = P(A) - P(B),\quad P(A) \geqslant P(B)$$

性质 5　$0 \leqslant P(A) \leqslant 1$.

性质 6　$P(A \cup B) = P(A) + P(B) - P(AB)$.

推论

$$P(A_1 \cup A_2 \cup \cdots \cup A_n) = S_1 - S_2 + S_3 - S_4 + \cdots + (-1)^{n-1} S_n$$

其中

$$S_1 = \sum_{i=1}^{n} P(A_i),\quad S_2 = \sum_{1 \leqslant i < j \leqslant n} P(A_i A_j)$$

$$S_3 = \sum_{1 \leqslant i < j < k \leqslant n} P(A_i A_j A_k),\quad \cdots,\quad S_n = P(A_1 A_2 \cdots A_n)$$

性质 7　$P(\overline{A \cup B}) = P(\bar{A} \cap \bar{B}), P(\overline{A \cap B}) = P(\bar{A} \cup \bar{B})$.

例 1.3.1　设 $P(A) = 1/3, P(B) = 1/2$.在下面三种情况下求 $P(B\bar{A})$：

(1) A 与 B 互斥；

(2) $A \subset B$；

(3) $P(AB) = 1/8$.

解　(1) 易知，$A \cap B = \varnothing, B \subseteq \bar{A}, B\bar{A} = B$，所以

$$P(B\bar{A}) = P(B) = \frac{1}{2}$$

(2) 当 $A \subset B$ 时

$$P(B\bar{A}) = P(B-A) = P(B) - P(A) = \frac{1}{2} - \frac{1}{3} = \frac{1}{6}$$

(3) 易知，$B\bar{A} = B - AB, AB \subset B$，所以

$$P(B\bar{A}) = P(B - AB) = P(B) - P(AB) = \frac{1}{2} - \frac{1}{8} = \frac{3}{8}$$

例 1.3.2　某系一年级有 100 名学生，现统计他们考试的成绩.政治、数学、物

理、英语四门课程得优等的人数分别为 85,75,70,80. 证明:这四门课程全优的学生至少有 10 人.

证明　设 A,B,C,D 分别表示该系一年级学生政治、数学、物理、英语考试成绩为优等的事件. 已知

$$P(A)=\frac{85}{100},\quad P(B)=\frac{75}{100},\quad P(C)=\frac{70}{100},\quad P(D)=\frac{80}{100}$$

由概率的加法公式得

$$P(AB)=P(A)+P(B)-P(A\cup B)$$

而 $P(A\cup B)\leqslant 1$,则

$$P(AB)\geqslant P(A)+P(B)-1$$

同理可得

$$P(CD)\geqslant P(C)+P(D)-1$$

所以

$$\begin{aligned}P(ABCD)&\geqslant P(AB)+P(CD)-1\\&\geqslant P(A)+P(B)-1+P(C)+P(D)-1-1\\&=\frac{85}{100}+\frac{75}{100}+\frac{70}{100}+\frac{80}{100}-3=10\%\end{aligned}$$

即四门课程考试成绩全优的学生人数至少为

$$100\times 10\%=10$$

1.4　条 件 概 率

条件概率是概率论中的一个基本概念,也是概率论中的一个重要工具,它既可以帮助我们认识更复杂的随机事件,也可以帮助我们计算一些复杂事件的概率.

1.4.1　引例

当我们拥有关于试验结果的额外信息,比如,已知一个事件 A 已经发生时,我们可能需要对另一个事件 B 发生的可能性大小重新做出度量,先看一个例子.

例 1.4.1　一批同型号产品由甲、乙两厂生产,产品结构如表 1.4 所示.

表 1.4

	甲厂	乙厂	合计
合格品	475	644	1 119
次品	25	56	81
合计	500	700	1 200

从这批产品中随意抽取一件，则这件产品为次品的概率为

$$\frac{81}{1\,200} = 6.75\%$$

现在假设被告知取出的产品是甲厂生产的，那么这件产品为次品的概率是多大呢？回答这一问题并不困难.当我们被告知取出的产品是甲厂生产的，我们不能肯定的是该件产品是甲厂生产的 500 件中的哪一件，由于 500 件中有 25 件次品，自然我们可得出，在已知取出的产品是甲厂生产的条件下，它是次品的概率为

$$\frac{25}{500} = 5\%$$

记“取出的产品是甲厂生产的”这一事件为 A，“取出的产品是次品”这一事件为 B，我们在前面实际上已计算了 $P(B)$，同时我们也算出了在“已知 A 发生”的条件下，B 发生的概率，这个概率称为在 A 发生的条件下 B 发生的条件概率，记作 $P(B|A)$.在本例中，我们注意到

$$P(B \mid A) = \frac{25}{500} = \frac{25/1\,200}{500/1\,200} = \frac{P(AB)}{P(A)}$$

下面我们在一般的概率空间中给出条件概率的数学定义.

1.4.2　条件概率的定义

定义 1.4.1　设 A 与 B 是样本空间 Ω 中的两个事件，且 $P(B)>0$，在事件 B 已发生的条件下，事件 A 的**条件概率**(conditional probability) $P(A|B)$ 定义为 $P(AB)/P(B)$，即

$$P(A \mid B) = \frac{P(AB)}{P(B)}$$

其中 $P(A|B)$ 也称为给定事件 B 下事件 A 的条件概率.

例 1.4.2　表 1.5 给出了乌龟在不同年龄下的存活概率.求下面一些事件的条件概率：

表 1.5　乌龟的寿命表

年龄(岁)	存活概率	年龄(岁)	存活概率
0	1.00	140	0.70
20	0.92	160	0.61
40	0.90	180	0.51
60	0.89	200	0.39
80	0.87	220	0.08
100	0.83	240	0.004
120	0.78	260	0.000 3

(1) 活到 60 岁的乌龟再活 40 年的概率是多少?

(2) 20 岁的乌龟能活到 90 岁的概率是多少?

解　用 A_t 表示"乌龟活到 t 岁"这一事件.

(1) 要求的概率是条件概率 $P(A_{100}|A_{60})$,按条件概率定义

$$P(A_{100} \mid A_{60}) = \frac{P(A_{60}A_{100})}{P(A_{60})}$$

由于活到 100 岁的乌龟一定活到 60 岁,所以 $A_{100} \subset A_{60}$,于是 $A_{60}A_{100} = A_{100}$,从而

$$P(A_{100} \mid A_{60}) = \frac{P(A_{100})}{P(A_{60})} = \frac{0.83}{0.89} \approx 0.93$$

也可以说,100 只活到 60 岁的乌龟中大约有 93 只能活到 100 岁.

(2) 类似可得

$$P(A_{90} \mid A_{20}) = \frac{P(A_{90})}{P(A_{20})} = \frac{0.85}{0.92} \approx 0.92$$

其中 $P(A_{90}) = 0.85$ 是运用线性内插法获得的.

1.4.3　条件概率的性质

首先指出条件概率是概率,即由定义 1.4.1 给出的条件概率满足概率的三条公理:

(1) **非负性**:$P(A|B) \geqslant 0$;

(2) **规范性**:$P(\Omega|B) = 1$;

(3) **可加性**:假设事件 A_1 与 A_2 互不相容,且 $P(B) > 0$,则

$$P(A_1 \cup A_2 \mid B) = P(A_1 \mid B) + P(A_2 \mid B)$$

自然条件概率也具有三条公理导出的一切性质.如

$$P(\varnothing \mid B) = 0, \quad P(\bar{A} \mid B) = 1 - P(A \mid B)$$

$$P(A_1 \cup A_2 \mid B) = P(A_1 \mid B) + P(A_2 \mid B) - P(A_1A_2 \mid B)$$

特别地,当 $B=\Omega$ 时,条件概率就转化为无条件概率,因此把无条件概率看作是特殊场合下的条件概率也未尝不可.

1.4.4 乘法公式

定理 1.4.1(乘法公式(multiplication formula)) 对任意两个事件 A 与 B,有

$$P(AB) = P(A \mid B)P(B) = P(B \mid A)P(A)$$

其中,第一个等式成立要求 $P(B)>0$,第二个等式成立要求 $P(A)>0$.

利用条件概率定义立即可得:

定理 1.4.2(一般乘法公式) 对任意三个事件 A_1,A_2 与 A_3,有 $P(A_1A_2A_3) = P(A_1)P(A_2|A_1)P(A_3|A_1A_2)$,其中 $P(A_1A_2)>0$.

证明 已知 $P(A_1A_2)>0$,由乘法公式可得

$$P(A_1A_2A_3) = P(A_1A_2)P(A_3 \mid A_1A_2)$$

由 $A_1 \supset A_1A_2$ 知,$P(A_1) \geqslant P(A_1A_2)>0$,再一次对 $P(A_1A_2)$使用乘法公式即得此定理.

定理 1.4.2 可以推广到任意一个事件的情形.

例 1.4.3 某批产品中,已知甲厂生产的产品占 60%,且甲厂产品的次品率为 10%,现从这批产品中随意地抽取一件,求该产品是由甲厂生产的次品的概率.

解 设 A 表示事件"产品是甲厂生产的",B 表示事件"产品是次品".由题设知

$$P(A) = 60\%, \quad P(B \mid A) = 10\%$$

根据乘法公式,有

$$P(AB) = P(A)P(B \mid A) = 60\% \times 10\% = 6\%$$

1.4.5 全概率公式

人们在计算某一较复杂事件的概率时,有时根据事件在不同情况,或不同原因,或不同途径下发生,而将它分解成两个或若干互不相容部分的并,分别计算概率,然后求和.全概率公式是概率论中的一个基本公式,它使一个复杂事件的概率计算问题化繁就简,并使之得以解决.

例 1.4.4 人们为了了解一只股票在未来一定时期内价格的变化,往往会去

分析影响股票的基本因素，比如利率的变化. 现在假设人们经分析估计利率下调的概率为60%，利率不变的概率为40%. 根据经验，人们估计，在利率下调的情况下，该只股票价格上涨的概率为80%，而在利率不变的情况下，其价格上涨的概率为40%，求该只股票将上涨的概率.

解　记 A 为事件"利率下调"，那么 $\bar{A}$ 即为"利率不变"，记 B 为事件"股票价格上涨".

据题设知

$$P(A) = 60\%,\quad P(\bar{A}) = 40\%$$
$$P(B \mid A) = 80\%,\quad P(B \mid \bar{A}) = 40\%$$

于是

$$\begin{aligned} P(B) &= P(AB) + P(\bar{A}B) \\ &= P(A)P(B \mid A) + P(\bar{A})P(B \mid \bar{A}) \\ &= 60\% \times 80\% + 40\% \times 40\% = 64\% \end{aligned}$$

定义 1.4.2　把样本空间 Ω 分为 n 个事件 $B_1, B_2, \cdots, B_n$，假如：

(1) $P(B_i) > 0\ (i = 1, 2, \cdots, n)$；

(2) $B_1, B_2, \cdots, B_n$ 互不相容；

(3) $\bigcup_{i=1}^{n} B_i = \Omega$，

则称事件组 $B_1, B_2, \cdots, B_n$ 为样本空间 Ω 的一个分割(图 1.2).

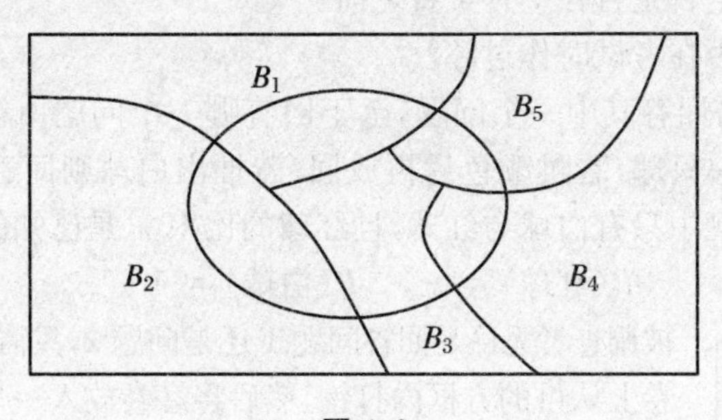

图 1.2

定理 1.4.3　设 $B_1, B_2, \cdots, B_n$ 是样本空间 Ω 的一个分割，则对 Ω 中任一事件 A，有

$$P(A) = \sum_{i=1}^{n} P(A \mid B_i) P(B_i)$$

上式称为**全概率公式**(formula of total probability).

证明　由事件运算知(图 1.2)

$$A = A \cap \Omega = A(\bigcup_{i=1}^{n} B_i) = \bigcup_{i=1}^{n} AB_i$$

由 $B_1, B_2, \cdots, B_n$ 互不相容，可导出 $AB_1, AB_2, \cdots, AB_n$ 亦互不相容，再由可加性和乘法公式可得

$$P(A) = \sum_{i=1}^{n} P(AB_i) = \sum_{i=1}^{n} P(A \mid B_i) P(B_i)$$

这个定理的运用关键在于寻找一个合适的分割，使诸概率 $P(B_i)$ 和条件概率 $P(A|B_i)$ 容易求得.

注　在化学上，可以观察到与全概率公式相类似的下述问题：假设我们有 n 个烧杯，盛有同一种酸的不同浓度的溶液，总质量为 1 千克，设 $P(B_i)$ 为第 i 个烧杯的容积，$P(A|B_i)$ 为第 i 个烧杯的溶液的浓度. 如果我们把全部溶液混合到一起，并令 $P(A)$ 表示混合溶液的浓度，于是得到

$$P(A) = \sum_{i=1}^{n} P(AB_i) = \sum_{i=1}^{n} P(A \mid B_i) P(B_i)$$

例 1.4.5（敏感性问题的调查）　学生考试作弊会严重影响学风和学生身心健康发展，但这些都是避着教师进行的，属于不光彩行为，要调查考试作弊同学在全体学生中所占比率 p 是一件难事，这里关键是要设计一个调查方案，使被调查者愿意做出真实回答又能保守个人秘密，经过多年研究与实践，一些心理学家与统计学家设计了一种调查方案，这个方案的核心是如下两个问题：

问题 1：你的生日是否在 7 月 1 日之前？

问题 2：你是否在考试时作过弊？

被调查者只需回答其中一个问题，至于回答哪一个问题由被调查者事先从一个罐中随机抽取一只球，看过颜色后再放回. 若抽出白球则回答问题 1；若抽出红球则回答问题 2. 罐中只有白球与红球，且红球的比率 π 是已知的，即

$$P(\text{红球}) = \pi, \quad P(\text{白球}) = 1 - \pi$$

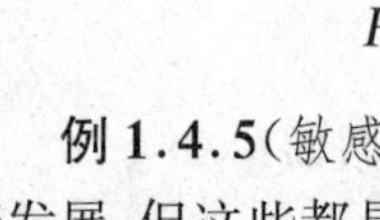

被调查者无论是回答问题 1 还是问题 2，只需在图 1.3 所示的答卷上认可的方框内打钩，然后将答卷放入一只密封的投票箱内.

答案	
是□	否□

图 1.3

上述抽球与答卷都是在一间其他的房间内进行的，任何外人都不知道调查者抽到什么颜色的球和在什么地方打钩，如果向被调查者讲清楚这个方案的做法，并严格执行，那么就容易使被调查者确信他（她）参加这次调查不会泄露个人秘密，从而愿意参加调查.

当有较多的人参加调查后，就可以打开投票箱进行统计. 设有 n 张答卷，其中 k 张答“是”，于是，回答“是”的比率是 θ，可用频率 $\hat{\theta} = k/n$ 去估计，记为

$$P(\text{是}) = k/n$$

这里答“是”有两种情况:一种是摸到白球后回答问题1时答“是”,这是一个条件概率,它是“生日是否在7月1日之前”的概率,一般认为是0.5,即

$$P(\text{是} \mid \text{白球}) = 0.5$$

另一种是摸到红球后回答问题2时答“是”,这也是一个条件概率,它不是别的,就是考试作弊同学在全体学生中所占比率 p,即

$$P(\text{是} \mid \text{红球}) = p$$

最后利用全概率公式把上述各项概率(或其估计值)联系起来

$$P(\text{是}) = P(\text{是} \mid \text{白球})P(\text{白球}) + P(\text{是} \mid \text{红球})P(\text{红球})$$

$$\hat{\theta} = 0.5(1-\pi) + p\pi$$

由此可获得感兴趣的比率

$$p = [\hat{\theta} - 0.5(1-\pi)]/\pi$$

像这类敏感性问题的调查是社会调查中的一类,其他如一群人中参加赌博的比率、吸毒人的比率、学生中看黄色书籍的比率等,都可以参照此方法组织调查,以获得感兴趣的比率.

1.4.6　贝叶斯公式

定理 1.4.4　设事件 $B_1, B_2, \cdots, B_n$ 是样本空间 Ω 的一个分割,且 $P(B_i) > 0$ $(i=1,2,\cdots,n)$,对任意的事件 $A \subset \Omega$,若 $P(A) > 0$,则

$$P(B_i \mid A) = \frac{P(A \mid B_i)P(B_i)}{\sum_{j=1}^{n} P(A \mid B_j)P(B_j)} \quad (i = 1,2,\cdots,n)$$

上式称为**贝叶斯公式**(Bayes formula).

贝叶斯公式在实际应用中用于解决下面类型的问题.假设事件组 $B_1, B_2, \cdots, B_n$ 为样本空间 Ω 的一个分割,并且假设已知它们的概率 $P(B_i)(i=1,2,\cdots,n)$,事件 $B_1, B_2, \cdots, B_n$ 在随机试验中不能或没有直接观察到,只能观察到与这些事件相联系的某事件 A.事件 A 必与事件 $B_1, B_2, \cdots, B_n$ 之一相伴而出现,并且已知条件概率 $P(A \mid B_i)$.假设在试验中出现了事件 A,要求在此条件下,对事件 $B_1, B_2, \cdots, B_n$ 出现的可能性做出判断,即求出它们关于 A 的条件概率 $P(B_i \mid A)(i=1,2,\cdots,n)$.通常称 $P(B_i)$ 为 B_i 的**验前概率**(prior probability),而称 $P(B_i \mid A)$ 为 B_i 的**验后概率**(posterior probability).

例 1.4.6　在电报通信中,发送端发出的是由0和1两种信号组成的序列,而

由于随机干扰的存在，接收端收到的是由0、空格和1三种信号组成的序列.信号0、空格和1分别简记为$0,x,1$.假设已知：发送0和1的概率分别为0.6和0.4；在发出0的条件下，收到$0,x,1$的条件概率分别为0.7,0.2和0.1；在发出1的条件下，收到$0,x,1$的条件概率分别为0,0.1和0.9.试分别计算在接收信号为x的条件下，原发出信号为0和1的条件概率.

解 令$H_i\ (i=0,1)$分别表示发送信号0,1；$A_j\ (j=0,x,1)$分别表示接收信号$0,x,1$.由条件知

$$P(H_0)=0.6,\quad P(H_1)=0.4$$

$$P(A_0\mid H_0)=0.7,\quad P(A_x\mid H_0)=0.2,\quad P(A_1\mid H_0)=0.1$$

$$P(A_0\mid H_1)=0,\quad P(A_x\mid H_1)=0.1,\quad P(A_1\mid H_1)=0.9$$

由贝叶斯公式，得

$$P(H_0\mid A_x)=\frac{P(A_x\mid H_0)P(H_0)}{P(A_x\mid H_0)P(H_0)+P(A_x\mid H_1)P(H_1)}=\frac{0.2\times0.6}{0.2\times0.6+0.1\times0.4}=0.75$$

$$P(H_1\mid A_x)=\frac{P(A_x\mid H_1)P(H_1)}{P(A_x\mid H_0)P(H_0)+P(A_x\mid H_1)P(H_1)}=\frac{0.1\times0.4}{0.2\times0.6+0.1\times0.4}=0.25$$

由此可见，在收到信号空格的情况下，原发送信号为0的可能性较大.

例1.4.7 车间甲、乙、丙生产同一种产品，产量分别占总产量的25%，35%和40%，次品率分别为5%，4%和2%.由于管理不当致使产品混在一起.如果从中任取一件，试求：

(1) 这一件恰好是次品的概率；

(2) 这一件恰好是次品，它是某个车间生产的概率.

解 设$A_i\ (i=1,2,3)$分别表示“车间甲、乙、丙生产的产品”，B表示“取出次品”，则

$$P(A_1)=0.25,\quad P(A_2)=0.35,\quad P(A_3)=0.4$$

$$P(B\mid A_1)=0.05,\quad P(B\mid A_2)=0.04,\quad P(B\mid A_3)=0.02$$

(1) 由全概率公式，得

$$P(B)=\sum_{i=1}^{3}P(A_i)P(B\mid A_i)=0.25\times0.05+0.35\times0.04+0.4\times0.02=0.0345$$

(2) 由贝叶斯公式,得

$$P(A_1 \mid B) = \frac{P(B \mid A_1)P(A_1)}{P(B \mid A_1)P(A_1) + P(B \mid A_2)P(A_2) + P(B \mid A_3)P(A_3)}$$

$$= \frac{0.0125}{0.0345} = \frac{25}{69}$$

$$P(A_2 \mid B) = \frac{P(B \mid A_2)P(A_2)}{P(B \mid A_1)P(A_1) + P(B \mid A_2)P(A_2) + P(B \mid A_3)P(A_3)}$$

$$= \frac{0.014}{0.0345} = \frac{28}{69}$$

$$P(A_3 \mid B) = \frac{P(B \mid A_3)P(A_3)}{P(B \mid A_1)P(A_1) + P(B \mid A_2)P(A_2) + P(B \mid A_3)P(A_3)}$$

$$= \frac{0.008}{0.0345} = \frac{16}{69}$$

注　在化学上,我们也可以找到与贝叶斯公式的一个类比:在 n 个烧杯中盛有同一种酸的不同浓度的溶液.假设总量为 1 千克,把第 i 个烧杯的溶液量记为 $P(B_i)$,而它的浓度记为 $P(A|B_i)$,我们发现 $P(B_i|A)$给出了第 i 个烧杯中所含的酸量在酸的总量中所占的比例.

例 1.4.8*(拉普拉斯的相继律)　设有 $N+1$ 个匣子,分别有 k 个红球、$N-k$ 个白球($k=0,1,\cdots,N$),从这 $N+1$ 个匣子中随便取一个,从中抽取 n 次(有放回),全为红球,问下一次还是红球的概率是多少?

解　设 A_k 表示取到第 k 个匣子(即有 k 个红球、$N-k$ 个白球的匣子),由题意知道 $P(A_i)=1/(N+1)(i=0,1,\cdots,N)$.记 A_{kn} 为"在第 k 个匣子中,进行了 n 次有放回抽取,结果均为红球"的事件,于是

$$P(A_{kn}) = \left(\frac{k}{N}\right)^n$$

记 B_n 是"任取一匣子,连续 n 次有放回抽取,结果均为红球",则所求概率为 $P(B_{n+1}|B_n)$.

由于

$$P(B_n) = P(B_n(A_0 + A_1 + \cdots + A_N))$$

$$= \sum_{k=0}^{N} P(A_k B_n) = \sum_{k=0}^{N} P(A_k)P(B_n \mid A_k)$$

$$= \sum_{k=0}^{N} P(A_k)P(A_{kn}) = \sum_{k=0}^{N} \frac{1}{N+1}\left(\frac{k}{N}\right)^n$$

$$\approx \int_0^1 x^n \mathrm{d}x = \frac{1}{n+1}$$

同理

$$P(B_{n+1}) = \sum_{k=0}^{N} \frac{1}{N+1}\left(\frac{k}{N}\right)^{n+1} \approx \frac{1}{n+2}$$

因此

$$\begin{aligned} P(B_{n+1} \mid B_n) &= P(B_{n+1}B_n)/P(B_n) = P(B_{n+1})/P(B_n) \\ &= \sum_{k=0}^{N} \frac{1}{N+1}\left(\frac{k}{N}\right)^{n+1} \Big/ \sum_{k=0}^{N} \frac{1}{N+1}\left(\frac{k}{N}\right)^{n} \\ &\approx \int_0^1 x^{n+1}\mathrm{d}x \Big/ \int_0^1 x^n \mathrm{d}x = \frac{n+1}{n+2} \end{aligned}$$

这一结果可以作这样的解释:一个人连续打靶 n 次,全都命中了,问下一次打中的概率是多少?如果我们对此人的打靶技术事先一无所知,他打中的概率 p 一定在(0,1)之间,而且各种 p 的可能性是一样的,即 p 在(0,1)上是均匀分布的,于是,根据 n 次全中的结果,可以认为下一次打中的概率是 $(n+1)/(n+2)$,即对 p 的估计值是 $(n+1)/(n+2)$. 根据一般的设想,n 次全中了,估计 p 的值 $\hat{p}$ 应是 $n/n=1$. 这样估计明显是不合理的,因为当 $n=2$ 时,$\hat{p}=1$,当 $n=100$ 时,$\hat{p}$ 还是1. 人们的感觉是,当 $n=100$ 时,n 次全中了,与 $n=2$ 时 n 次全中,$\hat{p}$ 是很不相同的. 如用上面的拉普拉斯的估计值,则 $n=2$ 时,$\hat{p}=3/4$;$n=100$ 时,$\hat{p}=101/102$. 与我们的直觉较相符,这实际上是贝叶斯估计.

1.5 事件的独立性与相关性

1.5.1 两个事件的独立性与相关性

两个事件之间的独立性是指一个事件的发生不影响另一个事件的发生,比如在抛两颗骰子的试验中,我们考察如下两个事件:

A =“第一颗骰子出现2点”, B =“第二颗骰子出现奇数点”

经验告诉我们,第一颗骰子出现的点数不会影响第二颗骰子出现的点数,这时就可以说 A 与 B 相互独立.

从概率角度看,两个事件之间的独立性与两个事件同时发生的概率有密切关系,比如在上面掷两颗骰子的试验中,事件 A 与 B 的概率分别为 $P(A)=1/6$,$P(B)=1/2$,而这两个事件同时发生的事件 AB 含有三个基本结果:(2,1),(2,3),

(2,5)，故 $P(AB)=3/36=1/12$，于是有等式 $P(AB)=P(A)P(B)$. 这不是偶然的，而是两事件独立的共同特征，由此引出两个事件独立的一般定义.

定义 1.5.1　对任意两个事件 A 与 B，若有 $P(AB)=P(A)P(B)$，则称事件 A 与 B **相互独立**(mutually independent)，否则称事件 A 与 B 不相互独立.

例如，从一副扑克牌中任取一张，"出现红桃"的事件 A 与"出现 K"的事件 B 是独立的，因为它们的概率分别是 1/4 和 1/13，而它们同时出现的概率是 1/52.

例 1.5.1　考虑有三个小孩的家庭，并设所有八种情况

bbb, bbg, bgb, gbb, bgg, gbg, ggb, ggg

是等可能的，其中，b 表示男孩，g 表示女孩. 我们来考察如下两个事件：令 A 是"家中男、女孩都有"的事件，B 是"家中至多有一个女孩"的事件. 它们的概率分别是

$$P(A)=6/8,\quad P(B)=4/8$$

而 AB 是指"家中恰有一个女孩"，其概率为

$$P(AB)=3/8=P(A)P(B)$$

于是，在家庭中有三个小孩的情况下，这两个事件是独立的. 但是，当所考察的家庭有两个或四个小孩时，事件 A 与 B 就不独立了(请读者思考).

例 1.5.2　某高校的一项调查表明：该校有 30% 的学生视力有缺陷，7% 的学生听力有缺陷，3% 的学生视力与听力都有缺陷，记 $A=$"学生视力有缺陷"，$P(A)=0.30$，$B=$"学生听力有缺陷"，$P(B)=0.07$，$AB=$"学生听力与视力都有缺陷"，$P(AB)=0.03$.

现在来研究下面三个问题：

(1) 事件 A 与 B 是否独立？

由于

$$P(A)P(B)=0.03\times 0.07=0.021\neq P(AB)$$

所以事件 A 与 B 不独立，即该校学生视力与听力缺陷有关联.

(2) 如果已知一学生视力有缺陷，那么他的听力也有缺陷的概率是多少？

这要求计算条件概率 $P(B|A)$，由定义知

$$P(B\mid A)=\frac{P(AB)}{P(A)}=\frac{0.03}{0.30}=\frac{1}{10}$$

(3) 如果已知一学生听力有缺陷，那么他的视力也有缺陷的概率是多少？类似地，可计算条件概率

$$P(A\mid B)=\frac{P(AB)}{P(B)}=\frac{0.03}{0.07}=\frac{3}{7}$$

例 1.5.3　一只盒子中装有 m 个红球与 n 个白球，每次随机地取出一个球，记

为 R_i =“第 i 次取出的是红球”$(i=1,2)$.试问事件 R_1 与 R_2 是否相互独立?

解 该问题需考虑不同的抽样方式.

(1) 如果是有放回抽样,则

$$P(R_1)=P(R_2)=\frac{m}{m+n},\quad P(R_1R_2)=\frac{m^2}{(m+n)^2}$$

从而 $P(R_1R_2)=P(R_1)P(R_2)$,即 R_1 与 R_2 相互独立.

(2) 如果是无放回抽样,则

$$P(R_1)=\frac{m}{m+n}$$

而

$$P(R_1R_2)=P(R_1)P(R_2\mid R_1)=\frac{m}{m+n}\cdot\frac{m-1}{m+n-1}$$

又由于 R_1 与 $\overline{R_1}$ 构成 Ω 的一个划分,故由全概率公式,得

$$\begin{aligned}P(R_2)&=P(R_2\mid R_1)P(R_1)+P(R_2\mid \overline{R_1})P(\overline{R_1})\\&=\frac{m-1}{m+n-1}\cdot\frac{m}{m+n}+\frac{m}{m+n-1}\cdot\frac{n}{m+n}=\frac{m}{m+n}\end{aligned}$$

从而 $P(R_1R_2)\neq P(R_1)P(R_2)$,即 R_1 与 R_2 不相互独立.

从上例可以看出,不同的抽样方式对独立性是有影响的.但是,直觉告诉我们,当总体很大时,这种影响是可以忽略不计的.事实上,在不放回抽样中,我们考虑

$$\begin{aligned}Q&=|P(R_1R_2)-P(R_1)P(R_2)|\\&=\left|\frac{m}{m+n}\left(\frac{m-1}{m+n-1}-\frac{m}{m+n}\right)\right|\\&=\frac{mn}{(m+n)^2(m+n-1)}\leqslant\frac{1}{2(m+n-1)}\to 0\quad(m+n\to+\infty)\end{aligned}$$

可见,当 m 或 n 很大时,Q 很小,此时,R_1 与 R_2 几乎是独立的.

由此可知,我们可用 $|P(AB)-P(A)P(B)|$ 来刻画事件 A 与 B 的相关性程度.为此,我们定义:

定义 1.5.2 设 $0<P(A)<1, 0<P(B)<1$,称

$$\rho(A,B)=\frac{P(AB)-P(A)P(B)}{\sqrt{P(A)[1-P(A)]P(B)[1-P(B)]}}$$

为事件 A 与 B 的**相关系数**(correlation coefficient).

关于事件的相关系数,我们有如下定理:

定理 1.5.1 (1) $\rho(A,B)=0$ 当且仅当 A 与 B 相互独立;

(2) $|\rho(A,B)|\leqslant 1$;

(3) $\rho(A,B)>0 \Leftrightarrow P(A|B)>P(A) \Leftrightarrow P(B|A)>P(B)$,
$\rho(A,B)<0 \Leftrightarrow P(A|B)<P(A) \Leftrightarrow P(B|A)<P(B)$.

1.5.2　有限个事件的独立性

定义 1.5.3　如果 $n\,(\geqslant 2)$ 个事件 $A_1,A_2,\cdots,A_n$ 中任意两个事件均相互独立,即对任意 $1\leqslant i<j\leqslant n$,均有

$$P(A_iA_j)=P(A_i)P(A_j)$$

则称 n 个事件 $A_1,A_2,\cdots,A_n$ 两两独立.

两两独立的概念只涉及 n 个事件中每对事件之间的相互关系,这种关系不涉及第三者.但我们通常还会碰到需要同时考虑多个事件之间的关系,比如,三个事件 A,B,C 两两独立,即

$$P(AB)=P(A)P(B)$$
$$P(AC)=P(A)P(C)$$
$$P(BC)=P(B)P(C)$$

但这还不足以说明 A,B,C 相互独立,因为从这三个等式推不出 AB 与 C 独立、$A\cup B$与 C 独立.假如再添一个等式

$$P(ABC)=P(A)P(B)P(C)$$

就可以了.

由此可以看出,对于三个以上的事件的相互独立需要用更多个概率等式去定义.

定义 1.5.4　给定 n 个事件$A_1,A_2,\cdots,A_n$,假如对所有可能的$1\leqslant i<j<k<\cdots\leqslant n$,以下等式均成立:

$$P(A_iA_j)=P(A_i)P(A_j)$$
$$P(A_iA_jA_k)=P(A_i)P(A_j)P(A_k)$$
$$\cdots$$
$$P(A_1A_2\cdots A_n)=P(A_1)P(A_2)\cdots P(A_n)$$

则称 n 个事件$A_1,A_2,\cdots,A_n$ 相互独立.

显然,当 $n=2$ 时,两两独立与相互独立是同一概念.但一般地,当 $n>2$ 时,相互独立是比两两独立更强的性质.在日常生活中也有类似的例子,比如,若 A 与 B 友好,B 与 C 友好,但 A 与 C 未必友好.而且,三人 A,B,C 中每两人都相处得好,但他们三人未必一定相处得好,反之也未必成立(见习题1解答题第26题).从上述定义可以看出,n 个相互独立事件中任一部分与另一部分都是独立的.

1.5.3 相互独立事件的性质

事件之间具有独立性的情况下,很多计算将变得简单,其中经常用到以下两个性质.

性质1 如果 n 个事件 $A_1,A_2,\cdots,A_n$ 相互独立,则将其中任何 $m\ (1\leqslant m\leqslant n)$ 个事件改为相应的对立事件,新形成的 n 个事件仍然相互独立.

性质2 如果 n 个事件 $A_1,A_2,\cdots,A_n$ 相互独立,则有

$$P(\bigcup_{i=1}^{n} A_i) = 1 - \prod_{i=1}^{n} P(\overline{A_i}) = 1 - \prod_{i=1}^{n}[1 - P(A_i)]$$

性质1的证明只需对 $m=1$ 的情形进行,然后应用数学归纳法.性质2是性质1的推论.

例1.5.4(小概率原则) 设随机试验 E 中某事件 A 出现的概率 $\varepsilon>0$.试证明不断独立地重复做试验 E 时,A 迟早出现的概率为1,不论 ε 如何小.

证明 以 A_k 表示事件"A 于第 k 次试验中出现",则 $P(A_k)=\varepsilon$.前 n 次试验中,A 都不出现的概率为

$$P(\overline{A_1}\ \overline{A_2}\cdots\ \overline{A_n}) = P(\overline{A_1})P(\overline{A_2})\cdots P(\overline{A_n}) = (1-\varepsilon)^n$$

于是,前 n 次试验中 A 至少出现一次的概率为

$$1 - P(\overline{A_1}\ \overline{A_2}\cdots\ \overline{A_n}) = 1 - (1-\varepsilon)^n \to 1 \quad (n\to+\infty)$$

该例说明决不能轻视小概率事件,尽管在一次试验中它出现的概率很小,但只要试验次数足够大,而且独立地进行,那么它迟早要出现的概率可以任意接近于1.

例1.5.5 假设图1.4中各系统的各个元件正常工作的事件之间相互独立,并且第 k 个元件的可靠性为 p_k,试求各个系统的可靠性.

解 在系统Ⅰ中,元件1到 n 串联,元件 $n+1$ 到 $2n$ 串联,而上述两串元件并联.以 E_1 表示系统Ⅰ正常工作的事件,以 A_1 和 A_2 分别表示两串元件正常工作的事件.易知

$$\begin{aligned} P(E_1) &= P(A_1\cup A_2) = P(A_1)+P(A_2)-P(A_1A_2) \\ &= \prod_{k=1}^{n} p_k + \prod_{k=n+1}^{2n} p_k - \prod_{k=1}^{2n} p_k \end{aligned}$$

在系统Ⅱ中,元件 k 与 $n+k$ 并联($k=1,2,\cdots,n$).而上述 n 个并联组再串联.以 E_2 表示系统Ⅱ正常工作的事件,以 A_j 表示元件 j 正常工作的事件($j=1,2,\cdots,2n$).易知

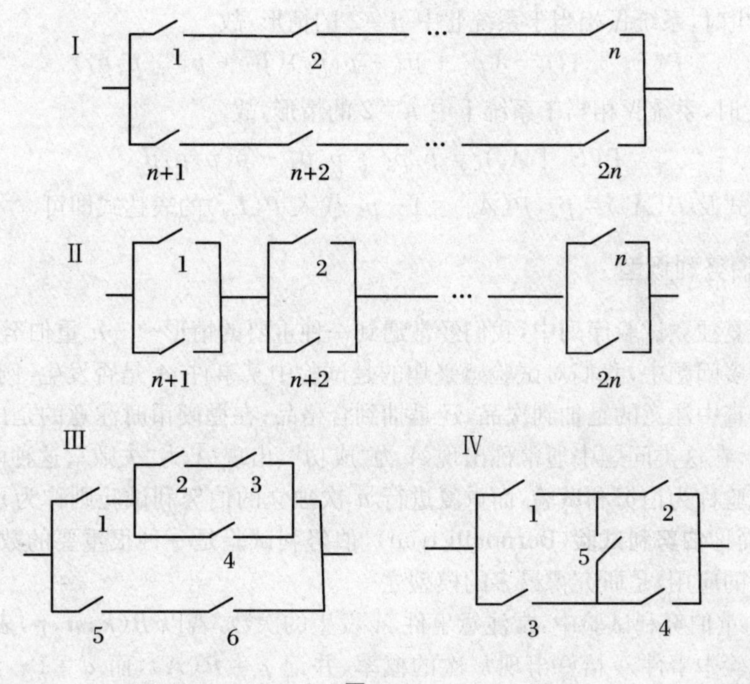

图 1.4

$$P(E_2)=P(\bigcap_{k=1}^{n}(A_k\cup A_{n+k}))=\prod_{k=1}^{n}P(A_k\cup A_{n+k})$$

$$=\prod_{k=1}^{n}(p_k+p_{n+k}-p_kp_{n+k})$$

以 E_3 表示系统Ⅲ正常工作的事件，以 A_k 表示元件k 正常工作的事件($k=1,2,\cdots,6$).再以 B_1 表示由元件1至4组成的子系统正常工作的事件，以 B_2 表示由元件5和6组成的子系统正常工作的事件.易知

$$P(B_1)=P(A_1(A_2A_3\cup A_4))=p_1(p_2p_3+p_4-p_2p_3p_4)$$

$$P(B_2)=P(A_5A_6)=p_5p_6$$

$$P(E_3)=P(B_1\cup B_2)=P(B_1)+P(B_2)-P(B_1B_2)$$

$$=P(B_1)+P(B_2)-P(B_1)P(B_2)$$

再把 $P(B_1)$和 $P(B_2)$的值代入上式即可.

以 E_4 表示系统Ⅳ正常工作的事件，以 A_k 表示元件k 正常工作的事件($k=1,2,\cdots,5$).我们有

$$P(E_4)=P(A_5)P(E_4\mid A_5)+P(\overline{A_5})P(E_4\mid\overline{A_5})$$

在 A_5 发生时，系统Ⅳ相当于系统Ⅱ中 $n=2$ 的情形，故

$$P(E_4 \mid A_5) = (p_1 + p_3 - p_1p_3)(p_2 + p_4 - p_2p_4)$$

在$\overline{A_5}$发生时，系统Ⅳ相当于系统Ⅰ中 $n=2$ 的情形，故

$$P(E_4 \mid \overline{A_5}) = p_1p_2 + p_3p_4 - p_1p_2p_3p_4$$

将上述两式及 $P(A_5)=p_5, P(\overline{A_5})=1-p_5$ 代入 $P(E_4)$的表达式即可.

1.5.4 伯努利概型

在重复独立试验序列中，我们经常遇到一种重要的情形——n 重伯努利试验.

在许多问题中，我们对试验感兴趣的是试验中某事件 A 是否发生. 例如，在产品抽样检查中注意的是抽到次品，还是抽到合格品；在抛硬币时注意的是出现正面还是反面. 在这类问题中通常称出现 A 为“成功”，出现 $\bar{A}$ 为“失败”. 这种两个可能结果的试验称为伯努利试验，而重复进行 n 次独立的伯努利试验则称为n 重伯努利试验，简称**伯努利试验**(Bernoulli trial)，伯努利试验是一种很重要的数学模型. 它有广泛的应用，是研究得最多的模型之一.

在 n 重伯努利试验中，常注意事件 A 发生的次数. 若以 $B(k;n,p)$表示 n 重伯努利试验中事件A 恰好出现k 次的概率，并记 $p=P(A)$，而 $q=1-p$ $(0<p<1)$，则有

$$B(k;n,p) = \binom{n}{k}p^k(1-p)^{n-k} \quad (k = 0,1,2,\cdots,n)$$

这是因为

$$\text{“}A\text{ 恰好出现}k\text{ 次”} = A\cdots A\bar{A}\cdots\bar{A} \cup \cdots \cup \bar{A}\cdots\bar{A}\cdots A\cdots A$$

右边的每一项表示在某 k 次试验中出现A，在另外 $n-k$ 次试验中出现$\bar{A}$，这种项共有$\binom{n}{k}$个，而且两两互不相容. 再由试验的独立性，得

$$P(\underbrace{A\cdots A}_{k}\underbrace{\bar{A}\cdots\bar{A}}_{n-k}) = P(A)\cdots P(A)P(\bar{A})\cdots P(\bar{A}) = p^kq^{n-k}$$

$$\cdots$$

$$P(\underbrace{\bar{A}\cdots\bar{A}}_{n-k}\underbrace{A\cdots A}_{k}) = P(\bar{A})\cdots P(\bar{A})P(A)\cdots P(A) = p^kq^{n-k}$$

故

$$P(\text{“}A\text{ 恰好出现}k\text{ 次”}) = \binom{n}{k}p^k(1-p)^{n-k} \tag{1.5.1}$$

注意到 $B(k;n,p)$恰好是二项式$(q+px)^n$ 展开式中x^k 的系数，因此式(1.5.1)称

为二项分布.特别地

$$\sum_{k=0}^{n}\binom{n}{k}p^k q^{n-k} = (p+q)^n = 1$$

例 1.5.6　已知 100 个产品中有 5 个次品,现从中任取 1 个,有放回地取 3 次,求在所取的 3 个中,恰有 2 个次品的概率.

解　因为这是有放回的抽取,因此这 3 次试验的条件是完全相同的,它是伯努利试验.依题意,每次试验取到次品的概率为 $p=5/100=0.05$.以 A 表示事件"所取的 3 个中恰有 2 个次品",于是,有

$$P(A) = \binom{3}{2}0.05^2(1-0.05) = 3\times 0.05^2\times 0.95 = 0.007\,125$$

如果将问题中的"有放回"改为"无放回",那么各次试验条件就不同了,故不能用式(1.5.1),而只能用古典概型求解,即

$$P(A) = \binom{95}{1}\binom{5}{2}\Big/\binom{100}{3} = 0.006$$

在实际问题中,真正在完全相同条件下进行的试验是不多见的.例如,向同一目标射击 n 次,这 n 次射击条件不可能完全一样,只是大致相同,但可用伯努利概型来近似处理.

习 题 1

选择题

1. 若两事件 A 和 B 同时出现的概率 $P(AB)=0$,则(　　).

(A) A 和 B 不相容　　(B) AB 是不可能事件

(C) AB 未必是不可能事件　　(D) $P(A)=0$ 或 $P(B)=0$

2. 事件 $A=$"灯泡正常工作 2 年",$B=$"灯泡正常工作 3 年",则下列正确的是(　　).

(A) $A\supset B$　　(B) $A\subset B$

3. 以 A 表示事件"甲种产品畅销,乙种产品滞销",则事件 $\bar{A}$ 为(　　).

(A) 甲种产品滞销,乙种产品畅销　　(B) 甲、乙两种产品均畅销

(C) 甲种产品滞销　　(D) 甲种产品滞销或乙种产品畅销

4. 设 $A\subset B$,则下列命题正确的是(　　).

(A) $P(\overline{AB})=1-P(A)$　　(B) $P(\bar{B}-\bar{A})=P(\bar{B})-P(A\bar{B})$

(C) $P(B|A)=P(B)$　　(D) $P(A|\bar{B})=P(A)$

5. 已知 $P(A)=0.5, P(B)=0.4, P(A+B)=0.6$,则 $P(A|B)=($ $)$.

(A) 0.2 (B) 0.45

(C) 0.6 (D) 0.75

6. 设 $P(A)+P(B)=1$,则( ).

(A) $P(A\cup B)=1$ (B) $P(A\cap B)=0$

(C) $P(\bar{A}\cap\bar{B})=P(A\cap B)$ (D) $P(\bar{A}\cap\bar{B})=P(A\cup B)$

7. 设甲抛 3 次硬币,乙抛 2 次硬币,则下列结论正确的是( ).

(A) 甲的正面数多于乙的正面数的概率等于 1/2

(B) 甲的正面数多于乙的正面数的概率大于 1/2

(C) 甲的正面数少于乙的正面数的概率等于 1/2

(D) 甲的正面数少于乙的正面数的概率大于 1/2

8. 设 A,B 为两事件,$0<P(B)<1$,若有 $P(A|B)=P(A|\bar{B})$,则( ).

(A) $AB=\varnothing$ (B) $A=\bar{B}$

(C) $P(AB)=P(A)P(B)$ (D) $A\supset B$

9. 设 A,B 为随机事件,且 $P(A)>0, P(B)>0$,则下面成立的是( ).

(A) 若 A,B 相容,则 A,B 必定相互独立

(B) 若 A,B 不相容,则 A,B 必定相互独立

(C) 若 A,B 相容,则 A,B 必定不相互独立

(D) 若 A,B 不相容,则 A,B 必定不相互独立

10. 设 A,B,C 是 3 个相互独立的随机事件,且 $0<P(C)<1, P(A)\neq 0$,则在下列给定的 4 对事件中不相互独立的是( ).

(A) $\overline{A+B}, C$ (B) $\overline{AC}, \bar{C}$

(C) $\overline{A-B}, \bar{C}$ (D) $\overline{AB}, C$

11. 设 A,B 是任意两个随机事件,且 $A\subset B, P(B)>0$,则下列正确的是( ).

(A) $P(A)<P(A|B)$ (B) $P(A)\leqslant P(A|B)$

(C) $P(A)>P(A|B)$ (D) $P(A)\geqslant P(A|B)$

12. 某人花钱买了 A,B,C 三种不同的奖券各一张.已知各种奖券中奖是相互独立的,中奖的概率分别为 $P(A)=0.03, P(B)=0.01, P(C)=0.02$,如果只要有一种奖券中奖此人就一定赚钱,则此人赚钱的概率是( ).

(A) 0.05 (B) 0.06

(C) 0.07 (D) 0.08

13. 设 A,B 为两个随机事件,且 $0<P(A)<1$,则下列命题正确的是( ).

(A) 若 $P(A\bar{B})=P(A)$,则 A,B 互斥

(B) 若 $P(B|A)+P(\bar{B}|\bar{A})=1$,则 A,B 独立

(C) 若 $P(AB)+P(\bar{A}\bar{B})=0$,则 A,B 互为对立事件

(D) 若 $P(B)=P(B|A)+P(B|\bar{A})=1$,则 B 为不可能事件

填空题

1. 设 A,B 为随机事件,$P(A)=0.7$,$P(A-B)=0.3$,则 $P(\overline{AB})=$______.

2. 设事件 A,B 发生的概率分别为 1/3 与 1/2,且 $P(AB)=1/8$,则 $P(B\bar{A})=$______.

3. 设 A,B 为随机事件,且 $P(A)+P(B)=0.9$,$P(AB)=0.2$,则 $P(\bar{A}B)+P(A\bar{B})$ $=$______.

4. 设 A,B 为随机事件,且 $P(A)=0.8$,$P(B)=0.9$,$P(B\mid\bar{A})=0.7$,则 $P(A\mid\bar{B})$ $=$______,$P(A\cup B)=$______.

5. 设 A,B,C 为随机事件,$P(A)=P(B)=P(C)=2/5$,$P(AB)=P(AC)=1/6$,$P(BC)=0$,则 A,B,C 都不发生的概率为______.

6. 一电话用户忘记了电话号码的最后一个数字,因此他随意地拨最后一个号,则他最多拨4次即可拨通所要电话的概率(重新拨同一号码不计)为______.

7. 从6名候选人甲、乙、丙、丁、戊、己中选出4名委员,则甲、乙中最多有1人被选中的概率为______.

8. 袋中装有50个乒乓球,其中20个黄的、30个白的,现有两人依次随机地从袋中各取一球,取后不放回,则第二人取得黄球的概率是_______;若取后放回,则第二人取得黄球的概率是______.

9. 假设一批产品中一、二、三等品各占60%,30%,10%,从中随意取出一件,结果不是三等品,则取到的是一等品的概率为______.

10. 设A,B两厂产品的次品率分别为1%与2%,现从A,B两厂产品分别占60%与40%的一批产品中任取一件,结果是次品,则此次品是A厂生产的概率为______.

11. 某商品成箱出售,每箱该产品有20件,已知其中无次品、正好一件次品、正好两件次品的概率分别为0.8,0.12,0.08.允许顾客任取一箱并开箱后任取4件检查,若未发现次品,则顾客必须买下,否则可不买,那么顾客买下此箱的概率为______.

12. 有两个箱子,第一个箱子有3个白球、2个红球,第二个箱子有4个白球、4个红球,现从第一个箱子中随机地取出1个球放在第二个箱子里,再从第二个箱子中取1个球,此球是白球的概率为______.已知上述从第二个箱子中取出的球是白球,则从第一个箱子中取出的球是白球的概率为______.

13. 设事件 A 与 B 相互独立且互不相容,则 $\min\{P(A),P(B)\}=$______.

14. 设 $P(A)=0.4$,$P(A\cup B)=0.7$,那么:

(1) 若 A 与 B 互不相容,则 $P(B)=$______;

(2) 若 A 与 B 相互独立,则 $P(B)=$______.

15. 设三个随机事件 A,B,C 两两独立,且 $ABC=\varnothing$,$P(A)=P(B)=P(C)<1/2$,以及 $P(A\cup B\cup C)=9/16$,则 $P(A)=$______.

16. 设甲、乙两人独立地射击同一目标,其命中率分别为0.6和0.5,则已命中的目标是被甲射中的概率为______.

17. 随机事件 A 与 B 相互独立，已知 A 发生、B 不发生的概率与 B 发生、A 不发生的概率相等，且均为 $1/4$，则 $P(A)=$______.

18. 设在一次试验中，事件 A 发生的概率为 p. 现进行 n 次独立试验，则 A 至少发生一次的概率为______；而事件 A 至多发生一次的概率为______.

解答题

1. 设 A,B,C 表示三个事件，试利用 A,B,C 表示下列事件：

(1) A 发生，B,C 都不发生； (2) A,B 都发生，C 不发生；

(3) 所有三个事件都发生； (4) 三个事件中至少有一个发生；

(5) 三个事件都不发生； (6) 只有 B 发生；

(7) 只有 B 不发生； (8) 不多于一个事件发生；

(9) 不多于两个事件发生； (10) 三个事件中至少有两个发生.

2. 如图 1 所示，用 1～6 表示开关，用 B 表示"电路接通"，A_i 表示"第 i 个开关闭合"，请用 A_i 表示事件 B.

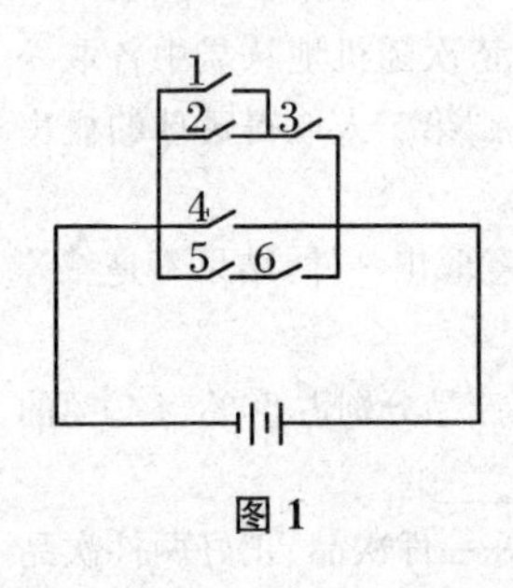

图 1

3. 一大型超市声称，进入商店的小偷有 60%可以被电视监测器发现，有 40%被保安人员发现，有 20%被监测器和保安人员同时发现，试求小偷被发现的概率.

4. 某村有 200 户人家，34 户没有孩子，98 户有一个孩子，49 户有两个孩子，19 户有多于两个孩子. 从中任选一户人家，这户人家只有一个孩子的概率为多少？这户人家至少有一个孩子的概率为多少？

5. 某公司有职工 210 名，对他们进行调查后发现，有 160 人会使用计算机，78 人受过高等教育，而不会使用计算机的人中有 43 人未受过高等教育，现从所有职工中任选一人.

(1) 求他受过高等教育的概率；

(2) 求他不会使用计算机的概率；

(3) 已知他没有受过高等教育，求他会使用计算机的概率；

(4) 已知他会使用计算机，求他受过高等教育的概率；

(5) 求他既会使用计算机，又受过高等教育的概率；

(6) 求他既不会使用计算机，又没有受过高等教育的概率.

6. 在区间(0,1)中随机地取出两个数，求事件"两数之和小于 6/5"的概率.

7. 周昂、李虎和张文丽是同学，如果他们到校先后次序的出现模式的可能性是一样的，那么，周昂比张文丽先到校的概率是多少？

8. 从一批由 37 件正品、3 件次品组成的产品中任取 3 件产品，求：

(1) 3 件中恰有 1 件次品的概率； (2) 3 件全是次品的概率；

(3) 3 件全是正品的概率； (4) 3 件中至少有 1 件次品的概率；

(5) 3 件中至少有 2 件次品的概率.

9. 袋中放有 2 个伍分、3 个贰分和 5 个壹分的硬币，任取 5 个，求钱额总数超过壹角的概率.

10. 某城市共有 N 辆汽车，车牌号从 1 到 N，有人将他所遇到的该城市的 n 辆汽车的车牌号码(可能有重复)全部抄下来，假设每辆汽车被遇到的机会相同，求抄到的最大号码恰好是 k 的概率.

11. 甲、乙两个城市都位于长江下游，根据 100 年来气象的记录，知道甲、乙两个城市一年中雨天占的比例分别为 20%和 18%，两地同时下雨的比例为 12%，问：

(1) 乙市为雨天时，甲市为雨天的概率是多少？

(2) 甲市为雨天时，乙市为雨天的概率是多少？

(3) 甲、乙两城市至少有一个为雨天的概率是多少？

12. 某种动物由出生活到 20 岁的概率为 0.8，活到 25 岁的概率为 0.4，问现年 20 岁的这种动物活到 25 岁的概率是多少？

13. 一批零件共 100 件，其中次品 10 件，每次从中任取一个零件，取出的零件不再放回，求第三次才取到正品的概率.

14. 发报台以 3∶4 的比例发出信号 * 和 +，由于通信受到干扰，当发出信号为 * 时，收报台分别以概率 0.8 和 0.2 收到信号 * 和 +；又若发出信号为 + 时，收报台分别以概率 0.9 和 0.1 收到信号 + 和 *. 求当收报台收到信号 * 时，发报台确实发出信号 * 的概率.

15. 某工厂由甲、乙、丙三个车间生产同一种产品，每个车间的产量分别占全厂的 25%，35%，40%，各车间产品的次品率分别为 5%，4%，2%，求全厂产品的次品率.

16. 两台车床加工同样的零件，第一台加工后的废品率为 0.03，第二台加工后的废品率为 0.02，加工出来的零件放在一起. 已知这批加工后的零件中，由第一台车床加工的占 2/3，由第二台车床加工的占 1/3，从这批零件中任取一件，求这件是合格品的概率.

17. 某高校甲系二年级 1，2，3 班的学生人数分别为 16，25，25，其中参加义务献血的人数分别为 12，15，20，从这三个班中随机抽取一个班，再从该班的学生名单中任意抽取两人.

(1) 求第一次抽取的是已献血的学生的概率；

(2) 如果已知第二次抽到的是未参加献血的，求第一次抽到的是已献血的学生的概率.

18. 美国总统常常从经济顾问委员会寻求各种建议. 假设有三个持有不同经济理论的顾问(Perlstadt，Kramer 和 Oppenheim). 总统正在考虑采取一项关于工资和价格控制的新政策，并关注这项政策对失业率的影响. 每位顾问就这种影响给总统一个个人预测，他们所预测的失业率的概率综述于表 1.

表 1

	下降(D)	维持原状(S)	上升(R)
Perlstadt	0.1	0.1	0.8
Kramer	0.6	0.2	0.2
Oppenheim	0.2	0.6	0.2

根据以前与这些顾问一起工作的经验，总统已经形成了关于每位顾问有正确的经济理论的可能性的一个先验估计，分别为

P(Perlstadt 正确) = 1/6

P(Kramer 正确) = 1/3

P(Oppenheim 正确) = 1/2

假设总统采纳了所提出的政策，一年后，失业率上升了，总统应如何调整他对其顾问的理论正确性的估计？

19. 甲、乙、丙三人向同一架飞机射击.设甲、乙、丙击中的概率分别为0.4,0.5,0.7,又设若只有一人击中，飞机坠毁的概率为0.2；若两人击中，飞机坠毁的概率为0.6；若三人击中，飞机必坠毁.求飞机坠毁的概率.

20. 某电视机厂生产的每台电视机以概率0.80可以直接出售，以概率0.20需要进一步检修，经过检修以后以概率0.90可以出售，以概率0.10定为不合格品而不能出售.现该厂新生产了 n (>2)台电视机(假定每台生产过程相互独立).求：

(1) 全部能出售的概率；

(2) 其中恰好有3台不能出售的概率；

(3) 其中至少有3台不能出售的概率.

21. 一种典型的立体声唱机系统的安排如图2所示.这种系统的方式一经设定，只要原先的设备(调频旋钮、磁带驱动器、唱盘)中至少有一个工作，放大器工作，还要至少有一个音箱工作，我们就能听到某种音乐.如果两个音箱工作，那么我们就会听到立体声效果.这6个组成部分都有其自身的可靠性，即它能运转工作的概率.可靠性如表2所示.

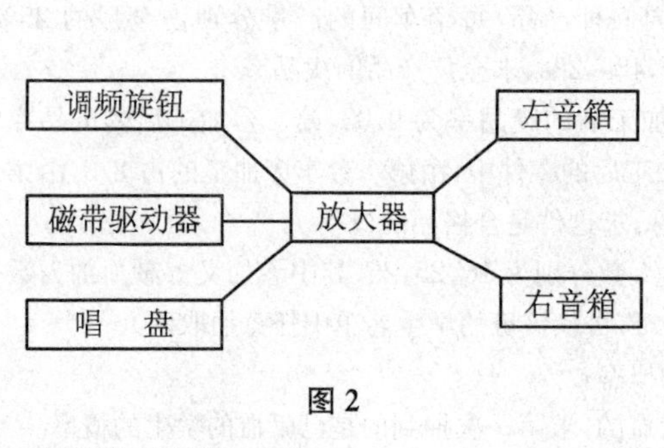

图 2

表 2

组成部分	可靠性
调频旋钮	0.98
磁带驱动器	0.993
唱盘	0.95
左音箱	0.97
右音箱	0.97
放大器	0.96

试求以下事件的概率：

(1) 所有组成部分都工作；

(2) 我们能听到系统发出的某类音乐；

(3) 我们能听到某些立体声音乐；

(4) 系统坏了.

22. 甲、乙两射手独立地对同一目标射击，甲射手的命中率是0.8,乙射手的命中率是0.4,今各射击1发后，只有1弹命中目标，求此弹为甲所射的概率.

23. 正四面体的四个顶点记为1,2,3,4,从一点出发等可能地到其他3点，求从1出发走7步又回到1的概率.

24. (网络问题)对于任意一个由 n 个点组成的网络，如果对于这 n 个点中的任意一个都与其余 $n-1$ 个点相连，且从任一点出发每次等可能地选择一条道路，求经过 i 次后又回到该点的概率.

25. 设试验器皿中产生甲、乙两类细菌的机会是相同的,若某次发现产生了 $2n$ 个细菌,试计算:

(1) 至少有一个甲类细菌的概率;

(2) 甲、乙两类细菌各占一半的概率.

26. 设 $\Omega=\{a,b,c,d,e,f\}$, $P(a)=P(b)=1/8$, 且 $P(c)=P(d)=P(e)=P(f)=3/16$. 随机事件 $A=\{d,e,a\}$, $B=\{c,e,a\}$, $C=\{c,d,a\}$. 试说明 $P(ABC)=P(A)P(B)P(C)$, 但任意两个事件都不独立.

27. 设有 2 500 个同一年龄段、同一社会阶层的人参加某保险公司的人寿保险. 根据以前的统计资料,在一年里每个人死亡的概率是 0.000 1,每个参加保险的人一年付给保险公司 40 元保费,而在死亡时其家属从保险公司领取 20 000 元赔偿金. 求(不计利息)下列事件的概率:

(1) 保险公司亏本;

(2) 保险公司一年内获利不少于 6 万元.

证明题

1. 如果 $P(A|C)\geqslant P(B|C)$, $P(A|\bar{C})\geqslant P(B|\bar{C})$, 则 $P(A)>P(B)$.

2. 设 A,B 是两个随机事件,证明

$$1-P(\bar{A})-P(\bar{B})\leqslant P(AB)\leqslant P(A\cup B)\leqslant P(A)+P(B)$$

3. 设有三个事件 A,B,C, 其中 $P(B)>0$, $P(C)>0$, 且事件 B 和 C 相互独立,证明

$$P(A\mid B)=P(A\mid BC)P(C)+P(A\mid B\bar{C})P(\bar{C})$$

4.* 已知 $P(A|B)>P(A)$, 求证: $P(B|A)>P(B)$.

5.* 已知 $P(A)>P(A|B)$, 求证: $P(A)<P(A|\bar{B})$.

6.* 设 $P(A)=p$, $P(B)=1-\varepsilon$, 证明

$$\frac{p-\varepsilon}{1-\varepsilon}\leqslant P(A\mid B)\leqslant\frac{p}{1-\varepsilon}$$

生活中最重要的问题，其中大多数实际上只是概率的问题.

——拉普拉斯

第2章 一维随机变量及其分布

在上一章中，我们用样本空间的子集，即基本事件的集合来表示随机试验的各种结果.这种表示的方式对于全面讨论随机试验的统计规律性及数学工具的运用都有较大的局限.在本章中，我们将用实数来表示随机试验的各种结果，即引入随机变量的概念.这样，不仅可更全面地揭示随机试验的客观存在的统计规律性，而且可使我们用数学分析的方法来讨论随机试验.

2.1 随机变量及其分布

随机事件是按试验结果出现与否而定的事件，它是一种“定性”的概念，不利于研究.人们对随机现象的兴趣常常集中在其结果的某个数量方面.譬如，质量检验员在检查30个产品时关心的是不合格品的个数.若记30个产品中不合格品的个数为 X，则这个 X 可能取 $0,1,2,\cdots,30$ 中的任一个数，可见 X 是变量.至于这个 X 取哪个数要看检查结果，事先不能确定，故此 X 的取值又带有随机性，这样的变量称为随机变量.这个随机变量 X 是质量检验员的注意点.有了随机变量后，有关事件的表示也方便了，如 $(X=3)$ 表示“30个产品中有3个不合格品”这一事件.为了更好地、全面地研究随机试验结果，我们将随机试验的结果与实数对应起来，从而将随机试验的结果数量化.

2.1.1　随机变量的概念

例 2.1.1　设袋中有依次标有1,2,2,2,3,3数字的六只球,从袋中任取一只球,记下球上的数字X,则X是随着试验结果的不同而变化的.当试验结果确定后,X的值也就相应地确定了.

例 2.1.2　"寿命测试":记X为"某产品的使用寿命(时间)",则X的取值由试验的结果所确定,X随着试验结果的不同而取不同的值.试验结果确定后,X的值也就确定了.

由上面两个例子可见,试验结果可以用一个数X来表示.

例 2.1.3　考察"掷硬币"这一试验,它有两个结果:"出现正面"或"出现反面".虽然结果并不直接就是数,为了便于研究,我们将每一个结果用一个实数来表示.例如,用$(X=1)$表示"出现正面",用$(X=0)$表示"出现反面".这样可将试验结果数量化.

综上所述,我们可以用随机变量来描述随机现象.有了随机变量,我们就可以用微积分的知识来深入研究随机现象.

注　随机变量与微积分中的变量是有区别的.微积分中的变量是确定的,而随机变量的取值是随机的,按照一定的概率取值,但是只知道随机变量的取值是不够的,如例2.1.3中,只知道随机变量$X=1$是不够的,还要考虑$P(X=1)$的大小.下面我们给出随机变量的定义.

定义 2.1.1　设Ω是某随机试验的样本空间,若对Ω中每个基本事件ω都有唯一的实数$X(\omega)$与之对应,则称$X(\omega)$为**随机变量**(random variable).常用大写字母X,Y,Z等表示,其取值用小写字母x,y,z等表示.

由定义可知,随机变量是定义在样本空间Ω上的单值实值函数.随机变量的取值随试验的结果而定.因此,在试验之前只知道它的取值范围,但不能预知它取什么值.此外,试验的每个结果的出现都有一定的概率.这些都表明了随机变量与普通函数有着本质的差异.

随机变量按其可能取值的全体的性质,大致可分为两大类:一类叫**离散型随机变量**(discrete random variable),其特征是只能取有限或可数个值;另一类叫**连续型随机变量**(continuous random variable),这种随机变量的可能取值充满数轴上的一个区间.

引入随机变量以后,就可以用随机变量X来描述随机事件.例如,在"掷硬币"试验中,可定义

$$X=\begin{cases}1, & 当正面出现时\\ 0, & 当反面出现时\end{cases}$$

则$(X=1)$和$(X=0)$就分别表示了事件“出现正面”和“出现反面”，且有

$$P(X=1)=P(“正面”)=\frac{1}{2},\quad P(X=0)=P(“反面”)=\frac{1}{2}$$

若试验的结果本身就是用数量来描述的，则可定义 $X=X(\omega)=t\ (\omega\in\Omega)$. 例如，在“掷骰子”试验中，用$(X=i)$表示“出现 i 点”，且

$$P(X=i)=P(“出现\ i\ 点”)=\frac{1}{6}\quad(i=1,2,\cdots,6)$$

在“测试灯泡寿命”试验中，如果用 T 表示灯泡的寿命，则$(T=t)$表示“灯泡的寿命为 t 小时”，而 $P(X\leqslant t)$就是事件“灯泡寿命不超过 t 小时”的概率.

2.1.2 随机变量的分布函数

由于许多随机变量的概率分布情况不能以其取某个值的概率来表示，故我们转而讨论随机变量 X 的、取值落在某一个区间里的概率，即取定 $x_1,x_2\ (x_1<x_2)$，讨论 $P(x_1<X\leqslant x_2)$. 因为

$$P(x_1<X\leqslant x_2)=P(X\leqslant x_2)-P(X\leqslant x_1)$$

所以对任何一个实数 x，只需知道 $P(X\leqslant x)$，就可知 X 的取值落在任一区间里的概率了. 为此，我们用 $P(X\leqslant x)$来讨论随机变量 X 的概率分布情况.

定义 2.1.2 设 X 是一个随机变量，x 是任意实数，则函数 $F(x)=P(X\leqslant x)$ 称为 X 的**分布函数**(distribution function)，也称为**概率累积函数**(probability cumulative function)，记为 $F_X(x)$.

有了分布函数，对于任意的实数 $x_1,x_2\ (x_1<x_2)$，随机变量 X 落在区间 $(x_1,x_2]$里的概率就可用分布函数来计算：

$$P(x_1<X\leqslant x_2)=P(X\leqslant x_2)-P(X\leqslant x_1)=F(x_2)-F(x_1)$$

在这个意义上说，分布函数完整地描述了随机变量的统计规律性，或者说，分布函数完整地表示了随机变量的概率分布情况.

若把 X 看作是数轴上随机点的坐标，则分布函数 $F(x)$在 x 的函数值就表示 X 落在区间$(-\infty,x]$里的概率.

分布函数 $F(x)$具有以下基本性质：

(1) $F(x)$是一个单调非减的函数，即当 $x_1<x_2$时，$F(x_1)\leqslant F(x_2)$. 事实上

$$F(x_2)-F(x_1)=P(x_1<X\leqslant x_2)\geqslant 0$$

故

$$F(x_1) \leqslant F(x_2)$$

(2) $0 \leqslant F(x) \leqslant 1$,且

$$F(+\infty) = \lim_{x \to +\infty} F(x) = 1, \quad F(-\infty) = \lim_{x \to -\infty} F(x) = 0$$

因为 $F(x) = P(X \leqslant x)$,即 $F(x)$是 X 落在$(-\infty, x]$里的概率,所以 $0 \leqslant F(x) \leqslant 1$. 对其余两式,我们只给出一个直观的解释,不作严格的证明.事实上,$F(+\infty)$是事件$(X < +\infty)$的概率,而$(X < +\infty)$是必然事件,所以 $F(+\infty) = 1$. 类似地,$(X < -\infty)$是不可能事件,故 $F(-\infty) = 0$.

(3) $F(x)$是右连续的函数,即 $F(x+0) = \lim\limits_{t \to x^+} F(t) = F(x)$,对 $\forall x \in \mathbb{R}$ 均成立.

在理论上已经证明:如果一个函数满足上述三条性质,则它一定是某个随机变量的分布函数.

例 2.1.4　设随机变量 X 的分布律如表 2.1 所示.求 X 的分布函数,并求 $P(X \leqslant 1/2)$, $P(3/2 < X \leqslant 5/2)$, $P(2 \leqslant X \leqslant 3)$.

表 2.1

X	-1	2	3
p_k	$1/4$	$1/2$	$1/4$

解　X 的分布函数为

$$F(x) = \begin{cases} 0, & x < -1 \\ \dfrac{1}{4}, & -1 \leqslant x < 2 \\ \dfrac{1}{4} + \dfrac{1}{2}, & 2 \leqslant x < 3 \\ 1, & x \geqslant 3 \end{cases} \quad \text{即} \quad F(x) = \begin{cases} 0, & x < -1 \\ \dfrac{1}{4}, & -1 \leqslant x < 2 \\ \dfrac{3}{4}, & 2 \leqslant x < 3 \\ 1, & x \geqslant 3 \end{cases}$$

于是

$$P(X \leqslant 1/2) = F(1/2) = \frac{1}{4}$$

$$P(3/2 < X \leqslant 5/2) = F(5/2) - F(3/2) = \frac{3}{4} - \frac{1}{4} = \frac{1}{2}$$

$$P(2 \leqslant X \leqslant 3) = F(3) - F(2) + P(X = 2) = 1 - \frac{3}{4} + \frac{1}{2} = \frac{3}{4}$$

2.2　离散型随机变量的概率函数及分布函数

定义 2.2.1　设 X 是离散型随机变量,它的所有可能取值是 $x_1, x_2, \cdots$,

$x_n,\cdots$,假如 X 取 x_k 的概率为

$$P(X = x_k) = p_k \geqslant 0$$

且满足

$$\sum_{k=1}^{+\infty} p_k = 1$$

则称这组概率$\{p_k\}$为该随机变量 X 的**分布列**,或 X 的**概率函数**(probability mass function),记为 $X \sim \{p_k\}$.

由概率的可加性得,X 的分布函数

$$F(x) = P(X \leqslant x) = \sum_{X \leqslant x_k} P(X = x_k) = \sum_{X \leqslant x_k} p_k$$

例 2.2.1 设一汽车在开往目的地的道路上需经过四盏信号灯,每盏信号灯以 1/2 的概率允许或禁止汽车通过.以 X 表示汽车首次停下时,它已通过的信号灯的盏数(设各盏信号灯的工作是相互独立的),求 X 的分布律.

解 以 p 表示每盏信号灯禁止汽车通过的概率,所以 X 的分布律如表 2.2 所示,或写成

$$P(X = k) = (1 - p)^k p \quad (k = 0,1,2,3)$$
$$P(X = 4) = (1 - p)^4$$

表 2.2

X	0	1	2	3	4
p_k	p	$(1-p)p$	$(1-p)^2 p$	$(1-p)^3 p$	$(1-p)^4$

将 $p = 0.5$ 代入,得表 2.3.

表 2.3

X	0	1	2	3	4
p_k	0.5	0.25	0.125	0.062 5	0.062 5

2.2.1 常见的离散型随机变量的概率分布

2.2.1.1 二项分布

定义 2.2.2 若随机变量 X 的分布律为

$$P(X = k) = \binom{n}{k} p^k (1 - p)^{n-k} \quad (k = 0,1,2,\cdots,n)$$

则称 X 服从参数为 n,p 的**二项分布**(binomial distribution)，记为 $X \sim B(n,p)$，其中 $P(X=k)$表示 n 重伯努利试验中事件 A 恰好发生 k 次的概率.

特别地，当 $n=1$ 时，二项分布化为

$$P(X=k)=p^k(1-p)^{1-k}\quad(k=0,1),\quad X\sim B(1,p)$$

即为两点分布(或 0－1 分布).0－1 分布是经常用到的一种分布，如“抛硬币”试验、检查产品的质量是否合格、某车间的电力消耗是否超过负荷等，都可用 0－1 分布的随机变量来描述.

例 2.2.2　一个完全不懂英语的人去参加英语考试.假设此考试有 5 个选择题，每题有 n 种选择，其中只有一个答案正确.试求：他能答对 3 题以上而及格的概率.

解　由于此人完全是瞎蒙，所以每一题的每一个答案对于他来说都是一样的，而且他是否正确回答各题也是相互独立的.这样，他答题的过程就是一个伯努利试验，“他答对题数”m 这个随机变量服从 $B(5,1/n)$，即

$$p_k=P(m=k)=\binom{5}{k}p^k(1-p)^{5-k}\quad(k=0,1,\cdots,5)$$

其中 $p=1/n$，于是当 $n=4$ 时，此人及格的概率是

$$\begin{aligned}p_3+p_4+p_5&=\binom{5}{3}\left(\frac{1}{4}\right)^3\left(\frac{3}{4}\right)^2+\binom{5}{4}\left(\frac{1}{4}\right)^4\left(\frac{3}{4}\right)+\binom{5}{5}\left(\frac{1}{4}\right)^5\\&\approx 0.10\end{aligned}$$

例 2.2.3　某人独立地射击，设每次射击的命中率为 0.02，射击 400 次，求至少击中目标两次的概率.

解　把每次射击看成一次试验，设命中的次数为 X，则 $X\sim B(400,0.02)$，X 的分布律为

$$P(X=k)=\binom{400}{k}0.02^k0.98^{400-k}\quad(k=0,1,\cdots,400)$$

于是，所求概率为

$$\begin{aligned}P(X\geqslant 2)&=1-P(X=0)-P(X=1)\\&=1-0.98^{400}-400\cdot 0.02\cdot 0.98^{399}\end{aligned}$$

直接计算上式是很麻烦的.下面我们给出一个当 n 很大而 p 很小时的近似计算公式.

泊松(Poisson)定理　设 $\lambda>0$ 是一常数，n 是正整数.若 $np_n\to\lambda$，则对任一固定的非负整数 k，有

$$\lim_{n\to+\infty}\binom{n}{k}p_n^k(1-p_n)^{n-k}=\frac{\lambda^k}{k!}e^{-\lambda}$$

证明 由 $p_n=\lambda/n$,可知

$$\begin{aligned}&\binom{n}{k}p_n^k(1-p_n)^{n-k}\\&=\frac{n(n-1)\cdots(n-k+1)}{k!}\left(\frac{\lambda}{n}\right)^k\left(1-\frac{\lambda}{n}\right)^{n-k}\\&=\frac{\lambda^k}{k!}1\cdot\left(1-\frac{1}{n}\right)\left(1-\frac{2}{n}\right)\cdots\left(1-\frac{k-1}{n}\right)\left(1-\frac{\lambda}{n}\right)^n\left(1-\frac{\lambda}{n}\right)^{-k}\end{aligned}$$

对任意固定的 k,当 $n\to+\infty$ 时,$1-i/n\to1\ (i=1,2,\cdots,k-1)$,所以

$$\left(1-\frac{\lambda}{n}\right)^{-k}\to1,\quad\left(1-\frac{\lambda}{n}\right)^n=\left(1-\frac{\lambda}{n}\right)^{\frac{-n}{\lambda}\cdot(-\lambda)}\to e^{-\lambda}$$

故有

$$\lim_{n\to+\infty}\binom{n}{k}p_n^k(1-p_n)^{n-k}=\frac{\lambda^k}{k!}e^{-\lambda}$$

定理的条件 $np_n\to\lambda$ 意味着,n 很大时 p_n 必定很小,故由泊松定理知,当 $X\sim B(n,p)$,且 n 很大而 p 很小时,有

$$P(X=k)=\binom{n}{k}p^k(1-p)^{n-k}\approx\frac{\lambda^k}{k!}e^{-\lambda}\tag{2.2.1}$$

其中 $\lambda=np$.在实际计算中,当 $n\geqslant20,p\leqslant0.05$ 时,式(2.2.1)的近似值效果颇佳,而 $n\geqslant100$ 且 $np\leqslant10$ 时,效果更好.$\frac{\lambda^k}{k!}e^{-\lambda}$的值可查表(见书后附表1)得.

2.2.1.2 泊松分布

在历史上泊松分布作为二项分布的近似,是由法国数学家泊松(1781~1840)于1837年首先提出的,后来发现,很多非负整数的离散型随机变量都服从泊松分布,它有着十分广泛的应用.

定义 2.2.3 设常数 $\lambda>0$,如果随机变量 X 的分布律为

$$P(X=k)=\frac{\lambda^k}{k!}e^{-\lambda}\quad(k=0,1,2,\cdots)$$

则称 X 服从参数为 λ 的**泊松分布**(Poisson distribution),记为 $X\sim P(\lambda)$.

我们把一次试验中发生的可能性很小的事件称为稀有事件.当试验次数 n 很大时,稀有事件发生的次数可近似用泊松分布来表述.其中 $\lambda=np$,表示在 n 次试验中,该稀有事件出现的平均次数.

泊松分布在很多地方都有应用,若用 X 表示:一段时间内电话总机收到电话

的呼唤次数;一段时间内某放射物质放射出的 α 粒子数;某一医院一天内的就诊病人数……这些都服从泊松分布.在例2.2.3中,$\lambda=np=8$,由式(2.2.1)知

$$P(X=0)\approx e^{-8},\quad P(X=1)\approx 8e^{-8}$$

因此

$$P(X\geqslant 2)\approx 1-e^{-8}-8e^{-8}=0.997$$

注　例2.2.3的结果告诉我们两个事实:

① 虽然每次射击的命中率很小(为0.02),但射击次数足够大(为400次),则击中目标两次几乎是肯定的(概率为0.997).这个事实告诉我们,一个事件尽管在一次试验中发生的概率很小,但在大量的独立重复试验中这事件的发生几乎是必然的.也就是说,小概率事件在大量独立重复试验中是不可忽视的.

② 若射手在400次独立射击中,击中目标的次数不到两次是一件概率很小的事件,而这事件竟然在一次试验中发生了,则根据实际推断,我们有理由怀疑"每次射击的命中率为0.02"这一假设的正确性,即可认为射手射击的命中率达不到0.02.

例2.2.4　现有90台同类型的设备,各台设备的工作是相互独立的,发生故障的概率都是0.01,且一台设备的故障能由一个人处理.配备维修工人的方法有两种,一种是由3人分开维护,每人负责30台;另一种是由3人共同维护90台.试比较两种方法在设备发生故障不能及时维修的概率的大小.

解　设 A_i $(i=1,2,3)$为第 i 个人负责的30台设备发生故障而无人修理的事件.X_i 表示第 i 个人负责的30台设备中同时发生故障的设备台数,则 $X_i\sim B(30,0.01)$,$\lambda=np=0.3$.由式(2.2.1)得

$$P(A_i)=P(X_i\geqslant 2)\approx\sum_{k=2}^{+\infty}\frac{0.3^k}{k!}e^{-0.3}=0.0369$$

而90台设备发生故障无人修理的事件为 $A_1\cup A_2\cup A_3$,故采用第一种配备维修工人的方法时,所求概率为

$$\begin{aligned}P(A_1\cup A_2\cup A_3)&=1-P(\overline{A_1}\,\overline{A_2}\,\overline{A_3})=1-P(\overline{A_1})P(\overline{A_2})P(\overline{A_3})\\&=1-(1-0.0369)^3\approx 0.1067\end{aligned}$$

在采用第二种配备维修工人的方法时,设 X 为90台设备中同时发生故障的设备台数,则 $X\sim B(90,0.01)$,$\lambda=np=0.9$,故所求概率为

$$P(X\geqslant 4)\approx\sum_{k=4}^{+\infty}\frac{0.9^k}{k!}e^{-0.9}=0.0135$$

由于 $0.0135<0.1067$,显然共同负责比分块负责的维修效率提高了.我们发现,按第二种方法尽管任务重了,但工作质量不仅没有降低,反而提高了.此例表

明概率可以用来解决国民经济的一些问题,以达到更有效地使用人力、物力资源的目的.

2.2.1.3 几何分布

设用机枪射击一次击落飞机的概率为 p,无限次地射击,则首次击落飞机时所需射击的次数 X 服从参数为 p 的**几何分布**(geometric distribution),记为 $X\sim G(p)$,即

$$P(X=k)=(1-p)^{k-1}p \quad (k=1,2,\cdots)$$

容易验证,若在前 m 次射击中未击落飞机,那么,在此条件下,为了等到击落时刻所需要等待时间也服从同一几何分布,该分布与 m 无关,这就是所谓的**无记忆性**.

有趣的是,在离散型取正整数值的分布中,只有几何分布才具有无记忆性.事实上,若设 X 为取正整数值的随机变量,如果对于任意的正整数 m,在 $X>m$ 的条件下,$X=m+1$ 的概率与 m 无关,故对任意的 $k=0,1,2,\cdots$,有

$$P(X=k+1\mid X>k)=p \tag{2.2.2}$$

为求 X 的分布 $P(X=k)(k=0,1,2,\cdots)$,我们考虑

$$r_k=P(X>k) \quad (k=0,1,2,\cdots)$$

由式(2.2.2)及 $(X=k+1)=(X>k)-(X>k+1)$,知

$$p=\frac{P(X=k+1)}{P(X>k)}=\frac{P(X>k)-P(X>k+1)}{r_k}=\frac{r_k-r_{k+1}}{r_k}$$

故有

$$\frac{r_{k+1}}{r_k}=1-p \quad (k=0,1,2,\cdots)$$

由于 $r_0=1,r_k=(1-p)^k$,因此

$$\begin{aligned}P(X=k)&=P(X>k-1)-P(X>k)\\&=r_{k-1}-r_k=(1-p)^{k-1}p \quad (k=1,2,\cdots)\end{aligned}$$

这正是参数为 p 的几何分布.

2.2.1.4 超几何分布

设有产品 s 件,其中正品 N 件,次品 M 件($s=M+N$),从中随机地不放回抽取 n 件,$n\leqslant N$,记 X 为抽到的正品件数,求 X 的分布律.

此时抽到 k 件正品的概率为

$$P(X=k)=\binom{N}{k}\binom{M}{n-k}\Big/\binom{s}{n} \quad (k=0,1,\cdots,N)$$

称 X 服从**超几何分布**(hypergeometric distribution),记为 $X\sim H(M,N,n)$.

可以证明,超几何分布的极限分布就是二项分布,因此在实际应用中,当 s, M,N 都很大时,超几何分布可用下面的式子近似:

$$P(X=k)=\binom{N}{k}\binom{M}{n-k}\Big/\binom{s}{n}\approx\binom{n}{k}\left(\frac{N}{s}\right)^k\left(\frac{M}{s}\right)^{n-k}$$

例 2.2.5 栖居于某指定地区的动物个数 N 是未知的.为得到对 N 的大致估计,生态学家们常常进行如下的试验:他们先在这个地区捉一些动物,比如说 r 个,然后标上某种记号放掉它们;过一段时间,当这些标过记号的动物充分地散布在整个地区后,再捉一批,比如说 n 个.设 X 为第二批捉住的 n 个动物中标过记号的动物个数.如果假设在两次捕捉期间这个地区动物的总数没有变化,而且每捉一个动物都是在剩下的所有动物中等可能地选择,则 X 是一个超几何随机变量,满足

$$P(X=i)=\binom{r}{i}\binom{N-r}{n-i}\Big/\binom{N}{n}$$

2.2.1.5* 负二项分布(Pascal 分布)

在伯努利试验中,记 A 为"成功",$\bar{A}$ 为"失败",$P(A)=p$,$P(\bar{A})=1-p$.设有随机变量 X,它表示第 r ($r=1,2,\cdots$)次成功出现在第 X 次试验中.显然 X 的取值为 $r,r+1,\cdots$,求 X 的分布律 $P(X=k)(k=r,r+1,\cdots)$.

此问题可以这样描述:表示第 r 次成功出现在第 k 次试验中,说明前 $k-1$ 次试验中有 $r-1$ 次成功.若记 Y 为前 $k-1$ 次试验中成功的次数,显然

$$Y\sim B(k-1,p)$$

$$P(Y=r-1)=\binom{k-1}{r-1}p^{r-1}(1-p)^{k-r}$$

第 k 次成功,概率为 p,所以

$$P(X=k)=\binom{k-1}{r-1}p^r(1-p)^{k-r}\quad(k=r,r+1,\cdots)$$

称 X 服从**负二项分布**(negative binomial distribution).

例 2.2.6(Banach 问题) 某售货员同时出售两包同样的书,每次售书,他等可能地任选一包,从中取出一本,直到他发现一包已空为止.问这时另一包中尚余 r ($r\leqslant n$,n 为每包满袋时本数)本书的概率为多少?

解 设 E 表示这位售货员发现一包已空、另一包中尚余 r ($\leqslant n$)本书这一事件.由对称性知,所求的概率等于 $2P(E)$.我们将每取出一包一次视为取得一次成功,以 X 表示取得第 $n+1$ 次成功时的取包次数,则 X 服从参数为 0.5 和 $n+1$ 的 Pascal 分布(因为每次取出一包的概率为 0.5).易知,事件 E 发生,当且仅当 X 等于 $2n-r+1$.所以所求的概率为

$$2P(E) = 2P(X = 2n - r + 1) = \binom{2n-r}{n}2^{r-2n}$$

例 2.2.7 试求在独立重复的伯努利试验中,第 n 次成功发生在第 m 次失败之前的概率.

解 以 X 表示取得第 n 次成功时的试验次数,则 X 服从参数为 p 和 n 的 Pascal 分布.其中 p 是每次伯努利试验中取得成功的概率.以 E 表示"第 n 次成功发生在第 m 次失败之前"的随机事件.显然,E 等价于"在少于 $n+m$ 次试验中取得 n 次成功",所求的概率就是

$$P(E) = P(X < n + m) = \sum_{k=n}^{n+m-1} P(X = k)$$

$$= \sum_{k=n}^{n+m-1} \binom{k-1}{n-1} p^n (1-p)^{k-n}$$

例 2.2.8 乒乓球比赛无平局,且实行 5 局 3 胜制.甲、乙二人对阵,甲每局取胜的概率为 $p\ (0<p<1)$,试求甲可赢乙的概率.

解 我们把甲每取胜一局视为取得一次成功,以 X 表示甲取得 3 次成功所需的局数,则 X 服从参数为 3 和 p 的 Pascal 分布,于是,"甲赢乙"的事件就是"第 3 次成功发生在第 3 次失败之前"的事件,也就是$(X<6)$.利用上例结果,知"甲赢乙"的概率是

$$P(X < 6) = \sum_{k=3}^{5} \binom{k-1}{2} p^3 q^{k-3}$$

$$= p^3 + 3p^3 q + 6p^3 q^2$$

特别地,当 $p=0.5$ 时,不难算出上述概率就是 0.5.

2.2.1.6* 截塔分布

称一个随机变量服从**截塔分布**(Zipf distribution),如果对某个 $\alpha>0$,它的概率函数为

$$P(X = k) = \frac{C}{k^{1+\alpha}} \quad (k = 1,2,\cdots)$$

其中,$C = \left(\sum_{k=1}^{+\infty} k^{-1-\alpha}\right)^{-1}$.

截塔分布名称来源于数学中著名的黎曼函数

$$\zeta(s) = 1 + \left(\frac{1}{2}\right)^s + \left(\frac{1}{3}\right)^s + \left(\frac{1}{4}\right)^s + \cdots$$

截塔分布曾被意大利经济学家 Pareto 用于刻画移居到某国的家庭个数的分布.但

是，Zipf 把这一分布运用到更广泛的各种不同的领域，从而推广了它的用途.

2.2.2* 缸的模型

所谓缸的模型，是指有一些缸和一些球，按照某种规则，把球在缸中进行分配或把球从缸中取出，然后研究它们的概率规律. 这种利用缸和球来描述概率规律对于教学是颇为方便的. 有趣的是，常见的离散型分布大多可用缸的模型来描述，例如：

(1) **二项分布**　设有 m 个球放在一个缸里，其中有 t 个白球、$m-t$ 个黑球. 每次从缸中抽一个球，设每个球以相同的概率 $1/m$ 被抽到，抽到的球记录颜色后再放回缸里. 若从缸中取了 n 次球，用 X 表示其中白球的数目，则 X 的分布是二项分布，$X \sim B(n, t/m)$. 当 $n=1$ 时，X 的分布是两点分布.

(2) **超几何分布**　有 N 个球放在缸内，其中 M 个是红球. 每次从缸中抽取一个球，每个球有相同的机会被抽到，被抽到的球不再放回. 若共抽取 n 个球，其中红球的个数用 X 表示，则 X 的分布是超几何分布，即 $X \sim H(M, N, n)$.

(3) **负二项分布**　设在一个缸内有 a 个白球、b 个红球. 球从缸中一个接一个地往外抽，抽出后再放回，每次抽球过程中，每个球有相同的机会被抽到. 用 X 表示正好抽到第 r 个白球时所抽过的球数，则 $X-r$ 的分布是负二项分布，也即 $X-r \sim NB(r, a/(a+b))$.

(4) **离散均匀分布**　若一个缸中有编号为 $1, 2, \cdots, m$ 的 m 个球，从缸中任意取出一个球，每个球有相同的机会被抽到，用 X 表示被抽球的号码，则 X 的分布是离散均匀分布.

2.2.3* 缸模型的应用实例

以上这类缸模型涵盖了自然科学、社会科学、工程技术等领域中的许多问题. 例如：

(1) 社会科学中的抽样调查问题. 把个人按其职业来分类，则人就相当于“球”，职业类别就相当于“缸（或盒子）”.

(2) 生物学中的照射. 当光照射到眼膜中的细胞时，光质点相当于“球”，而细胞相当于“缸”.

(3) 化学. 假设长链聚合物与氧反应. 每个链都可能和 $0 \sim t$ 个氧分子起反应，则参加反应的氧分子相当于“球”，而聚合物的链就相当于“缸”.

(4) 电梯. 设有 m 个乘客、n 层楼，电梯每层都停，乘客走进电梯的各种可能与 m 个球放进 n 个缸的问题相同.

(5) 生日. m 个人的生日,相当于将 m 个球投入 365 个"缸"(天)中.

(6) 印刷错误. 每页相当于"缸",印刷错误相当于"球".

2.3 连续型随机变量及其概率密度

在上一节中,我们集中讨论了取值是离散状态的随机变量,然而在实际工作中观察到的有许多是取值连续的随机变量. 如在合肥,开始观察最低气温值,一直延续到夏天. 显然,水银柱将从负的几摄氏度,比如说最冷可能为 −5 ℃,上升到夏天的三十几摄氏度,比如说最高达 39 ℃. 这表明我们观察的每一次随机变量值 X 可能出现在 $[-5,39]$ 中的任何值. 这表明,理论上讲 X 的可能取值可以为实数轴上 $[-5,39]$ 区间的一切数值,因而是不可能把它们一一"列举"出来的. 这说明对这类随机变量,我们不能用离散型的形式来描述它的分布规律. 我们将注意力从 $(X=k)$ 出现的概率转为 $(a<X\leqslant b)$ 出现的可能性的大小.

2.3.1 连续型随机变量及其概率密度函数

定义 2.3.1 设 $F(x)$ 是随机变量 X 的分布函数,若存在非负函数 $f(x)$,对任意实数 x,有

$$F(x) = P(X \leqslant x) = \int_{-\infty}^{x} f(t)\mathrm{d}t$$

则称 X 为**连续型随机变量**,称 $f(x)$ 为 X 的**概率密度函数**(probability density function)或**密度函数**,也称为**概率密度**.

注 ① 若 X 为具有概率密度函数 $f(x)$ 的连续型随机变量,则有

$$\frac{P(x_0 < X \leqslant x_0 + \Delta x)}{\Delta x} = \frac{1}{\Delta x}\int_{x_0}^{x_0+\Delta x} f(x)\mathrm{d}x$$

在 $f(x)$ 的连续点 x_0 处,有

$$f(x_0) = F'(x)\big|_{x=x_0} = \lim_{\Delta x\to 0^+}\frac{F(x_0+\Delta x)-F(x_0)}{\Delta x}$$

$$= \lim_{\Delta x\to 0^+}\frac{P(x_0 < X \leqslant x_0+\Delta x)}{\Delta x}$$

这个现象类似于物理中的质量线密度的情形.

② 由密度函数的定义可以看出,概率密度函数不是唯一的,因为若改变概率密度函数 $f(x)$ 任意有限个点上的值,而得到的函数 $f^*(x)$ 仍然是一个概率密度

函数.

③ 若$f(x)$是一个概率密度,易证

$$f(x) \geqslant 0, \quad \int_{-\infty}^{+\infty} f(t)\mathrm{d}t = F(+\infty) = 1$$

反之亦成立.

④ 连续型随机变量与离散型随机变量的一个根本区别是:连续型随机变量X取值为x_0的概率为0.事实上,因$(X=x_0) \subset (x_0-\Delta x < X \leqslant x_0)$,所以

$$0 \leqslant P(X = x_0) \leqslant P(x_0 - \Delta x < X \leqslant x_0) = \int_{x_0-\Delta x}^{x_0} f(t)\mathrm{d}t$$

令$\Delta x \to 0$,则上式右端$\to 0$,故$P(X=x_0)=0$,据此,对连续型随机变量X,有

$$\begin{aligned} P(a < X \leqslant b) &= P(a \leqslant X \leqslant b) = P(a < X < b) \\ &= P(a \leqslant X < b) = F(b) - F(a) \end{aligned}$$

即在计算X落在某区间里的概率时,可以不考虑区间是开的、闭的或半开半闭的情况.

这里,事件$(X=x_0)$并非不可能事件,它是会发生的,也就是说零概率事件也是有可能发生的.如X为被测试的灯泡的寿命,若灯泡的寿命都在1 000小时以上,则$P(X=1\,000)=0$,但是事件$(X=1\,000)$是一定会发生的,否则就不会出现事件$(X>1\,000)$了.可见,不可能事件的概率为零,但概率为零的事件不一定是不可能事件.同理,必然事件的概率为1,但概率为1的事件不一定是必然事件.

⑤ 对连续型随机变量X,虽然它恰取某一固定值x_0的概率为0,但我们仍然可利用微积分中的微元法思想来计算X取值在x_0附近的概率.事实上,由于

$$P(x_0 < X \leqslant x_0 + \Delta x) \approx f(x_0)\mathrm{d}x$$

因此,我们可以把$f(x_0)\mathrm{d}x$理解为X取值在x_0与$x_0+\mathrm{d}x$之间的概率微元.从而

$$P(a < X \leqslant b) = \int_a^b f(x)\mathrm{d}x$$

这里$f(x)\mathrm{d}x$的作用与$P(X=x_k)=p_k$在离散型随机变量理论中所起的作用类似.

例 2.3.1　设枪靶是半径为20厘米的圆盘,盘上有许多同心圆,射手击中靶上任一同心圆的概率与该圆的面积成正比,且每次射击都能中靶.若以X表示弹着点与圆心的距离,试求X的分布函数$F(x)$,概率密度函数$f(x)$以及概率$P(5<X\leqslant 10)$.

解　当$x<0$时,$(X\leqslant x)$是不可能事件,故$F(x)=P(X\leqslant x)=0$.

当$0\leqslant x<20$时,由题意知$P(0<X\leqslant x)=k\pi x^2$.又由于$(0\leqslant X\leqslant 20)$是必然事件,即$1=P(0<X\leqslant 20)=k\pi\times 20^2$,得$k\pi=1/400$,故

$$F(x)=P(X\leqslant x)=P(X\leqslant 0)+P(0<X\leqslant x)=x^2/400$$

当 $x\geqslant 20$ 时，$(X\leqslant x)$是必然事件，故 $F(x)=1$.

综上所述，X 的分布函数为

$$F(x)=\begin{cases}0, & x<0\\ x^2/400, & 0\leqslant x<20\\ 1, & x\geqslant 20\end{cases}$$

由概率密度函数的注①可得 X 的密度函数为

$$f(x)=F'(x)=\begin{cases}x/200, & 0\leqslant x<20\\ 0, & \text{其他}\end{cases}$$

又由概率密度函数的注⑤可知，所求概率为

$$P(5<X\leqslant 10)=\int_5^{10}\frac{x}{200}\mathrm{d}x=\left.\frac{x^2}{400}\right|_5^{10}=(10^2-5^2)/400=3/16$$

当然，概率也可用分布函数来求，即

$$P(5<X\leqslant 10)=F(10)-F(5)=(10^2-5^2)/400=3/16$$

例 2.3.2 设随机变量 X 具有概率密度函数 $f(x)=\begin{cases}Ae^{-3x}, & x\geqslant 0\\ 0, & x<0\end{cases}$，试确定常数 A 及 X 的分布函数.

解 由

$$1=\int_{-\infty}^{+\infty}f(x)\mathrm{d}x=\int_0^{+\infty}Ae^{-3x}\mathrm{d}x=\frac{1}{3}A$$

知 $A=3$，即

$$f(x)=\begin{cases}3e^{-3x}, & x\geqslant 0\\ 0, & x<0\end{cases}$$

而 X 的分布函数为

$$F(x)=\int_{-\infty}^{x}f(t)\mathrm{d}t=\begin{cases}1-e^{-3x}, & x\geqslant 0\\ 0, & x<0\end{cases}$$

2.3.2 常用的连续型随机变量

下面介绍几个重要的连续型随机变量.

2.3.2.1 均匀分布

定义 2.3.2 若随机变量 X 具有概率密度函数

$$f(x)=\begin{cases}\dfrac{1}{b-a}, & a\leqslant x\leqslant b\\ 0, & \text{其他}\end{cases}$$

则称 X 在区间$[a,b]$上服从**均匀分布**(uniform distribution),记为 $X\sim U[a,b]$.

在$[a,b]$上服从均匀分布的随机变量 X 具有下述等可能性:它落在区间$[a,b]$中任意长度相同的子区间的概率是相同的,或者说 X 落在子区间里的概率只依赖于子区间的长度而与子区间的位置无关.事实上,对于任一长度为 l 的子区间$(c,c+l)(a\leqslant c\leqslant b,a\leqslant c+l\leqslant b)$,有

$$P(c<X<c+l)=\int_c^{c+l}f(x)\mathrm{d}x=\int_c^{c+l}\frac{1}{b-a}\mathrm{d}x=\frac{l}{b-a}$$

在$[a,b]$上服从均匀分布的随机变量 X 的分布函数为

$$F(x)=\begin{cases}0, & x<a\\ \dfrac{x-a}{b-a}, & a\leqslant x<b\\ 1, & x\geqslant b\end{cases}$$

$f(x)$和 $F(x)$的图像分别如图 2.1 和 2.2 所示.

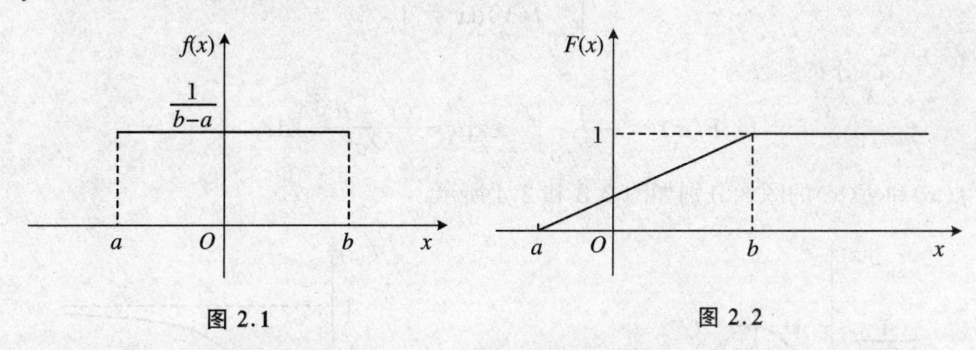

图 2.1　　图 2.2

例 2.3.3　设随机变量 X 服从(1,6)上的均匀分布,求一元二次方程 $t^2+Xt+1=0$ 有实根的概率.

解　因为当 $\Delta=X^2-4\geqslant0$ 时,$t^2+Xt+1=0$ 有实根,故所求概率为

$$P(X^2-4\geqslant0)=P(X\geqslant2\text{ 或 }X\leqslant-2)$$

而 X 的密度函数为

$$f(x)=\begin{cases}1/5, & 1<x<6\\ 0, & \text{其他}\end{cases}$$

且

$$P(X\geqslant2)=\int_2^6 f(t)\mathrm{d}t=\frac{4}{5},\quad P(X\leqslant-2)=0$$

因此所求概率 $P(X^2-4\geqslant 0)=4/5$.

2.3.2.2 正态分布

定义 2.3.3 若随机变量 X 的概率密度函数为

$$f(x)=\frac{1}{\sqrt{2\pi}\sigma}\exp\left\{-\frac{(x-\mu)^2}{2\sigma^2}\right\}\quad(-\infty<x<+\infty)\tag{2.3.1}$$

(μ 是实数,σ 是正数),则称 X 服从参数为 μ 和 σ 的**正态分布**(normal distribution)或**高斯**(Gauss)**分布**,记为 $X\sim N(\mu,\sigma^2)$.

容易得知,$f(x)\geqslant 0$ 且 $\int_{-\infty}^{+\infty}f(x)\mathrm{d}x=1$.事实上,令 $y=(x-\mu)/\sigma$,则

$$\int_{-\infty}^{+\infty}f(x)\mathrm{d}x=\frac{1}{\sqrt{2\pi}\sigma}\int_{-\infty}^{+\infty}\exp\left\{-\frac{(x-\mu)^2}{2\sigma^2}\right\}\mathrm{d}x=\frac{1}{\sqrt{2\pi}}\int_{-\infty}^{+\infty}\mathrm{e}^{-y^2/2}\mathrm{d}y$$

由

$$\int_{0}^{+\infty}\mathrm{e}^{-y^2/2}\mathrm{d}y=\sqrt{\frac{\pi}{2}}$$

即可知

$$\int_{-\infty}^{+\infty}f(x)\mathrm{d}x=1$$

X 的分布函数为

$$F(x)=\frac{1}{\sqrt{2\pi}\sigma}\int_{-\infty}^{x}\exp\left\{-\frac{(t-\mu)^2}{2\sigma^2}\right\}\mathrm{d}t$$

$f(x)$和 $F(x)$的图像分别如图 2.3 和 2.4 所示.

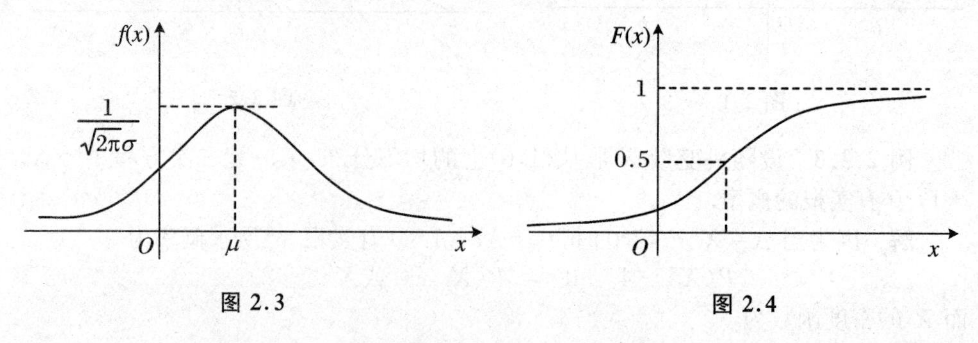

图 2.3　　图 2.4

曲线 $y=f(x)$以 $x=\mu$ 为对称轴,以 Ox 轴为水平渐近线,在 $x=\mu\pm\sigma$ 处有拐点,当 $x=\mu$ 时取最大值 $1/(\sqrt{2\pi}\sigma)$.

另外,当 σ 固定,改变 μ 的值时,$y=f(x)$的图像沿 Ox 轴平移而不改变形状,故 μ 又称为位置参数(图 2.5).若 μ 固定,改变 σ 的值,则 $y=f(x)$的图像的形状

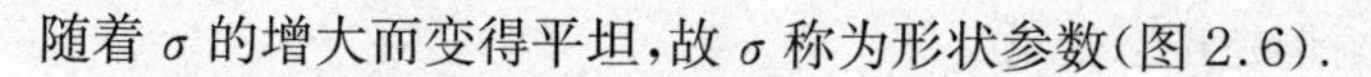
随着 σ 的增大而变得平坦，故 σ 称为形状参数(图 2.6).

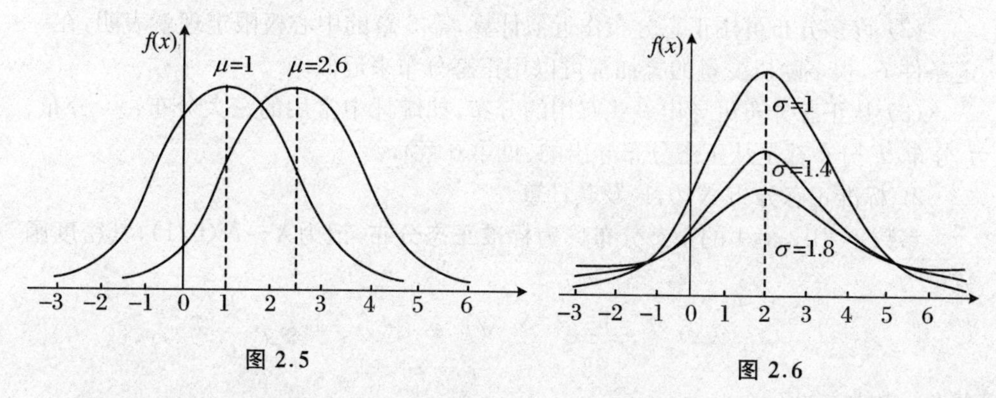

图 2.5　　　图 2.6

1. 正态分布的背景

正态分布的表达式看起来比较复杂，但大量实际经验和理论研究表明，服从(或近似服从)正态分布的随机变量(简称正态随机变量)却很常见. 从历史上看，最早出现函数式(2.3.1)的场合是考虑二项分布的近似计算问题. 设事件 A 在一次试验中发生的概率为 p，在 n 次独立试验中发生的次数是 X，如何计算概率 $P(a<X<b)$? 根据法国数学家 De Moivre(在 1733 年对 $p=1/2$ 的情形)和拉普拉斯(在 1821 年对一般的 $0<p<1$ 的情形)的研究，知道

$$P(a<X<b)\approx\int_{x_1}^{x_2}\frac{1}{\sqrt{2\pi}}\mathrm{e}^{-x^2/2}\mathrm{d}x$$

其中，$x_1=(a-np)/\sqrt{np(1-p)}$，$x_2=(b-np)/\sqrt{np(1-p)}$. 被积函数是正态分布函数的密度函数. 在 1809 年，德国大数学家高斯(Gauss，1777～1855)在天文观测时发现测量误差服从正态分布，他也独立地提出了密度函数式(2.3.1). 从此，正态分布受到广泛关注.

在概率论与数理统计的理论与应用中，正态分布是十分常用的分布，这是因为：

(1) 很多随机现象都可以用正态分布来描述，如：

① 测量误差 ε 都是用正态分布描述的. 测量误差 ε 是随机变量，时大时小，时正时负，不过误差大的机会少，误差小的机会多，正误差与负误差出现的机会几乎相等，这些现象与正态分布曲线“中间高、两边低、左右对称”是吻合的，所以总认为测量误差 ε 是正态变量.

② 大批制造的同一产品的尺寸：长度、宽度、高度、直径等分别都是服从正态分布的随机变量.

③ 一个地区的月降雨量是正态变量.

(2) 许多分布可用正态分布作近似计算,第5章的中心极限定理就表明,在一定条件下,很多随机变量的叠加都可以用正态分布来近似.

(3) 从正态分布可导出一些有用的分布,如统计中常用的三大分布:χ^2 分布、t 分布、F 分布都是从正态分布导出的(见第6章).

2. 标准正态分布 $N(0,1)$ 及其计算

参数 $\mu=0,\sigma=1$ 的正态分布称为**标准正态分布**,记为 $X\sim N(0,1)$,其密度函数记为

$$\varphi(x)=\frac{1}{\sqrt{2\pi}}\mathrm{e}^{-x^2/2}\quad(-\infty<x<+\infty)$$

分布函数为

$$\Phi(x)=\frac{1}{\sqrt{2\pi}}\int_{-\infty}^{x}\mathrm{e}^{-t^2/2}\mathrm{d}t$$

$\varphi(x)$ 的图像如图2.7所示.

$\Phi(x)(x\geqslant 0)$ 的函数值已编制成表,可供查用(见附表2).当 $x<0$ 时,可由 $\Phi(x)=1-\Phi(-x)$ 来计算出 $\Phi(x)$ 的函数值(图2.8).

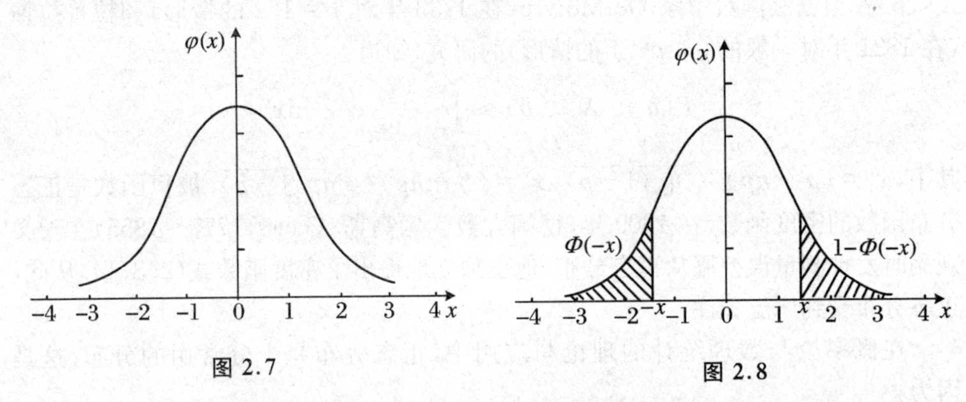

图 2.7　　图 2.8

例 2.3.4 已知 $X\sim N(0,1)$,求 $P(-\infty<X\leqslant -3)$ 和 $P(|X|<3)$.

解 易知 $P(-\infty<X\leqslant -3)=\Phi(-3)=1-\Phi(3)$,查表知 $\Phi(3)=0.998\,7$,所以

$$P(-\infty<X\leqslant -3)=1-0.998\,7=0.001\,3$$

$$\begin{aligned}P(|X|<3)&=P(-3<X<3)\\&=\Phi(3)-\Phi(-3)=2\Phi(3)-1=0.997\,4\end{aligned}$$

若 $X\sim N(\mu,\sigma^2)$,令 $y=(x-\mu)/\sigma$,则 X 的分布函数 $F(x)$ 可化为

$$F(x)=\frac{1}{\sqrt{2\pi}\sigma}\int_{-\infty}^{x}\mathrm{e}^{-\frac{(t-\mu)^2}{2\sigma^2}}\mathrm{d}t=\frac{1}{\sqrt{2\pi}}\int_{-\infty}^{\frac{x-\mu}{\sigma}}\mathrm{e}^{-y^2/2}\mathrm{d}y=\Phi\left(\frac{x-\mu}{\sigma}\right)$$

因此

$$\begin{aligned}P(x_1<X\leqslant x_2)&=P\left(\frac{x_1-\mu}{\sigma}<\frac{X-\mu}{\sigma}\leqslant\frac{x_2-\mu}{\sigma}\right)\\&=\Phi\left(\frac{x_2-\mu}{\sigma}\right)-\Phi\left(\frac{x_1-\mu}{\sigma}\right)\end{aligned}\tag{2.3.2}$$

例 2.3.5　已知 $X\sim N(1,4)$，求 $P(5<X\leqslant 7.2)$.

解　易知

$$\begin{aligned}P(5<X\leqslant 7.2)&=\Phi((7.2-1)/2)-\Phi((5-1)/2)\\&=\Phi(3.1)-\Phi(2)\\&=0.9990-0.9772=0.0218\end{aligned}$$

例 2.3.6　设随机变量 $X\sim N(\mu,\sigma^2)$，证明：对一切正数 k，有

$$P(|X-\mu|<k\sigma)=2\Phi(k)-1$$

证明　易知 $P(|X-\mu|<k\sigma)=P(|(X-\mu)/\sigma|<k)$. 因为 $(X-\mu)/\sigma\sim N(0,1)$，所以由式(2.3.2)，知

$$\begin{aligned}&P(\mu-\sigma<X<\mu+\sigma)=0.6826\\&P(\mu-2\sigma<X<\mu+2\sigma)=0.9546\\&P(\mu-3\sigma<X<\mu+3\sigma)=0.9974\\&P(\mu-6\sigma<X<\mu+6\sigma)=0.9999999990134\end{aligned}$$

由此可见，正态随机变量 X 的取值基本落在区间 $(\mu-3\sigma,\mu+3\sigma)$ 中，落在区间 $(\mu-6\sigma,\mu+6\sigma)$ 以外的情形极为罕见.

为了便于以后应用，我们引入标准正态随机变量的上 α 分位点的概念.

设 $X\sim N(0,1)$，给定 α $(0<\alpha<1)$，且 u_α 和 $u_{\alpha/2}$ 分别满足 $P(X>u_\alpha)=\alpha$，$P(|X|>u_{\alpha/2})=\alpha$，则称 u_α 为标准正态分布的**上侧 α 分位点**(图 2.9)，$u_{\alpha/2}$ 为**双侧 α 分位点**(图 2.10).

分位点 u_α 和 $u_{\alpha/2}$ 在给定 α $(0<\alpha<1)$ 后，可分别由 $\Phi(u_\alpha)=1-\alpha$，$\Phi(u_{\alpha/2})=1-\alpha/2$ 查表得到. 如 $\alpha=0.05$，查表可得 $u_{0.05}=1.65$，$u_{0.05/2}=1.96$.

2.3.2.3　指数分布

定义 2.3.4　若随机变量 X 具有概率密度

$$f(x)=\begin{cases}\lambda\mathrm{e}^{-\lambda x}, & x>0\\0, & x\leqslant 0\end{cases}$$

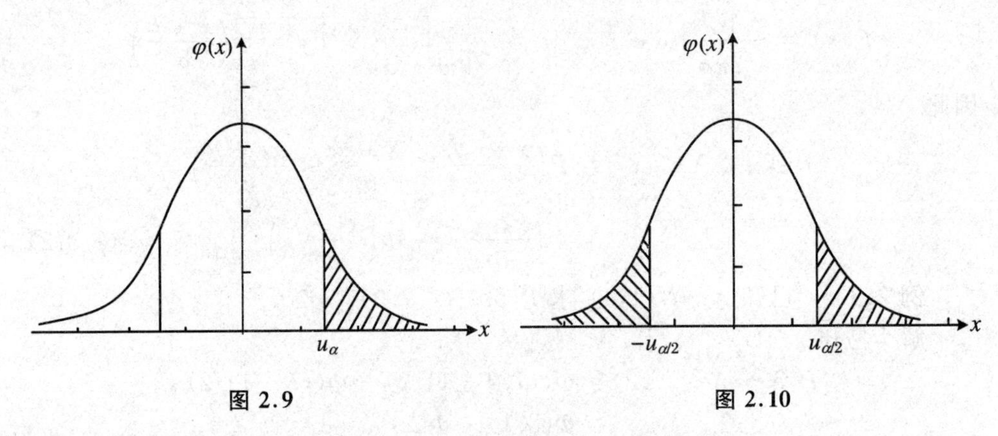

图 2.9　　图 2.10

其中,$\lambda>0$ 为常数,则称随机变量 X 服从参数为 λ 的**指数分布**(exponential distribution).记为 $X\sim E(\lambda)$,其分布函数为

$$F(x)=\begin{cases}1-e^{-\lambda x}, & x>0\\ 0, & x\leqslant 0\end{cases}$$

指数分布是半边的分布,概率密度函数呈指数衰减,在可靠性问题中,指数分布是很重要的分布,主要是它可作为各种"寿命"的近似分布.在实践中,到某个特定事件发生所需的等待时间往往服从指数分布,如从现在开始,到一次地震发生、电话通话时间、随机服务系统的服务时间等都常假定服从指数分布.

指数分布的一个重要而有趣的性质是**无记忆性**.

若 $X\sim E(\lambda)$,则对任何 $s>0,x>0$,恒有

$$P(X>s+x\mid X>s)=P(X>x)$$

证明　注意到$(X>s+x)\subset(X>s)$,所以

$$(X>s+x)\cap(X>s)=(X>s+x)$$

$$\begin{aligned}P(X>s+x\mid X>s)&=\frac{P((X>s+x)\cap(X>s))}{P(X>s)}\\&=\frac{P(X>s+x)}{P(X>s)}=\frac{1-P(X\leqslant s+x)}{1-P(X\leqslant s)}\\&=\frac{1-F(s+x)}{1-F(s)}=\frac{e^{-\lambda(s+x)}}{e^{-\lambda s}}=e^{-\lambda x}\\&=1-F(x)=1-P(X\leqslant x)=P(X>x)\end{aligned}$$

例 2.3.7　顾客在某银行窗口等待服务的时间 X 服从参数为 1/5 的指数分布,X 的计时单位为分钟.若等待时间超过 10 分钟,则他就离开.设他一个月内要来银行 5 次,以 Y 表示一个月内他没有等到服务而离开窗口的次数,求 Y 的概率

及至少有一次没有等到服务的概率 $P(Y\geqslant 1)$.

解　由题意不难看出,$Y\sim B(5,p)$,这里 $p=P(X>10)$,X 的概率密度函数为

$$f(x)=\begin{cases}\frac{1}{5}\mathrm{e}^{-x/5}, & x\geqslant 0\\ 0, & x<0\end{cases}$$

因此

$$p=P(X>10)=\int_{10}^{+\infty}\frac{1}{5}\mathrm{e}^{-t/5}\mathrm{d}t=-\mathrm{e}^{-t/5}\Big|_{10}^{+\infty}=\mathrm{e}^{-2}$$

由此知 Y 的分布律为

$$P(Y=k)=\binom{5}{k}(\mathrm{e}^{-2})^k(1-\mathrm{e}^{-2})^{5-k}\quad(k=0,1,\cdots,5)$$

于是,他至少有一次没有等到服务的概率为

$$P(Y\geqslant 1)=1-P(Y=0)=1-(1-\mathrm{e}^{-2})^5\approx 0.5167$$

例 2.3.8　人们到某服务单位办事总要排队,设等待时间(单位:分钟)$T\sim E(1/10)$.某人到此处办事,若等待时间超过 15 分钟,他就离去,设此人一个月要去该处 10 次.

(1) 求正好有 2 次离去的概率;

(2) 求最多有 2 次离去的概率;

(3) 求至少有 2 次离去的概率;

(4) 求离去的次数占多数的概率.

解　首先求任一次离去的概率,据题意

$$p=P(T>15)=\int_{15}^{+\infty}\frac{1}{10}\mathrm{e}^{-t/10}\mathrm{d}t=(-\mathrm{e}^{-t/10})\Big|_{15}^{+\infty}$$

$$=\mathrm{e}^{-15/10}\approx 0.2231$$

设 10 次中离去的次数为 X,则 $X\sim B(10,p)$, 所以

$$P(X=k)=\binom{10}{k}p^k(1-p)^{10-k}\quad(k=0,1,2,\cdots,10)$$

故所要求的概率分别为:

(1) $P(X=2)=\binom{10}{2}p^2(1-p)^8\approx 0.2973$;

(2) $P(X\leqslant 2)=P(X=0)+P(X=1)+P(X=2)$

$\approx 0.0801+0.2961+0.2973=0.6735$;

(3) $P(X\geqslant 2)=1-P(X<2)=1-P(X=0)-P(X=1)$

$$\approx 1-0.0801-0.2961=0.6238;$$

(4) $P(5<X)=P(6\leqslant X)$

$$=P(X=6)+P(X=7)+P(X=8)+P(X=9)+P(X=10)$$

$$\approx 0.00943+0.00155+0.00017+0.00001+0=0.01116\approx 0.0112.$$

2.3.2.4　伽马分布（Γ分布）

定义 2.3.5　若随机变量 X 的密度函数为

$$f(x)=\begin{cases}\dfrac{\beta^{\alpha}}{\Gamma(\alpha)}x^{\alpha-1}\mathrm{e}^{-\beta x}, & x>0\\ 0, & x\leqslant 0\end{cases}$$

其中，$\alpha>0,\beta>0$，则称 X 服从参数为 α,β 的**伽马分布**（Gamma distribution），简称为**Γ分布**，记为 $X\sim G(\alpha,\beta)$.

$\Gamma(x)=\int_0^{\infty}u^{x-1}\mathrm{e}^{-u}\mathrm{d}u$ 即是著名的伽马函数.

特别地，当 $\alpha=1$ 时，伽马分布退化为指数分布. 实际中，Γ分布表示等待 n 个事件发生所需的时间的分布，它在排队论、可靠性分析以及水文研究中有着重要的应用.

2.3.2.5　威布尔分布

定义 2.3.6　若随机变量 X 的密度函数为

$$f(x)=\begin{cases}\dfrac{m}{\eta^{m}}x^{m-1}\exp\left\{-\left(\dfrac{x}{\eta}\right)^{m}\right\}, & x>0\\ 0, & x\leqslant 0\end{cases}$$

则称 X 服从参数为 m,η 的**威布尔分布**（Weibull distribution），简称为威布尔分布，记为 $X\sim W(m,\eta)$，其中 m,η 是两个正参数，m 叫作形状参数，η 叫作刻度参数.

许多产品的使用寿命服从威布尔分布. 注意，$m=1$ 时，威布尔分布退化为指数分布. 威布尔分布是由瑞典科学家威布尔于在 1939 年研究物质材料疲劳数据时提出的，在工程实践中有着广泛的应用.

2.4　随机变量的函数分布

在实际问题中，我们常要讨论随机变量函数的分布. 例如，在测量圆轴的截面积时,往往只能测量到圆轴的直径 d,然后由函数 $A=\pi d^2/4$ 得到截面积的值.在这一节中,我们讨论如何由已知随机变量 X 的分布去求它的函数 $Y=g(X)$ 的分布,这里,$y=g(x)$ 是已知的连续函数.

2.4.1　离散型随机变量的函数分布

设随机变量 X 的分布律为

$$P(X=x_k)=p_k\quad(k=1,2,3,\cdots)$$

则当 $Y=g(X)$ 的所有取值为 $y_j\ (j=1,2,\cdots)$ 时,随机变量 Y 有分布律

$$P(Y=y_j)=q_j\quad(j=1,2,3,\cdots)$$

其中,q_j 是所有满足 $g(x_i)=y_j$ 的 x_i 对应的 X 的概率 $P(X=x_i)=p_i$ 的和,即

$$P(Y=y_j)=\sum_{g(x_i)=y_j}P(X=x_i)$$

例 2.4.1　设随机变量 X 的分布律如表 2.4 所示,试求随机变量 $Y=(X-1)^2$ 的分布律.

解　Y 的所有可能取值为 0,1,4.由

$$P(Y=0)=P((X-1)^2=0)=P(X=1)=0.1$$

$$P(Y=1)=P((X-1)^2=1)=P(X=0)+P(X=2)=0.7$$

$$P(Y=4)=P((X-1)^2=4)=P(X=-1)=0.2$$

可得 Y 的分布律如表 2.5 所示.

表 2.4

X	−1	0	1	2
P	0.2	0.3	0.1	0.4

表 2.5

Y	0	1	4
P	0.1	0.7	0.2

2.4.2　连续型随机变量的函数分布

设随机变量 X 的概率密度函数为 $f_X(x)(-\infty<x<+\infty)$,则 $Y=g(X)$ 的分布函数为

$$F_Y(y)=P(Y\leqslant y)=P(g(X)\leqslant y)=\int_{g(x)\leqslant y}f_X(x)\mathrm{d}x$$

而 Y 的概率密度函数 $f_Y(y)$ 可由 $f_Y(y)=\dfrac{\mathrm{d}}{\mathrm{d}y}F_Y(y)$ 得到.

例 2.4.2　设随机变量 X 具有概率密度函数 $f_X(x)(-\infty<x<+\infty)$,求随机变量 $Y=X^2$ 的概率密度函数.

解　由于 $Y=X^2\geqslant0$,故当 $y\leqslant0$ 时,$F_Y(y)=0$;当 $y>0$ 时

$$F_Y(y)=P(Y\leqslant y)=P(X^2\leqslant y)$$
$$=P(-\sqrt{y}\leqslant X\leqslant\sqrt{y})=\int_{-\sqrt{y}}^{+\sqrt{y}}f_X(x)\mathrm{d}x$$

由此知 Y 的概率密度函数为

$$f_Y(y)=\frac{\mathrm{d}}{\mathrm{d}y}F_Y(y)=\begin{cases}\frac{1}{2\sqrt{y}}[f_X(\sqrt{y})+f_X(-\sqrt{y})], & y>0\\ 0, & y\leqslant 0\end{cases}$$

若 $X\sim N(0,1)$，X 的概率密度函数为 $\varphi(x)=\frac{1}{\sqrt{2\pi}}\mathrm{e}^{-x^2/2}\ (-\infty<x<+\infty)$，所以 $Y=X^2$ 的概率密度函数为

$$f_Y(y)=\begin{cases}\frac{1}{\sqrt{2\pi}}y^{-1/2}\mathrm{e}^{-y/2}, & y>0\\ 0, & y\leqslant 0\end{cases}$$

此时称 Y 服从自由度为1的 χ^2 分布.

例 2.4.3 设随机变量 X 具有概率密度函数 $f_X(x)(-\infty<x<+\infty)$，$g(x)$ 为 $(-\infty,+\infty)$ 内的严格单调的可导函数，试证随机变量 $Y=g(X)$ 的概率密度函数为

$$f_Y(y)=\begin{cases}f_X(h(y))\ |h'(y)|, & \alpha<y<\beta\\ 0, & \text{其他}\end{cases}$$

其中，$h(y)$ 是 $g(x)$ 的反函数，$\alpha=\min\{g(-\infty),g(+\infty)\}$，$\beta=\max\{g(-\infty),g(+\infty)\}$.

证明 不妨设 $y=g(x)$ 严格单调增加，则它的反函数 $x=h(y)$ 存在，且也严格单调增加. 因为 $Y=g(X)$ 在区间 $(\alpha=g(-\infty),\beta=g(+\infty))$ 中取值，所以：

当 $y\leqslant\alpha$ 时，$F_Y(y)=P(Y\leqslant y)=0$；

当 $y\geqslant\beta$ 时，$F_Y(y)=P(Y\leqslant y)=1$；

当 $\alpha<y<\beta$ 时

$$F_Y(y)=P(Y\leqslant y)=P(g(X)\leqslant y)=P(X\leqslant h(y))$$
$$=\int_{-\infty}^{h(y)}f_X(x)\mathrm{d}x$$

于是，Y 的概率密度函数为

$$f_Y(y)=\begin{cases}f_X(h(y))h'(y), & \alpha<y<\beta\\ 0, & \text{其他}\end{cases}$$

可以类似证明 $y=g(x)$ 严格单调下降的情形.

注　如果随机变量 $X\sim N(\mu,\sigma^2)$，则 X 的线性函数 $Y=aX+b\ (a\neq 0)\sim N(a\mu+b,a^2\sigma^2)$.

例 2.4.4　设随机变量 X 的分布函数 $F_X(x)$ 是严格单调增函数，证明：$Y=F_X(x)\sim U(0,1)$.

证明　为了证明这个结论，首先要看出 $Y=F_X(x)$ 是在区间 $(0,1)$ 上取值的随机变量，所以，当 $y\leqslant 0$ 时，$F_Y(y)=0$；当 $y\geqslant 1$ 时，$F_Y(y)=1$；而当 $0<y<1$ 时，有

$$\begin{aligned} F_Y(y) &= P(Y\leqslant y) = P(F_X(x)\leqslant y) \\ &= P(X\leqslant F_X^{-1}(y)) = F_X(F_X^{-1}(y)) = y \end{aligned}$$

综上所述，$Y=F_X(x)$ 的分布函数为

$$F_Y(y)=\begin{cases} 0, & y\leqslant 0 \\ y, & 0<y<1 \\ 1, & y\geqslant 1 \end{cases}$$

即 $Y=F_X(x)\sim U(0,1)$.

注　例 2.4.4 的结论对于随机模拟有重要价值：可通过 $[0,1]$ 上均匀分布的随机变量的观测值得到以给定的函数为分布函数的随机变量的观测值，这在应用上十分重要.

例 2.4.5（对数正态分布）　随机变量 X 称为服从参数为 μ,σ^2 的对数正态分布，如果 $Y=\ln X\sim N(\mu,\sigma^2)$，试求随机变量 X 的密度函数.

解　由于 $Y=\ln X\sim N(\mu,\sigma^2)$，即 $X=\mathrm{e}^Y$，$Y\sim N(\mu,\sigma^2)$，所以，当 $x>0$ 时

$$F_X(x) = P(X\leqslant x) = P(\mathrm{e}^Y\leqslant x) = P(Y\leqslant \ln x) = \Phi(\ln x)$$

故 X 的密度函数为

$$\begin{aligned} f_X(x) = F_X'(x) &= \begin{cases} \dfrac{1}{x}\varphi(\ln x), & x>0 \\ 0, & x\leqslant 0 \end{cases} \\ &= \begin{cases} \dfrac{1}{\sqrt{2\pi}\sigma x}\exp\left\{-\dfrac{(\ln x-\mu)^2}{2\sigma^2}\right\}, & x>0 \\ 0, & x\leqslant 0 \end{cases} \end{aligned}$$

在实际应用中，对数正态分布通常被用来描述价格的分布，特别是在金融市场的理论研究中，如著名的期权定价公式——Black - Scholes 公式，以及许多实证研究都用对数正态分布来描述金融资产的价格.

设某种资产当前的价格为 P_0，考虑单期投资问题，到期时该资产的价格为一随机变量，记作 P_1，设投资于该资产的连续复合收益率为 r，则

$$P_1 = P_0\mathrm{e}^r$$

注意到 P_0 为当前价格，是已知常数，因而假设价格 P_1 服从对数正态分布，实际上等价于假设连续复合收益率 r 服从正态分布.

习 题 2

选择题

1. 设随机变量 X 的分布函数为 $F(x)$，则下述结论中错误的是(　　).

(A) 对任意 x_0，$P(X=x_0)=0$　　(B) $0\leqslant F(x)\leqslant 1$

(C) 对任意 x，$F(x)=P(X\leqslant x)$　　(D) $F(x)$ 为非减函数

2. 设随机变量 $X\sim N(\mu,4^2)$，$Y\sim N(\mu,5^2)$，且 $p_1=P(X\leqslant\mu-4)$，$p_2=P(Y\geqslant\mu+5)$，则(　　).

(A) 对任意实数 μ，都有 $p_1=p_2$　　(B) 对任意实数 μ，都有 $p_1<p_2$

(C) 只对 μ 的个别值，才有 $p_1=p_2$　　(D) 对任意实数 μ，都有 $p_1>p_2$

3. 设随机变量 X 的分布函数为 $F(x)$，则 $Y=3X+1$ 的分布函数 $G(y)$ 为(　　).

(A) $F(y/3-1/3)$　　(B) $F(3y+1)$

(C) $3F(y)+1$　　(D) $F(y)/3-1/3$

4. 设随机变量 X 有密度函数 $f(x)=\begin{cases}4x^3, & 0<x<1\\ 0, & 其他\end{cases}$，则使概率 $P(X>a)=P(X<a)$ 的常数 $a=$(　　).

(A) $\sqrt[4]{2}$　　(B) $1/\sqrt[4]{2}$　　(C) $1/\sqrt[3]{2}$　　(D) $1-1/\sqrt[4]{2}$

5. 设随机变量 X 服从正态分布 $N(\mu,\sigma^2)$，则随 σ 的增大，概率 $P(|X-\mu|<\sigma)$ 将(　　).

(A) 单调增大　　(B) 单调减少　　(C) 保持不变　　(D) 增减不定

6. 设随机变量 X 的密度函数为 $f(x)$，且 $f(-x)=f(x)$，$F(x)$ 是 X 的分布函数，则对任意实数 a，下列式子成立的是(　　).

(A) $F(-a)=1-\int_0^a f(x)\mathrm{d}x$　　(B) $F(-a)=\dfrac{1}{2}-\int_0^a f(x)\mathrm{d}x$

(C) $F(-a)=F(a)$　　(D) $F(-a)=2F(a)-1$

填空题

1. 一批产品的废品率为 5%，从中任意抽取一个进行检验，用一个随机变量 X 来描述这一试验，X 的概率函数为________，分布函数为________.

2. 设随机变量 X 的概率函数为 $\begin{pmatrix}0 & 1 & 2 & 3 & 4 & 5 & 6\\ 0.1 & 0.15 & 0.2 & 0.3 & 0.12 & 0.1 & 0.03\end{pmatrix}$，则 $P(X\leqslant 4)$

$=$______，$P(2\leqslant X\leqslant 5)=$______，$P(X\neq 3)=$______.

3. 已知连续型随机变量 X 有概率密度函数 $f(x)=\begin{cases}kx+1, & 0<x<2\\ 0, & \text{其他}\end{cases}$，则 $k=$______，分布函数 $F(x)=$______，$P(1.5<x<2.5)=$______.

4. 设随机变量 X 的分布函数为 $F(x)=\begin{cases}0, & x<0\\ x^2, & 0\leqslant x\leqslant 1\\ 1, & x>1\end{cases}$，则 $P(0.3<x<0.7)=$______，X 的概率密度函数 $f(x)=$______.

5. 设随机变量 X 的概率密度函数为 $f(x)=\begin{cases}k\dfrac{1}{\theta}\mathrm{e}^{-x/\theta}, & x\geqslant 0\\ 0, & x<0\end{cases}$，且 $P(X>1)=\dfrac{1}{2}$，则 $\theta=$______.

6. 设 X 服从正态分布 $N(5,2^2)$，则 $P(2\leqslant X<5)=$______，$P(-2\leqslant X<7)=$______，若 $P(|X-5|>a)=0.01$，则 $a=$______.

7. 设随机变量 $X\sim N(2,\sigma^2)$，若概率 $P(0<X<4)=0.3$，则概率 $P(X<0)=$______.

8. 设随机变量 X 的概率密度函数为 $f(x)=\begin{cases}(x+1)/4, & 0<x<2\\ 0, & \text{其他}\end{cases}$，对 X 独立观察 3 次，则至少有 2 次的结果大于 1 的概率为______.

9. 设某种晶体管的寿命 T(单位:小时)的概率密度函数为 $f(t)=\begin{cases}100/t^2, & t\geqslant 100\\ 0, & t<100\end{cases}$. 现有一种仪器，其上相互独立地装有 5 个这样的晶体管，那么使用到 150 小时时，最多有 2 个晶体管损坏的概率为______.

10. 设随机变量 X 的概率密度函数为 $f(x)=\begin{cases}x/2, & 0<x<2\\ 0, & \text{其他}\end{cases}$，则随机变量 $Y=2X+3$ 的概率密度函数为______.

11. 设随机变量 X 服从参数为 λ 的泊松分布，且已知 $P(X=1)=P(X=2)$，则 $P(X=4)=$______.

解答题

1. 一袋中有 3 个白球、5 个红球，从中任取 2 个球，求其中红球个数 X 的概率函数.

2. 设离散型随机变量的概率分布为：$P(X=0)=0.5$，$P(X=1)=0.3$，$P(X=3)=0.2$，求 X 的分布函数及 $P(X\leqslant 2)$.

3. 自动生产线在调整后出现废品的概率为 p，生产过程中出现废品时立即重新调整，求两次调整之间生产的合格品数 X 的分布.

4. 一张考卷上有 5 道题目，同时每道题列出 4 个选择答案，其中有一个答案是正确的. 某学生凭猜测至少能答对 4 道题的概率是多少？

5. 从积累的资料来看，某条流水线生产的产品中，一级品率为 90%. 今从某天生产的 1 000 件产品中，随机地抽取 20 件做检查，试求：

(1) 恰有 18 件一级品的概率；

(2) 一级品不超过 18 件的概率.

6. 分析病史资料表明，因患感冒而最终死亡（相互独立）的比例占 0.2%. 对于目前正在患感冒的 1 000 个病人，试求：

(1) 最终恰有 4 个人死亡的概率；

(2) 最终死亡人数不超过 2 个人的概率.

7. 某公司经理拟将一提案交董事会代表批准，规定如提案获多数代表赞成则通过. 经理估计各代表对此提案投赞成票的概率是 0.6，且各代表投票情况独立. 为以较大概率通过提案，试问经理请三名董事代表好还是五名好？

8. 一电话交换台每分钟收到呼叫次数服从参数为 4 的泊松分布，求：

(1) 每分钟恰有 8 次呼叫的概率；

(2) 每分钟呼叫次数大于 10 的概率.

9. 设有 80 台同类型设备，各台工作是相互独立的，发生故障的概率都是 0.01. 在通常情况下一台设备的故障可由一个人来处理. 考虑两种配备维修工人的方法：其一是由 4 人维护，每人负责 20 台；其二是由 3 人共同维护 80 台. 试比较这两种方法在设备发生故障时不能及时维修的概率的大小.

10. 设某射手有 5 发子弹，连续向一目标射击，直到击中或子弹用完为止. 已知其每次击中的概率为 0.8，设 X 为射击的次数. 求：

(1) X 的概率分布；

(2) 未用完子弹的概率；

(3) 用完子弹且击中目标的概率；

(4) 已知在用完子弹的条件下，其射中目标的概率.

11. 设随机变量 X 的概率密度为 $f(x)=ce^{-|x|}\ (-\infty<x<+\infty)$，求：

(1) 常数 c；

(2) X 的值落在 $(-1,1)$ 内的概率；

(3) X 的分布函数.

12. 设随机变量 X 的分布函数为 $F(x)=\begin{cases}0, & x\leqslant -1\\ a+b\arcsin x, & -1<x\leqslant 1\\ 1, & x>1\end{cases}$，试确定 a,b，并求 $P(-1<X<1/2)$.

13. 设随机变量 X 的分布函数为 $F(x)=\begin{cases}0, & x\leqslant a\\ x^2+c, & a<x<b\\ 1, & x\geqslant b\end{cases}$，且已知 $P(X\leqslant 1/2)=\dfrac{1}{4}$，求 a,b,c.

14. 若 $Y \sim U(0,5)$，求方程 $4x^2+4Yx+Y+2=0$ 的两个根都是实数的概率.

15. 设 $X \sim N(3,4)$.

(1) 求 $P(2<X\leqslant 5)$，$P(-4<X\leqslant 10)$，$P(|X|>2)$，$P(X>3)$；

(2) 确定 c，使得 $P(X>c)=P(X\leqslant c)$.

16. 对于一份报纸，排初版时出现错误的处数 X 服从正态分布 $N(200,400)$，求：

(1) 出现错误处数不超过 230 的概率；

(2) 出现错误处数在 190 至 210 之间的概率.

17. 一工厂生产的电子管的寿命 X（单位：小时）服从 $N(160,\sigma^2)$. 若要求 $P(120<X\leqslant 200)\geqslant 0.80$，则允许 σ 最大为多少？

18. 研究了英格兰在 1875～1951 年内矿山发生导致 10 人以上死亡的事故的频繁程度，得知相继两次事故之间的时间 T（单位：日）服从指数分布，其概率密度为

$$f(t)=\begin{cases}\dfrac{1}{241}\mathrm{e}^{-t/241}, & t>0\\ 0, & t\leqslant 0\end{cases}$$

求分布函数 $F(t)$，并求概率 $P(50<T<100)$.

19. 设元件的寿命 T（单位：小时）服从指数分布，分布函数为

$$F(t)=\begin{cases}1-\mathrm{e}^{-0.03t}, & t>0\\ 0, & t\leqslant 0\end{cases}$$

已知元件至少工作了 30 小时，求它至少能再工作 20 小时的概率.

20. 设 $X \sim N(0,1)$，求：

(1) $Y=\mathrm{e}^X$ 的概率密度；

(2) $Y=X^2$ 的概率密度.

21.（广义伯努利试验）假设一试验有 r 个可能结果 $A_1,\cdots,A_r$，并且

$$P(A_i)=p_i,\quad \sum p_i=1$$

将此试验独立地重复做 n 次. 求 A_i 恰好出现 k_i 次的概率，其中，$k_i\geqslant 0$，$\sum\limits_{i=1}^{r}k_i=n$.

人生，是从不充分的证据开始引出完美结论的一种艺术.

——Samuel Bulter

第3章 多维随机变量及其分布

在许多随机试验中，需要考虑的指标往往不止一个. 例如，考查某地区学龄前儿童的发育情况，对这一地区的儿童进行抽样检查，需要同时观察他们的身高和体重，这样，儿童的发育就要用定义在同一个样本空间上的两个随机变量来加以描述. 又如，考察卫星升空后的位置，此时要用三个定义在同一个样本空间上的随机变量来描述. 在这一章中，我们将引入多维随机变量的概念，并讨论多维随机变量的统计规律性.

3.1 二维随机变量及其分布

在这一节中，我们主要讨论二维随机变量及其概率分布，并把它们推广到 n 维随机变量.

3.1.1 二维随机变量

定义 3.1.1 设 $\Omega=\{\omega\}$ 为样本空间，$X=X(\omega)$ 和 $Y=Y(\omega)$ 是定义在 Ω 上的随机变量，则由它们构成的一个**二维向量** (X, Y) 称为**二维随机变量**（two-dimensional random vector）（或**二维随机向量**）.

二维向量 (X, Y) 的性质不仅与 X 及 Y 有关，而且还依赖这两个随机变量之间的相互关系. 因此，逐个讨论 X 和 Y 的性质是不够的，需把 (X, Y) 作为一个整体来讨论.

3.1.2 二维随机变量的联合分布函数

与一维的随机变量类似,我们也用分布函数来讨论二维随机变量的概率分布.

定义 3.1.2 设(X,Y)是二维随机变量,x,y为任意实数,事件$(X\leqslant x)$与$(Y\leqslant y)$同时发生的概率称为二维随机变量(X,Y)的**联合概率分布**(joint probability distribution)或**分布函数**,记为$F(x,y)$,即

$$F(x,y)=P((X\leqslant x)\cap(Y\leqslant y))=P(X\leqslant x,Y\leqslant y)$$

若把二维随机变量(X,Y)看成平面上随机点的坐标,则分布函数$F(x,y)$在(x,y)处的函数值就是随机点(X,Y)落入以(x,y)为定点且位于该点左下方的无穷矩形区域内的概率(图 3.1),而随机点(X,Y)落在矩形区域$\{(x,y)\mid x_1<x\leqslant x_2,y_1<y\leqslant y_2\}$内的概率可用分布函数表示:

$$P(x_1<X\leqslant x_2,y_1<Y\leqslant y_2)=F(x_2,y_2)-F(x_2,y_1)-F(x_1,y_2)+F(x_1,y_1)$$

分布函数$F(x,y)$具有以下基本性质:

(1) 对于任意x,y,有$0\leqslant F(x,y)\leqslant 1$,以及

$$F(+\infty,+\infty)=\lim_{(x,y)\to(+\infty,+\infty)}F(x,y)=1$$

$$F(-\infty,-\infty)=\lim_{(x,y)\to(-\infty,-\infty)}F(x,y)=0$$

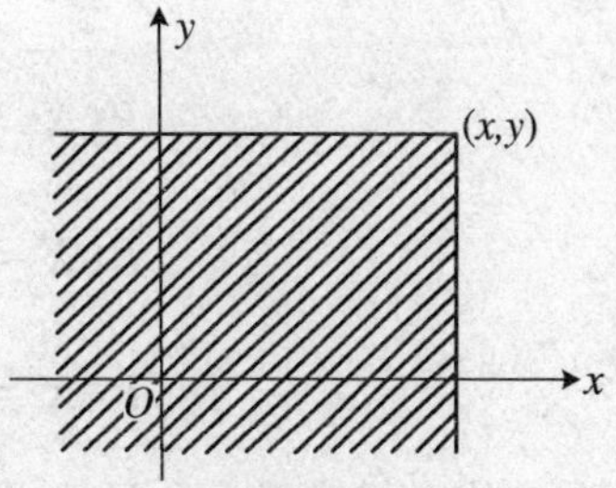

(2) 对于任意固定的x或y,$F(x,y)$是变量x或y的单调非减函数,即对任意固定的y,当$x_1\leqslant x_2$时,$F(x_1,y)\leqslant F(x_2,y)$;对任意固定的$x$,当$y_1\leqslant y_2$时,$F(x,y_1)\leqslant F(x,y_2)$.

图 3.1

(3) $F(x,y)=F(x+0,y)$,$F(x,y)=F(x,y+0)$,即$F(x,y)$分别关于x,y是右连续的,且

$$F(x,-\infty)=\lim_{y\to-\infty}F(x,y)=0$$

$$F(-\infty,y)=\lim_{x\to-\infty}F(x,y)=0$$

(4) 对于任意(x_1,y_1),(x_2,y_2);$x_1\leqslant x_2$,$y_1\leqslant y_2$,有

$$F(x_2,y_2)-F(x_1,y_2)-F(x_2,y_1)+F(x_1,y_1)\geqslant 0$$

性质(1),(2),(4)可直接由分布函数的定义及其几何意义得出,性质(3)的证明要用较多的数学知识,故从略.

3.1.3 二维离散型随机变量的概率分布

定义 3.1.3 若二维随机变量(X,Y)的所有可能的取值是有限多对或可列无限多对,则称(X,Y)为**二维离散型随机变量**(two-dimensional discrete random variables).

设(X,Y)是二维离散型随机变量,其所有可能的取值为$(x_i,y_j)(i,j=1,2,\cdots)$,若$(X,Y)$取数对$(x_i,y_j)$的概率$P(X=x_i,Y=y_j)=p_{ij}$,满足

$$p_{ij}\geqslant 0,\quad \sum_i\sum_j p_{ij}=1$$

则称

$$P(X=x_i,Y=y_j)=p_{ij}\quad (i,j=1,2,\cdots)$$

为二维离散型随机变量(X,Y)的**联合概率函数**(joint probability function).

例 3.1.1 一个口袋中有2个白球和3个黑球,现从中不放回地依次摸出2个球.用X表示第一次摸出的白球数,Y表示第二次摸出的白球数.求X和Y的联合概率分布.

解 由题设易知:$X=1$表示第一次摸出白球,否则为黑球;$Y=1$表示第二次摸出白球,否则为黑球.于是问题就化为求出(X,Y)取各种值的概率.它们是

$$P(X=1,Y=1)=\frac{2}{5}\cdot\frac{1}{4}=\frac{1}{10}$$

$$P(X=0,Y=0)=\frac{3}{5}\cdot\frac{2}{4}=\frac{3}{10}$$

$$P(X=1,Y=0)=\frac{2}{5}\cdot\frac{3}{4}=\frac{3}{10}$$

$$P(X=0,Y=1)=\frac{3}{5}\cdot\frac{2}{4}=\frac{3}{10}$$

于是二维随机变量(X,Y)的联合概率分布可以表达为表3.1.

3.1.4 二维连续型随机变量及其联合概率分布

定义 3.1.4 设二维随机变量(X,Y)的分布函数为$F(x,y)$.若存在非负函数$f(x,y)$,对任意实数x,y,有

$$F(x,y)=\int_{-\infty}^{x}\int_{-\infty}^{y}f(u,v)\mathrm{d}v\mathrm{d}u$$

则称(X,Y)为**连续型二维随机变量**,函数$f(x,y)$为二维随机变量(X,Y)的**联合密度函数**(joint density function),简称为**联合密度或概率密度**.

表 3.1

X \ Y	0	1
0	3/10	3/10
1	3/10	1/10

由定义可知联合密度$f(x,y)$具有以下性质:

(1) $f(x,y)\geqslant 0$,且

$$\int_{-\infty}^{+\infty}\int_{-\infty}^{+\infty} f(x,y)\mathrm{d}y\mathrm{d}x = F(+\infty,+\infty) = 1$$

可以证明,凡满足性质(1)的任意一个二元函数 $f(x,y)$,都可作为某个二维随机变量的联合密度函数.

(2) 若 $f(x,y)$在点(x,y)处连续,则

$$\frac{\partial^2 F(x,y)}{\partial x \partial y} = f(x,y)$$

事实上,由定义知

$$\frac{\partial F(x,y)}{\partial x} = \frac{\partial}{\partial x}\left\{\int_{-\infty}^{x}\left[\int_{-\infty}^{y} f(u,v)\mathrm{d}v\right]\mathrm{d}u\right\} = \int_{-\infty}^{y} f(x,v)\mathrm{d}v$$

$$\frac{\partial^2 F(x,y)}{\partial x \partial y} = \frac{\partial}{\partial y}\left[\int_{-\infty}^{y} f(x,v)\mathrm{d}v\right] = f(x,y)$$

(3) 设 G 是 xOy 平面上的一个区域,则有

$$P((X,Y)\in G) = \iint_G f(x,y)\mathrm{d}x\mathrm{d}y$$

在几何上,$z=f(x,y)$表示空间的一张曲面.由性质(1)知,介于该曲面和 xOy 平面之间的空间区域的体积是 1.由性质(3)知,$P((X,Y)\in G)$的值等于以 G 为底、以曲面 $z=f(x,y)$为顶的曲顶柱体的体积.

例 3.1.2　二维随机变量(X,Y)的概率密度为

$$f(x,y) = \begin{cases} kxy, & x^2 \leqslant y \leqslant 1, 0 \leqslant x \leqslant 1 \\ 0, & \text{其他} \end{cases}$$

试确定 k,并求 $P((X,Y)\in G)$,其中,$G: x^2 \leqslant y \leqslant x, 0 \leqslant x \leqslant 1$.

解　密度函数 $f(x,y)$ 应满足$\int_{-\infty}^{+\infty}\int_{-\infty}^{+\infty} f(x,y)\mathrm{d}x\mathrm{d}y = 1$,所以

$$\int_0^1\int_{x^2}^1 kxy\mathrm{d}x\mathrm{d}y = 1$$

解得 $k=6$,所以

$$P((X,Y)\in G) = \iint_G f(x,y)\mathrm{d}x\mathrm{d}y = \int_0^1\int_{x^2}^x 6xy\mathrm{d}x\mathrm{d}y = \frac{1}{4}$$

3.1.5　几个常用的分布

3.1.5.1　均匀分布

定义 3.1.5　设 G 为 xOy 平面上的有界区域,G 的面积为 A.若二维随机变量(X,Y)的联合密度函数为

$$f(x,y)=\begin{cases}\dfrac{1}{A}, & (x,y)\in G\\ 0, & 其他\end{cases}$$

则称二维随机变量(X,Y)在 G 上服从**均匀分布**(uniform distribution).

若 G_1是 G 内面积为A_1 的子区域,则

$$P((X,Y)\in G_1)=\frac{1}{A}\iint_{G_1}\mathrm{d}x\mathrm{d}y=\frac{A_1}{A}$$

此概率仅与 G_1的面积有关(成正比),而与 G_1在 G 内的位置无关,这正是均匀分布的“均匀”含义.

3.1.5.2 多维超几何分布

多维超几何分布是超几何分布的直接推广,我们可以用第 2 章的缸模型来描述它的背景.

定义 3.1.6 设缸内有 r 种颜色的球,每种各有 $N_1,N_2,\cdots,N_r$ 个.今从缸中一个接一个地往外取球,每次缸内的球都有相等的机会被取到,共取了 n 个球,用 $X_1,X_2,\cdots,X_r$ 分别表示在被取的n 个球中,第一种颜色……第 r 种颜色球的个数.记 $N=N_1+N_2+\cdots+N_r$,则

$$P(X_1=n_1,X_2=n_2,\cdots,X_r=n_r)=\frac{\dbinom{N_1}{n_1}\dbinom{N_2}{n_2}\cdots\dbinom{N_r}{n_r}}{\dbinom{N}{n}}$$

其中,$n_1+n_2+\cdots+n_r=n$.

例 3.1.3 为了组成一个 6 人陪审团,现有 20 个候选人,其中,8 名是党政干部,4 名是工人,5 名是知识分子,3 名是公司职员,假设每人有相等的机会被选到,求被选的 6 人中恰好有 3 名党政干部,且工人、知识分子和公司职员各 1 人的概率.

解 由题意知,此例是 $N=20,r=4,N_1=8,N_2=4,N_3=5,N_4=3,n=6$ 的超几何分布,于是

$$\begin{aligned}P(X_1=3,X_2=1,X_3=1,X_4=1)&=\binom{8}{3}\binom{4}{1}\binom{5}{1}\binom{3}{1}\Big/\binom{20}{6}\\&=0.087\end{aligned}$$

3.1.5.3 多项分布

多项分布是重要的多维离散分布,它是二项分布的推广.大家知道,二项分布产生于 n 次独立重复的伯努利试验,其中每次试验仅有两个可能结果:成功与失败.多项分布产生于 n 次独立重复试验,其中每次试验的结果多于两个,譬如,把制造的产品分为一等品、二等品、三等品和不合格品等四种状态;学生考试成绩被

评为 A,B,C,D,E 五个等级；一项试验被判为成功、失败和无确定结果三种可能．一般地，当把一个总体按某种属性分成几类时，就会产生多项分布，现把多项分布产生的条件叙述如下：

① 每次试验可能有 r 种结果：$A_1,A_2,\cdots,A_r$．

② 第 i 种结果 A_i 发生的概率为 $p_i\ (i=1,2,\cdots,r)$，且

$$p_1+p_2+\cdots+p_r=1$$

③ 对上述试验独立地重复做 n 次，这 n 次试验的结果可用某些 A_i 组成（允许重复）的序列（长为 n）表示，譬如，下面的序列就是 n 次重复试验的一个结果：

$$\underbrace{A_1A_1\cdots A_1}_{n_1}\ \underbrace{A_2A_2\cdots A_2}_{n_2}\ \underbrace{A_rA_r\cdots A_r}_{n_r} \tag{3.1.1}$$

其中，诸 n_i 为非负整数，且 $n_1+n_2+\cdots+n_r=n$．由于独立性，这个结果发生的概率为

$$p_1^{n_1}p_2^{n_2}\cdots p_r^{n_r}$$

容易看出，若在序列(3.1.1)中各 A_i 出现的次数不变，而把它们打乱后重新排成一列，不同的排列共有

$$\frac{n!}{n_1!n_2!\cdots n_r!}$$

个，并且每个序列的概率仍为 $p_1^{n_1}p_2^{n_2}\cdots p_r^{n_r}$．

在上述 n 次试验中，以 X_1 表示 A_1 出现的次数，X_2 表示 A_2 出现的次数……X_r 表示 A_r 出现的次数，则 $(X_1,X_2,\cdots,X_r)$ 是 r 维随机变量，并且事件 $(X_1=n_1,X_2=n_2,\cdots,X_r=n_r)$ 同时发生的概率为

$$P(X_1=n_1,X_2=n_2,\cdots,X_r=n_r)=\frac{n!}{n_1!n_2!\cdots n_r!}p_1^{n_1}p_2^{n_2}\cdots p_r^{n_r} \tag{3.1.2}$$

其中，诸 n_i 都为非负整数，且 $n_1+n_2+\cdots+n_r=n$．这就是多项分布，记为 $M(n,p_1,p_2,\cdots,p_r)$．由多项式 n 次幂的展开式，可知

$$(p_1+p_2+\cdots+p_r)^n=\sum\sum\cdots\sum_{n_1+n_2+\cdots+n_r=n}\frac{n!}{n_1!n_2!\cdots n_r!}p_1^{n_1}p_2^{n_2}\cdots p_r^{n_r}=1$$

所有形如式(3.1.2)所示的概率组成了一个多维离散分布，多项分布的名称也由此而来．

当 $r=2$ 时，多项分布就退化为二项分布．

多项分布有着广泛的应用．譬如，把产品分为一等品(A_1)、二等品(A_2)、三等品(A_3)和不合格品(A_4)等四类时，若设 $P(A_1)=0.15,P(A_2)=0.60,P(A_3)=0.20,P(A_4)=0.05$，从一大批产品中随机地取出10个，其中一等品2个、二等品6

个、三等品 2 个、没有不合格品的概率为

$$P(X_1=2,X_2=6,X_3=2,X_4=0)$$
$$=\frac{10!}{2!6!2!0!}\times 0.15^2\times 0.60^6\times 0.20^2\times 0.05^0=0.0529$$

其中，X_1,X_2,X_3,X_4 分别表示 10 个产品中一等品、二等品、三等品和不合格品的个数.

3.1.5.4　二维正态分布

定义 3.1.7　若二维随机变量(X,Y)的联合密度函数为

$$f(x,y)=\frac{1}{2\pi\sigma_1\sigma_2\sqrt{1-\rho^2}}\exp\left\{\frac{-1}{2(1-\rho^2)}\left[\frac{(x-\mu_1)^2}{\sigma_1^2}-2\rho\frac{(x-\mu_1)(y-\mu_2)}{\sigma_1\sigma_2}+\frac{(y-\mu_2)^2}{\sigma_2^2}\right]\right\}$$
$$(-\infty<x<+\infty,-\infty<y<+\infty)\tag{3.1.3}$$

其中，$\sigma_1>0,\sigma_2>0,|\rho|<1$，则称$(X,Y)$服从参数为 $\mu_1,\sigma_1^2,\mu_2,\sigma_2^2,\rho$ 的**二维正态分布**，记为$(X,Y)\sim N(\mu_1,\sigma_1^2;\mu_2,\sigma_2^2;\rho)$.

表达式(3.1.3)比较复杂，函数 $z=f(x,y)$的图像见图 3.2. 以后知道，其中的 5 个参数均有明确的几何意义和物理意义.

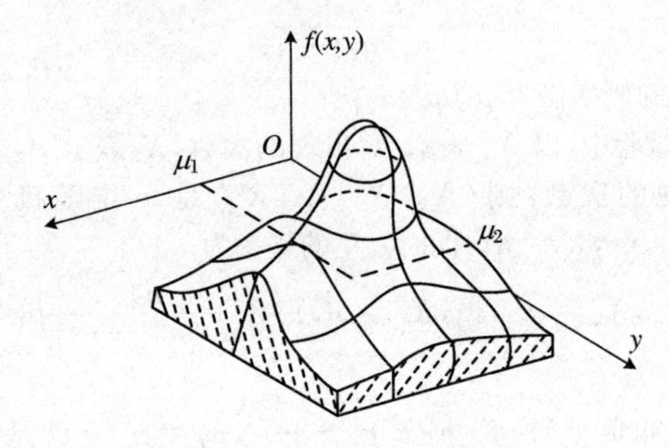

图 3.2　二维正态分布的密度

3.2　边缘分布

二维随机变量(X,Y)作为一个整体，具有分布函数 $F(x,y)$，而 X 和 Y 都是随机变量，因而也有分布函数.

定义 3.2.1　对于二维随机变量(X,Y)，分量X和Y的概率分布分别称为二维随机变量(X,Y)关于X和Y的**边缘分布函数**(marginal distributions function)，并分别记为$F_X(x)$，$F_Y(y)$.

边缘分布函数可以由(X,Y)的分布函数$F(x,y)$确定：

$$F_X(x) = P(X \leqslant x, Y < +\infty) = F(x, +\infty)$$

$$F_Y(y) = P(X < +\infty, Y \leqslant y) = F(+\infty, y)$$

即

$$F_X(x) = F(x, +\infty),\quad F_Y(y) = F(+\infty, y)$$

3.2.1　离散情形

设(X,Y)的联合分布律为

$$P(X = x_i, Y = y_j) = p_{ij}\quad (i,j = 1,2,\cdots)$$

则

$$P(X = x_i) = \sum_j P((X,Y) = (x_i,y_j)) = \sum_j p_{ij} = p_{i\cdot}\quad (i = 1,2,\cdots)$$

$$P(Y = y_j) = \sum_i P((X,Y) = (x_i,y_j)) = \sum_i p_{ij} = p_{\cdot j}\quad (j = 1,2,\cdots)$$

通常用表3.2来表示(X,Y)的联合分布律和边缘分布律.

表 3.2

Y \ X	x_1	x_2	$\cdots$	x_i	$\cdots$	$p_{\cdot j}$
y_1	p_{11}	p_{21}	$\cdots$	p_{i1}	$\cdots$	$p_{\cdot 1}$
y_2	p_{12}	p_{22}	$\cdots$	p_{i2}	$\cdots$	$p_{\cdot 2}$
$\vdots$	$\vdots$	$\vdots$	$\cdots$	$\vdots$	$\cdots$	$\vdots$
y_j	p_{1j}	p_{2j}	$\cdots$	p_{ij}	$\cdots$	$p_{\cdot j}$
$\vdots$	$\vdots$	$\vdots$	$\cdots$	$\vdots$	$\cdots$	$\vdots$
$p_{i\cdot}$	$p_{1\cdot}$	$p_{2\cdot}$	$\cdots$	$p_{i\cdot}$	$\cdots$	1

例 3.2.1　已知随机变量X和Y的分布为

$$P((X,Y) = (0,0)) = 1/4 + \varepsilon$$

$$P((X,Y) = (0,1)) = 1/4 - \varepsilon$$

$$P((X,Y) = (1,0)) = 1/4 - \varepsilon$$

$$P((X,Y) = (1,1)) = 1/4 + \varepsilon$$

其中，$0\leqslant\varepsilon\leqslant 1/4$，求随机变量$(X,Y)$的边缘分布.

解 易知

$$P(X=0)=P((X,Y)=(0,0))+P((X,Y)=(0,1))=1/2$$
$$P(X=1)=P((X,Y)=(1,0))+P((X,Y)=(1,1))=1/2$$

同理

$$P(Y=0)=P(Y=1)=1/2$$

易知，不同的 ε 对应不同的联合分布，但边缘分布均与 ε 无关. 这表明有无穷多个不同的联合分布具有相同的边缘分布.

3.2.2 连续情形

若(X,Y)是二维连续型随机变量，其联合密度函数是 $f(x,y)$，此时 X 和 Y 也是连续型随机变量. 分别称 X 和 Y 的概率密度函数$f_X(x)$和 $f_Y(y)$为(X,Y)关于 X 和 Y 的**边缘密度函数**(marginal density function)，简称为**边缘密度**，且

$$f_X(x)=\frac{\mathrm{d}}{\mathrm{d}x}F_X(x)=\frac{\mathrm{d}}{\mathrm{d}x}F(x,+\infty)$$
$$=\frac{\mathrm{d}}{\mathrm{d}x}\left\{\int_{-\infty}^{x}\left[\int_{-\infty}^{+\infty}f(t,y)\mathrm{d}y\right]\mathrm{d}t\right\}=\int_{-\infty}^{+\infty}f(x,y)\mathrm{d}y$$

同样有

$$f_Y(y)=\int_{-\infty}^{+\infty}f(x,y)\mathrm{d}x$$

例 3.2.2 设二维随机变量(X,Y)的联合分布函数为

$$F(x,y)=A\left(B+\arctan\frac{x}{2}\right)\left(C+\arctan\frac{y}{2}\right)$$

其中，A,B,C 为常数，$-\infty<x<+\infty$，$-\infty<y<+\infty$.

(1) 试确定 A,B,C 的值；

(2) 求 X 和 Y 的边缘分布函数；

(3) 求 $P(X>2)$.

解 (1) 由联合分布函数的性质(1)和(2)，知

$$F(+\infty,+\infty)=A\left(B+\frac{\pi}{2}\right)\left(C+\frac{\pi}{2}\right)=1$$
$$F(-\infty,+\infty)=A\left(B-\frac{\pi}{2}\right)\left(C+\frac{\pi}{2}\right)=0$$
$$F(+\infty,-\infty)=A\left(B+\frac{\pi}{2}\right)\left(C-\frac{\pi}{2}\right)=0$$

由此可解得 $A=1/\pi^2, B=\pi/2, C=\pi/2$.

(2) 由定义直接可知

$$F_X(x)=F(x,+\infty)=\frac{1}{\pi^2}\cdot\pi\left(\frac{\pi}{2}+\arctan\frac{x}{2}\right)$$

$$=\frac{1}{2}+\frac{1}{\pi}\arctan\frac{x}{2}\quad(x\in\mathbb{R})$$

$$F_Y(y)=F(+\infty,y)=\frac{1}{\pi^2}\cdot\pi\left(\frac{\pi}{2}+\arctan\frac{y}{2}\right)$$

$$=\frac{1}{2}+\frac{1}{\pi}\arctan\frac{y}{2}\quad(y\in\mathbb{R})$$

(3) 由 X 的分布函数,得

$$P(X>2)=1-P(X\leqslant 2)=1-F_X(2)$$

$$=1-\left(\frac{1}{2}+\frac{1}{\pi}\arctan 1\right)=\frac{1}{4}$$

例 3.2.3　求二维正态分布的边缘密度函数.

解　由 $(X,Y)\sim N(\mu_1,\sigma_1^2;\mu_2,\sigma_1^2;\rho)$,得

$$f_X(x)=\int_{-\infty}^{+\infty}f(x,y)\mathrm{d}y\quad\left(令\frac{x-\mu_1}{\sigma_1}=u,\frac{y-\mu_2}{\sigma_2}=v\right)$$

$$=\frac{1}{2\pi\sigma_1\sigma_2\sqrt{1-\rho^2}}\int_{-\infty}^{+\infty}\exp\left\{-\frac{1}{2(1-\rho^2)}(u^2-2\rho uv+v^2)\right\}\sigma_2\mathrm{d}v$$

$$=\frac{1}{\sqrt{2\pi}\sigma_1}\mathrm{e}^{-u^2/2}\int_{-\infty}^{+\infty}\frac{1}{\sqrt{2\pi(1-\rho^2)}}\exp\left\{-\frac{(v-\rho u)^2}{2(1-\rho^2)}\right\}\mathrm{d}v$$

$$=\frac{1}{\sqrt{2\pi}\sigma_1}\exp\left\{-\frac{(x-\mu_1)^2}{2\sigma_1^2}\right\}$$

同理可得

$$f_Y(y)=\frac{1}{\sqrt{2\pi}\sigma_2}\exp\left\{-\frac{(y-\mu_2)^2}{2\sigma_2^2}\right\}$$

由此看出 (X,Y) 的边缘分布都为正态分布.此结果可作为结论使用.

例 3.2.4　设二维随机变量 (X,Y) 的联合密度函数为

$$f(x,y)=\frac{1}{2\pi}\exp\left\{-\frac{x^2+y^2}{2}\right\}\cdot(1+\sin x\cdot\sin y)\quad(x,y\in\mathbb{R})$$

试求边缘密度函数 $f_X(x), f_Y(y)$.

解　易知

$$f_X(x)=\int_{-\infty}^{+\infty}f(x,y)\mathrm{d}y=\frac{1}{2\pi}\int_{-\infty}^{+\infty}\mathrm{e}^{-(x^2+y^2)/2}(1+\sin x\cdot\sin y)\mathrm{d}y$$

$$=\frac{1}{2\pi}\mathrm{e}^{-x^2/2}\int_{-\infty}^{+\infty}(\mathrm{e}^{-y^2/2}+\mathrm{e}^{-y^2/2}\cdot\sin x\cdot\sin y)\mathrm{d}y$$

$$=\frac{1}{2\pi}\mathrm{e}^{-x^2/2}\int_{-\infty}^{+\infty}\mathrm{e}^{-y^2/2}\mathrm{d}y=\frac{1}{\sqrt{2\pi}}\mathrm{e}^{-x^2/2}\quad(x\in\mathbb{R})$$

同理可得

$$f_Y(y)=\frac{1}{\sqrt{2\pi}}\mathrm{e}^{-y^2/2}\quad(y\in\mathbb{R})$$

即 $X\sim N(0,1)$，$Y\sim N(0,1)$，但(X,Y)却不服从二维正态分布.

注　由例 3.2.3 和 3.2.4 知，n 个随机变量$(X_1,X_2,\cdots,X_n)$的联合分布函数，完全决定其任意部分随机变量的边缘分布；反之却未必.也就是说，不同的联合分布函数，可以有相同的边缘分布函数.例如，对于固定的 μ_1 和 μ_2，σ_1 和 σ_2，当 ρ 取不同值时，决定不同的二维正态分布，然而它们的两个边缘分布都不依赖于 ρ.

3.3　二维随机变量的条件分布

3.3.1　离散情形

定义 3.3.1　设二维随机变量(X,Y)的联合分布律为

$$P(X=x_i,Y=y_j)=p_{ij}\quad(i,j=1,2,\cdots)$$

关于 X 的边缘分布律为

$$P(X=x_i)=\sum_j p_{ij}=p_{i\cdot}\quad(i=1,2,\cdots)$$

对于固定的 i，若 $P(X=x_i)>0$，则由条件概率公式，有

$$P(Y=y_j\mid X=x_i)=\frac{P(Y=y_j,X=x_i)}{P(X=x_i)}=\frac{p_{ij}}{p_{i\cdot}}\tag{3.3.1}$$

称式(3.3.1)为在 $X=x_i$ 条件下 Y 的**条件分布**(conditional distribution).

同样对于固定的 j，若 $P(Y=y_j)>0$，则有

$$P(X=x_i\mid Y=y_j)=\frac{P(X=x_i,Y=y_j)}{P(Y=y_j)}=\frac{p_{ij}}{p_{\cdot j}}\tag{3.3.2}$$

称式(3.3.2)为在 $Y=y_j$ 条件下 X 的**条件分布**.

例 3.3.1　一射手进行射击，击中目标的概率为 $p\ (0<p<1)$，射击到击中目标两次为止. 设以 X 表示首次击中目标所进行的射击次数，以 Y 表示总共进行的射击次数，试求 X 和 Y 的联合分布律及条件分布律.

解　按题意，$Y=n$ 就表示在第 n 次射击时第二次击中目标，且在第 1 次，第 2 次……第 $n-1$ 次射击中恰有一次击中目标. 已知各次射击是相互独立的，于是不管 $m\ (m<n)$ 是多少，概率 $P(X=m, Y=n)$ 都应等于

$$p\cdot p\cdot \underbrace{q\cdot q\cdots q}_{n-2} = p^2q^{n-2}\quad (q=1-p)$$

即得 X 和 Y 的联合分布律为

$$P(X=m, Y=n) = p^2q^{n-2}\quad (n=2,3,\cdots; m=1,2,\cdots,n-1)$$

又

$$P(X=m) = \sum_{n=m+1}^{+\infty} P(X=m, Y=n) = \sum_{n=m+1}^{+\infty} p^2q^{n-2}$$

$$= p^2\sum_{n=m+1}^{+\infty} q^{n-2} = \frac{p^2q^{m-1}}{1-q} = pq^{m-1}\quad (m=1,2,\cdots,n-1)$$

$$P(Y=n) = \sum_{m=1}^{n-1} P(X=m, Y=n) = \sum_{m=1}^{n-1} p^2q^{n-2}$$

$$= (n-1)p^2q^{n-2}\quad (n=2,3,\cdots)$$

于是得到所求的条件分布律为：

当 $n=2,3,\cdots$ 时

$$P(X=m \mid Y=n) = \frac{p^2q^{n-2}}{(n-1)p^2q^{n-2}} = \frac{1}{n-1}\quad (m=1,2,\cdots,n-1)$$

当 $m=1,2,\cdots,n-1$ 时

$$P(Y=n \mid X=m) = \frac{p^2q^{n-2}}{pq^{m-1}} = pq^{n-m-1}\quad (n=m+1, m+2,\cdots)$$

例 3.3.2　设随机变量 X 在 1,2,3,4 中等可能地取值，另一随机变量 Y 在 $1\sim X$ 中等可能地取值，求 (X,Y) 的联合分布律，以及 X, Y 的边缘分布律.

解　$(X=i, Y=j)$ 的取值情况是：$i=1,2,3,4$；j 是不大于 i 的整数. 由概率乘法公式，有

$$P(X=i, Y=j) = P(X=i)P(Y=j \mid X=i)$$

$$= \frac{1}{4}\cdot\frac{1}{i}\quad (i=1,2,3,4; j\leqslant i)$$

于是得 (X,Y) 的联合分布律如表 3.3 所示.

表 3.3

Y \ X	1	2	3	4	$P(X=i)=p_{i\cdot}$
1	1/4	0	0	0	1/4
2	1/8	1/8	0	0	1/4
3	1/12	1/12	1/12	0	1/4
4	1/16	1/16	1/16	1/16	1/4
$P(Y=j)=p_{\cdot j}$	25/48	13/48	7/48	3/48	1

3.3.2　连续情形

定义 3.3.2　给定 y,设对于任意固定的正数 ε,$P(y-\varepsilon<Y\leqslant y+\varepsilon)>0$,且若对于任意实数 x,极限

$$\lim_{\varepsilon\to0^+}P(X\leqslant x\mid y-\varepsilon<Y\leqslant y+\varepsilon)=\lim_{\varepsilon\to0^+}\frac{P(X\leqslant x,y-\varepsilon<Y\leqslant y+\varepsilon)}{P(y-\varepsilon<Y\leqslant y+\varepsilon)}$$

存在,则称此极限为在条件 $Y=y$ 下 X 的**条件分布函数**(conditional distribution function),记为 $P(X\leqslant x\mid Y=y)$或 $F_{X|Y}(x\mid y)$.

若(X,Y)的联合分布函数为 $F(x,y)$,且其概率密度为 $f(x,y)$,则

$$\begin{aligned}F_{X|Y}(x\mid y)&=\lim_{\varepsilon\to0^+}\frac{P(X\leqslant x,y-\varepsilon<Y\leqslant y+\varepsilon)}{P(y-\varepsilon<Y\leqslant y+\varepsilon)}\\&=\lim_{\varepsilon\to0^+}\frac{F(x,y+\varepsilon)-F(x,y-\varepsilon)}{F_Y(y+\varepsilon)-F_Y(y-\varepsilon)}\\&=\lim_{\varepsilon\to0^+}\left\{\frac{F(x,y+\varepsilon)-F(x,y)}{\varepsilon}+\frac{F(x,y-\varepsilon)-F(x,y)}{-\varepsilon}\right\}\\&=\lim_{\varepsilon\to0^+}\left\{\frac{F_Y(y+\varepsilon)-F_Y(y)}{\varepsilon}+\frac{F_Y(y-\varepsilon)-F_Y(y)}{-\varepsilon}\right\}\\&=\frac{\partial F(x,y)}{\partial y}\Big/\frac{\mathrm{d}F_Y(y)}{\mathrm{d}y}\end{aligned}$$

即

$$F_{X|Y}(x\mid y)=\frac{\int_{-\infty}^{x}f(u,y)\mathrm{d}u}{f_Y(y)}=\int_{-\infty}^{x}\frac{f(u,y)}{f_Y(y)}\mathrm{d}u$$

若记 $f_{X|Y}(x\mid y)$为在条件 $Y=y$ 下 X 的**条件概率密度函数**(conditional probability density function)，则有

$$f_{X|Y}(x \mid y) = \frac{f(x,y)}{f_Y(y)}$$

类似地，可定义

$$F_{Y|X}(y \mid x) = \frac{\int_{-\infty}^{y} f(x,v)\mathrm{d}v}{f_X(x)} = \int_{-\infty}^{y} \frac{f(x,v)}{f_X(x)}\mathrm{d}v$$

$$f_{Y|X}(y \mid x) = \frac{f(x,y)}{f_X(x)}$$

例 3.3.3　设二维随机变量(X,Y)在圆域$x^2+y^2\leqslant 1$上服从均匀分布，求条件概率密度$f_{X|Y}(x|y)$.

解　随机变量(X,Y)的概率密度为

$$f(x,y) = \begin{cases} \dfrac{1}{\pi}, & x^2+y^2\leqslant 1 \\ 0, & \text{其他} \end{cases}$$

其边缘概率密度

$$f_Y(y) = \int_{-\infty}^{+\infty} f(x,y)\mathrm{d}x = \begin{cases} \dfrac{2}{\pi}\sqrt{1-y^2}, & -1\leqslant y\leqslant 1 \\ 0, & \text{其他} \end{cases}$$

于是，当$-1<y<1$时

$$f_{X|Y}(x \mid y) = \frac{1}{2\sqrt{1-y^2}} \quad (-\sqrt{1-y^2}\leqslant x\leqslant \sqrt{1-y^2})$$

在其他点处，$f_{X|Y}(x|y)=0$.

3.4　二维随机变量的独立性

定义 3.4.1　设$F(x,y)$，$F_X(x)$，$F_Y(y)$分别是二维随机变量(X,Y)的分布函数及边缘分布函数.若对于所有的x,y，有

$$P(X\leqslant x, Y\leqslant y) = P(X\leqslant x)P(Y\leqslant y)$$

即

$$F(x,y) = F_X(x)F_Y(y)$$

则称**随机变量 X 和 Y 相互独立**.

若(X,Y)是连续型随机变量,$f(x,y)$,$f_X(x)$,$f_Y(y)$分别是二维随机变量(X,Y)的概率密度和边缘概率密度,则X和Y相互独立的条件为

$$f(x,y)=f_X(x)f_Y(y)$$

若(X,Y)是离散型随机变量,则X和Y相互独立的条件为:对任意的i,j,有

$$P(X=x_i,Y=y_j)=P(X=x_i)P(Y=y_j)$$

X和Y的相互独立性可用条件分布与边缘分布来表示.下面的关系式都是X和Y相互独立的充要条件:

$$P(X\leqslant x\mid Y\leqslant y)=P(X\leqslant x)$$

$$P(Y\leqslant y\mid X\leqslant x)=P(Y\leqslant y)$$

$$F_{X|Y}(x\mid y)=F_X(x),\quad F_{Y|X}(y\mid x)=F_Y(y)$$

例 3.4.1 设(X,Y)的联合密度函数为

$$f(x,y)=\begin{cases}ce^{-(2x+y)}, & x>0,y>0\\0, & \text{其他}\end{cases}$$

(1) 确定常数c;

(2) 求$f_{X|Y}(x|y)$及$f_{Y|X}(y|x)$,并判别X,Y的独立性;

(3) 求$P(X\leqslant2|Y\leqslant1)$及$P(X\leqslant2|Y=1)$.

解 (1) 由

$$\int_{-\infty}^{+\infty}\int_{-\infty}^{+\infty}f(x,y)\mathrm{d}x\mathrm{d}y=\int_0^{+\infty}\int_0^{+\infty}ce^{-(2x+y)}\mathrm{d}x\mathrm{d}y=\frac{c}{2}=1$$

得$c=2$.

(2) 当$y\leqslant0$时,由于$f_Y(y)=0$,所以$f_{X|Y}(x\mid y)=0$;

当$y>0$时,$f_Y(y)=\int_0^{+\infty}2e^{-(2x+y)}\mathrm{d}x=e^{-y}$;

当$x>0,y>0$时

$$f_{X|Y}(x\mid y)=\frac{2e^{-(2x+y)}}{e^{-y}}=2e^{-2x}$$

即

$$f_{X|Y}(x\mid y)=\begin{cases}2e^{-2x}, & x>0,y>0\\0, & \text{其他}\end{cases}$$

类似地

$$f_{Y|X}(y\mid x)=\begin{cases}e^{-y}, & x>0,y>0\\0, & \text{其他}\end{cases}$$

综上可得

$$f_{X|Y}(x \mid y) = f_X(x), \quad f_{Y|X}(y \mid x) = f_Y(y)$$

所以 X 与 Y 相互独立.

(3) 由独立性得

$$P(X \leqslant 2 \mid Y \leqslant 1) = P(X \leqslant 2) = F_X(2) = \int_0^2 2\mathrm{e}^{-2x}\mathrm{d}x = 1 - \mathrm{e}^{-4} \approx 0.9817$$

例 3.4.2　已知随机变量(X,Y)的联合分布律如表 3.4 所示.试确定常数 a, b,使 X 与 Y 相互独立.

表 3.4

$Y \backslash X$	1	2	3
1	1/3	a	b
2	1/6	1/9	1/18

解　先求出(X,Y)关于 X 和 Y 的边缘分布律,如表 3.5 所示.

表 3.5

$Y \backslash X$	1	2	3	$p_{\cdot j}$
1	1/3	a	b	$1/3+a+b$
2	1/6	1/9	1/18	1/3
$p_{i\cdot}$	1/2	$1/9+a$	$1/18+b$	

要使 X 与 Y 相互独立,可用

$$p_{ij} = p_{i\cdot} \cdot p_{\cdot j}$$

来确定常数 a, b.由

$$P(X = 2, Y = 2) = P(X = 2) \cdot P(Y = 2)$$
$$P(X = 3, Y = 2) = P(X = 3) \cdot P(Y = 2)$$

即

$$\frac{1}{9} = \left(a + \frac{1}{9}\right) \cdot \frac{1}{3}, \quad \frac{1}{18} = \left(b + \frac{1}{18}\right) \cdot \frac{1}{3}$$

解得 $a = 2/9$, $b = 1/9$.因此(X,Y)的联合分布律和边缘分布律如表 3.6 所示.

表 3.6

Y \ X	1	2	3	$p_{\cdot j}$
1	1/3	2/9	1/9	2/3
2	1/6	1/9	1/18	1/3
$p_{i\cdot}$	1/2	1/3	1/6	

经检验，此时 X 与 Y 是相互独立的.

例 3.4.3 若二维随机变量(X,Y)服从正态分布 $N(\mu_1,\sigma_1^2;\mu_2,\sigma_2^2;\rho)$，试证：$X$ 与 Y 相互独立的充分必要条件是$\rho=0$.

证明 因为(X,Y)的联合密度函数为

$$f(x,y)=\frac{1}{2\pi\sigma_1\sigma_2\sqrt{1-\rho^2}}\exp\left\{\frac{-1}{2(1-\rho^2)}\left[\frac{(x-\mu_1)^2}{\sigma_1^2}-2\rho\frac{(x-\mu_1)(y-\mu_2)}{\sigma_1\sigma_2}+\frac{(y-\mu_2)^2}{\sigma_2^2}\right]\right\}$$

$$(-\infty<x<+\infty,-\infty<y<+\infty)$$

边缘密度函数为

$$f_X(x)=\frac{1}{\sqrt{2\pi}\sigma_1}\exp\left\{-\frac{(x-\mu_1)^2}{2\sigma_1^2}\right\}\quad(-\infty<x<+\infty)$$

$$f_Y(y)=\frac{1}{\sqrt{2\pi}\sigma_2}\exp\left\{-\frac{(y-\mu_2)^2}{2\sigma_2^2}\right\}\quad(-\infty<y<+\infty)$$

所以，易见

$$f(x,y)=f_X(x)\cdot f_Y(y)\tag{3.4.1}$$

成立的充分必要条件是 $\rho=0$，而 X 与 Y 相互独立的充分必要条件是式(3.4.1)对任意实数 x,y 成立.

3.5 二维随机变量的函数分布

3.5.1 和的分布

3.5.1.1 离散情形

已知(X,Y)的联合分布律为 $P(X=x_i,Y=y_j)=p_{ij}\ (i,j=0,1,2,\cdots)$，$Z=X+Y$，求 Z 的分布律.

设 X 的取值为 x_i（$i=0,1,2,\cdots$），Y 的取值为 y_j（$j=0,1,2,\cdots$），则 $Z=X+Y$ 的取值为 x_i+y_j（$i,j=0,1,2,\cdots$）.

当 $Z=z$ 时，$X+Y=z$，$X=x_i$，$Y=z-x_i$，对不同的 i 事件 $(X+Y=z)=\bigcup\limits_{i=0}^{+\infty}(X=x_i,Y=z-x_i)$ 为互不相容事件的和事件，所以有

$$P(Z=z)=P\left(\bigcup_{i=0}^{+\infty}(X=x_i,Y=z-x_i)\right)$$

$$=\sum_{i=0}^{+\infty}P(X=x_i,Y=z-x_i) \tag{3.5.1}$$

若 $Y=y_j$，$X=z-y_j$，则得出另一种形式

$$P(Z=z)=\sum_{j=0}^{+\infty}P(X=z-y_j,Y=y_j) \tag{3.5.2}$$

若 X,Y 相互独立，则有

$$P(Z=z)=\sum_{i=0}^{+\infty}P(X=x_i)P(Y=z-x_i)$$

$$P(Z=z)=\sum_{j=0}^{+\infty}P(X=z-y_j)P(Y=y_j)$$

式(3.5.1)和(3.5.2)称为离散型随机变量的**卷积公式**.

例 3.5.1　已知 X,Y 相互独立，且 $X\sim P(\lambda_1)$，$Y\sim P(\lambda_2)$，即 X,Y 服从参数为 λ_1,λ_2 的泊松分布，求 $Z=X+Y$ 的分布律.

解　X 的分布律为

$$P(X=i)=\frac{\lambda_1^i}{i!}e^{-\lambda_1}\quad(i=0,1,2,\cdots)$$

Y 的分布律为

$$P(Y=j)=\frac{\lambda_2^j}{j!}e^{-\lambda_2}\quad(j=0,1,2,\cdots)$$

由于 X,Y 为整数，故 Z 也为整数，记为 m，则由式(3.5.1)，有

$$P(Z=m)=\sum_{i=0}^{m}P(X=i)P(Y=m-i)\quad(i\leqslant m)$$

$$=\sum_{i=0}^{m}\frac{\lambda_1^i e^{-\lambda_1}}{i!}\frac{\lambda_2^{m-i}e^{-\lambda_2}}{(m-i)!}$$

$$=\frac{e^{-(\lambda_1+\lambda_2)}}{m!}\sum_{i=0}^{m}\frac{m!}{i!(m-i)!}\lambda_1^i\lambda_2^{m-i}$$

$$=\frac{e^{-(\lambda_1+\lambda_2)}}{m!}(\lambda_1+\lambda_2)^m$$

由此看出，$Z = X + Y$ 服从参数为$\lambda_1 + \lambda_2$ 的泊松分布.此结论可推广:若 $X_i \sim P(\lambda_i), Z = \sum_{i=1}^{n} X_i, X_i\ (i = 1,\cdots,n)$之间相互独立,则$Z \sim P\left(\sum_{i=1}^{n}\lambda_i\right)$,即服从参数为 $\lambda = \sum_{i=1}^{n}\lambda_i$ 的泊松分布.

3.5.1.2 连续情形

已知(X,Y)的联合密度函数为$f(x,y)$,$Z = X + Y$ 的分布函数为

$$
\begin{aligned}
F_Z(z) &= P(Z \leqslant z) = P(X + Y \leqslant z) \\
&= \iint_{x+y\leqslant z} f(x,y)\mathrm{d}y\mathrm{d}x \\
&= \int_{-\infty}^{+\infty}\int_{-\infty}^{z-x} f(x,y)\mathrm{d}y\mathrm{d}x \quad (\text{作变换 } y = u - x) \\
&= \int_{-\infty}^{+\infty}\int_{-\infty}^{z} f(x,u-x)\mathrm{d}u\mathrm{d}x \quad (\text{交换积分次序}) \\
&= \int_{-\infty}^{z}\left[\int_{-\infty}^{+\infty} f(x,u-x)\mathrm{d}x\right]\mathrm{d}u \\
&= \int_{-\infty}^{z} f_Z(u)\mathrm{d}u
\end{aligned}
$$

由密度函数的定义,知

$$f_Z(z) = \int_{-\infty}^{+\infty} f(x,z-x)\mathrm{d}x \tag{3.5.3}$$

或

$$f_Z(z) = \int_{-\infty}^{+\infty} f(z-y,y)\mathrm{d}y \tag{3.5.4}$$

若 X,Y 相互独立,则有

$$f_Z(z) = \int_{-\infty}^{+\infty} f(x,z-x)\mathrm{d}x = \int_{-\infty}^{+\infty} f_X(x)f_Y(z-x)\mathrm{d}x$$

$$f_Z(z) = \int_{-\infty}^{+\infty} f(z-y,y)\mathrm{d}y = \int_{-\infty}^{+\infty} f_X(z-y)f_Y(y)\mathrm{d}y$$

式(3.5.3)和(3.5.4)称为连续型随机变量的卷积公式,记为

$$f_Z = f_X * f_Y$$

例 3.5.2 设 X 和 Y 是两个相互独立的随机变量,它们都服从 $N(0,1)$分布,即有

$$f_X(x) = \frac{1}{\sqrt{2\pi}}\mathrm{e}^{-x^2/2} \quad (-\infty < x < +\infty)$$

$$f_Y(y) = \frac{1}{\sqrt{2\pi}} e^{-y^2/2} \quad (-\infty < y < +\infty)$$

求 $Z = X + Y$ 的概率密度.

解　由式(3.5.3),得

$$f_Z(z) = \int_{-\infty}^{+\infty} f(x, z-x) dx = \int_{-\infty}^{+\infty} f_X(x) f_Y(z-x) dx$$

$$= \frac{1}{2\pi} \int_{-\infty}^{+\infty} e^{-x^2/2} e^{-(z-x)^2/2} dx = \frac{1}{2\pi} e^{-z^2/4} \int_{-\infty}^{+\infty} e^{-(x-z/2)^2} dx$$

令 $t = x - \frac{z}{2}$,得

$$f_Z(z) = \frac{1}{2\pi} e^{-z^2/4} \int_{-\infty}^{+\infty} e^{-t^2} dt = \frac{1}{2\pi} e^{-z^2/4} \sqrt{\pi} = \frac{1}{2\sqrt{\pi}} e^{-z^2/4}$$

即 $Z \sim N(0,2)$.

一般地,有下列结论:若 $X_i \sim N(\mu_i, \sigma_i^2)(i = 1,2,\cdots,n)$,且 X_i 相互独立,则它们的和 $Z = X_1 + X_2 + \cdots + X_n$ 仍然服从正态分布,且有

$$Z \sim N(\mu_1 + \mu_2 + \cdots + \mu_n, \sigma_1^2 + \sigma_2^2 + \cdots + \sigma_n^2)$$

例 3.5.3　设 X_1, X_2 相互独立,且分别服从参数为 $\alpha_1, \beta; \alpha_2, \beta$ 的 Γ 分布,即 X_1, X_2 的概率密度分别为

$$f_{X_1}(x) = \begin{cases} \frac{\beta}{\Gamma(\alpha_1)} (\beta x)^{\alpha_1 - 1} e^{-\beta x}, & x > 0 \\ 0, & \text{其他} \end{cases} \quad (\alpha_1 > 0, \beta > 0)$$

$$f_{X_2}(y) = \begin{cases} \frac{\beta}{\Gamma(\alpha_2)} (\beta y)^{\alpha_2 - 1} e^{-\beta y}, & y > 0 \\ 0, & \text{其他} \end{cases} \quad (\alpha_2 > 0, \beta > 0)$$

试证明 $Z = X_1 + X_2$ 服从参数为 $\alpha_1 + \alpha_2, \beta$ 的 Γ 分布.

证明　由式(3.5.3),当 $z < 0$ 时,$Z = X_1 + X_2$ 的概率密度 $f_Z(z) = 0$;当 $z > 0$ 时,$Z = X_1 + X_2$ 的概率密度为

$$f_Z(z) = \int_{-\infty}^{+\infty} f_{X_1}(x) f_{X_2}(z-x) dx$$

$$= \int_0^z \frac{\beta}{\Gamma(\alpha_1)} (\beta x)^{\alpha_1 - 1} e^{-\beta x} \frac{\beta}{\Gamma(\alpha_2)} [\beta(z-x)]^{\alpha_2 - 1} e^{-\beta(z-x)} dx$$

$$= \frac{\beta^{\alpha_1 + \alpha_2} e^{-\beta z}}{\Gamma(\alpha_1)\Gamma(\alpha_2)} \int_0^z x^{\alpha_1 - 1} (z-x)^{\alpha_2 - 1} dx \quad (\text{令 } x = zt)$$

$$= \frac{\beta}{\Gamma(\alpha_1)\Gamma(\alpha_2)} (\beta z)^{\alpha_1 + \alpha_2 - 1} e^{-\beta z} \int_0^1 t^{\alpha_1 - 1} (1-t)^{\alpha_2 - 1} dt$$

$$= \frac{\beta}{\Gamma(\alpha_1+\alpha_2)}(\beta z)^{\alpha_1+\alpha_2-1}e^{-\beta z}$$

所以

$$f_Z(z) = \begin{cases} \dfrac{\beta}{\Gamma(\alpha_1+\alpha_2)}(\beta z)^{\alpha_1+\alpha_2-1}e^{-\beta z}, & z > 0 \\ 0, & \text{其他} \end{cases}$$

即 $Z=X_1+X_2$服从参数为 $\alpha_1+\alpha_2,\beta$ 的 Γ 分布.

类似地,可推广至 n 个相互独立的 Γ 分布变量之和的情况:若 $X_1,X_2,\cdots,X_n$ 相互独立,且 X_i 服从参数为α_i,β的Γ分布($i=1,2,\cdots,n$),则 $X_1+X_2+\cdots+X_n$ 服从参数为$\sum\limits_{i=1}^{n}\alpha_i,\beta$ 的 Γ 分布.

注　贝塔函数 $B(\alpha_1,\alpha_2)=\int_0^1 x^{\alpha_1-1}(1-x)^{\alpha_2-1}dx$,它与 Γ 函数的关系为

$$B(\alpha_1,\alpha_2)=\frac{\Gamma(\alpha_1)\Gamma(\alpha_2)}{\Gamma(\alpha_1+\alpha_2)}$$

3.5.1.3　$Z=X^2+Y^2$ 的分布

设(X,Y)的联合密度函数为 $f(x,y)$,则当 $Z>0$ 时,有

$$F_Z(z)=P(X^2+Y^2\leqslant z)=\iint\limits_{x^2+y^2\leqslant z} f(x,y)dxdy$$

利用极坐标来计算.令 $x=r\cos\theta, y=r\sin\theta$,则

$$F_Z(z)=\int_0^{2\pi}\left(\int_0^{\sqrt{z}} f(r\cos\theta,r\sin\theta)rdr\right)d\theta$$

于是,当 $Z>0$ 时,Z 的密度函数

$$f_Z(z)=\frac{d}{dz}F_Z(z)=\frac{1}{2}\int_0^{2\pi} f(\sqrt{z}\cos\theta,\sqrt{z}\sin\theta)d\theta$$

故

$$f_Z(z)=\begin{cases}\dfrac{1}{2}\displaystyle\int_0^{2\pi} f(\sqrt{z}\cos\theta,\sqrt{z}\sin\theta)d\theta, & z>0\\ 0, & z\leqslant 0\end{cases}$$

若 X 与 Y 相互独立,则

$$f_Z(z)=\begin{cases}\dfrac{1}{2}\displaystyle\int_0^{2\pi} f_X(\sqrt{z}\cos\theta)f_Y(\sqrt{z}\sin\theta)d\theta, & z>0\\ 0, & z\leqslant 0\end{cases}$$

其中,$f_X(x),f_Y(y)$分别是随机变量 X 和 Y 的密度函数.

3.5.2　一般函数 $Z=g(X,Y)$ 的分布

以连续型随机变量为例.若已知 (X,Y) 的联合密度函数为 $f(x,y)$,则 $Z=g(X,Y)$ 的分布函数为

$$F_Z(z)=P(Z\leqslant z)=P(g(X,Y)\leqslant z)=\iint_G f(x,y)\mathrm{d}x\mathrm{d}y$$

其中,$G:g(X,Y)\leqslant z$ 表示平面区域;其密度函数为

$$f_Z(z)=F'_Z(z)$$

3.5.3　一般变换

定理　设二维连续型随机变量 (X,Y) 的联合密度函数为 $f(x,y)$,并有函数 $U=u(X,Y)$,$V=v(X,Y)$.如果函数 $u=u(x,y)$,$v=v(x,y)$ 有唯一的单值反函数 $x=x(u,v)$,$y=y(u,v)$,且有连续的一阶偏导数 $\frac{\partial x}{\partial u},\frac{\partial x}{\partial v},\frac{\partial y}{\partial u},\frac{\partial y}{\partial v}$,则二维连续型随机变量 (U,V) 的联合密度函数为

$$f_{(U,V)}(u,v)=f_{(X,Y)}[x(u,v),y(u,v)]|J|$$

其中

$$J=\begin{vmatrix}\frac{\partial x}{\partial u} & \frac{\partial x}{\partial v}\\ \frac{\partial y}{\partial u} & \frac{\partial y}{\partial v}\end{vmatrix}$$

3.5.4　极值分布

设 $X_1,X_2,\cdots,X_n$ 为相互独立的随机变量,分布函数分别为 $F_{X_1}(x_1)$,$F_{X_2}(x_2)$,$\cdots$,$F_{X_n}(x_n)$,记

$$M=\max\{X_1,X_2,\cdots,X_n\},\quad N=\min\{X_1,X_2,\cdots,X_n\}$$

试分别求 M,N 的分布函数.易知

$$\begin{aligned}F_M(z)&=P(M\leqslant z)=P(X_1\leqslant z,X_2\leqslant z,\cdots,X_n\leqslant z)\\&=P(X_1\leqslant z)P(X_2\leqslant z)\cdots P(X_n\leqslant z)\\&=F_{X_1}(z)F_{X_2}(z)\cdots F_{X_n}(z)\\F_N(z)&=P(N\leqslant z)=1-P(N>z)\\&=1-P(X_1>z,X_2>z,\cdots,X_n>z)\\&=1-P(X_1>z)P(X_2>z)\cdots P(X_n>z)\end{aligned}$$

$$= 1 - [1 - P(X_1 \leqslant z)][1 - P(X_2 \leqslant z)]\cdots[1 - P(X_n \leqslant z)]$$

所以

$$F_N(z) = 1 - [1 - F_{X_1}(z)][1 - F_{X_2}(z)]\cdots[1 - F_{X_n}(z)]$$

特别地,如果 $X_1,X_2,\cdots,X_n$ 独立同分布,且分布函数为 $F(x)$,则

$$F_M(z) = [F(z)]^n,\quad F_N(z) = 1 - [1 - F(z)]^n$$

如果 $X_1,X_2,\cdots,X_n$ 有相同的密度函数 $f(x)$,则 M,N 的密度函数可由分布函数求导得到,即

$$f_M(z) = n[F(z)]^{n-1}f(z),\quad f_N(z) = n[1 - F(z)]^{n-1}f(z)$$

例 3.5.4 设某系统 L 由两个子系统 L_1,L_2 组成.已知 L_1,L_2 的寿命分别为随机变量 X,Y,它们都服从指数分布,概率密度函数分别为

$$f_X(x) = \begin{cases}\lambda_1 e^{-\lambda_1 x}, & x > 0\\ 0, & x \leqslant 0\end{cases},\quad f_Y(y) = \begin{cases}\lambda_2 e^{-\lambda_2 y}, & y > 0\\ 0, & y \leqslant 0\end{cases}$$

其中,$\lambda_1 > 0,\lambda_2 > 0,\lambda_1 \neq \lambda_2$.试就下面三种不同的组成方式,求出系统 L 的寿命 Z 的概率密度函数:

(1) 串联; (2) 并联; (3) 一个工作,一个备用.

解 (1) 此时,系统 L 的寿命 $Z = \min\{L_1,L_2\}$,X,Y 的分布函数分别为

$$F_X(x) = \begin{cases}1 - e^{-\lambda_1 x}, & x > 0\\ 0, & x \leqslant 0\end{cases},\quad F_Y(y) = \begin{cases}1 - e^{-\lambda_2 y}, & y > 0\\ 0, & y \leqslant 0\end{cases}$$

所以 Z 的分布函数为

$$F_Z(z) = \begin{cases}1 - e^{-(\lambda_1+\lambda_2)z}, & z > 0\\ 0, & z \leqslant 0\end{cases}$$

概率密度函数为

$$f_Z(z) = \begin{cases}(\lambda_1 + \lambda_2)e^{-(\lambda_1+\lambda_2)z}, & z > 0\\ 0, & z \leqslant 0\end{cases}$$

从这里得出,$Z = \min\{L_1,L_2\}$ 服从指数分布 $E(\lambda_1 + \lambda_2)$,这个结论可以推广到一般情况:

若 $X_i\ (i = 1,2,\cdots,n)$ 相互独立,且 $X_i \sim E(\lambda_i)$,$Z = \min\{X_1,X_2,\cdots,X_n\}$,则 $Z \sim E(\sum_{i=1}^{n}\lambda_i)$.

(2) 此时,系统 L 的寿命 $Z = \max\{L_1,L_2\}$,其分布函数为

$$F_Z(z) = \begin{cases}(1 - e^{-\lambda_1 z})(1 - e^{-\lambda_2 z}), & z > 0\\ 0, & z \leqslant 0\end{cases}$$

所以 Z 的概率密度函数为

$$f_Z(z)=\begin{cases}\lambda_1 e^{-\lambda_1 z}+\lambda_2 e^{-\lambda_2 z}-(\lambda_1+\lambda_2)e^{-(\lambda_1+\lambda_2)z}, & z>0\\ 0, & z\leqslant 0\end{cases}$$

(3) 当子系统 L_1 损坏时，系统 L_2 即开始工作，整个系统 L 的寿命为两个子系统 L_1, L_2 的寿命之和，即 $Z=X+Y$.

由卷积公式可得：当 $z\geqslant 0$ 时

$$\begin{aligned}f_Z(z)&=\int_{-\infty}^{+\infty} f_X(x)f_Y(z-x)\mathrm{d}x\\ &=\int_0^z \lambda_1\lambda_2 e^{-\lambda_1 x}e^{-\lambda_2(z-x)}\mathrm{d}x\\ &=\frac{\lambda_1\lambda_2}{\lambda_2-\lambda_1}(e^{-\lambda_1 z}-e^{-\lambda_2 z})\end{aligned}$$

当 $z<0$ 时

$$f_Z(z)=0$$

所以 Z 的概率密度函数为

$$f_Z(z)=\begin{cases}\dfrac{\lambda_1\lambda_2}{\lambda_2-\lambda_1}(e^{-\lambda_1 z}-e^{-\lambda_2 z}), & z>0\\ 0, & z\leqslant 0\end{cases}$$

习 题 3

选择题

1. 设随机变量 X 和 Y 相互独立，其概率分布相应如表 1 所示，则(　　).

表 1

X	0	1	Y	0	1
P	1/2	1/2	P	1/2	1/2

(A) $P(X=Y)=0$　　(B) $P(X=Y)=1$

(C) $P(X=Y)=1/2$　　(D) $P(X\neq Y)=1/3$

2. 设二维随机变量 (X,Y) 的概率密度函数为

$$f(x,y)=\begin{cases}4xy, & 0<x<1, 0<y<1\\ 0, & \text{其他}\end{cases}$$

则 $P(X<Y)=$(　　).

(A) $\int_0^1\int_0^1 4xy\mathrm{d}y\mathrm{d}x$　　(B) $\int_0^1\int_x^1 4xy\mathrm{d}y\mathrm{d}x$

(C) $\int_0^1\int_0^x 4xy\mathrm{d}y\mathrm{d}x$　　(D) $\int_0^1\int_{-\infty}^x 4xy\mathrm{d}y\mathrm{d}x$

3. 设二维随机变量(X,Y)的概率密度函数为

$$f(x,y)=\begin{cases}a(x+y), & 0<x<1,0<y<2\\ 0, & \text{其他}\end{cases}$$

则常数 $a=$(　　).

(A) $\frac{1}{3}$　　(B) 3　　(C) 2　　(D) $\frac{1}{2}$

4. 设二维随机变量(X,Y)的概率分布律如表 2 所示，则 $P(X<3)=$(　　).

表 2

X \ Y	1.5	2.5	3.5
1	0.10	0.05	0.10
2	0	0.15	0.20
3	0.05	0.05	0.05
4	0.15	0	0.10

(A) 0.10　　(B) 0.25

(C) 0.30　　(D) 0.60

5. 设随机变量 X,Y 相互独立，并且都服从标准正态分布 $N(0,1)$，则(　　).

(A) $P(\min\{X,Y\}\leqslant 0)=\frac{3}{4}$

(B) $P(\max\{X,Y\}\leqslant 0)=\frac{3}{4}$

(C) $P(X+Y\leqslant 0)=\frac{3}{4}$

(D) $P(X-Y\leqslant 0)=\frac{3}{4}$

6. 设 $X\sim\begin{bmatrix}1 & 2\\ 1/3 & 2/3\end{bmatrix}$，$Y\sim\begin{bmatrix}0 & 1\\ 1/2 & 1/2\end{bmatrix}$，$P(X+Y=2)=1/6$，则(　　).

(A) $P(X=Y)=1/3$　　(B) $P(X=Y)=1/6$

(C) $P(X=1+Y)=2/3$　　(D) $P(X=Y+1)=5/6$

7. 设二维随机变量(X,Y)的概率分布如表 3 所示，已知随机事件$(X=0)$与$(X+Y=1)$相互独立，则(　　).

(A) $a=0.2,b=0.3$　　(B) $a=0.4,b=0.1$

(C) $a=0.3,b=0.2$　　(D) $a=0.1,b=0.4$

表 3

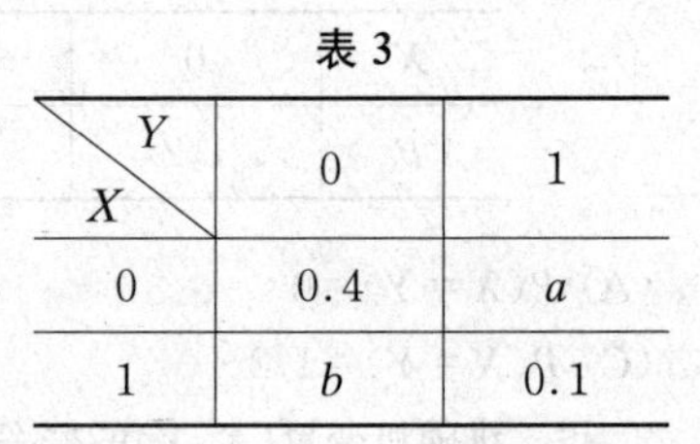

X \ Y	0	1
0	0.4	a
1	b	0.1

8. 设随机变量 X 与 Y 相互独立，则下列命题不正确的是(　　).

(A) 若 $X\sim B(1,1/2)$，$Y\sim B(1,1/2)$，则 $XY\sim B(1,1/4)$

(B) 若 $X\sim B(1,1/2)$，$Y\sim B(1,1/2)$，则 $X+Y\sim B(2,1/2)$

(C) 若 $X\sim P(1)$，$Y\sim P(1)$，则 $XY\sim P(1)$

(D) 若 $X \sim P(1)$，$Y \sim P(1)$，则 $X+Y \sim P(2)$

9．设二维随机变量 (X,Y) 在区域：$0 \leqslant x \leqslant 1, 0 \leqslant y \leqslant 1$ 上服从均匀分布．$A=(X \leqslant 1/2)$，$B=(Y \leqslant 1/2)$，$C=(X+Y \leqslant 1)$，$D=(X \leqslant Y)$，则下列结论不成立的是(　　)．

(A) A 与 B 独立　　(B) C 与 D 独立

(C) AB 与 C 独立　　(D) A 与 CD 不独立

填空题

1．设 X,Y 相互独立，且同服从 $U(0,2)$，即 $(0,2)$ 上的均匀分布，$Z=\min\{X,Y\}$，则 $P(0<Z<1)=$______．

2．设 $X \sim N(1,1/2)$，$Y \sim N(0,1/2)$，且相互独立，$Z=X-Y$，则 $P(Z>0)$ 的值为______．

3．在区间 $[0,b]$ 上任取两点 A,B，设两点 A,B 的坐标分别为 x,y，则随机变量 $\xi=|x-y|$ 的概率密度为______．

4．设随机变量 X 在 $[-1,1]$ 上服从均匀分布，随机变量

$$Y_k=\begin{cases}1, & X>k-1\\0, & X \leqslant k-1\end{cases}\quad (k=1,2)$$

则：(1) Y_1 与 Y_2 的联合分布为______；(2) Y_1 与 Y_2 的边缘分布为______；(3) 均值 $E(2Y_1-3Y_2)=$______．

5．设(连续型)随机变量 (X,Y) 的联合分布函数为

$$F(x,y)=\begin{cases}1-\mathrm{e}^{-x}-x\mathrm{e}^{-y}, & y>x>0\\1-\mathrm{e}^{-y}-y\mathrm{e}^{-y}, & x \geqslant y>0\\0, & \text{其他}\end{cases}$$

则 $P(\max\{X,Y\}<1)=$______．

6．从数1,2,3,4中任取一个，记为 X，再从 $1,\cdots,X$ 中任取一个，记为 Y，则 $P(Y=2)=$______．

解答题

1．设二维随机变量 (X,Y) 等可能地取值 $(0,0)$，$(0,1)$，$(1,0)$，$(1,1)$，求随机变量 (X,Y) 的分布函数．

2．甲、乙二人轮流投篮，假定每次甲的命中率为0.4，乙的命中率为0.6，且各次投篮相互独立．甲先投，乙再投，直到有人命中为止．求甲、乙投篮次数 X 与 Y 的联合分布．

3．设随机变量 (X,Y) 的联合概率密度为

$$f(x,y)=\begin{cases}k(6-x-y), & 0<x<2, 0<y<4\\0, & \text{其他}\end{cases}$$

求：(1) 常数 k；(2) $P(X<1,Y<3)$；(3) $P(X<1.5)$；(4) $P(X+Y \leqslant 4)$．

4．设二维随机变量 (X,Y) 的联合概率密度为

$$f(xy) = \frac{a}{\pi^2(16+x^2)(25+y^2)}, \quad x,y \in (-\infty, +\infty)$$

试确定常数 a，并计算 $P(0<X<4, 0<Y<5)$.

5. 设二维随机变量(X,Y)在 $D:1\leqslant x\leqslant 3, 1\leqslant y\leqslant 3$ 上服从均匀分布，记事件 $A=(X\leqslant a)$，$B=(Y>a)$. 若 $P(A\cup B)=3/4$，求 a.

6. 已知 X 与 Y 同分布且概率密度为

$$f(x) = \begin{cases} \frac{4}{81}x^3, & 0<x<3 \\ 0, & \text{其他} \end{cases}$$

设事件 $A=(X>a>0)$和 $B=(Y>a>0)$独立，且 $P(A\cup B)=5/9$，求常数 a.

7. 将3封信随机地投入编号为1,2,3,4的4个信箱里. 用 X 表示投入1号信箱内的信的封数，Y 表示有信的信箱个数. 求(X,Y)的联合分布律，以及 X 与 Y 的边缘分布律.

8. 设 X,Y 相互独立，且都在$(0,1)$上服从均匀分布，现有区域 $D_0: x^2\leqslant y\leqslant 1, 0\leqslant x\leqslant 1$.

(1) 若对(X,Y)进行5次独立观察，求至少有1次落在 D_0 内的概率；

(2) 若要求至少有1次落在 D_0 内的概率不小于0.999，至少要进行多少次观察？

9. 一批产品中有 a 件合格品、b 件次品. 每次从这批产品中任取一件产品，共取两次，抽样方式是：(1) 放回抽样；(2) 不放回抽样. 设随机变量 X 及 Y 分别表示第一次及第二次取出的次品数，写出上述两种情况下二维随机变量(X,Y)的概率分布及边缘分布，并说明 X 与 Y 是否独立.

10. 设 X,Y 是均匀地分布在区间$(-b,b)(b\geqslant 4)$上的两个独立的随机变量，求方程 $t^2+tX+Y=0$ 有实根的概率，并求当 $b\to+\infty$ 时此概率的极限.

11. 设 X 与 Y 是两个相互独立的随机变量，X 在$[0,1]$上服从均匀分布，Y 的概率密度为

$$f_Y(y) = \begin{cases} \frac{1}{2}e^{-y/2}, & y>0 \\ 0, & y\leqslant 0 \end{cases}$$

(1) 求(X,Y)的联合概率密度；

(2) 设关于 t 的二次方程为 $t^2+2Xt+Y=0$，求 t 有实根的概率.

12. 设随机变量(X,Y)服从二维正态分布

$$f(x,y) = \frac{1}{2\pi ab}\exp\left\{-\frac{1}{2}\left(\frac{x^2}{a^2}+\frac{y^2}{b^2}\right)\right\}$$

求(X,Y)落在椭圆$\frac{x^2}{a^2}+\frac{y^2}{b^2}=k^2$ 内的概率.

13. 设二维随机变量(X,Y)的联合密度函数为

$$f(x,y) = \begin{cases} \frac{21}{4}x^2y, & x^2\leqslant y\leqslant 1 \\ 0, & \text{其他} \end{cases}$$

求条件密度函数 $f_{Y|X}(y|x)$和条件概率 $P(Y>3/4|x=1/2)$.

14. 设随机变量 $X\sim U(0,1)$，当观察到 $X=x\ (0<x<1)$ 时，$Y\sim U(x,1)$，求 $f_Y(y)$.

15. 设二维随机变量 (X,Y) 的概率函数如表4所示.

表4

X \ Y	−1	0	1	2
−1	0	1/36	1/6	1/12
0	1/18	0	1/18	0
1	0	1/36	1/6	1/12
2	1/12	0	1/12	1/6

(1) 求 $P(X\geqslant 1,Y\leqslant 0)$；(2) 求 $P(X=2\mid Y\leqslant 0)$；(3) 讨论 X,Y 的独立性.

16. 设二维随机变量 (X,Y) 的概率分布函数为

$$F(x,y)=\begin{cases}1-\mathrm{e}^{-x}-\mathrm{e}^{-y}+\mathrm{e}^{-(x+y)}, & x\geqslant 0,y\geqslant 0\\ 0, & \text{其他}\end{cases}$$

讨论 X,Y 的独立性.

17. 设 X 与 Y 为两个相互独立的随机变量，其概率密度分别为

$$f_X(x)=\begin{cases}1, & 0\leqslant x\leqslant 1\\ 0, & \text{其他}\end{cases},\quad f_Y(y)=\begin{cases}\mathrm{e}^{-y}, & y>0\\ 0, & y\leqslant 0\end{cases}$$

求随机变量 $Z=X+Y$ 的概率密度.

18. 设二维随机变量 (X,Y) 在区域 $\{(x,y)\mid 1\leqslant x\leqslant 3,1\leqslant y\leqslant 4\}$ 上服从均匀分布，又 $Z=\min\{X,Y\}$.

(1) X 与 Y 是否独立？　(2) 求 Z 的密度函数.

19. 设随机变量 X,Y 相互独立，并且 $X\sim U(0,1)$，$Y\sim E(1)$，分别求 $\max\{X,Y\}$，$\min\{X,Y\}$ 的概率密度函数.

20. 设 (X,Y) 的分布律如表5所示. 试求：$Z=X+Y$，$Z=XY$，$Z=X/Y$，$Z=\min(X,Y)$ 的分布律.

表5

X \ Y	−1	1	2
−1	1/10	2/10	3/10
2	2/10	1/10	1/10

21. 设二维随机变量 (X,Y) 的概率密度函数为

$$f(x,y)=\begin{cases}\dfrac{1+xy}{4}, & |x|<1,|y|<1\\ 0, & \text{其他}\end{cases}$$

(1) 问 X 与 Y 是否独立？

(2) 求 $(|X|,|Y|)$ 的概率密度函数 $\varphi(u,v)$.

(3) 问 $|X|$ 与 $|Y|$ 是否独立？

22. 设随机变量 X_1,X_2,X_3,X_4 相互独立，且同分布，$P(X_i=0)=0.6$，$P(X_i=1)=0.4$，

求行列式 $X=\begin{vmatrix} X_1 & X_3 \\ X_2 & X_4 \end{vmatrix}$ 的概率分布.

23. 设二随机变量(X,Y)在以(1,1),(1,-1),(-1,1),(-1,-1)为顶点的正方形上服从均匀分布,求下列事件的概率:

(1) $X^2+Y^2<1$; (2) $2X-Y>0$; (3) $|X+Y|\leqslant 2$.

24. 设$0\leqslant a\leqslant 1/4$,$X_1,X_2,X_3$都是在$\{-1,1\}$中取值的随机变量,且满足

$$\begin{aligned} P(X_1=-1,X_2=-1,X_3=1) &= P(X_1=-1,X_2=1,X_3=-1) \\ &= P(X_1=1,X_2=-1,X_3=-1) \\ &= P(X_1=1,X_2=1,X_3=1) \\ &= a \end{aligned}$$

及

$$\begin{aligned} P(X_1=-1,X_2=-1,X_3=-1) &= P(X_1=-1,X_2=1,X_3=1) \\ &= P(X_1=1,X_2=-1,X_3=1) \\ &= P(X_1=1,X_2=1,X_3=-1) \\ &= \frac{1}{4}-a \end{aligned}$$

证明:(1) X_1,X_2,X_3均服从$\{-1,1\}$上的均匀分布;

(2) X_1,X_2,X_3两两独立;

(3) 当且仅当$a=1/8$时,X_1,X_2,X_3相互独立.

第 4 章　随机变量的数字特征

随机变量的分布函数能够完整地描述随机变量的统计特性,但在某些实际问题中,不需要全面考察随机变量的变化情况,而仅需要知道随机变量的某些特征,因此并不需要求出它的分布函数.人们经常关心的是随机变量的平均值、关于平均值的偏离情况,以及多维随机变量之间相互关系的数字特征.这就是本章要介绍的随机变量的常用数字特征:数学期望、方差、协方差和相关系数及矩.

4.1 数 学 期 望

惠更斯是一个名声和牛顿相当的大科学家.人们熟知他的贡献之一是物理学中的单摆公式.他在概率论的早期发展历史上也占有重要的地位.他的主要著作《机遇的规律》于 1657 年出版.在这部著作中,他首先引入了**期望**这个术语,基于这个术语解决了一些当时感兴趣的博弈问题.他在这部著作中提出了 14 条命题,第 1 条命题是:

如果某人在赌博中以概率 1/2 赢 a 元,以概率 1/2 输 b 元,则他的期望是 $(a-b)/2$元.

定义 4.1.1　设离散型随机变量 X 的分布律为

$$P(X = x_k) = p_k \quad (k = 1,2,\cdots)$$

若级数 $\sum_{k=1}^{+\infty} x_k p_k$ 绝对收敛,则称级数 $\sum_{k=1}^{+\infty} x_k p_k$ 的和为随机变量 X 的**数学期望**

(mathematical expectation),记为 $EX = \sum_{k=1}^{+\infty} x_k p_k$.

设连续型随机变量 X 的概率密度为 $f(x)$,若积分

$$\int_{-\infty}^{+\infty} xf(x)\mathrm{d}x$$

绝对收敛,则称积分 $\int_{-\infty}^{+\infty} xf(x)\mathrm{d}x$ 的值为随机变量 X 的数学期望,记为 $EX = \int_{-\infty}^{+\infty} xf(x)\mathrm{d}x$,数学期望简称期望,又称为**均值**(mean).

4.1.1 数学期望的性质

设 X,Y 是随机变量,a,b,c 是常数(以下设所遇到的随机变量的数学期望均存在),则有:

(1) $E(aX+bY+c)=aEX+bEY+c$;

(2) 设 $X\geqslant 0$,则 $EX\geqslant 0$;

(3) 设 $a\leqslant X\leqslant b$,则 $a\leqslant EX\leqslant b$;

(4) 设 X,Y 是两个相互独立的随机变量,则 $E(XY)=(EX)(EY)$.此结论可推广:若 $X_i\ (i=1,2,\cdots,n)$ 相互独立,则有 $E\left(\prod_{i=1}^{n} X_i\right)=\prod_{i=1}^{n} EX_i$.

证明 仅就 $n=2$ 证性质(4).不妨假设 X_i 是离散型随机变量,分别以 a_1, $a_2,\cdots$ 和 $b_1,b_2,\cdots$ 记 X_1 和 X_2 的一切可能值,而记其分布为

$$P(X_1 = a_i, X_2 = b_j) = p_{ij} \quad (i,j = 1,2,\cdots)$$

由独立性假设知

$$p_{ij} = P(X_1 = a_i)P(X_2 = b_j)$$

因为当 $X_1=a_i$, $X_2=b_j$ 时,$X_1X_2=a_ib_j$,故

$$\begin{aligned} E(X_1X_2) &= \sum_{i,j} a_ib_jp_{ij} = \sum_{i,j} a_ib_jP(X_1 = a_i)P(X_2 = b_j) \\ &= \sum_i a_iP(X_1 = a_i)\sum_j b_jP(X_2 = b_j) = (EX_1)(EX_2) \end{aligned}$$

注 随机变量的期望与力学中"质心"的概念有类似的性质.如果一个单位质量沿一直线分布于离散的点 $x_1,x_2,\cdots,x_n,\cdots$ 上,并且如果 p_k 是在点 x_k 的质量,那么我们看到 $\sum_{k=1}^{+\infty} x_k p_k$ 表示(关于原点的)质心.同样,如果一个单位质量连续地分布于一条直线上,并且如果 $f(x)$ 表示在点 x 的质量密度,那么 $\int_{-\infty}^{+\infty} xf(x)\mathrm{d}x$ 也可

以理解为质心.在上述意义下,EX 可代表概率分布的"一个中心".有时也称 EX 为中心趋势的度量,并且 EX 与 X 有相同的单位.

例 4.1.1　已知 $X \sim B(n,p)$,求数学期望 EX.

解　易知

$$
\begin{aligned}
EX &= \sum_{k=0}^{n} k\binom{n}{k}p^k(1-p)^{n-k} = \sum_{k=0}^{n} k\frac{n!}{k!(n-k)!}p^k(1-p)^{n-k} \\
&= np\sum_{k=1}^{n}\frac{(n-1)!}{(k-1)!(n-k)!}p^{k-1}(1-p)^{n-k} \\
&= np\sum_{k=0}^{n-1}\frac{(n-1)!}{k!(n-1-k)!}p^k(1-p)^{n-1-k} \\
&= np[p+(1-p)]^{n-1} = np
\end{aligned}
$$

例 4.1.2　已知 $X \sim P(\lambda)(\lambda > 0)$,求数学期望 EX.

解　$EX = \sum_{k=0}^{+\infty} k\frac{\lambda^k}{k!}e^{-\lambda} = \lambda e^{-\lambda}\sum_{k=1}^{+\infty}\frac{\lambda^{k-1}}{(k-1)!} = \lambda.$

例 4.1.3　已知 $X \sim U(a,b)$,求数学期望 EX.

解　$EX = \int_{-\infty}^{+\infty} xf(x)dx = \int_a^b \frac{x}{b-a}dx = \frac{a+b}{2}.$

例 4.1.4　若随机变量 X 服从柯西分布,即其概率密度为

$$
f(x) = \frac{1}{\pi}\frac{1}{1+x^2} \quad (-\infty < x < +\infty)
$$

试说明随机变量 X 的数学期望不存在.

解　因为$\int_{-\infty}^{+\infty} |x| f(x)dx = \frac{1}{\pi}\int_{-\infty}^{+\infty}\frac{|x|}{1+x^2}dx = +\infty$,即$\int_{-\infty}^{+\infty} xf(x)dx$ 不是绝对收敛,故随机变量 X 的数学期望不存在.

例 4.1.5　已知 $X \sim G(\lambda,\alpha)$,求数学期望 EX.

解　易知

$$
\begin{aligned}
EX &= \int_{-\infty}^{+\infty} xf(x)dx = \int_0^{+\infty} x\frac{\lambda^\alpha}{\Gamma(\alpha)}x^{\alpha-1}e^{-\lambda x}dx \\
&= \frac{1}{\Gamma(\alpha)}\int_0^{+\infty}(\lambda x)^\alpha e^{-\lambda x}dx \quad (\text{令 } t = \lambda x) \\
&= \frac{1}{\lambda\Gamma(\alpha)}\int_0^{+\infty} t^{(\alpha+1)-1}e^{-t}dt \\
&= \frac{\Gamma(\alpha+1)}{\lambda\Gamma(\alpha)} = \frac{\alpha\Gamma(\alpha)}{\lambda\Gamma(\alpha)} = \frac{\alpha}{\lambda}
\end{aligned}
$$

例 4.1.6　一民航送客车载有 20 位旅客从机场开出，旅客有 10 个车站可以下车，如到达一个车站没有旅客下车就不停车，以 X 表示停车次数，求 EX（设每位旅客在各个车站下车是等可能的，并设各旅客是否下车相互独立）.

解　引入随机变量

$$X_i = \begin{cases} 0, & \text{在第 } i \text{ 站没有人下车} \\ 1, & \text{在第 } i \text{ 站有人下车} \end{cases} \quad (i = 1,2,\cdots,10)$$

则有 $X = X_1 + X_2 + \cdots + X_{10}$.

由题意，任一旅客在第 i 站不下车的概率为9/10，因此 20 位旅客都不在第 i 站下车的概率为$(9/10)^{20}$，在第 i 站有人下车的概率为 $1-(9/10)^{20}$，即

$$P(X_i = 0) = \left(\frac{9}{10}\right)^{20}, \quad P(X_i = 1) = 1 - \left(\frac{9}{10}\right)^{20} \quad (i = 1,2,\cdots,10)$$

所以

$$EX_i = 0 \times P(X_i = 0) + 1 \times P(X_i = 1) = 1 - \left(\frac{9}{10}\right)^{20}$$

故

$$EX = E(X_1 + X_2 + \cdots + X_{10}) = \sum_{i=1}^{10} EX_i$$

$$= 10\left[1 - \left(\frac{9}{10}\right)^{20}\right] \approx 8.784 \text{（次）}$$

例 4.1.7　按规定，某车站每天 8:00～9:00，9:00～10:00 都恰有一辆客车到站，但到站的时刻是随机的，且两者到站的时间相互独立. 其规律列于表 4.1.

表 4.1

到站时刻	8:10,9:10	8:30,9:30	8:50,9:50
概率	1/6	3/6	2/6

(1) 一旅客 8:00 到车站，求他候车时间的数学期望；

(2) 一旅客 8:20 到车站，求他候车时间的数学期望.

表 4.2

X	10	30	50
p_k	1/6	3/6	2/6

解　设旅客的候车时间为 X(分).

(1) X 的分布律如表 4.2 所示，所以候车时间的数学期望为

$$EX = 10 \times \frac{1}{6} + 30 \times \frac{3}{6} + 50 \times \frac{2}{6}$$

$$= 33.33 \text{（分）}$$

(2) X 的分布律如表 4.3 所示.

表 4.3

X	10	30	50	70	90
p_k	$\frac{3}{6}$	$\frac{2}{6}$	$\frac{1}{6}\times\frac{1}{6}$	$\frac{3}{6}\times\frac{1}{6}$	$\frac{2}{6}\times\frac{1}{6}$

表 4.3 中,$X=70$ 时

$$P(X=70)=P(AB)=P(A)P(B)=\frac{1}{6}\times\frac{3}{6}$$

其中,A 为事件“第一班车在 8:10 到站”,B 为事件“第二班车在 9:30 到站”.

综上,候车时间的数学期望为

$$\begin{aligned}EX&=10\times\frac{3}{6}+30\times\frac{2}{6}+50\times\frac{1}{36}+70\times\frac{3}{36}+90\times\frac{2}{36}\\&=27.22\ (\text{分})\end{aligned}$$

下面这个例子说明性质(4)在没有独立性假设的条件下一般不成立.

例 4.1.8　设 X 服从参数为 $p\ (0<p<1)$ 的伯努利分布,令 $X_1=X, X_2=X$,则

$$EX_1=EX_2=EX=p,\quad (EX_1)(EX_2)=p^2$$

由于 X 是 0-1 分布,故

$$X^2=X$$

所以

$$E(X_1X_2)=E(X^2)=EX,\quad E(X_1X_2)=p\neq p^2=(EX_1)(EX_2)$$

4.1.2　随机变量函数的数学期望

设已知 X 的分布,Y 是 X 的函数,$Y=g(X)$,求 Y 的数学期望 EY.

一般地,要求 Y 的数学期望 EY,应先求 Y 的分布,然后再按数学期望的定义求出 EY.但求随机变量函数的分布有时比较麻烦,能不能不求随机变量函数的分布而直接求出其期望呢?下面的定理给出了求函数的数学期望的方法.

定理 4.1.1　设随机变量 X 的连续函数 $Y=g(X)$,$E(g(X))$存在.

(1) 对离散型随机变量 X,若 $P(X=x_k)=p_k$,则

$$E(g(X))=\sum_k g(x_k)p_k$$

(2) 对连续型随机变量 X,若有密度函数 $f(x)$,则

$$E(g(X)) = \int_{-\infty}^{+\infty} g(x)f(x)\mathrm{d}x$$

在离散型的场合，定理的证明较容易，对于连续情形的证明，需要用到下面的引理，此引理有其独立的意义.

引理 对任意随机变量 Y，有

$$EY = \int_0^{+\infty} P(Y > y)\mathrm{d}y - \int_0^{+\infty} P(Y < -y)\mathrm{d}y$$

证明 不妨假设随机变量 Y 有密度函数 f_Y，于是

$$\int_0^{+\infty} P(Y > y)\mathrm{d}y = \int_0^{+\infty}\int_y^{+\infty} f_Y(x)\mathrm{d}x\mathrm{d}y$$

交换积分次序，得

$$\int_0^{+\infty} P(Y > y)\mathrm{d}y = \int_0^{+\infty}\left(\int_0^x \mathrm{d}y\right)f_Y(x)\mathrm{d}x = \int_0^{+\infty} xf_Y(x)\mathrm{d}x$$

同理

$$\int_0^{+\infty} P(Y < -y)\mathrm{d}y = -\int_{-\infty}^0 xf_Y(x)\mathrm{d}x$$

定理 4.1.1 的证明 对于任意函数 $g(x)$，由引理知

$$\begin{aligned}
E(g(X)) &= \int_0^{+\infty} P(g(X) > y)\mathrm{d}y - \int_0^{+\infty} P(g(X) < -y)\mathrm{d}y \\
&= \int_0^{+\infty}\int_{x:g(x)>y} f(x)\mathrm{d}x\mathrm{d}y - \int_0^{+\infty}\int_{x:g(x)<-y} f(x)\mathrm{d}x\mathrm{d}y \\
&= \int_{x:g(x)>0}\int_0^{g(x)} \mathrm{d}y\, f(x)\mathrm{d}x - \int_{x:g(x)<0}\int_0^{-g(x)} \mathrm{d}y\, f(x)\mathrm{d}x \\
&= \int_{x:g(x)>0} g(x)f(x)\mathrm{d}x + \int_{x:g(x)<0} g(x)f(x)\mathrm{d}x \\
&= \int_{-\infty}^{+\infty} g(x)f(x)\mathrm{d}x
\end{aligned}$$

此定理可推广至两个或两个以上随机变量的函数的情况. 以二维随机变量为例，有下列结论：设 Z 是随机变量 X, Y 的函数，$Z = g(X, Y)$（g 是连续函数）：

(1) 若二维离散型随机变量 (X, Y) 的分布律为

$$P(X = x_i, Y = y_j) = p_{ij} \quad (i, j = 1, 2, \cdots)$$

则有

$$EZ = E(g(X, Y)) = \sum\sum g(x_i, y_j)p_{ij}$$

(2) 若二维连续型随机变量 (X, Y) 的概率密度为 $f(x, y)$，则有

$$EZ = E(g(X, Y)) = \int_{-\infty}^{+\infty}\int_{-\infty}^{+\infty} g(x, y)f(x, y)\mathrm{d}x\mathrm{d}y$$

例 4.1.9　设二维随机变量(X,Y)的概率密度为

$$f(x,y)=\begin{cases}x+y, & 0\leqslant x,y\leqslant 1\\ 0, & \text{其他}\end{cases}$$

试求 XY 的数学期望.

解　易知

$$E(XY)=\int_{-\infty}^{+\infty}\int_{-\infty}^{+\infty}xyf(x,y)\mathrm{d}x\mathrm{d}y$$
$$=\int_0^1\int_0^1 xy(x+y)\mathrm{d}x\mathrm{d}y=\frac{1}{3}$$

4.1.3* 数学期望的简单应用

例 4.1.10　在一个人数众多的团体中普查某种疾病，为此要抽验 N 个人的血，可以用两种方法进行：(1) 将每个人的血都分别去验，这就需验 N 次；(2) 按 k 个人一组进行分组，把从 k 个人抽来的血混合在一起进行检验，如果这混合血液呈阴性反应，就说明 k 个人的血都呈阴性反应. 这样，这 k 个人的血就只需验一次. 若呈阳性，则再对这 k 个人的血液分别进行化验. 这样，这 k 个人的血就共需验 $k+1$次. 假设每个人化验呈阳性的概率为 p，且这些人的化验反应是相互独立的. 试说明：当 p 较小时，选取适当的 k，按第二种方法可以减少化验的次数. 并说明 k 取什么值时最适宜.

解　各人的血呈阴性反应的概率为 $q=1-p$，因而 k 个人的混合血呈阴性反应的概率为q^k，k 个人的混合血呈阳性反应的概率为 $1-q^k$.

设以 k 个人为一组时，组内每人化验的次数为 X，则 X 是一个随机变量，其分布律如表 4.4 所示，X 的数学期望为

表 4.4

X	$\frac{1}{k}$	$\frac{k+1}{k}$
p_k	q^k	$1-q^k$

$$EX=\frac{1}{k}\times q^k+\left(1+\frac{1}{k}\right)(1-q^k)$$
$$=1-q^k+\frac{1}{k}$$

N 个人平均需化验的次数为

$$N\left(1-q^k+\frac{1}{k}\right)$$

由此可知，只要选择 k，使

$$1-q^k+\frac{1}{k}<1$$

则 N 个人平均需化验的次数就小于 N. 当 p 固定时,我们选取 k,使得 $L=1-q^k+1/k$ 小于 1 且取到最小值,这时就能得到最好的分组方法.

例如,$p=0.1, q=1-p=0.9$. 当 $k=4$ 时,$L=1-q^k+1/k$ 取到最小值,此时得到最好的分组方法. 若 $N=1\,000$,此时以 $k=4$ 分组,按第二种方法平均只需化验的次数为

$$1\,000\times\left(1-0.9^4+\frac{1}{4}\right)=594$$

这样平均可以减少 40% 的工作量.

例 4.1.11　某保险公司规定:如果在 1 年内顾客的投保事件 A 发生,该公司就赔偿顾客 a 元. 若 1 年内事件 A 发生的概率为 p,为使公司收益的期望值等于 a 的 10%,问该公司应该要求顾客交多少保险费?

解　设顾客应交保险费为 x 元,公司收益为 Y 元,这里,x 是普通变量,Y 是随机变量,Y 的取值与事件 A 是否发生有关,由题意得

$$Y=\begin{cases}x, & \text{事件 } A \text{ 不发生}\\ x-a, & \text{事件 } A \text{ 发生}\end{cases}$$

且已知

$$P(Y=x-a)=P(A)=p,\quad P(Y=x)=P(\bar{A})=1-p$$

所以

$$\begin{aligned}EY&=xP(Y=x)+(x-a)P(Y=x-a)\\&=x(1-p)+(x-a)p\end{aligned}$$

由题意知

$$x(1-p)+(x-a)p=\frac{a}{10}$$

所以 $x=a(p+1/10)$.

例 4.1.12　国家出口某种商品,假设国外对该商品的年需求量是随机变量 X,且 $X\sim U(2\,000,4\,000)$(单位:吨). 若售出 1 吨则得外汇 3 万元;若售不出,则 1 吨花保养费 1 万元,问每年应准备多少商品,才能使国家收益的期望值最大? 最大期望值是多少?

解　设每年准备商品 S 吨,显然 $2\,000\leqslant S\leqslant 4\,000$,收益 Y 是 X 的函数,为

$$Y=g(X)=\begin{cases}3S, & X\geqslant S\\ 3X-(S-X), & X<S\end{cases}$$

所以

$$EY=E(g(X))=\int_{-\infty}^{+\infty}g(x)f(x)\mathrm{d}x$$

$$= \int_{2\,000}^{S} (4x - S) \frac{1}{2\,000} dx + \int_{S}^{4\,000} 3S \frac{1}{2\,000} dx$$

$$= -\frac{1}{1\,000}(S^2 - 7\,000S + 4\,000\,000)$$

令$\frac{dEY}{dS} = -\frac{1}{1\,000}(2S - 7\,000) = 0$,解得 $S = 3\,500$ 吨,即当 $S = 3\,500$ 吨时,国家收益的期望值最大,最大期望值为

$$EY_{\max} = -\frac{1}{1\,000}(3\,500^2 - 7\,000 \times 3\,500 + 4\,000\,000)$$

$$= 8\,250 \text{ (万元)}$$

例 4.1.13　一个博弈者将获得一笔补偿金 x,这里,x 是由他按下列方式选择的:他从一个具有密度

$$f(x) = \begin{cases} 1, & 0 < x \leqslant 1 \\ 0, & 其他 \end{cases}$$

的总体做随机抽取.如果他愿意的话,他可以保留这个 x 值.如果他不愿意,也可以放弃它而另做随机抽取.这个抽取过程总共重复三次.如果他必须接受第三次抽取,问他若希望得到最大的期望补偿金,则应采取的最佳策略是什么?

解　策略显然涉及这样的一个数 t,对于三次机会中的每一次抽取,若在这个值之下,他将放弃得到的 x 值;若在这个值之上,接受它.令 t_1 是第一次抽取的分界值,t_2 是第二次抽取的分界值,而第三次尝试不管是什么值一定得接受.令 $p_1 = \int_{t_1}^{1} dx = 1 - t_1$ 是博弈者保留第一次抽取的概率,$p_2 = \int_{t_2}^{1} dx = 1 - t_2$ 是博弈者保留第二次抽取的概率,假定他已拒绝第一次.显然第一次抽取的期望补偿金是 $(1 + t_1)/2$,第二次是 $(1 + t_2)/2$,第三次是 $1/2$.因此,博弈的期望值 E 由

$$E = (1 - t_1)\frac{1 + t_1}{2} + t_1(1 - t_2)\frac{1 + t_2}{2} + \frac{t_1 t_2}{2}$$

$$= \frac{1}{2}(1 - t_1^2) + \frac{t_1}{2}(1 - t_2^2) + \frac{t_1 t_2}{2}$$

给出.为得到最大值,则需

$$\frac{\partial E}{\partial t_1} = 0 \Rightarrow 0 = -t_1 + \frac{1 - t_2^2}{2} + \frac{t_2}{2}$$

$$\frac{\partial E}{\partial t_2} = 0 \Rightarrow 0 = -t_1 t_2 + \frac{t_1}{2}$$

解得 $t_1 = 5/8$, $t_2 = 1/2$.于是 $E = 0.695$.

4.2 中位数、众数和 p 分位点

刻画一个随机变量 X 的平均值的数字特征，除了数学期望以外，最重要的是中位数.

设 $x_1, x_2, \cdots, x_n$ 是一组数据，现将它们重新排序，得

$$x'_1 \leqslant x'_2 \leqslant \cdots \leqslant x'_n \tag{4.1.1}$$

其中允许有相同的数，如

$$5,\ 28,\ 7,\ 8,\ 15,\ 8,\ 9,\ 11,\ 13,\ 8,\ 5,\ 13,\ 11 \tag{4.1.2}$$

将它们重新排序得

$$5,\ 5,\ 7,\ 8,\ 8,\ 8,\ 9,\ 11,\ 11,\ 13,\ 13,\ 15,\ 28$$

称 m 是一组数据(4.1.1)的**中位数**(median)，如果：

(1) 当 n 是奇数时，m 为式(4.1.1)居中的数，即

$$m = x'_{(n+1)/2}$$

(2) 当 n 是偶数时，m 为式(4.1.1)居中的两个数的平均值，即

$$m = \frac{1}{2}(x'_{n/2} + x'_{n/2+1})$$

定义 4.2.1 设连续型随机变量 X 的分布函数为 $F(x)$，则满足条件

$$P(X \leqslant m) = F(m) = 1/2$$

的数 m 称为 X 或分布 F 的**中位数**.

中位数与均值一样都是随机变量的位置特征数，一个随机变量的均值可以不存在，而它的中位数总存在，一般中位数可以从方程 $F(x)=0.5$ 解得. 中位数很有用，有时比均值更能说明问题. 例如，某社区内人的收入的中位数告诉我们：有一半的人收入低于此值，另一半高于此值，我们直观上感觉到这个值对该社区的收入情况的确很具有代表性，和期望值相比它的一个优点是：它受个别特别大或特别小的值影响很小，而期望值则不然.

定义 4.2.2 设 $0<p<1$，称 μ_p 是随机变量 X 的 p **分位点**(p-quartile)(上侧分位点)，如果

$$P(X \geqslant \mu_p) \geqslant p, \quad P(X \leqslant \mu_p) \geqslant 1-p$$

当 μ_p 是随机变量 X 的 p 分位点时，我们可以记作 $\mu_p(X)=\mu_p$. 中位数就是 1/2 分位点.

同理,我们称满足条件

$$P(X \leqslant \mu'_p) \geqslant p, \quad P(X \geqslant \mu'_p) \geqslant 1 - p$$

的 μ'_p为此分布的下侧 p 分位点.

要善于区分分位数与下侧分位数的差别,本书指定用上侧分位数表,而有一些书使用的是下侧分位数表,无论用什么表,书中都有说明.

分位数与下侧分位数是可以相互转化的,其转化公式如下:

$$\mu'_p = \mu_{1-p}, \quad \mu_p = \mu'_{1-p}$$

在一组数据 $x_1, x_2, \cdots, x_n$ 中出现最多的数 m_0 称为众数.例如,式(4.1.2)中数8出现最多,因而其众数 $m_0 = 8$.

定义 4.2.3　(1) 若 X 是连续型随机变量,其概率密度函数为 $f(x)$,称满足 $f(m_0) = \sup_x f(x)$的数值 m_0 为 X 的**众数**(mode).

(2) 若 X 是离散型随机变量,其概率分布为 $P(X = x_k) = p_k\ (k = 1, 2, \cdots)$,如果数值 m_0 使得 $P(X = m_0) = \max_k p_k$,则称 m_0为 X 的众数.

一般来说,众数只有在 n 较大且m_0 出现次数较多时才有意义,而实际观测中往往并不常见;并且众数可能不唯一,例如,在5,5,8,13,8,7中,5,8出现的次数一样多.当然,在 n 较大且m_0 出现次数也较多时,一般"多个解"的情况在实际中不太会出现.

例 4.2.1　试求正态分布 $N(\mu, \sigma^2)$的中位数.

解　由正态分布的对称性知,$N(\mu, \sigma^2)$的中位数、众数都是 μ.

例 4.2.2　设随机变量 X 的取值集合为$\{0,1\}$,并且 X 取其中每一个值的概率都是1/2,试求 X 的中位数.

解　我们知道 $X \sim B(1, 1/2)$,它的分布函数是一个阶梯函数,其形式为

$$F(x) = \begin{cases} 0, & x < 0 \\ \dfrac{1}{2}, & 0 \leqslant x < 1 \\ 1, & x \geqslant 1 \end{cases}$$

不难看出,对于任何 $0 < a < 1$,我们都有

$$P(X \leqslant a) = P(X = 0) = \frac{1}{2}$$

$$P(X \geqslant a) = P(X = 1) = \frac{1}{2}$$

从而根据定义4.2.1,区间(0,1)中任何一个实数都是 X 的中位数.

4.3 方　　差

数学期望是随机变量的重要数字特征，它表示随机变量的平均值，但仅有平均值的指标还不能完全刻画随机变量的变化情况．例如，甲、乙两地的月平均气温（单位：℃）记录如下：

甲地：16，18，19，20，21，22，23，24，23，20，19，15；

乙地：－20，－15，20，29，34，35，30，38，30，29，18，0．

甲地和乙地的年平均气温为$\overline{X_{甲}}=20$ ℃，$\overline{X_{乙}}=19$ ℃，二者相差不大．然而细心的读者马上就会发现，甲地的气温一年四季“无寒冬酷暑”，而乙地虽然它的年平均气温也近于 20 ℃，但明显属于大冷大热的气候．

甲地各月的气温与平均值$\overline{X_{甲}}=20.08$ ℃的偏差 $\Delta_{甲}$ 为

$$\Delta_{甲}:-4,\ -2,\ -1,\ 0,\ 1,\ 2,\ 3,\ 4,\ 3,\ 0,\ -1,\ -5$$

而也可类似地得到 $\Delta_{乙}$ 为

$$\Delta_{乙}:-39,\ -34,\ 1,\ 10,\ 15,\ 16,\ 11,\ 19,\ 11,\ 10,\ -1,\ -19$$

明显可以看出 $\Delta_{乙}$ 的变化比 $\Delta_{甲}$ 大得多．

那么如何来刻画它们的取值偏离平均值分散的程度呢？以下我们给出理论上描述随机变量值偏离平均值分散程度的度量，这就是方差．

定义 4.3.1　设 X 是一个随机变量，若 $E(X-EX)^2$ 存在，则称 $E(X-EX)^2$ 为 X 的**方差**（variance），记为 DX 或 $\mathrm{Var}(X)$，即

$$DX=\mathrm{Var}(X)=E(X-EX)^2$$

又记 $\sigma(X)=\sqrt{DX}$，称为**标准差**（standard deviation）或**均方差**．

由定义 4.3.1 可知，随机变量 X 的方差表达了 X 的取值与其数学期望的偏离程度．若 X 的取值比较集中，则 DX 较小；反之，若 X 的取值比较分散，则 DX 较大．因此 DX 是刻画 X 取值分散程度的量，它是衡量 X 取值分散程度的一个尺度，即稳定性．

同时由定义可知，方差实际上就是随机变量 X 的函数 $g(X)=(X-EX)^2$ 的数学期望，所以对于离散型随机变量，若 $P(X=k)=p_k\ (k=1,2,\cdots)$是 X 的分布律，则有

$$DX=\sum_{k=1}(x_k-EX)^2p_k$$

对于连续型随机变量，若 X 的密度函数为 $f(x)$，则有

$$DX = \int_{-\infty}^{+\infty} (x - EX)^2 f(x) \mathrm{d}x$$

而实际计算中常用下列公式：

$$DX = EX^2 - (EX)^2$$

下面给出方差的几个性质（以下设所讨论的随机变量的方差都存在）：

(1) 设 C 是常数，则 $D(C) = 0$；

(2) 设 X 是随机变量，C 是常数，则 $D(CX) = C^2 DX$；

(3) 设 X, Y 是两个相互独立的随机变量，则 $D(X + Y) = DX + DY$；

(4) $DX = 0$ 的充要条件是 X 以概率 1 取常数 C（这里 $C = EX$），即

$$P(X = C) = 1$$

(5) 设 X 是随机变量，a 是任意常数，则 $DX = E(X - a)^2 - (EX - a)^2$.

例 4.3.1　已知 $X \sim B(n, p)$，求方差 DX.

解　先求

$$EX^2 = \sum_{k=0}^{n} k^2 C_n^k p^k (1 - p)^{n-k} = np(1 - p) + n^2 p^2$$

所以

$$DX = EX^2 - (EX)^2 = np(1 - p)$$

例 4.3.2　已知 $X \sim P(\lambda)$，求方差 DX.

解　易知

$$DX = EX^2 - (EX)^2 = \sum_{k=0}^{+\infty} k^2 \frac{\lambda^k \mathrm{e}^{-\lambda}}{k!} - \lambda^2$$

$$= \lambda(\lambda + 1) - \lambda^2 = \lambda$$

由此可知，服从泊松分布的随机变量的数学期望与方差相等，都等于参数 λ. 离散型随机变量中，只有泊松分布具有这个性质. 同时由于泊松分布只有一个参数，所以只需知道它的数学期望或方差就完全可以确定它的分布了.

例 4.3.3　已知 $X \sim U(a, b)$，求方差 DX.

解　易知

$$\begin{aligned} DX &= EX^2 - (EX)^2 \\ &= \int_a^b x^2 \frac{1}{b - a} \mathrm{d}x - \left(\frac{a + b}{2}\right)^2 \\ &= \frac{(b - a)^2}{12} \end{aligned}$$

例 4.3.4　已知 $X\sim N(\mu,\sigma^2)$，求数学期望 EX 与方差 DX.

解　易知

$$EX=\int_{-\infty}^{+\infty}xf(x)\mathrm{d}x=\int_{-\infty}^{+\infty}x\frac{1}{\sqrt{2\pi}\sigma}\mathrm{e}^{-\frac{(x-\mu)^2}{2\sigma^2}}\mathrm{d}x$$

令 $(x-\mu)/\sigma=t$，代入可得

$$\begin{aligned}EX&=\frac{1}{\sqrt{2\pi}}\int_{-\infty}^{+\infty}(\sigma t+\mu)\mathrm{e}^{-t^2/2}\mathrm{d}t\\&=\mu\frac{1}{\sqrt{2\pi}}\int_{-\infty}^{+\infty}\mathrm{e}^{-t^2/2}\mathrm{d}t+\frac{\sigma}{\sqrt{2\pi}}\int_{-\infty}^{+\infty}t\mathrm{e}^{-t^2/2}\mathrm{d}t=\mu\\DX&=E(x-\mu)^2=\int_{-\infty}^{+\infty}(x-\mu)^2f(x)\mathrm{d}x\\&=\int_{-\infty}^{+\infty}(x-\mu)^2\cdot\frac{1}{\sqrt{2\pi}\sigma}\mathrm{e}^{-\frac{(x-\mu)^2}{2\sigma^2}}\mathrm{d}x\end{aligned}$$

令 $(x-\mu)/\sigma=t$，则

$$DX=\frac{\sigma^2}{\sqrt{2\pi}}\int_{-\infty}^{+\infty}t^2\cdot\mathrm{e}^{-t^2/2}\mathrm{d}t=\sigma^2$$

注　① 假设一个随机变量函数具有一个关于 $x=0$ 对称的概率函数（或概率密度），那么，假设 EX 存在，则 $EX=0$. 这是根据 EX 的定义可得的一个直接的结论. 可以把这个结果推广到一个任意的对称点 $x=a$，在那种情形 $EX=a$，如例 4.3.4.

② 上例中我们可以先求 $Y=X^2$ 的数学期望 EY，再求 DX：

$$EY=EX^2=\int_{-\infty}^{+\infty}x^2\frac{1}{\sqrt{2\pi}\sigma}\mathrm{e}^{-\frac{(x-\mu)^2}{2\sigma^2}}\mathrm{d}x$$

令 $t=(x-\mu)/\sigma$，代入得

$$\begin{aligned}EY&=\int_{-\infty}^{+\infty}\frac{1}{\sqrt{2\pi}}(\sigma^2t^2+2\sigma\mu t+\mu^2)\mathrm{e}^{-t^2/2}\mathrm{d}t\\&=\frac{1}{\sqrt{2\pi}}\sigma^2\int_{-\infty}^{+\infty}t^2\mathrm{e}^{-t^2/2}\mathrm{d}t+\mu^2\int_{-\infty}^{+\infty}\frac{1}{\sqrt{2\pi}}\mathrm{e}^{-t^2/2}\mathrm{d}t\\&=\sigma^2+\mu^2\end{aligned}$$

于是

$$DX=EX^2-(EX)^2=\sigma^2$$

其中

$$\int_{-\infty}^{+\infty}t^2\mathrm{e}^{-t^2/2}\mathrm{d}t=\int_{-\infty}^{+\infty}t\mathrm{d}(-\mathrm{e}^{-t^2/2})$$

$$= (-te^{-t^2/2})\Big|_{-\infty}^{+\infty} + \int_{-\infty}^{+\infty} e^{-t^2/2}dt = \sqrt{2\pi}$$

例 4.3.5　已知 $X \sim G(\lambda,\alpha)$，求方差 DX.

解　易知

$$\begin{aligned} DX &= EX^2 - (EX)^2 \\ &= \int_0^{+\infty} x^2 \frac{\lambda^\alpha}{\Gamma(\alpha)} x^{\alpha-1} e^{-\lambda x} dx - \left(\frac{\alpha}{\lambda}\right)^2 \\ &= \frac{\Gamma(\alpha+2)}{\lambda^2\Gamma(\alpha)} - \frac{\alpha^2}{\lambda^2} = \frac{(\alpha+1)\alpha\Gamma(\alpha)}{\lambda^2\Gamma(\alpha)} - \frac{\alpha^2}{\lambda^2} \\ &= \frac{\alpha}{\lambda^2} \end{aligned}$$

注　① 如果我们把 DX 解释为惯性矩，并把 EX 解释为单位质量的重心，那么上述性质(5)是对力学中一个熟知的平行轴定理的一个说明：关于一个任意点的惯性矩等于其关于质量重心的惯性矩加上从质心到这个任意点的距离的平方.

② 如果 $a = EX$，则 $E(X-a)^2$ 达到最小，这从上面的性质立即可得.因此，(分布在直线上的单位质量)关于通过质心点的一条轴的惯性矩是最小的.

4.4　协方差及相关系数

对于二维随机变量(X,Y)，除了讨论 X 与 Y 的数学期望和方差外，人们最感兴趣的数字特征是反映 X 与 Y 之间相互关系的那种量，其中最重要的是本节要讨论的协方差和相关系数.

定义 4.4.1　量 $E[(X-EX)(Y-EY)]$称为随机变量 X 与 Y 的**协方差**(covariance).记为 $\mathrm{Cov}(X,Y)$，即

$$\mathrm{Cov}(X,Y) = E[(X-EX)(Y-EY)]$$

而

$$\rho_{XY} = \frac{\mathrm{Cov}(X,Y)}{\sqrt{DX}\sqrt{DY}}$$

称为随机变量 X 与 Y 的**相关系数**(efficient of covariance).

形式上可以把相关系数视为“标准尺度下的协方差”.而协方差作为$(X-EX)(Y-EY)$的均值，依赖于 X 与 Y 的度量单位，选择适当单位使 X 与 Y

的方差都为 1,则协方差就是相关系数.这样就能更好地反映 X 与 Y 之间的关系,而不受所用单位的影响.

由协方差和方差的定义,可得

$$D(X \pm Y) = DX + DY \pm 2\mathrm{Cov}(X,Y)$$

$$\mathrm{Cov}(X,Y) = E(XY) - (EX)(EY)$$

协方差具有下列性质:

(1) $\mathrm{Cov}(X,Y)=\mathrm{Cov}(Y,X)$;

(2) $\mathrm{Cov}(aX,bY)=ab\mathrm{Cov}(X,Y)$($a,b$ 为常数);

(3) $\mathrm{Cov}(X_1+X_2,Y)=\mathrm{Cov}(X_1,Y)+\mathrm{Cov}(X_2,Y)$.

下面我们推导 ρ_{XY} 的两条重要性质,同时说明 ρ_{XY} 的含义.考虑以 X 的线性函数 $a+bX$ 来近似表示 Y,以均方误差

$$\begin{aligned} e &= E[Y-(a+bX)]^2 \\ &= EY^2 + b^2EX^2 + a^2 - 2bE(XY) + 2abEX - 2aEY \end{aligned} \tag{4.4.1}$$

来衡量以 $a+bX$ 来近似表示 Y 的好坏程度.e 的值越小,表示 $a+bX$ 与 Y 的近似程度越好.这样我们就取 a,b,使 e 取得最小值.下面就来求最佳近似式 $a+bX$ 中的 a,b.令

$$\begin{cases} \dfrac{\partial e}{\partial a} = 2a + 2bEX - 2EY = 0 \\ \dfrac{\partial e}{\partial b} = 2bEX^2 - 2E(XY) + 2aEX = 0 \end{cases}$$

解得

$$b_0 = \frac{\mathrm{Cov}(X,Y)}{DX}$$

$$a_0 = EY - b_0 EX = EY - EX\frac{\mathrm{Cov}(X,Y)}{DX}$$

将 a_0,b_0 代入式(4.4.1),得

$$\begin{aligned} \min_{a,b} E[Y-(a+bX)]^2 &= E[Y-(a_0+b_0X)]^2 \\ &= (1-\rho_{XY}^2)DY \end{aligned} \tag{4.4.2}$$

定理 4.4.1　(1) $|\rho_{XY}| \leqslant 1$;

(2) $|\rho_{XY}|=1$ 的充要条件是,存在常数 a,b,使 $P(Y=a+bX)=1$.

证明略.

注　由式(4.4.2)可知,均方误差 e 是 $|\rho_{XY}|$ 的严格单调减少函数.当 $|\rho_{XY}|$ 较大时 e 较小,表明 X,Y(线性关系)联系较紧密.特别当 $\rho_{XY}=1$ 时,表明 X,Y 之

间绝对(以概率1)正相关,如水的体积与其质量;当 $\rho_{XY}=-1$ 时,表明 X,Y 之间绝对(以概率1)负相关,如若一个人的年收入恒定,则其消费与储蓄之间是绝对负相关关系.当 $0<\rho_{XY}<1$ 时,则称 X,Y 正相关,表明其一个量增加一般会促进另一量的增加,但也有例外,如人的收入与其消费水平,虽然收入高的人一般消费水平高,但相反的情况也有;当 $-1<\rho_{XY}<0$ 时,则称 X,Y 负相关.于是 ρ_{XY} 是一个可以用来表征 X,Y 之间线性关系紧密程度的量.当 $|\rho_{XY}|$ 较大时,通常说 X,Y 线性相关的程度较好;当 $|\rho_{XY}|$ 较小时,就说 X,Y 线性相关的程度较差;当 $|\rho_{XY}|=0$ 时,称 X,Y 不相关.

独立与不相关的关系:若 X,Y 相互独立,则 X,Y 不相关;反之不一定成立.

表4.5

Y \ X	0	1
0	q	0
1	0	p

例4.4.1　设二维随机变量 (X,Y) 的联合分布律如表4.5所示,其中,$p+q=1$,求相关系数 ρ_{XY}.

解　由上面的分布律,可得随机变量 X 与 Y 的边缘分布律为表4.6,X 与 Y 均服从0-1分布,故知

表4.6

X	0	1	Y	0	1
P	q	p	P	q	p

$$EX=p,\quad DX=pq$$
$$EY=p,\quad DY=pq$$

于是有

$$\begin{aligned}\mathrm{Cov}(X,Y)&=E(XY)-EX\cdot EY\\&=0\times 0\times q+0\times 1\times 0+1\times 0\times 0+1\times 1\times p-p\times p\\&=p-p^2=pq\end{aligned}$$

所以

$$\rho_{XY}=\frac{\mathrm{Cov}(X,Y)}{\sqrt{DX}\sqrt{DY}}=\frac{pq}{\sqrt{pq}\sqrt{pq}}=1$$

例4.4.2　设 X 的概率密度函数为

$$f(x)=\frac{1}{2}\mathrm{e}^{-|x|}\quad(-\infty<x<+\infty)$$

(1) 求 X 的期望 EX 和方差 DX.

(2) 求 X 与 $|X|$ 的协方差或相关系数,并说明 X 与 $|X|$ 是否相关.

(3) 问 X 与 $|X|$ 是否相互独立?并说明理由.

解　本题综合性较强,涉及一维、二维随机变量的数字特征的概念和计算、相关性、独立性的概念及其相互关系.

(1) 易知，$EX = \int_{-\infty}^{+\infty} x \frac{1}{2}\mathrm{e}^{-|x|}\mathrm{d}x = 0$，以及

$$DX = EX^2 - (EX)^2 = \int_{-\infty}^{+\infty} x^2 \frac{1}{2}\mathrm{e}^{-|x|}\mathrm{d}x - 0$$
$$= 2\int_0^{+\infty} x^2 \frac{1}{2}\mathrm{e}^{-x}\mathrm{d}x = 2$$

(2) 因为

$$\mathrm{Cov}(X,|X|) = E(X|X|) - EXE|X|$$
$$= \int_{-\infty}^{+\infty} x|x| \frac{1}{2}\mathrm{e}^{-|x|}\mathrm{d}x - 0 = 0$$

$$\rho_{X|X|} = \frac{\mathrm{Cov}(X,|X|)}{\sqrt{DX}\sqrt{D(|X|)}} = 0$$

所以 X 与 $|X|$ 不相关.

(3) 独立性要由独立性的定义来判断.

对于任意给定的常数 $a>0$，事件 $(|X|<a)\subset(X<a)$，且 $P(X<a)<1$，$P(|X|<a)>0$，因此有

$$P(X<a,|X|<a) = P(|X|<a)$$
$$P(X<a)P(|X|<a) < P(|X|<a)$$

所以 $P(X<a,|X|<a)\neq P(X<a)P(|X|<a)$，即 X 与 $|X|$ 不独立.

例 4.4.3 设 $X\sim U(8,10)$，$Y=X^2$，求 X 与 Y 的相关系数.

解 由

$$EX = 9,\quad DX = \frac{1}{3},\quad EY = EX^2 = 81.333,\quad DY = DX^2 = 108.089$$

及

$$\mathrm{Cov}(X,Y) = E(XY) - EXEY = 6.033$$

得

$$\rho_{XY} = \frac{\mathrm{Cov}(X,Y)}{\sqrt{DX}\sqrt{DY}} = 0.999$$

显然我们不能说 X 与 Y 之间有线性关系（$Y=X^2$）. 但从 $y=x^2$ 的图像上可以看出，在 $x\in(8,10)$ 时，$y=x^2$ 的图像可以用直线来近似，说明在这个区间内 $y=x^2$ 有线性关系的信息.

例 4.4.4 两种证券 A 和 B，收益率分别为 r_{A} 和 r_{B}，ρ_{AB} 表示 r_{A} 和 r_{B} 的相关系数，σ_{A}^2 和 σ_{B}^2 分别表示 r_{A} 和 r_{B} 的方差. 人们常用收益率的方差来衡量证券的风险，收益率的方差为正的证券称为风险证券. 设 A，B 均为风险证券，且 $\sigma_{\mathrm{A}}\neq\sigma_{\mathrm{B}}$.

(1) 若 $|\rho_{AB}|\neq 1$,证明证券 A 和 B 的任意投资组合 P(允许卖空)必然也是风险证券,其中投资组合是将一笔资金按比例 x 和 $1-x$ 分别投资于 A 和 B,当 $x<0$ 时,称卖空证券 A.

(2) 若 $|\rho_{AB}|=1$,哪一个投资组合是无风险的?

(3) 若不允许卖空,当 ρ_{AB} 满足什么条件时,我们能得到一个投资组合,使得其风险比 A 和 B 的风险都小?

分析　投资组合的收益率是证券 A 和 B 的收益率的加权平均,权数是投资组合中资金的比例.本例主要讨论的是投资组合收益率的方差,根据方差的性质,它由 A 和 B 的方差及协方差来计算,其中还含有未知数 x,那么投资组合的方差如何依赖于 x 的变化呢?

解　(1) 记投资组合的收益率为 r_p,则易得

$$r_p = xr_A + (1-x)r_B$$

于是其方差为

$$\sigma_p^2 = x^2\sigma_A^2 + (1-x)^2\sigma_B^2 + 2x(1-x)\sigma_A\sigma_B\rho_{AB}$$

其中,$\sigma_p^2,\sigma_A^2,\sigma_B^2$ 分别为投资组合 p、证券 A 和 B 的方差.对任意 x,为证 $\sigma_p^2>0$,可将上式变形为

$$\begin{aligned}\sigma_p^2 =\ & x^2\sigma_A^2 + 2x(1-x)\sigma_A\sigma_B\rho_{AB} \\ & + (1-x)^2\sigma_B^2\rho_{AB}^2 + (1-x)^2\sigma_B^2 - (1-x)^2\sigma_B^2\rho_{AB}^2 \\ =\ & [x\sigma_A + (1-x)\sigma_B\rho_{AB}]^2 + (1-x)^2\sigma_B^2(1-\rho_{AB}^2)\end{aligned}$$

当 $x=1$ 时

$$\sigma_p^2 = \sigma_A^2 > 0$$

当 $x\neq 1$ 时,由于 $|\rho_{AB}|\neq 1$,从而 $|\rho_{AB}|<1$,即 $1-\rho_{AB}^2>0$,且由于 $\sigma_B^2>0$,于是有

$$\sigma_p^2 \geqslant (1-x)^2\sigma_B^2(1-\rho_{AB}^2) > 0$$

综上可得,对任意 x,有 $\sigma_p^2>0$,即任意组合 p 都是有风险的.

(2) 若 $|\rho_{AB}|=1$,当 $\rho_{AB}=1$ 时

$$\begin{aligned}\sigma_p^2 =\ & x^2\sigma_A^2 + (1-x)^2\sigma_B^2 + 2x(1-x)\sigma_A\sigma_B \\ =\ & [x\sigma_A + (1-x)\sigma_B]^2\end{aligned}$$

选取投资组合中权数 x,使得

$$x\sigma_A + (1-x)\sigma_B = 0$$

即

$$x = \frac{\sigma_B}{\sigma_B - \sigma_A},\quad 1-x = \frac{-\sigma_A}{\sigma_B - \sigma_A}$$

此时 $\sigma_p^2=0$.

当 $\rho_{AB}=-1$ 时

$$\begin{aligned}\sigma_p^2 &= x^2\sigma_A^2+(1-x)^2\sigma_B^2-2x(1-x)\sigma_A\sigma_B\\ &=[x\sigma_A-(1-x)\sigma_B]^2\end{aligned}$$

选取投资组合中权数 x,使得

$$x\sigma_A-(1-x)\sigma_B=0$$

即

$$x=\frac{\sigma_B}{\sigma_B+\sigma_A},\quad 1-x=\frac{\sigma_A}{\sigma_B+\sigma_A}$$

此时 $\sigma_p^2=0$.

(3) 不卖空意味着 $0<x<1$,那么能在 $0<x<1$ 上得到比证券 A 和 B 的风险都小的投资组合,即意味着 σ_p^2 的最小值在 $0<x<1$ 上达到.

由

$$\frac{\partial\sigma_p^2}{\partial x}=2x\sigma_A^2-2(1-x)\sigma_B^2+(2-4x)\sigma_A\sigma_B\rho_{AB}=0$$

得

$$x=\frac{\sigma_B^2-\sigma_A\sigma_B\rho_{AB}}{\sigma_A^2+\sigma_B^2-2\sigma_A\sigma_B\rho_{AB}}$$

又由于

$$\begin{aligned}\sigma_A^2+\sigma_B^2-2\sigma_A\sigma_B\rho_{AB} &= \sigma_A^2+\sigma_B^2-2\sigma_A\sigma_B+2\sigma_A\sigma_B(1-\rho_{AB})\\ &=(\sigma_A-\sigma_B)^2+2\sigma_A\sigma_B(1-\rho_{AB})\\ &\geqslant(\sigma_A-\sigma_B)^2>0\end{aligned}$$

故为使 $0<x<1$,则

$$\begin{cases}\sigma_B^2-\sigma_A\sigma_B\rho_{AB}>0\\ \sigma_B^2-\sigma_A\sigma_B\rho_{AB}<\sigma_A^2+\sigma_B^2-2\sigma_A\sigma_B\rho_{AB}\end{cases}$$

解得 $\rho_{AB}<\sigma_A/\sigma_B$ 且 $\rho_{AB}<\sigma_B/\sigma_A$.

如果 $\sigma_A<\sigma_B$,则上述条件等价于 $\rho_{AB}<\sigma_A/\sigma_B$;

如果 $\sigma_B<\sigma_A$,则上述条件等价于 $\rho_{AB}<\sigma_B/\sigma_A$.

综上可得:当 $\rho_{AB}<\dfrac{\min\{\sigma_A,\sigma_B\}}{\max\{\sigma_A,\sigma_B\}}$ 时,可在不卖空的情况下获得比 σ_A^2 和 σ_B^2 风险都小的投资组合.

4.5 矩、协方差矩阵

定义 4.5.1 设 X 和 Y 是随机变量,若 EX^k $(k=1,2,\cdots)$存在,则称它为 X 的 k 阶**原点矩**(moment about origin),简称 k 阶矩,记作 α_k. 若 $E(X-EX)^k$ $(k=1,2,\cdots)$存在,则称它为 X 的 k 阶**中心矩**(moment about centre),记作 μ_k. 若 $E(X^kY^l)(k,l=1,2,\cdots)$存在,则称它为 X 和 Y 的 $k+l$ 阶**混合原点矩**. 若 $E((X-EX)^k(Y-EY)^l)(k,l=1,2,\cdots)$存在,则称它为 X 和 Y 的 $k+l$ 阶**混合中心矩**.

由定义可知,数学期望 EX 又叫作 X 的一阶原点矩,方差 DX 叫作 X 的二阶中心矩,协方差 $\mathrm{Cov}(X,Y)$叫作 X,Y 的二阶混合中心矩.

在统计学中,高于四阶的矩极少使用. 三阶、四阶矩有些应用,应用之一是用 μ_3 去衡量分布是否有偏. 设 X 的概率密度函数为 $f(x)$. 若 $f(a+x)=f(a-x)$,则 $EX=a$,且 $\mu_3=0$. 如果 $\mu_3>0$,则称分布为正偏或右偏;如果 $\mu_3<0$,则称分布为负偏或左偏;特别地,对正态分布而言,有 $\mu_3=0$,故若 μ_3 显著异于 0,则是分布与正态有较大偏离的标志. 由于 μ_3 的因次是 X 的三次方,为抵消这一点,以 X 的标准差的三次方,即 $\mu_2^{3/2}$ 去除 μ_3,其商

$$\beta_1 = \mu_3/\mu_2^{3/2}$$

称为 X(或其分布)的"**偏度系数**(coefficient of skewness)".

应用之二是用 μ_4 去衡量分布(密度)在均值附近的陡峭程度如何. 因为 $\mu_4=E(X-EX)^4$,易看出,若 X 取值在概率上很集中在 EX 附近,则 μ_4 将倾向于小值,否则倾向于大值. 为抵消尺度的影响,以标准差的 4 次方去除 μ_4,得

$$\beta_2 = \mu_4/\mu_2^2$$

称 β_2 为 X(或其分布)的"**峰度系数**(kurtosis)".

若 X 有正态分布 $N(\mu,\sigma^2)$,则 $\beta_2=3$,与 μ 和 σ^2 无关. 为了迁就这一点,也常定义 μ_4/μ_2^2-3 为峰度系数,以使正态分布有峰度系数 0.

下面介绍 n 维随机变量的协方差矩阵.

定义 4.5.2 设 n 维随机变量$(X_1,X_2,\cdots,X_n)$的二阶混合中心矩

$$c_{ij} = \mathrm{Cov}(X_i,X_j) = E([X_i - E(X_i)][X_j - E(X_j)])$$
$$(i,j = 1,2,\cdots,n)$$

都存在,则称矩阵

$$C = \begin{pmatrix} c_{11} & c_{12} & \cdots & c_{1n} \\ c_{21} & c_{22} & \cdots & c_{2n} \\ \vdots & \vdots & & \vdots \\ c_{n1} & c_{n2} & \cdots & c_{nn} \end{pmatrix}$$

为 n 维随机变量$(X_1, X_2, \cdots, X_n)$的**协方差矩阵**(covariance matrix),由于 $c_{ij} = c_{ji}$ $(i \neq j, i, j = 1, 2, \cdots, n)$,所以协方差矩阵是个对称矩阵.

实际中,n 维随机变量的分布往往是不知道的,或很复杂,在数学上很难处理,因此在实际应用时协方差矩阵显得十分重要.

有了协方差矩阵,对二维正态随机变量$(X_1, X_2) \sim N(\mu_1, \sigma_1^2; \mu_2, \sigma_2^2; \rho)$,引入记号 $\boldsymbol{X} = \begin{pmatrix} X_1 \\ X_2 \end{pmatrix}, \boldsymbol{\mu} = \begin{pmatrix} \mu_1 \\ \mu_2 \end{pmatrix}$.

协方差矩阵为

$$C = \begin{pmatrix} c_{11} & c_{12} \\ c_{21} & c_{22} \end{pmatrix} = \begin{pmatrix} \sigma_1^2 & \rho\sigma_1\sigma_2 \\ \rho\sigma_1\sigma_2 & \sigma_2^2 \end{pmatrix}$$

它的行列式$|C| = \sigma_1^2\sigma_2^2(1-\rho^2)$,逆矩阵为

$$C^{-1} = \frac{1}{|C|}\begin{pmatrix} \sigma_2^2 & -\rho\sigma_1\sigma_2 \\ -\rho\sigma_1\sigma_2 & \sigma_1^2 \end{pmatrix}$$

于是(X_1, X_2)的概率密度可写成

$$f(x_1, x_2) = \frac{1}{(2\pi)^{2/2}|C|^{1/2}}\exp\left\{-\frac{1}{2}(\boldsymbol{X}-\boldsymbol{\mu})^{\mathrm{T}}C^{-1}(\boldsymbol{X}-\boldsymbol{\mu})\right\}$$

推广到 n 维正态随机变量$(X_1, X_2, \cdots, X_n)$的情况.引入矩阵

$$\boldsymbol{X} = \begin{pmatrix} X_1 \\ X_2 \\ \vdots \\ X_n \end{pmatrix}, \quad \boldsymbol{\mu} = \begin{pmatrix} EX_1 \\ EX_2 \\ \vdots \\ EX_n \end{pmatrix}$$

则 n 维正态随机变量$(X_1, X_2, \cdots, X_n)$的概率密度定义为

$$f(x_1, x_2, \cdots, x_n) = \frac{1}{(2\pi)^{n/2}|C|^{1/2}}\exp\left\{-\frac{1}{2}(\boldsymbol{X}-\boldsymbol{\mu})^{\mathrm{T}}C^{-1}(\boldsymbol{X}-\boldsymbol{\mu})\right\}$$

其中,C 是$(X_1, X_2, \cdots, X_n)$的协方差矩阵.

n 维正态随机变量具有下列三条重要性质:

① n 维随机变量$(X_1, X_2, \cdots, X_n)$服从 n 维正态分布的充要条件是 $X_1, X_2, \cdots, X_n$的任意的线性组合

$$l_1X_1 + l_2X_2 + \cdots + l_nX_n$$

服从一维正态分布.

② 若随机变量$(X_1, X_2, \cdots, X_n)$服从 n 维正态分布,设 $Y_1, Y_2, \cdots, Y_k$ 是 $X_1, X_2, \cdots, X_n$ 的线性函数,则$(Y_1, Y_2, \cdots, Y_k)$服从多维正态分布.

这一性质称为正态随机变量的线性变换不变性.

③ n 维随机变量$(X_1, X_2, \cdots, X_n)$服从 n 维正态分布,则"$X_1, X_2, \cdots, X_n$ 相互独立"与"$X_1, X_2, \cdots, X_n$ 两两不相关"等价.

习题 4

选择题

1. 描述随机变量 X 波动大小的量为(　　).

(A) 数学期望 EX　　(B) 方差 DX

(C) X 的分布函数 $F(x)$　　(D) X 的密度函数 $f(x)$

2. 一个二项分布的随机变量,其方差与数学期望之比为 3 : 4,则该分布的参数 $p=$(　　).

(A) 0.25　　(B) 0.5　　(C) 0.75　　(D) 不能确定.

3. 设随机变量 $X \sim N(\mu, \sigma^2)$,在下列哪种情况下 X 的概率密度曲线较平缓?(　　)

(A) μ 较小　　(B) μ 较大　　(C) σ 较小　　(D) σ 较大

4. 设随机变量 X 的分布函数为 $F(x)=0.3\Phi(x)+0.7\Phi\left(\frac{x-1}{2}\right)$,其中 $\Phi(x)$ 为标准正态分布函数,则 $EX=$(　　).

(A) 0　　(B) 0.3　　(C) 0.7　　(D) 1

5. 设 X, Y 为两个独立的随机变量,已知 X 的均值为 2,标准差为 10,Y 的均值为 4,标准差为 20,则与 $Y-X$ 的标准差最接近的数是(　　).

(A) 10　　(B) 17　　(C) 20　　(D) 22

6. 设随机变量 X 与 Y 满足 $DX>0, DY>0, E(XY)=(EX)(EY)$,则(　　).

(A) X 与 Y 不相关　　(B) X 与 Y 相关

(C) X 与 Y 相互独立　　(D) X 与 Y 不独立

7. 设有 3 个随机变量 X, Y, Z,且已知 $EX=-1, E(X+Y)=0, E(X+Y+Z)=1$,以及 $D(X+Y)=1, D(X+Y+Z)=3, \mathrm{Cov}(X,Z)=1/2, \mathrm{Cov}(Y,Z)=-1/2$,则必有(　　).

(A) $DZ=1$　　(B) $DZ=1/2$　　(C) $DZ=0$　　(D) $DZ=2$

8. 设 X 是一随机变量,a 为任意实数,EX 是 X 的数学期望,则(　　).

(A) $E(X-a)^2=E(X-EX)^2$　　(B) $E(X-a)^2 \geqslant E(X-EX)^2$

(C) $E(X-a)^2<E(X-EX)^2$ (D) $E(X-a)^2=0$

9. 设二维随机变量(X,Y)服从二维正态分布,则随机变量$X+Y$与$X-Y$不相关的充要条件为( ).

(A) $EX=EY$ (B) $EX^2-(EX)^2=EY^2-(EY)^2$

(C) $EX^2=EY^2$ (D) $EX^2+(EX)^2=EY^2+(EY)^2$

10. 设随机变量$X_1,X_2,\cdots,X_n$ $(n>1)$独立同分布,且其方差为$\sigma^2>0$. 令$Y=\frac{1}{n}\sum_{i=1}^{n}X_i$,则下列选项正确的是( ).

(A) $\mathrm{Cov}(X_1,Y)=\frac{\sigma^2}{n}$ (B) $\mathrm{Cov}(X_1,Y)=\sigma^2$

(C) $D(X_1+Y)=\frac{n+2}{n}\sigma^2$ (D) $D(X_1-Y)=\frac{n+1}{n}\sigma^2$

11. 设随机变量$X\sim\begin{pmatrix}-\pi/2 & 0 & \pi/2\\ 1/4 & 1/2 & 1/4\end{pmatrix}$,$Y=\cos X$,则$X$与$Y$( ).

(A) 独立且不相关 (B) 独立且相关

(C) 不独立也不相关 (D) 不独立但相关

12. 设随机变量$X\sim\begin{pmatrix}-1 & 0 & 1\\ 1/3 & 1/3 & 1/3\end{pmatrix}$,$Y\sim\begin{pmatrix}0 & 1\\ 1/2 & 1/2\end{pmatrix}$,且$P(X=-1,Y=1)=P(X=1,Y=1)$,则$X$与$Y$( ).

(A) 必独立 (B) 必不独立 (C) 必不相关 (D) 必相关

填空题

1. 已知$X\sim N(3,4)$,Y服从指数分布$f_Y(y)=\begin{cases}\frac{1}{2}e^{-y/2}, & y>0\\ 0, & y\leqslant 0\end{cases}$,$X$与$Y$的相关系数$\rho=1/2$,$Z=3X-4Y$,则$Z$的方差$DZ=$______.

2. 设X服从参数为λ的指数分布. 令$Y=aX+6/\lambda$ $(a>0)$,若行列式

$$\begin{vmatrix} EX & EY\\ DX & DY\end{vmatrix}=\int_{-b}^{b}\frac{\arctan x}{1+x^2}dx$$

则$a=$______,其中b是任意实常数.

3. 设随机变量X服从参数为3的指数分布,对任意常数C,则$E(2X-C)^2-[E(2X-C)]^2=$______.

4. 设随机变量X的概率密度$f(x)$满足$f(-x)=f(x)(-\infty<x<+\infty)$,则$X$与$|X|$的协方差$\mathrm{Cov}(X,|X|)=$______.

5. 设随机变量X_{ij} $(i,j=1,2,\cdots,n;n\geqslant 2)$独立同分布,$EX_{ij}=2$,则行列式$Y=$

$\begin{vmatrix} X_{11} & X_{12} & \cdots & X_{1n} \\ X_{21} & X_{22} & \cdots & X_{2n} \\ \vdots & \vdots & & \vdots \\ X_{n1} & X_{n2} & \cdots & X_{nn} \end{vmatrix}$ 的数学期望 $EY=$______.

6. 设随机变量 X 服从参数为 λ 的泊松分布，且 $E[(X-1)(X-2)]=1$，则 $\lambda=$______.

7. 设随机变量 X 在区间 $[-1,2]$ 上服从均匀分布，随机变量 $Y=\begin{cases}1, & X>0\\ 0, & X=0\\ -1, & X<0\end{cases}$，则方差 $DY=$______.

8. 设两个随机变量 X,Y 相互独立，且都服从均值为0、方差为1/2的正态分布，则 $D(|X-Y|)=$______.

9. 某体育彩票设有两个等级的奖励，一等奖为4元，二等奖为2元，假设中一等奖、二等奖的概率分别为0.3和0.5，且每张彩票卖2元. 是否买此彩票的明智选择为：______(买、不买或无所谓).

10. 设 $EX=DX=1$. 若 X 服从泊松分布，则 $P(X\neq 0)=$______.

11. 将一硬币抛 $n\ (>1)$ 次，如果分别用 X 与 Y 表示其中正面和反面朝上的次数，则 $\rho_{XY}=$______.

解答题

1. 设随机变量 X 的分布律如表1所示，求 $EX,E(2X-1),EX^2$.

表1

X	-1	0	0.5	1	2
P	0.35	0.15	0.10	0.15	0.25

2. 设随机变量 X 的概率密度为

$$f(x)=\begin{cases}x, & 0\leqslant x<1\\ 2-x, & 1\leqslant x\leqslant 2\\ 0, & \text{其他}\end{cases}$$

求 EX,DX.

3. 在7台仪器中，有2台是次品. 现从中任取3台，X 为取得的次品台数，求取得次品的期望台数 EX.

4. 在射击比赛中，每人规定射4次，每次射一发，约定全都不中得0分，只中一弹得15分，中两弹得30分，中三弹得55分，中四弹得100分. 甲每次射击命中率为0.6，问他期望得多少分？

5. 某篮球运动员投篮三次，第一次投中的概率为0.6，第二次投中的概率为0.7，第三次投中的概率为0.9.设每次投篮是相互独立的,X表示投中的次数,试将X分解成若干个简单随机变量之和:$X=\sum X_i$,并由此求该运动员三次投篮平均投中的次数.

6. 9粒种子分种在3个坑内,每粒种子发芽的概率为0.5.若一个坑内至少有1粒种子发芽,则这个坑不需要补种;若一个坑内的种子都没有发芽,则这个坑需要补种.假定每个坑至多补种一次,每补种1个坑需10元,用ξ表示补种费用,写出ξ的分布列并求ξ的数学期望.

7. 某公司估计在一定时间内完成某项任务的概率如表2所示.

表2

天数	1	2	3	4	5
P	0.05	0.20	0.35	0.30	0.10

(1) 求该任务能在3天之内完成的概率;

(2) 求完成该任务的期望天数;

(3) 该任务的费用由两部分组成:20 000元的固定费用加每天2 000元,求整个项目费用的期望值;

(4) 求完成天数的方差和标准差.

8. 设随机变量X的概率密度为

$$f(x)=\begin{cases}a+bx, & 0<x<1\\ 0, & \text{其他}\end{cases}$$

$EX=0.6$,求常数a,b及DX.

9. 设X服从三角形分布,其密度函数为

$$f(x)=\begin{cases}0, & x<a\text{ 或 }x\geqslant b\\ \dfrac{2(x-a)}{(b-a)(m-a)}, & a\leqslant x<m\\ \dfrac{2(b-x)}{(b-a)(b-m)}, & m\leqslant x<b\end{cases}$$

其中,a,b,m为常数.

试求EX,DX,众数m_0和中位数m(为简单计,令$m=0$,且$|a|>b$).

10. 设离散型随机变量X的概率分布如表3和4所示.

表3

X	1	2	3	4	5	6
p_k	1/6	1/6	1/6	1/6	1/6	1/6

表 4

X	1	2	3	4	5	6
p_k	1/6	1/12	1/12	1/6	3/12	3/12

试求 EX，DX，中位数和众数.

11. 对球的直径作近似的测量，设其值均匀地分布在区间$[a,b]$上，求球的体积的平均值.

12. 在长为 a 的线段 AB 上任取两点 C，D，求线段 CD 长度的平均值.

13. 设两个相互独立的随机变量 X 和 Y 均服从正态分布 $N(1,1/5)$. 如果随机变量 $X-aY+2$ 满足

$$D(X-aY+2)=E(X-aY+2)^2$$

求：(1) a 的值；(2) $E(|X-aY+2|)$及 $D(|X-aY+2|)$.

14. 游客乘电梯从底层到电视塔的顶层观光，电梯于每个整点的第 5、第 25 和第 55 分钟从底层起行. 一游客在早上 8 点的第 X 分钟到达底层候梯处，且 X 在$[0,60]$上服从均匀分布，求该游客等候时间 Y 的数学期望.

15. 设 X 有密度函数 $f(x)=\dfrac{1}{2}\mathrm{e}^{-|x|}$，试求出 x 的 $p(0<p<1)$分位数.

16. 某电力排灌站，一天内停电的概率为 0.1(设若停电，则全天不能工作)，若 4 天内全不停电，可获得利润 6 万元；如果停电一次，可获利 3 万元；如果有两次停电，则获利为 0 万元；若有三次以上停电，要亏损 1 万元. 问 4 天内期望利润是多少？

17. 市场对某种精密仪器的需求量是随机变量(单位：台)，它在$[1\,000,2\,000]$上服从均匀分布. 商店出售一台可获利 4 万元；若囤积在仓库，则每台损失保养费 2 万元. 如果用 Z 表示一季度的计划销售量.

(1) 求相对于 Z 的收益 ξ 的期望；

(2) 为使商店收益最大，Z 应取何值？

18. 已知 10 只同种元件中有 2 只废品. 装配仪器时，需要从中取出 2 只正品，今从这些元件中任取 1 只，若为正品，则留下备用；若为废品，则扔掉，在余下的元件中再取一只，如此直至取出 2 只正品为止. 设 X 表示所取次数，求 X 的分布律、数学期望及方差.

19. 一台设备由三大部件构成，在设备运行中各部件需要调整的概率相应为 0.10，0.20，0.30. 假设各部件的状态相互独立，以 X 表示同时需要调整的部件数，求 X 的概率分布、数学期望 EX 和方差 DX.

20. 设某一机器加工一种产品次品率为 0.1，检验员每天检验 4 次，每次随机地抽取 5 件产品进行检验，如果发现有次品，就要调整机器. 求一天中调整机器的次数的概率分布及数学期望.

21. 某流水生产线上每个产品不合格的概率为 $p\ (0<p<1)$，各产品合格与否相互独立，当出现一个不合格产品时即停机检修. 设开机后第一次停机时已生产了的产品个数为 X，求 X 的数学期望 EX 和方差 DX.

22. 设由自动线加工的某种零件的内径 X(单位:mm)服从正态分布 $N(\mu,1)$,内径小于 10 mm 或大于 12 mm 为不合格品,其余为合格品.销售每件合格品则获利,销售不合格品则亏损,已知销售利润 T(单位:元)与销售零件的内径 X 有如下关系:

$$T=\begin{cases}-1, & X<10\\ 20, & 10\leqslant X\leqslant 12\\ -5, & X>12\end{cases}$$

问平均内径 μ 取何值时,销售一个零件的平均利润最大?

23. 一商店经销某种商品,每周进货的数量 X 与顾客对该种商品的需求量 Y 是相互独立的随机变量,且都服从区间[10,20]上的均匀分布.商店每售出一单位商品可得利润 1 000 元;若需求量超过了进货量,商店可从其他商店调剂供应,这时每单位商品可得利润 500 元.试计算此商店经销该种商品每周所得利润的期望值.

24. 已知某只股票的价格变化率 R 和银行利率 r 存在一定的联系,设 R 和 r 的联合分布如表 5 所示.

表 5

r \ R	−3%	1%	2%	3%	4%	5%	6%	7%
1%	0.015	0.015	0.045	0.09	0.03	0.06	0.03	0.015
1.5%	0.025	0.05	0.1	0.15	0.075	0.05	0.025	0.025
2%	0.06	0.04	0.03	0.02	0.02	0.02	0.01	0

(1) 求该股票价格的平均变化率;

(2) 如果已知利率 $r=1.5\%$,求股票价格的平均变化率.

25. 某种证券当前的价格为 S,设该证券在接下来的每一天中均以概率 p 涨到 $S'u$,以概率 $1-p$ 跌到 $S'd$,其中 S' 表示前一天的价格,且假设每天的涨跌是相互独立的,求接下来的第 n 天的价格 S_n 的分布及其期望 ES_n.

26. 已知 X,Y 的相关系数为 ρ,$\zeta=aX+b$,$\eta=cY+d$,求 ζ,η 的相关系数 $\rho_{\zeta\eta}$.

27. 设 θ 是$[-\pi,\pi]$上的均匀分布的随机变量,令 $X=\sin\theta$,$Y=\cos\theta$.试求 ρ_{XY}(注意到 $X^2+Y^2=1$,X 与 Y 不独立).

28. 设 $X\sim N(0,\sigma_1^2)$,$Y\sim N(0,\sigma_2^2)$,且相互独立,$U=a_1X+a_2Y$,$V=a_1X-a_2Y$.

(1) 分别写出 U,V 的概率密度函数;

(2) 求 U,V 的相关系数;

(3) 讨论 U,V 的独立性;

(4) 当 U,V 相互独立时,写出(U,V)的联合密度函数.

29. 设随机变量 $X\sim B(1,p)$,$Y\sim B(2,p)$,且 X 与 Y 相互独立,令随机变量

$$W=\begin{cases}0, & X+Y=1\\ 1, & X+Y\neq 1\end{cases},\quad Z=\begin{cases}0, & Y-X=2\\ 1, & Y-X\neq 2\end{cases}$$

试确定 p 的值,使 W 与 Z 的协方差达到最小.

30. 设 A,B 是两随机事件,随机变量

$$X=\begin{cases}1, & 若 A 出现\\ -1, & 若 A 不出现\end{cases},\quad Y=\begin{cases}1, & 若 B 出现\\ -1, & 若 B 不出现\end{cases}$$

试证明随机变量 X 和 Y 不相关的充要条件是 A 与 B 相互独立.

31. 已知二维随机变量的联合分布如表 6 所示.试证明 X 与 Y 不相关但也不独立.

表 6

X \ Y	2	1	−1
5	0.085	0.047 5	0.067 5
2	0.09	0.032 5	0.077 5
4	0.225	0.12	0.255

32. 设有两只股票 A 和 B,在一个给定时期内的收益率 r_1 和 r_2 均为随机变量,已知 r_1 和 r_2 的协方差矩阵为 $\begin{pmatrix}16 & 6\\ 6 & 9\end{pmatrix}$. 现将一笔资金按比例 $x:(1-x)$ 分别投资到股票 A 和 B 上形成一个投资组合 P,记其收益率为 r_3.

(1) 求 r_1 和 r_2 的相关系数;

(2) 求 $D(r_3)$;

(3) 在不允许卖空的情况下,即 $0\leqslant x\leqslant 1$ 时,x 为何值时 $D(r_3)$ 最小? 何时 $D(r_3)\leqslant\min\{D(r_1),D(r_2)\}$?

33. 设离散型随机变量 X 的分布律如表 7 所示,试验证 $Y_1=X^2$ 与 X 不相关,而 $Y_2=X^3$ 与 X 却相关.

表 7

X	−2	−1	1	2
P	0.25	0.25	0.25	0.25

34. 证明正随机变量 X 的两个密度

$$f_1(x)=(2\pi)^{-1/2}x^{-1}\exp\{-(\ln x)^2/2\}$$
$$f_2(x)=f_1(x)[1+a\sin(2\pi\ln x)]\quad(-1\leqslant a\leqslant 1)$$

具有相同的矩(说明:矩不一定唯一确定一个分布函数(C. C. Heyde 给出)).

35. (Betteley)设 X,Y 是两个任意随机变量,定义 $X\wedge Y=\min\{X,Y\}$,以及 $X\vee Y=\max\{X,Y\}$. 试证明:$E(X\vee Y)=EX+EY-E(X\wedge Y)$.

36. 试计算例 3.2.4 中随机变量 X 与 Y 的相关系数(注意到 X 与 Y 均服从正态分布).

37. 设 $X\sim N(0,1)$,Y 分别以 0.5 的概率取值 ±1,且假定 X 与 Y 相互独立.令 $Z=XY$,证明:(1) $Z\sim N(0,1)$;(2) X 与 Z 不相关,但也不独立.

38. 设二维随机向量(X,Y)服从二维正态分布,且 $EX=EY=0$,$E(XY)<0$.证明:对任意正常数 a,b,有

$$P(X\geqslant a,Y\geqslant b)\leqslant P(X\geqslant a)P(Y\geqslant b)$$

在蒙特卡罗玩轮盘赌一个月的记录，可以提供讨论知识来源的资料.

——K. Pearson

第 5 章　大数定律与中心极限定理

概率论与数理统计是研究随机现象的统计规律的科学，在随机现象的统计规律中，频率的稳定性最引人注目.由此可以揭示随机现象本身许多固有的规律性.极限定理中的大数定律就是刻画频率稳定性的理论.而在概率论与数理统计的基础理论与应用中，中心极限定理占有极其重要的地位.

5.1　大数定律

5.1.1　问题的提出

重复试验中，事件频率的稳定性是大量随机现象的统计规律性的典型表现.人们在实践中认识到频率具有稳定性，进而由频率的稳定性预见概率的存在性；由频率的性质推断概率的性质，并在实际应用中用频率的值来估计概率的值.

其实，在大量随机现象中，不但事件的频率具有稳定性，而且大量随机现象的平均结果一般也具有这种稳定性；单个随机现象的行为对大量随机现象共同产生的总平均效果几乎不发生影响.这就是说，尽管单个随机现象的具体实现不可避免地引起随机偏差，然而在大量随机现象共同作用时，由于这些随机偏差互相抵消、补偿和拉平，致使总的平均结果趋于稳定.

例如，一个精密钳工在测量一个工件时，由于具有随机误差，他总是反复测量多次，然后用它们的平均值来作为测量的结果.而且经验表明：只要测量的次数足够多，总可以达到要求的精度.

概率论中，一切关于大量随机现象平均结果稳定性的定理，统称为**大数定律**（law of large numbers）.

5.1.2　切比雪夫不等式与大数定律

为了讨论大数定律，首先我们给出一个重要的不等式：切比雪夫（Chebyshev）不等式，为此，我们先证明一个称为马尔可夫（Markov）不等式的结果.

定理 5.1.1（马尔可夫不等式）　设 X 为只取非负值的随机变量，则对任一实数 $a>0$，有

$$P(X \geqslant a) \leqslant \frac{EX}{a}$$

证明　我们对 X 为连续型随机变量、有密度函数为 $f(x)$ 的情形给出证明：

$$\begin{aligned} EX &= \int_0^{+\infty} xf(x)\mathrm{d}x \\ &= \int_0^a xf(x)\mathrm{d}x + \int_a^{+\infty} xf(x)\mathrm{d}x \\ &\geqslant \int_a^{+\infty} xf(x)\mathrm{d}x \geqslant \int_a^{+\infty} af(x)\mathrm{d}x \\ &= a\int_a^{+\infty} f(x)\mathrm{d}x = aP(X \geqslant a) \end{aligned}$$

例 5.1.1　设随机变量 X 满足 $EX^4 \leqslant 100$. 试给出 $P(X \geqslant 5)$ 的一个上界.

解　令 $Y = X^4$，于是 Y 是一个非负随机变量，且均值不超过 100.

注意到，如果 $X \geqslant 5$，则有 $Y \geqslant 625$. 由上述关系式，得

$$P(X \geqslant 5) = P(Y \geqslant 625) \leqslant \frac{EY}{625} \leqslant \frac{100}{625}$$

定理 5.1.2（切比雪夫不等式）　设 X 为随机变量，有有限的均值 μ 及方差 σ^2，则对任一实数 $\varepsilon>0$，有

$$P(|X-\mu| \geqslant \varepsilon) \leqslant \frac{\sigma^2}{\varepsilon^2}$$

证明　既然 $(X-\mu)^2$ 是非负随机变量，故可用马尔可夫不等式，得

$$P(|X-\mu|^2 \geqslant \varepsilon^2) \leqslant \frac{E(X-\mu)^2}{\varepsilon^2}$$

但是，由于 $|X-\mu|^2 \geqslant \varepsilon^2$ 的充要条件为 $|X-\mu| \geqslant \varepsilon$，因此

$$P(|X-\mu| \geqslant \varepsilon) \leqslant \frac{E(X-\mu)^2}{\varepsilon^2} = \frac{\sigma^2}{\varepsilon^2}$$

马尔可夫不等式和切比雪夫不等式的重要性在于,当我们仅仅知道概率分布的均值,或者同时知道其均值及方差时,它们能使我们得到概率值的界.如果对随机变量作些限制,我们可以给出更精细的概率不等式.例如,设 X 为非负随机变量,$EX=\mu$,$DX=\sigma^2$,对 $b>0$,则

$$P(X\geqslant\mu+b\sigma)\leqslant\frac{1}{1+b^2}$$

证明 令

$$I(X)=\begin{cases}1, & X\geqslant\mu+b\sigma\\0, & \text{其他}\end{cases}$$

和

$$g(X)=\frac{[(X-\mu)b+\sigma]^2}{\sigma^2(1+b^2)^2}$$

易知,$E[I(X)]=P(X\geqslant\mu+b\sigma)$,注意到,$E[(X-\mu)b+\sigma]^2=\sigma^2(b^2+1)$,则

$$E[g(X)]=\frac{E[(X-\mu)b+\sigma]^2}{\sigma^2(1+b^2)^2}=\frac{\sigma^2(1+b^2)}{\sigma^2(1+b^2)^2}=\frac{1}{(1+b^2)}$$

又 $h(X)=g(X)-I(X)\geqslant0$,所以 $P(h(X)\geqslant0)=1$.由期望的性质知

$$\begin{aligned}0\leqslant E[h(X)]&=E[g(X)]-E[I(X)]\\&=\frac{1}{1+b^2}-P(X\geqslant\mu+b\sigma)\end{aligned}$$

结论成立.

定义 5.1.1 设 $X_1,X_2,\cdots$是一列随机变量,令$\overline{X_n}=\frac{1}{n}\sum_{i=1}^{n}X_i$ $(n=1,2,\cdots)$.若存在这样的常数列 $a_1,a_2,\cdots$,对于任意的 $\varepsilon>0$,有

$$\lim_n P(|\overline{X_n}-a_n|<\varepsilon)=1$$

则称序列 $X_1,X_2,\cdots,X_n$ 服从大数定律,记作

$$P-\lim_n(\overline{X_n}-a_n)=0$$

上式的直观意义是:当 $n\to+\infty$ 时,事件$(|\overline{X_n}-a_n|<\varepsilon)$的概率趋于1.

定义 5.1.2 设 $X_1,X_2,\cdots$是一列随机变量,令$\overline{X_n}=\frac{1}{n}\sum_{i=1}^{n}X_i$ $(n=1,2,\cdots)$.若存在这样的常数 a,对于任意的 $\varepsilon>0$,有

$$\lim_n P(|\overline{X_n}-a|<\varepsilon)=1$$

则称序列$\overline{X_1},\overline{X_2},\cdots,\overline{X_n},\cdots$依概率收敛于 a,记作

$$P-\lim_n(\overline{X_n}-a)=0\quad\text{或}\quad\overline{X_n}\xrightarrow{P}a$$

从直观上看，定义5.1.1中的常数列$a_1,a_2,\cdots$取为$E(\overline{X_1}),E(\overline{X_2}),\cdots$是合适的.

定理 5.1.3(马尔可夫大数定律)　假设随机变量$X_1,X_2,\cdots$满足条件：对任意的$n\geqslant 1$，$E|X_n|<+\infty$，且$\lim\limits_{n} n^{-2}D\left(\sum\limits_{i=1}^{n}X_i\right)=0$，那么$X_1,X_2,\cdots$服从大数定律.

证明　令$\overline{X_n}=n^{-1}\sum\limits_{i=1}^{n}X_i$.对任意的$\varepsilon>0$，由切比雪夫不等式，有

$$P(|\overline{X_n}-E(\overline{X_n})|\geqslant\varepsilon)\leqslant\frac{D\overline{X_n}}{\varepsilon^2}=\frac{D\left(\sum\limits_{i=1}^{n}X_i\right)}{n^2\varepsilon^2}\to 0\quad(n\to+\infty)$$

从而有

$$\lim_{n}P(|\overline{X_n}-E\overline{X_n}|<\varepsilon)=1$$

所以$X_1,X_2,\cdots$服从大数定律.

注　由马尔可夫大数定律可以得到切比雪夫**大数定律**：随机变量$X_1,X_2,\cdots$两两不相关，且$\mathrm{Var}(X_n)\leqslant c\ (n\geqslant 1)$，那么$X_1,X_2,\cdots$服从大数定律.

定理 5.1.4(伯努利大数定律)　在事件A发生的概率为p的n次重复试验中，令μ_n表示n次重复试验A发生的次数，则对任意给定的$\varepsilon>0$，有

$$\lim_{n}P\left(\left|\frac{\mu_n}{n}-p\right|<\varepsilon\right)=1$$

证明　令X_i表示第i次试验中A发生的次数，则$X_1,X_2,\cdots$相互独立，且$\mu_n=\sum\limits_{i=1}^{n}X_i$.由于

$$EX_i=p,\quad DX_i=p(1-p)$$

故由马尔可夫大数定律知结论成立.

注　① 伯努利大数定律的结论虽然简单，但其意义却是相当深刻的.它告诉我们，当试验次数趋于无穷时，事件A发生的频率依概率收敛于A发生的概率，这样，频率接近于概率这一直观的经验就有了严格的数学意义.

② 上述结果可以用几种等价的可选择的方法来叙述.显然

$$P\left(\left|\frac{\mu_n}{n}-p\right|<\varepsilon\right)\geqslant 1-\frac{p(1-p)}{n\varepsilon^2}$$

或

$$P\left(\left|\frac{\mu_n}{n}-p\right|\geqslant\varepsilon\right)\leqslant\frac{p(1-p)}{n\varepsilon^2}$$

③ 重要的是，要注意上面的收敛与通常微积分学里所说的那种收敛是不同的. 当我们说当 $n \to +\infty$ 时，e^{-n}收敛于零，我们是指当 n 充分大时，e^{-n}变得始终任意地接近于零. 当我们说 μ_n/n 收敛于 p 时，是指 n 充分大时，可使事件

$$\{\omega \mid |\mu_n/n - p| < \varepsilon\}$$

的概率任意地逼近于1.

④ 当我们提出下列问题时，还可以得到大数定律的另一种形式：为了至少有0.95的概率使频率与 p 之差小于0.01，我们应把试验重复多少次？亦即，对于 $\varepsilon = 0.01$，我们希望选择 n，使得 $1 - p(1-p)/(n \cdot 0.01^2) = 0.95$. 由此求解 n，得

$$n = p(1-p)/(0.01^2 \cdot 0.05)$$

用 δ 和 ε 分别代替0.05及0.01这两个特殊的值，我们有 $P(|\mu_n/n - p| < \varepsilon) \geqslant 1-\delta$，则 $n \geqslant p(1-p)/(\varepsilon^2\delta)$. 还应强调，取 $n \geqslant p(1-p)/(\varepsilon^2\delta)$，并不意味对 $|\mu_n/n - p|$ 做出任何保证，这不过是使 $|\mu_n/n - p|$ 有可能很小.

例 5.1.2　掷一枚均匀的骰子，为了至少有95%的把握使六点朝上的频率与理论概率1/6之差落在0.01的范围之内，问需要掷多少次？

解　这里 $p = 1/6, \varepsilon = 0.01, \delta = 0.05$，利用上述关系式，求得

$$n \geqslant \left(\frac{1}{6}\right)\left(\frac{5}{6}\right) \Big/ (0.01^2 \cdot 0.05) \approx 27\,778$$

注　① μ_n/n是一个随机变量而不仅是一个观察值. 如果我们实际上把骰子掷了27 778次，然后计算六点朝上的频率，这个数也不一定与1/6的差在0.01的范围内. 上述例子的要点是：如果我们有100个人都掷骰子27 778次，则大约有95个人观察到的频率与1/6的差在0.01的范围内.

② 在许多问题中我们并不知道 p 的值，因此不能用上述 n 的界值. 在那种情形，我们可以利用 $p = 1/2$ 时 $p(1-p)$取得极大值1/4. 因此，我们可以肯定地说，当 $n \geqslant 1/(4\varepsilon^2\delta)$时，有

$$P(|\mu_n/n - p| < \varepsilon) \geqslant 1 - \delta$$

定理 5.1.5（辛钦大数定律）　设 $X_1, X_2, \cdots, X_n, \cdots$是独立同分布的随机变量序列，若期望 $EX_n = \mu\ (n = 1, 2, \cdots)$，则对任意的 $\varepsilon > 0$，有

$$\lim_{n \to \infty} P\left(\left|\frac{1}{n}\sum_{i=1}^{n} X_i - \mu\right| < \varepsilon\right) = 1$$

5.2　中心极限定理

5.2.1　中心极限定理的提法

n 个相互独立同分布的随机变量之和的分布近似于正态分布，n 愈大，此种近似程度愈好，这一重要现象可以从下面两个例子看出.

例 5.2.1　一颗均匀的骰子连掷 n 次，其中点数之和 Y_n 是 n 个相互独立同分布随机变量之和，即

$$Y_n = X_1 + X_2 + \cdots + X_n$$

其中，诸 X_i 的共同的概率分布如表 5.1 所示，这也是概率分布，其概率直方图是平顶的(图 5.1).

表 5.1

X_i	1	2	3	4	5	6
p	$\frac{1}{6}$	$\frac{1}{6}$	$\frac{1}{6}$	$\frac{1}{6}$	$\frac{1}{6}$	$\frac{1}{6}$

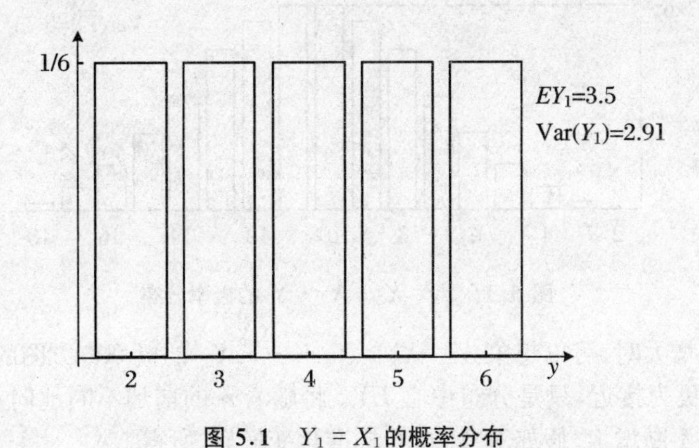

图 5.1　$Y_1 = X_1$的概率分布

当 $n=2$ 时，$Y_2 = X_1 + X_2$ 的概率分布可用离散形式的卷积公式求得，见表 5.2，它的概率直方图呈单峰对称的阶梯形，且阶梯的每阶高度相等(图 5.2).

表 5.2

$Y_2 = X_1 + X_2$	2	3	4	5	6	7	8	9	10	11	12
P	$\frac{1}{36}$	$\frac{2}{36}$	$\frac{3}{36}$	$\frac{4}{36}$	$\frac{5}{36}$	$\frac{6}{36}$	$\frac{5}{36}$	$\frac{4}{36}$	$\frac{3}{36}$	$\frac{2}{36}$	$\frac{1}{36}$

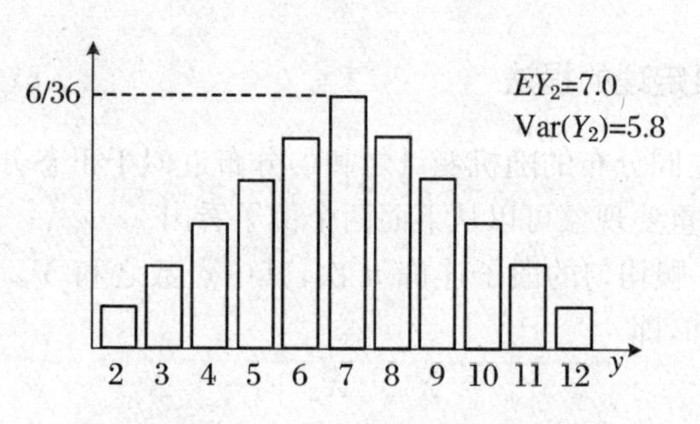

图 5.2 $Y_2 = X_1 + X_2$ 的概率分布

当 $n = 3$ 时,$Y_3 = X_1 + (X_2 + X_3)$的概率分布和 $Y_4 = (X_1 + X_2) + (X_3 + X_4)$的概率分布也可用卷积公式求得.它的概率直方图仍呈单峰对称的阶梯形,但台阶增多,每个台阶高度不等,中间台阶高度要比两侧台阶高度略高一点.从图5.3和 5.4 知其已呈现出正态分布的轮廓.

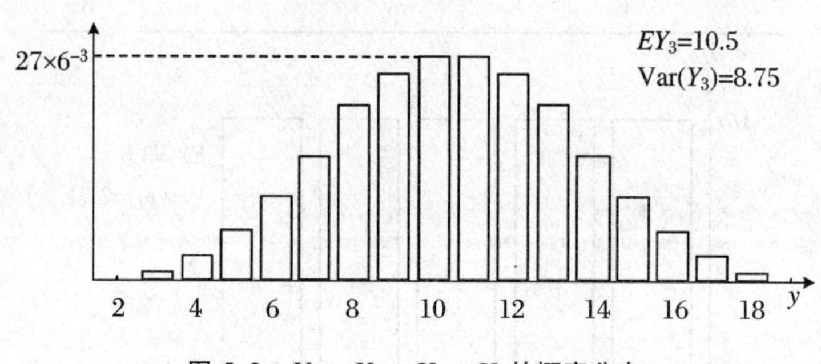

图 5.3 $Y_3 = X_1 + X_2 + X_3$ 的概率分布

当 n 再增大时,可以想象 $Y = X_1 + X_2 + \cdots + X_n$ 的概率直方图的轮廓线与正态密度曲线更为接近,只是分布中心 EY_n 将随着 n 的增加不断地向右移动,而标准差 $\sigma(Y_n)$不断增大.假如对 Y_n施行标准化变换后,所得

$$Y_n^* = \frac{Y_n - EY_n}{\sigma(Y_n)} = \frac{X_1 + X_2 + \cdots + X_n - E(X_1 + X_2 + \cdots + X_n)}{\sqrt{\mathrm{Var}(X_1 + X_2 + \cdots + X_n)}}$$

$$= \frac{X_1 + X_2 + \cdots + X_n - nEX_1}{\sqrt{n}\sigma(Y_1)}$$

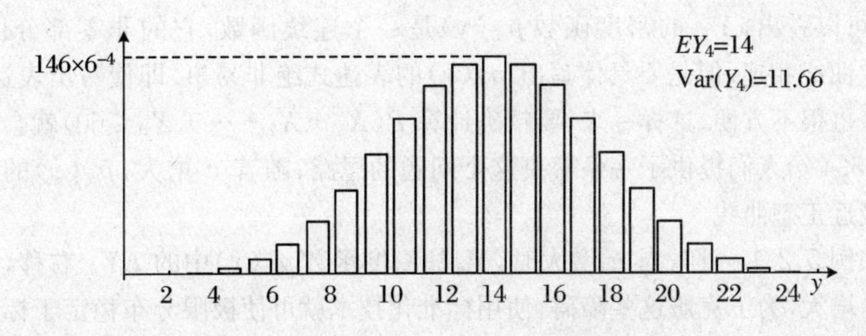

图 5.4　$Y_4 = X_1 + X_2 + X_3 + X_4$的概率分布

的分布有望接近于标准正态分布 $N(0,1)$，这种期望已被证明是正确的.在标准正态分布 $N(0,1)$的帮助下近似计算概率 $P(Y_n < a)$已不是很困难的事了.

譬如，当 $n=100$ 时，$EY_{100}=100\times3.5=350$，$\sigma(Y_{100})=\sqrt{100}\times1.71=17.1$，于是利用标准正态分布可得

$$P(Y_{100}\leqslant 400)=P\left(\frac{Y_{100}-350}{17.1}\leqslant\frac{400-350}{17.1}\right)=P(Y_{100}^*\leqslant 2.9240)$$

$$\approx\Phi(2.9240)=0.9982$$

假如不利用正态近似，完成此种计算是很困难的，最后结果表明：连续 100 次掷骰子中，其点数之和不超过 400 是几乎必然发生的事件.

例 5.2.2　设 $X_1, X_2, \cdots, X_n$ 是 n 个独立同分布的随机变量，且 $X_i \sim U(0,1)$.若取 $n=100$，求 $P(X_1+X_2+\cdots+X_n\leqslant 60)$.

要精确地求出上述概率，就要寻求 n 个独立同分布的随机变量，则在 n 较小的场合尚能用卷积公式写出 $p_n(y)$，譬如

$$p_1(y)=\begin{cases}1, & 0<y<1\\ 0, & \text{其他}\end{cases}$$

$$p_2(y)=\begin{cases}y, & 0<y<1\\ 2-y, & 1\leqslant y<2\\ 0, & \text{其他}\end{cases}$$

对 $p_2(y)$和 $p_1(y)$使用卷积公式，可得 $Y_3=X_1+X_2+X_3$ 的密度函数

$$p_3(y)=\begin{cases}y^2/2, & 0<y<1\\ -(y-3/2)^2+3/4, & 1\leqslant y<2\\ (3-y)^2/2, & 2\leqslant y<3\\ 0, & \text{其他}\end{cases}$$

这是一个连续函数，它的非零部分由三段二次曲线相连，且连续处较为光滑.照此

下去,可以看出,Y_n 的密度函数 $p_n(y)$是一个连续函数,它的非零部分由 n 段 $n-1$次曲线相连.但是要具体写出 $p_n(y)$的表达式绝非易事.即使写出表达式,使用起来也很不方便.这样一来,要精确计算 $P(X_1+X_2+\cdots+X_n\leqslant 60)$就会发生困难.图 5.4 给人们提供了一条解决这个问题的思路,随着 n 增大,$p_n(y)$的图像愈来愈接近正态曲线.

如例 5.2.1 一样,当 n 增大时,Y_n的密度函数 $p_n(y)$中的 EY_n 右移,标准差 $\sigma(Y_n)$增大,为了克服这些障碍,使用标准化技术就可使极限分布稳定于标准正态分布 $N(0,1)$.用此极限分布计算上述概率已不是很难的事了.

由于均匀分布 $U(0,1)$的期望与标准差分别为

$$EX_1 = 0.5,\quad \sigma(X_1) = \sqrt{1/12} = 0.288\,7$$

当 $n=100$ 时,$EY_{100}=100\times 0.5=50$,$\sigma(Y_{100})=\sqrt{100}\times 0.288\,7=2.887$,所以

$$P(Y_{100}\leqslant 60) = P\left(\frac{Y_{100}-50}{2.887}\leqslant\frac{60-50}{2.887}\right)$$
$$\approx \Phi(3.464) = 0.999\,7$$

这个概率很接近于1,说明事件$(X_1+X_2+\cdots+X_n\leqslant 60)$几乎是必然要发生的.

5.2.2　中心极限定理

定理 5.2.1　设 $X_1,X_2,\cdots$为独立同分布的随机变量序列,均值为 μ,方差为 σ^2,则

$$U_n = \frac{X_1+X_2+\cdots+X_n-n\mu}{\sigma\sqrt{n}}$$

近似服从正态分布.也就是说,当 $n\to+\infty$ 时

$$P\left(\frac{X_1+X_2+\cdots+X_n-n\mu}{\sigma\sqrt{n}}\leqslant x\right)\to\frac{1}{\sqrt{2\pi}}\int_{-\infty}^{x}\mathrm{e}^{-t^2/2}\mathrm{d}t$$

推论 5.2.1(De Moivre - Laplace)　设 n 重 Bernoulli 试验中,事件 A 在每次试验中出现的概率为 p $(0<p<1)$,μ_A为 n 次试验中事件 A 出现的次数(即 $\mu_A\sim B(n,p)$),对所有 $x\in\mathbb{R}$,有

$$\lim_{n}P\left(\frac{\mu_A-np}{\sqrt{np(1-p)}}\leqslant x\right) = \Phi(x) = \frac{1}{\sqrt{2\pi}}\int_{-\infty}^{x}\mathrm{e}^{-t^2/2}\mathrm{d}t$$

证明　令

$$X_i = \begin{cases}1, & \text{在第 } i \text{ 次试验中事件} A \text{ 出现}\\ 0, & \text{在第 } i \text{ 次试验中事件} A \text{ 不出现}\end{cases}$$

则 $X_1, X_2, \cdots$ 独立同分布,且 $\mu_A = \sum_{i=1}^{n} X_i$,注意到

$$EX_i = p, \quad DX_i = p(1-p)$$

故由定理5.2.1得结论成立.

注　① 定理5.2.1的结论告诉我们,只有当 n 充分大时,U_n 才近似服从标准正态分布 $N(0,1)$.而 n 较小时,此种近似不能用.

② 在中心极限定理中,所谈及的一般条件可以非正式地概括为:在总和中的每个单独的项为总和的变化提供了一个不可忽视的量,而每一个单独的项都不可能给总和做出很大的贡献.

③ 中心极限定理说明:为使总和能用正态分布近似,被加项不必是正态分布.事实证明:在许多问题中所考虑的随机变量可以表示为 n 个独立随机变量之和,从而它的分布可以用正态分布去近似.

例如,在任一给定时间内,一个城市的耗电量是由大量单独的耗电者需用电量的总和;在一个物理试验中,测量误差是由许多不可能观测到的,而可看作是可加的小误差所组成的;在一个悬浮于一种液体中,小质点受到分子的碰撞,而在随机的方向作随机大小的位移,而该质点的位置(在一定长的时间以后)可以看作为各个位移的总和.

例 5.2.3　某保险公司有10 000个同龄且同阶层的人参加人寿保险.已知该类人在一年内死亡的概率为0.006.每个参加保险的人在年初付12元保险费,而在死亡时家属可从公司得到1 000元的赔偿.问在此项业务活动中:

(1) 保险公司亏本的概率多大?

(2) 保险公司一年的利润不少于40 000元、60 000元、80 000元的概率各为多大?

解　在参加人寿保险中,把第 i 个人在一年内死亡记为($X_i=1$),活着记为($X_i=0$),则 X_i 是一个服从二项分布 $B(1,0.006)$ 的随机变量,其和 $X_1+\cdots+X_n$ 表示一年内死亡总人数.

另一方面,保险公司在该项业务中每年共收入 $10\,000\times12=120\,000$ 元,故仅当每年死亡人数超过120人时公司才会亏本;当每年死亡的人数不超过80人时,公司可获利不少于40 000元.由此可知,所求的概率分别为

$$P(X_1+\cdots+X_{10\,000}>120) \quad 和 \quad P(X_1+\cdots+X_{10\,000}\leqslant 80)$$

由于 X_i 是独立同分布随机变量,$X_i \sim B(1,0.006)$.由推论5.2.1知:

(1) $P(X_1+\cdots+X_{10\,000}>120)$

$$= P\left(\frac{X_1 + \cdots + X_{10\,000} - 10\,000 \times 0.006\,0}{\sqrt{10\,000 \times 0.006 \times (1 - 0.006)}} > \frac{120 - 60}{\sqrt{59.64}}\right)$$

$$\approx 1 - \Phi(7.769) = 0;$$

(2) $P(X_1 + \cdots + X_{10\,000} \leqslant 80) \approx \Phi\left(\frac{80 - 60}{\sqrt{59.64}}\right) = \Phi(2.589\,7) = 0.994\,749.$

同样可得保险公司一年的利润不少于 60 000 元及 80 000 元的概率分别为 0.5,0.005 261.

5.2.3* 若干应用

(1) 正态随机数的产生有很多种方法. 下面介绍一种常用的方法:设$\{X_k\}$独立同分布,且都服从$[0,1]$上的均匀分布,则 $EX_k = 0.5$,$\sigma = 1/\sqrt{12}$. 由中心极限定理知,当 n 很大时,$\eta = \left(\sum\limits_{k=1}^{n} X_k - n/2\right)/(\sqrt{n}/\sqrt{12})$ 近似服从标准正态分布,事实上取 $n = 12$就够了. 于是取区间$[0,1]$上12个均匀随机数,则 $\eta = \sum\limits_{k=1}^{12} X_k - 6$,即近似为标准正态随机数.

(2) 对数理统计学的许多分支,如参数(区间)估计、假设检验、抽样调查等,中心极限定理都有着重要的作用. 事实上,它也是保险精算等学科的理论基础之一. 假定某保险公司为某险种推出保险业务,现有 n 个顾客投保,第 i 份保单遭受风险后损失索赔量记为 X_i. 对该保险公司而言,随机理赔量应该是所有保单索赔量之和,记为 S,即

$$S = \sum_{i=1}^{n} X_i$$

弄清 S 的概率分布对保险公司进行保费定价至关重要. 在实际问题中,通常假定所有保单索赔相互独立. 这样,当保单总数 n 充分大时,我们并不需要计算 S 的精确分布(一般情况下这是困难甚至不可能的). 此时,可应用中心极限定理,对 S 进行正态逼近:

$$\frac{S - ES}{\sqrt{DS}}$$

渐近具有正态分布 $N(0,1)$,并以此来估计一些保险参数.

例 5.2.4 某保险公司发行一年期的保险索赔金分别为 1 万元与 2 万元的两种人身意外险. 索赔概率 q_k 及投保人数 n_k 如表 5.3 所示(金额单位:万元).

表 5.3

类别 k	索赔概率 q_k	索赔额 b_k	投保数 n_k
1	0.02	1	500
2	0.02	2	500
3	0.10	1	300
4	0.10	2	500

保险公司希望只有0.05的可能使索赔金额超过所收取的保费总额.设该保险公司按期望值原理进行保费定价,即保单 i 的保费 $\pi(X_i)=(1+\theta)EX_i$,要求估计 θ.

解　计算 $S=\sum_{i=1}^{1\,800} X_i$ 的均值与方差:

$$\begin{aligned}ES &= \sum_{i=1}^{1\,800} EX_i \\ &= \sum_{k=1}^{4} n_k b_k q_k \\ &= 500\times1\times0.02+500\times2\times0.02 \\ &\quad +300\times1\times0.01+500\times2\times0.10 \\ &= 160\end{aligned}$$

$$\begin{aligned}DS &= \sum_{i=1}^{1\,800} DX_i \\ &= \sum_{k=1}^{4} n_k b_k^2 q_k(1-q_k) \\ &= 500\times1^2\times0.02\times0.98+500\times2^2\times0.02\times0.98 \\ &\quad +300\times1^2\times0.10\times0.90+500\times2^2\times0.10\times0.90 \\ &= 256\end{aligned}$$

由此得保费总额

$$\pi(S)=(1+\theta)ES=160(1+\theta)$$

依题意,我们有 $P(S\leqslant(1+\theta)ES)=0.95$,即

$$P\left(\frac{S-ES}{\sqrt{DS}}\leqslant\frac{\theta ES}{\sqrt{DS}}\right)=P\left(\frac{S-ES}{\sqrt{DS}}\leqslant10\theta\right)=0.95$$

将 $\frac{S-ES}{\sqrt{DS}}$ 近似看作标准正态随机变量,查表可得 $10\theta=1.645$.故 $\theta=0.164\,5$.

习 题 5

选择题

1. 设 X 为非负随机变量且 $EX^2=1.1, DX=0.1$，则一定有(　　).

(A) $P(-1<X<1)\geqslant 0.9$　　(B) $P(0<X<2)\geqslant 0.9$

(C) $P(X+1\geqslant 1)\leqslant 0.9$　　(D) $P(|X|\geqslant 1)\leqslant 0.1$

2. 设 $X_1, X_2, \cdots, X_{500}$ 为独立同分布的随机变量序列，且 $X_1\sim B(1,p)$，则下列不正确的为(　　).

(A) $\dfrac{1}{500}\sum\limits_{i=1}^{500} X_i \approx p$

(B) $\sum\limits_{i=1}^{500} X_i \sim B(500,p)$

(C) $P\left(a<\sum\limits_{i=1}^{500} X_i<b\right)\approx \Phi(b)-\Phi(a)$

(D) $P\left(a<\sum\limits_{i=1}^{500} X_i<b\right)\approx \Phi\left(\dfrac{b-500p}{\sqrt{500p(1-p)}}\right)-\Phi\left(\dfrac{a-500p}{\sqrt{500p(1-p)}}\right)$

3. 设 $X_1, X_2, \cdots, X_n, \cdots$ 是相互独立的随机变量序列，X_n 服从参数为 n 的指数分布($n=1, 2, \cdots$)，则随机变量序列 $X_1, 2^2X_2, \cdots, n^2X_n, \cdots$(　　).

(A) 服从切比雪夫大数定律

(B) 服从辛钦大数定律

(C) 同时服从切比雪夫大数定律和辛钦大数定律

(D) 既不服从切比雪夫大数定律，也不服从辛钦大数定律

4. 设随机变量序列 $X_1, \cdots, X_n, \cdots$ 独立同分布，其分布函数为 $F(x)=a+\dfrac{1}{\pi}\arctan\dfrac{x}{b}$ ($b\neq 0$)，则辛钦大数定理对此序列(　　).

(A) 当常数 a, b 取适当的数值时适用　　(B) 不适用　　(C) 适用　　(D) 无法判别

填空题

1. 设一次试验成功的概率为 p，进行 100 次独立重复试验，当 $p=$______时，成功次数的标准差的值最大，其最大值为______.

2. 设随机变量 X 的方差为 2，则根据切比雪夫不等式有估计 $P(|X-EX|\geqslant 2)\leqslant$______.

3. 设 $X_1, X_2, \cdots$ 相互独立同分布，且 $EX_n=0$，则 $\lim\limits_{n\to+\infty} P\left(\sum\limits_{i=1}^{n} X_i<n\right)=$______.

4. 设 $X_1, X_2, \cdots$ 为独立同分布的随机变量序列，且都服从参数为 λ 的指数分布，则 $\lim\limits_{n\to\infty} P\left(\dfrac{\lambda(X_1+\cdots+X_n)-n}{\sqrt{n}} \leqslant 0\right) =$ ______.

5. 已知 X 的期望为5，而均方差为2，估计 $P(2<X<8) \geqslant$ ______. 另设 $EX=-2, EY=2, DX=1, DY=4, \rho_{XY}=-0.5$，则 $P(|X+Y|\geqslant 6) \leqslant$ ______.

6. 设 $X \sim B(n,p)$，则由大数定理(或频率的稳定性)知，对 $\forall \varepsilon>0$，$\lim\limits_{n\to+\infty} P(|X-np|>n\varepsilon)=$ ______. 现有 N 位学生相互独立地做试验，各自的试验误差均服从 $[0,1]$ 上的均匀分布，结果发现其中恰好有100位学生的试验误差小于1/3，用上面的大数定理近似计算 $N=$ ______.

解答题

1. 利用切比雪夫不等式证明：能以大于0.97的概率断言，掷1 000次均匀硬币，正面出现的次数在400～600之间.

2. 在每次试验中，事件 A 发生的概率为0.75.

(1) 利用切比雪夫不等式，求：在1 000次独立试验中，事件 A 发生的次数在700～800之间的概率；

(2) n 为多大时才能保证在 n 次重复独立试验中事件 A 出现的频率在0.74～0.76之间的概率至少为0.90?

3. 设随机变量 X 的概率密度为

$$f(x)=\begin{cases}\dfrac{x^m e^{-x}}{m!}, & x>0\\ 0, & x\leqslant 0\end{cases}$$

利用切比雪夫不等式证明

$$P(0<X<2(m+1)) \geqslant \frac{m}{m+1}$$

4. 设随机变量 X 的期望为 μ，方差为 σ^2，

(1) 利用切比雪夫不等式估计：X 落在以 μ 为中心、3σ 为半径的区间内的概率不小于多少.

(2) 如果已知 $X \sim N(\mu,\sigma^2)$，对上述概率，你是否可得到更好的估计?

5. 从正态总体 $N(3.4,36)$ 中抽取容量为 n 的样本，如果要求其样本均值位于区间 $(1.4,5.4)$ 内的概率不小于0.95，问样本容量 n 至少应取多大?

6. 某电视机厂每月生产10 000台电视机，但它的显像管车间的正品率为0.8，为了以0.997的概率保证出厂的电视机都装上正品的显像管，该车间每月应生产多少只显像管?

7. 保险公司为50个集体投保人提供医疗保险，假设他们的医疗费相互独立，且医疗花费(单位：百元)服从相同的分布律 $\begin{pmatrix}0 & 0.5 & 1.5 & 3\\ 0.1 & 0.3 & 0.4 & 0.2\end{pmatrix}$. 当花费超过1百元时，保险公司支付超过1百元的部分；当花费不超过1百元时，由投保人自己负担. 如果以总支付费 X 的期望值 EX 作为预期的总支付费，那么保险公司应收取总保险费为 $(1+\theta)EX$，其中 θ 为相对附加保险费

率.为使保险公司获利的概率不小于95%,问θ至少应取多大?

8. 某灯泡厂生产的灯泡的平均寿命原为2 000小时,标准差为250小时,经过技术改革后采用新工艺使平均寿命提高到2 250小时,标准差不变.为了确认这一改革的成果,上级技术部门派人前来检查,办法如下:任意挑选若干只灯泡,若这些灯泡的平均寿命超过2 200小时,就正式承认改革有效,批准采用新工艺.若欲使检查通过的概率超过0.997,至少应检查多少只灯泡?

9. 某工厂生产两种硬币:均匀的和偏重的.每个偏重硬币正面出现的机会占55%.我们现有这个厂生产的一枚硬币,但不知道它是均匀的还是偏重的.为确定这枚硬币的类型,我们做如下统计试验:将此硬币抛1 000次,如果正面出现了525次或更多,则认为它是偏重的;如果正面出现的次数少于525,就认为它是均匀的.假定这枚硬币事实上是均匀的,我们将得到错误的概率是多少?若硬币本来是偏重的呢?

10. 某药厂断言,该工厂生产的某种药品对于治疗一种疑难疾病的治愈率为p.某医院试用了这种药品,任意抽查了100个服用此药品的病人,如果其中多于75人治愈,医院就接受药厂的这一断言;否则就拒绝.问:

(1) 若实际上此药品对这种疾病的治愈率为0.8,那么医院接受这一断言的概率是多少?

(2) 若实际上此药品对这种疾病的治愈率为0.7,那么医院接受这一断言的概率是多少?

11. 在制作统计报表时要计算10 000个数之和.先把每个数保留m位小数,假设由此产生的数的误差相互独立,且均匀分布在$\left(-\frac{1}{2}\times 10^{-m},\frac{1}{2}\times 10^{-m}\right)$上,求一个区间,使总计的误差落在这个区间内的概率大于0.997.

12. 某保险公司多年的统计资料表明,在索赔中被盗索赔户占20%,以X表示在随机抽查的100个索赔户中,因被盗向保险公司索赔的户数.

(1) 写出X的概率分布;

(2) 利用De Moivre - Laplace定理,求被盗索赔户不少于14户且不多于30户的概率的近似值.

13. 某商店负责供应某地区1 000人所需商品,其中一商品在一段时间内每人需用一件的概率为0.6,假定在这一段时间内个人购买与否彼此无关,问商店应预备多少件这样的商品,才能以99.7%的概率保证不会脱销(假定该商品在某一段时间内每人最多可以买一件)?

14. 银行为支付某日即将到期的债券须准备一笔现金,已知这批债券共发放了500张,每张须付本息1 000元,设持券人(一人一张)到期到银行领取本息的概率为0.4.问银行于该日应准备多少现金才能以99.9%的把握满足客户的兑换?

不像其他科学，统计从来不打算使自己完美无缺，统计意味着你永远不需要确定无疑.

——Gudmund R. Iversen

第6章　数理统计学简介

数理统计学与概率论是两个有密切联系的姊妹学科.大体上可以说：概率论是数理统计学的基础，而数理统计学是概率论的重要应用.数理统计是一门应用广泛、分支很多的学科，它在和其他学科的结合中产生出许多新的分支，是社会经济分析研究、科学试验中必不可少的工具之一.

数理统计学是研究统计工作的一般原理与方法的科学，它主要阐述如何搜集、整理、分析统计数据，并据此对未知参数给出估计或做出某种统计推断.如何获取数据的阶段称为“统计计划”，包括抽样技术、试验设计等分支；有了数据以后，通过分析数据达到某种结论，做出某种判断的阶段称为“统计推断”，包括参数估计和假设检验两个主要部分.

数理统计学是一门应用性很强的学科，有其方法、应用和理论基础.在西方，“数理统计学”一词是专指统计方法的数学基础理论那部分.在我国则有较广的含义，即包括方法、应用及理论基础在内，而这在西方是称为“统计学”的.在我国，因为还有一门被认为是社会科学的统计学存在，所以这两个名词的区别使用，有时是必要的.

6.1 数理统计学的基本概念

6.1.1 引例

当我们用试验或观察的方法研究一个问题时，首先要通过适当的观察或试验以取得必要的数据，然后就是对所得数据进行分析，以对所提问题做出尽可能正确的结论.为什么说"尽可能正确"呢？因为数据一般总是带有随机性误差.需要指出的是，这里指的误差，主要并不是通常意义下的因测量不准而导致的误差，例如测量一个人的高度，因仪器和操作的问题必然有一定的误差——自然，这种误差也是构成数据误差的一个可能的来源.这里所说的数据误差，主要指的是由于观察和试验所限，一般只能是所研究的事物的一部分，而究竟是哪一部分则是随机的.例如一个学校有上万名学生，从中抽出 100 人来研究该校学生的学习情况，抽取的 100 个人不同，所得数据就不同，这完全凭机会定.我们说的随机误差主要是指由于数据带有这样的随机性，通过分析这些数据而得出的结论，也就难保其不出错了.分析方法的要旨，就在于使可能产生的错误愈小愈好，发生错误的机会愈小愈好，这就需要使用概率论作为工具，在此我们就可以初步看出概率论和数理统计学的密切关系.数理统计学就是这样一门学科：它使用概率论和数学的方法，研究怎样收集带有随机误差的数据，并在设定的模型之下，对收集的数据进行分析，以对所研究的问题做出推断.我们通过以下的例子来说明有关的概念.

例 6.1.1 某工厂生产大批的电子元件.按第 2 章的理论，我们有理由认为元件的寿命服从指数分布.在实际应用中，我们可以提出许多感兴趣的问题.例如：

(1) 元件的寿命如何？

(2) 如果你是使用单位，要求平均寿命达到某个指定的数 l，例如 1 000(小时).问这批元件可否被接受？

在此，"元件的寿命服从指数分布"提供了一个数学模型，即该问题的统计模型.如果你知道了该分布中的参数 λ 之值，则据第 3 章，我们知道元件的平均寿命为 $1/\lambda$，于是上面两个问题马上就可以得到回答.但实际上 λ 往往是未知的，于是我们就只好从这一大批元件中随机抽出若干个，例如 n 个，测出其寿命分别为 $X_1,X_2,\cdots,X_n$.这里首要的问题是这 n 个元件如何选取？主要是要保证这大批元件中，每一件有同等的机会被抽出，而这并不是很容易办到的事情，需要想些办法,既能减轻工作量,又能尽可能保证上述同等机会的要求.

有了数据 $X_1,X_2,\cdots,X_n$ 后,一个自然的想法是:用其算术平均值$\overline{X}=(X_1+X_2+\cdots+X_n)/n$ 去估计未知的平均寿命 $1/\lambda$.当然,$\overline{X}$ 不一定恰好等于 $1/\lambda$.但实际问题中,我们不会也不可能要求所作的估计分毫不差.但误差可能有多大?产生指定大小的误差的机会(概率)有多大?为了使此概率降至指定的限度(例如0.1),抽出的元件个数 n 至少要达到多少?这些问题的解决方法及有关理论,就是数理统计学的内容.

本例提出的第一个问题称为参数估计问题.因为 λ 是元件寿命分布中的一个未知参数,而我们的问题是要估计具有决定性的一个量,即 $1/\lambda$.也可以把问题提为要求估计参数 λ 本身,这时我们可考虑用 $1/\overline{X}$ 来估计 λ.参数估计是最重要的统计问题之一.

现在来谈第二个问题.有人可能认为:至少就本例而言,解决了第一个问题也就解决了第二个问题,因为,既然用$\overline{X}$去估计平均寿命,那就看$\overline{X}$是否不小于指定的数l,若$\overline{X}\geqslant l$,则接受该批产品,否则就不接受.

但还应注意到,如上文所指出的:因$\overline{X}$估计平均寿命有误差,我们得根据实际需要进行一定的调整,即把接受的准则定为$\overline{X}\geqslant l_1$,$l_1$是某选定的数,可以大于、等于或小于 l. l_1 定得大些,表示我们的检验更严格,这在对元件质量要求很高且供货渠道较多时可能是适当的;反之,l_1 定得小些,表示检验更宽,这在对元件质量要求不很高,或急需这些元件而供货渠道很少时,也可能采取.从统计上说,无论你怎么定 l_1,理论上你都可能犯两种错误之一:一是元件平均寿命达到要求而你拒收,一是元件平均寿命达不到要求而你接受了,这两种错误各有一定的规律,它们在很大程度上决定了接受准则$\overline{X}\geqslant l_1$中 l_1 的选择.

第二个问题与第一个问题不同:它不是要求对分布中的未知参数做出估计,而是要在两个决定(就本问题而言,就是接受或拒收该批产品)中选择一个.这类问题称为假设检验问题,也是数理统计的重要内容之一.

6.1.2　总体与样本

定义 6.1.1　在统计问题中,我们称研究对象的某项数量指标的值的全体为**总体**(population)或**母体**,而称总体的每个考察对象为**个体**(object).

总体依其包含的个体总数分为有限总体和无限总体.例如,我们研究某班学生的身高,每个同学的身高数据放在一起就构成一个供我们讨论的总体,这是有限总体;研究某电视机厂生产的电视机寿命,可以把已经生产的和将来生产的每台电视机的寿命都计算在内，这就是一个无限总体.其实，在数理统计研究的范围内，我们总假设讨论的总体是无限总体.无限总体的概念由英国统计学家费希尔提出，大大方便了用分析手段来研究统计问题.

我们研究的总体，即研究代表总体的某项数量指标，它是一个随机变量 X，它的取值在客观上有一定的分布，所以对总体的研究，也就是对相应的随机变量 X 的分布的研究.这样，从数学意义上来说，总体可以作为随机变量 X 所有可能取值的全体，个体就是其中的一个具体值.因而随机变量 X 的分布就完全描述了总体中所研究的数量指标的分布情况.今后，我们把总体与数量指标 X 可能取值的全体所组成的集合等同起来，用随机变量 X 表示，总体的分布就是指数量指标 X 的分布.

研究总体，从理论上讲，只要将总体中的每个个体逐个研究观察，就可以将总体的规律全部弄清.但在实际中是行不通的.因为实际中不但不可能将每个个体逐个研究观察，而且有时甚至只能研究很少量的个体.如何通过对有限的、少量的个体的研究得到总体的客观规律性呢？数理统计就是常用的方法.它研究的问题就是怎样有效地利用收集到的有限资料，尽可能地对所研究的随机现象的规律性做出精确而可靠的结论.

定义 6.1.2 从总体中抽取一个个体，也就是对代表总体的随机变量 X 进行一次试验（观察），得到一个观察值.在相同的条件下，对总体 X 进行 n 次独立重复的观察，其观察结果按试验的次序记为 $X_1,X_2,\cdots,X_n$，它们具有下列两个特点：① 相互独立；② 分布相同（即都与总体 X 的分布相同）.我们称这样的 $X_1,X_2,\cdots,X_n$ 为来自总体 X 的一个**简单随机样本**(simple random sample)，n 称为这个**样本的容量**(sample size).当 n 次观察完成时，得到一组实数 $x_1,x_2,\cdots,x_n$，它们依次是随机变量 $X_1,X_2,\cdots,X_n$ 的观察值，称为**样本观测值**(sample observation).

设 X 是具有分布函数 $F(x)$ 的随机变量，由定义 6.1.2 知，$X_1,X_2,\cdots,X_n$ 的联合分布函数为

$$F(x_1,x_2,\cdots,x_n)=\prod_{i=1}^{n}F(x_i)$$

若 X 具有概率密度 $f(x)$，则 $X_1,X_2,\cdots,X_n$ 的联合概率密度为

$$f(x_1,x_2,\cdots,x_n)=\prod_{i=1}^{n}f(x_i)$$

例 6.1.2 对一批 N 件产品情况进行检查，从中有放回地抽取 n 件，分别以 1 和 0 表示某件产品为合格品和次品，以 $\theta\ (0\leqslant\theta\leqslant1)$ 表示产品的合格率，则总体指标 X 服从参数为 θ 的 0－1 分布，即 $P(X=x)=\theta^x(1-\theta)^{1-x}\ (x=0,1)$.这样抽

取得到的观察结果 $X_1,X_2,\cdots,X_n$ 为一个简单随机样本，也就是说，$X_1,X_2,\cdots,X_n$ 是相互独立且均服从参数为 θ 的 0－1 分布，故样本 $(X_1,X_2,\cdots,X_n)$ 的联合分布律为

$$P(X_1=x_1,X_2=x_2,\cdots,X_n=x_n)=\prod_{i=1}^{n}\theta^{x_i}(1-\theta)^{1-x_i}\quad(x_i=0,1;i=1,2,\cdots,n)$$

每组观察值 $(x_1,x_2,\cdots,x_n)$ 为由 0,1 组成的一个 n 维向量，其样本空间为 $\Omega=\{(x_1,x_2,\cdots,x_n)\mid x_i=0,1;i=1,2,\cdots,n\}$，共有 2^n 个样本点.

一般地，若总体 X 的概率密度或联合分布律为 $f(x)$，则样本 $(X_1,X_2,\cdots,X_n)$ 的联合密度或联合分布律为

$$L(x_1,x_2,\cdots,x_n)=\prod_{i=1}^{n}f(x_i)$$

并称 $L(x_1,x_2,\cdots,x_n)$ 为样本 $(X_1,X_2,\cdots,X_n)$ 的**似然函数**(likelihood function).

对于个体为有限的总体来说，采用有放回随机抽样就能得到简单随机样本.但有放回抽样使用起来很不方便.又由于当总体的个体为无限时，有放回抽样与不放回抽样没有什么区别.因此，在实际问题中，当总体中个体数 N 很大，而样本容量 n 相应较小时，可把总体看作是无限的，从而可将不放回抽样当作有放回抽样来处理.

样本来自总体，因此样本中必包含总体的信息.我们通过样本来获得有关总体分布类型或有关总体特征值的信息并进行推断，而样本能否真实地反映总体，直接关系到统计推断的准确性，因此有必要对获得样本的方法即抽样方法进行研究.

对于不同目的的调查项目乃至统计推断问题，应采用相适应的抽样方法.抽样方法属于抽样调查技术范畴，感兴趣的读者可以参阅《抽样调查技术》(樊鸿康，南开大学出版社，1995)，这里再介绍两种常用的基本抽样方法.

定义 6.1.3　将总体中所有的个体排列成一列，随机确定一个起点作为第一个进入样本的个体，以后每隔相等的间隔抽取一个个体进入样本，称用这种抽取个体而组成样本的方法为**系统抽样**(systematic sampling).

从直观上理解，系统抽样类似于对传送带上的产品进行定时抽样，所以系统抽样又称为等距抽样或机械抽样.系统抽样通常适用于大样本情形，其优点是实施方便，不需要对所有个体编号进行随机抽样.如果我们对总体排序的标志有所了解，知道其一些规律并加以利用，采用系统抽样能达到相当好的实际效果.当排序是随机排序时，系统抽样的效果与简单随机抽样的效果相当.例如，为考察某市场的日销售量，设计一年中每隔一周抽取一套以得到 52 天的日销售量组成的样本就是系

统抽样.

定义 6.1.4 将总体中的个体按相似原则分成若干层(组),视每层(组)为一个子总体,对这些子总体分别进行简单随机抽样或其他抽样,称由此而得到样本的方法为**分层抽样**(stratified sampling)或**类型抽样**.

分层抽样适用于总体内部有不同类型个体集团的总体.一般情况下,层内的差异比较小,层间的差异比较大,此时,为推断总体的某种性质,往往先对层内进行抽样,然后再将层间综合成总体目标进行分析.为了实施和管理上的方便,对一些总体也常采用分层抽样而得到样本.分层抽样可以较大幅度地提高统计推断的准确性,是经常采用的一种抽样方法.例如,为调查居民的某种意向,设计以地理位置为标准,选择以格子区域调查进行简单随机抽样或其他抽样以得到样本就是分层抽样.

有必要指出,当总体特别大,而内部差异和分布又比较复杂时,应该将几种方法相结合来进行抽样.

6.1.3 统计量

样本是进行统计推断的依据,应用时,需要对不同的实际问题构造样本的适当函数,再利用这些样本的函数进行统计推断.

定义 6.1.5 设 $X_1,X_2,\cdots,X_n$ 是来自总体 X 的一个样本,$g(X_1,X_2,\cdots,X_n)$是 $X_1,X_2,\cdots,X_n$ 的函数.若 g 是连续函数且其中不含任何未知参数,则称 $g(X_1,X_2,\cdots,X_n)$为一个**统计量**(statistic).

统计量可以说是对样本的加工——把通常是一大堆杂乱无章的数据加工成少数几个有代表性的数字,它们集中地反映了样本中所包含的我们感兴趣的信息.

设 $x_1,x_2,\cdots,x_n$ 是相应于样本 $X_1,X_2,\cdots,X_n$ 的样本观察值,那么称 $g(x_1,x_2,\cdots,x_n)$是 $g(X_1,X_2,\cdots,X_n)$的观察值.

下面列出统计中几个常用的统计量:

(1) 样本均值(sample mean)

$$\overline{X}=\frac{1}{n}\sum_{i=1}^{n}X_i$$

(2) 样本方差(sample variance)

$$S^2=\frac{1}{n-1}\sum_{i=1}^{n}(X_i-\overline{X})^2$$

具体计算样本方差时用公式 $S^2=\frac{1}{n-1}\left(\sum_{i=1}^{n}X_i^2-n\overline{X}^2\right)$.

(3) 样本标准差(sample standard deviation)

$$S = \sqrt{S^2} = \sqrt{\frac{1}{n-1}\sum_{i=1}^{n}(X_i - \overline{X})^2}$$

(4) 样本 k 阶(原点)矩(sample original moment of order k)

$$A_k = \frac{1}{n}\sum_{i=1}^{n} X_i^k$$

(5) 样本 k 阶(中心)矩(sample central moment of order k)

$$B_k = \frac{1}{n}\sum_{i=1}^{n} (X_i - \overline{X})^k$$

(6) 次序统计量(order statistic):设 $x_1, x_2, \cdots, x_n$ 是样本 $X_1, X_2, \cdots, X_n$ 的一组样本观察值,将它们按从小到大的递增次序重新排列为

$$x_1^* \leqslant x_2^* \leqslant \cdots \leqslant x_n^*$$

记 X_k^* 是这样的随机变量,当 $X_1, X_2, \cdots, X_n$ 取值 $x_1, x_2, \cdots, x_n$ 时,X_k^* 取值 x_k^* $(k=1,2,\cdots,n)$.这样得到的 n 个新的随机变量 $X_1^*, X_2^*, \cdots, X_n^*$ 称为总体 X 的一组次序统计量,X_k^* $(k=1,2,\cdots,n)$称为第 k 位次序统计量.

由定义知

$$X_1^* \leqslant X_2^* \leqslant \cdots \leqslant X_n^*$$

且 $X_1^* = \min\{X_1, X_2, \cdots, X_n\}$,$X_n^* = \max\{X_1, X_2, \cdots, X_n\}$.

(7) 样本 p 分位数和样本极差:设 $0<p<1$,则 $X_{([(n+1)p])}$ 称为**样本 p 分位数**,而称

$$\widetilde{X} = \begin{cases} X_{m+1}^*, & n = 2m+1 \\ \frac{1}{2}(X_m^* + X_{m+1}^*), & n = 2m \end{cases}$$

为**样本中位数**(sample median).

称 $R = X_n^* - X_1^*$ 为**样本极差**.样本中位数和样本极差在质量控制中有重要的作用.

6.1.4　经验分布函数

定义 6.1.6　设 $x_1, x_2, \cdots, x_n$ 是相应于总体 X 的一组样本观察值,将它们按由小到大的次序排列,得到

$$x_1^* \leqslant x_2^* \leqslant \cdots \leqslant x_n^*$$

则称

$$F_n(x)=\begin{cases}0, & x<x_1^*\\ 1/n, & x_1^*\leqslant x<x_2^*\\ \cdots & \\ k/n, & x_k^*\leqslant x<x_{k+1}^*\\ \cdots & \\ 1, & x>x_n^*\end{cases}$$

为总体 X 的**经验分布函数**(empirical distribution funtion). $F_n(x)$既是 X 的分布函数(近似分布),又是次序统计量 $X_1^*,X_2^*,\cdots,X_n^*$ 的函数.

应当注意到,对于固定的 x,经验分布函数是依赖于样本观测值的,由于样本观测的抽取是随机的,所以 $F_n(x)$具有随机性.

根据大数定律,我们知道事件发生的频率依概率收敛于这个事件发生的概率.因此可用事件$(X\leqslant x)$发生的频率 k/n 来估计 $P(X\leqslant x)$,即用经验分布函数 $F_n(x)$来估计 X 的理论分布$F(x)=P(X\leqslant x)$.

定理 6.1.1(Glivenko) 设总体 X 的分布函数为$F(x)$,经验分布函数为 $F_n(x)$,则当 $n\to+\infty$时,$F_n(x)$以概率 1 关于 x 均匀地收敛于$F(x)$,即

$$P(\lim_{n\to+\infty}\sup_{-\infty<x<+\infty}|F_n(x)-F(x)|=0)=1$$

例 6.1.3 设一商店 100 天内销售电视机的情况如表 6.1 所示.求样本容量、样本均值、样本方差及经验分布函数.

表 6.1

日售出台数	2	3	4	5	6	合计
天数	20	30	10	25	15	100

解 由题设知,样本容量 $n=100$;

样本均值

$$\overline{X}=\frac{2\times20+3\times30+4\times10+5\times25+6\times15}{100}$$

$$=3.85$$

样本方差

$$s^2=\frac{1}{99}(2^2\times20+3^2\times30+4^2\times10+5^2\times25+6^2\times15-100\times3.85)$$

$$\approx13.03$$

经验分布函数

$$F_{100}(x)=\begin{cases}0, & x<2\\ \dfrac{1}{5}, & 2\leqslant x<3\\ \dfrac{1}{2}, & 3\leqslant x<4\\ \dfrac{3}{5}, & 4\leqslant x<5\\ \dfrac{17}{20}, & 5\leqslant x<6\\ 1, & x\geqslant 6\end{cases}$$

6.1.5 数理统计方法的特点

(1) 从统计学的定义可以看出:统计数据既是统计研究的出发点,又是统计方法加以实施的载体,而且也是推断结论的唯一证实依据.因此可以说,"一切由数据说话"是统计方法的第一个,也是最重要的特点.这一特点决定了统计方法完全不涉及问题的专业内涵,因而是一件完全"中性"的、任何人都可使用的工具.

(2) 统计分析的结果常常会出错,而且这种错并非是由方法的误用所引起的;然而与此同时,分析结论也会告诉你出错的机会不会超过一个较小的界限.

(3) 统计方法研究和揭示现象之间在数量表现层面上的相互关系,但不肯定因果关系.

(4) 统计方法使用的是归纳推理.统计数据是作为总体的一部分的样本观察值.在选定的一组假设或设定的模型下,基于数据要推断整个总体的情况,因此统计推理是归纳推理.与此相区别的数学推理是演绎推理.演绎推理和归纳推理是两种截然不同的推理.例如,对同一假设下的同一数学问题,不论任何人,由演绎推理都只能得出同一个结果;但统计问题则不然,在同一个统计模型的假设下,对同一统计问题不同的人使用归纳推理可以得到不同的结果.其原因是一个统计推断结果既同采用什么样本有关,也同采取什么样的统计方法有关.如果两个人分别采用不同的样本,或者虽然使用同一组样本但使用不同的统计方法,得到的推断结果当然可以不一样.

6.1.6 数理统计的基本思想

当代公认的统计大师 C. R. Rao 在《统计与真理》中,从哲学的角度阐述了数理统计的思想与特征,其中有这样的一段话:"19 世纪以来统计学面临种种问题,要回答这种类型的问题的主要障碍是随机性——缺乏原因和结果之间的一一对应关系.基于随机性的基础,人们如何行动呢?这是个长期困扰人类的问题,直到本世纪初,我们才学会了掌握随机性,发展成能做出聪明决策的科学——统计学."Rao 的这段论述表明,统计学的发展历史是同对随机性的把握相伴的,通过对看起来是随机的现象进行统计分析,推动人们将随机性归纳于可能的规律性中,这是统计思想的重要体现.概率的统计定义、概率的频率解释及统计结果的解释和评估都是这种思想的重要表现.

统计思想的另一重要表现则是对差异的把握,即从差异中看发展趋势.由于随机性,同一对象不同时间的观察以及不同的对象对同一指标的观察总是有差异的.如果观察到的差异超出一定的界限,以至不能由数据本身的随机性加以解释,此时变化趋势就发生了.后面第 8 章假设检验中有许多这种表现的例子.

6.1.7 统计模型

常称样本的联合分布为统计模型.必须指出的是,统计模型与概率模型是不同的,统计模型中总会有未知的成分(如例 6.1.2 中的 θ),而概率模型则不然.

对于每一个统计问题,我们总是根据实际情况、经验及主观因素提出一些假设而建立模型.一般地,我们可将统计模型分为两大类.若总体 X 的分布函数 $F(x)$ 的具体形式已知,但其中可能含有未知参数 θ(θ 可能为向量),即 $X\sim F(x;\theta)$,θ 的取值范围记为 Θ,称为参数空间,则此类模型为参数模型.例如总体 $X\sim N(\mu,\sigma^2)$,其中 $\theta=(\mu,\sigma^2)$未知,这里

$$\Theta=\{(\mu,\sigma^2)\mid\mu\in\mathbb{R},\sigma^2>0\}$$

这就是通常所说的单个正态总体.另外,若总体 X 的分布函数 $F(x)$ 的具体形式未知,则称为非参数模型.例如,仅知总体 X 是一个连续型的随机变量.一般来说,统计模型不同,则选用的统计方法也不一样,本书中以讨论参数模型为主.

6.2 正态样本统计量的抽样分布

统计量是样本的函数,它是一个随机变量.统计量的分布称为抽样分布.理论上只要知道总体的分布就可以求出统计量的分布,但一般情况下想求出统计量的分布是相当困难的.我们仅就总体为正态分布时,给出有关抽样分布的结果,在作统计分析推断时常常用到这些分布.下面介绍统计中几个常用的分布.

6.2.1　正态分布

设总体 $X \sim N(\mu, \sigma^2)$，$X_1, X_2, \cdots, X_n$ 是 X 的一个样本，则有

$$\bar{X} = \frac{1}{n}\sum_{i=1}^{n} X_i \sim N\left(\mu, \frac{\sigma^2}{n}\right), \quad Y = \frac{\bar{X} - \mu}{\sigma / \sqrt{n}} \sim N(0,1)$$

设总体 $X \sim N(\mu_1, \sigma_1^2)$，$Y \sim N(\mu_2, \sigma_2^2)$，$X_1, X_2, \cdots, X_{n_1}$ 是 X 的一个样本，$Y_1, Y_2, \cdots, Y_{n_2}$ 是 Y 的一个样本，$\bar{X}, \bar{Y}$ 分别是对应的样本均值，则

$$\frac{(\bar{X} - \bar{Y}) - (\mu_1 - \mu_2)}{\sqrt{\sigma_1^2 / n_1 + \sigma_2^2 / n_2}} \sim N(0,1)$$

特别地，若 $\sigma_1 = \sigma_2 = \sigma$，则

$$\frac{(\bar{X} - \bar{Y}) - (\mu_1 - \mu_2)}{\sqrt{1/n_1 + 1/n_2} \cdot \sigma} \sim N(0,1)$$

6.2.2　χ^2(卡方)分布

设 $X_1, X_2, \cdots, X_n$ 为来自总体 $X \sim N(0,1)$ 的一个样本，则称随机变量 $\chi^2 = X_1^2 + X_2^2 + \cdots + X_n^2 = \sum_{i=1}^{n} X_i^2$ 服从自由度为 n 的 χ^2 分布，记为 $\chi^2 \sim \chi^2(n)$，其中自由度 n 表示 $\chi^2 = X_1^2 + X_2^2 + \cdots + X_n^2 = \sum_{i=1}^{n} X_i^2$ 中的独立随机变量的个数. χ^2 分布在数理统计中具有重要意义. χ^2 分布是由阿贝(Abbe)于1863年首先提出的，后来由海尔墨特(Hermert)和现代统计学的奠基人之一的卡·皮尔逊(K. Pearson)分别于1875年和1900年推导出来，是统计学中的一个非常有用的著名分布.

$\chi^2(n)$分布的密度函数(图6.1)为

$$f(x) = \begin{cases} \dfrac{1}{2^{n/2}\Gamma(n/2)} x^{n/2-1} \exp\{-x/2\}, & x > 0 \\ 0, & \text{其他} \end{cases}$$

$\chi^2(n)$ 实际上是 Γ 分布的特例，即 $\chi^2 = \sum_{i=1}^{n} X_i^2 \sim \Gamma(n/2, 1/2)$. 由 Γ 分布的性质可得 χ^2 分布的性质：

(1) 设 $Y \sim \chi^2(n)$，则 $EY = n$，$DY = 2n$.

(2) 可加性：若 $Y_1 \sim \chi^2(n_1)$，$Y_2 \sim \chi^2(n_2)$，且 Y_1 与 Y_2 相互独立，则

$$Y_1 + Y_2 \sim \chi^2(n_1 + n_2)$$

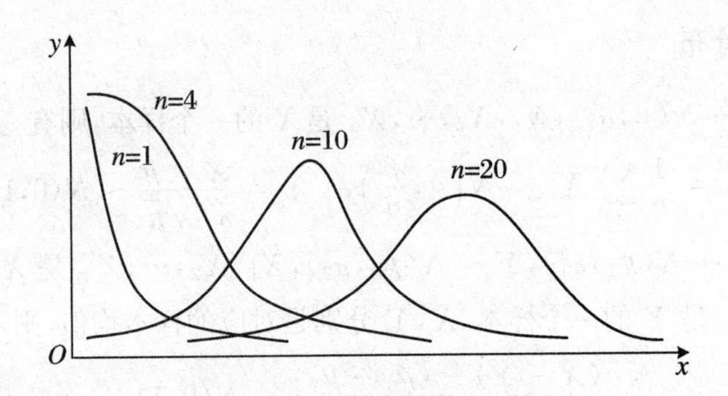

图 6.1 χ^2 分布密度函数曲线

推广 若 $Y_i \sim \chi^2(n_i)(i=1,2,\cdots,m)$,且 $Y_1,Y_2,\cdots,Y_m$ 相互独立,则

$$Y_1+Y_2+\cdots+Y_m \sim \chi^2(n_1+n_2+\cdots+n_m)$$

(3) $\chi^2(n)$分布具有渐近正态性,即若 $\chi^2 \sim \chi^2(n)$,则

$$\lim_{n\to\infty} P\left(\frac{\chi^2-n}{\sqrt{2n}} \leqslant x\right) = \Phi(x) \quad (x \in \mathbb{R})$$

例 6.2.1 设 $X_1,X_2,\cdots,X_n$ 为来自正态总体$N(\mu,\sigma^2)$的一个样本,其中 μ 为已知常数,求统计量 $\Gamma = \sum_{k=1}^{n} \frac{(X_k-\mu)^2}{\sigma^2}$ 的分布.

解 记 $Y_k = \frac{X_k-\mu}{\sigma}$ $(k=1,2,\cdots,n)$,则 $Y_1,Y_2,\cdots,Y_n$ 相互独立且都服从 $N(0,1)$分布,于是

$$\Gamma = \sum_{k=1}^{n}\left(\frac{X_k-\mu}{\sigma}\right)^2$$

故 Γ 服从$\chi^2(n)$分布.

例 6.2.2 设总体 X 服从正态分布$N(\mu,\sigma^2)(\sigma>0)$,从该总体中抽取简单随机样本 $X_1,X_2,\cdots,X_{2n}$ $(n\geqslant 2)$,其样本均值为$\overline{X} = \frac{1}{2n}\sum_{i=1}^{2n} X_i$,求统计量 $Y = \sum_{i=1}^{n}(X_i+X_{n+i}-2\overline{X})^2$ 的数学期望 EY.

解 易知,$E(X_i+X_{n+i}-2\overline{X})=0$,故

$$EY = \sum_{i=1}^{n} E(X_i+X_{n+i}-2\overline{X})^2 = \sum_{i=1}^{n} D(X_i+X_{n+i}-2\overline{X})$$

$$= \sum_{i=1}^{n} D\Big(-\frac{1}{n}X_1-\cdots-\frac{1}{n}X_{i-1}+\frac{n-1}{n}X_i-\frac{1}{n}X_{i+1}-\cdots-\frac{1}{n}X_{n+i-1}$$

$$+\frac{n-1}{n}X_{n+i}-\cdots-\frac{1}{n}X_{2n}\Big)$$

$$=\sum_{i=1}^{n}\left[\frac{2n-2}{n^2}\sigma^2+2\frac{(n-1)^2}{n^2}\sigma^2\right]=\frac{2(n-1)(n-1+1)}{n}\sigma^2$$

$$=2(n-1)\sigma^2$$

下面介绍几个重要分布的上 α 分位点的概念,在后面将会经常用到.

设 $X\sim N(0,1)$,对于给定的 α $(0<\alpha<1)$,称满足

$$P(X>u_\alpha)=\int_{u_\alpha}^{+\infty}\varphi(x)\mathrm{d}x=\alpha\quad(0<\alpha<1)$$

的 u_α 为标准正态分布的上 α 分位点.由正态分布的上 α 分位点 u_α 的定义,知 $u_{1-\alpha}=-u_\alpha$.

对于给定的 α $(0<\alpha<1)$,称满足

$$P(\chi^2>\chi_\alpha^2(n))=\int_{\chi_\alpha^2(n)}^{+\infty}f(y)\mathrm{d}y=\alpha$$

的点 $\chi_\alpha^2(n)$ 为 $\chi^2(n)$ 分布的上 α 分位点.

注　当 n 充分大时(通常 $n>45$ 即可),近似有

$$\chi_\alpha^2(n)\approx\frac{1}{2}(u_\alpha+\sqrt{2n-1})^2$$

这里,u_α 为标准正态分布的上 α 分位点.

定理 6.2.1　设总体 $X\sim N(\mu,\sigma^2)$,$X_1,X_2,\cdots,X_n$ 是 X 的一个样本,$\bar{X}$,S^2 分别是样本均值和样本方差,则 $\bar{X}$,S^2 相互独立,且有:

(1) 统计量 $\dfrac{1}{\sigma^2}\sum\limits_{i=1}^{n}(X_i-\mu)^2\sim\chi^2(n)$;

(2) 统计量 $\dfrac{n-1}{\sigma^2}S^2\sim\chi^2(n-1)$.

注　结论(2)中 $\chi^2(n-1)$ 分布自由度说明如下:

因为

$$\sum_{i=1}^{n}(X_i-\bar{X})^2=\sum_{i=1}^{n}[(X_i-\mu)-(\bar{X}-\mu)]^2$$

$$=\sum_{i=1}^{n}(X_i-\mu)^2-n(\bar{X}-\mu)^2$$

$$\frac{n-1}{\sigma^2}S^2=\sum_{i=1}^{n}\left(\frac{X_i-\bar{X}}{\sigma}\right)^2=\sum_{i=1}^{n}\left(\frac{X_i-\mu}{\sigma}\right)^2-\left(\frac{\bar{X}-\mu}{\sigma/\sqrt{n}}\right)^2$$

其中，$\frac{\overline{X}-\mu}{\sigma/\sqrt{n}} \sim N(0,1)$，各个$\frac{X_i-\mu}{\sigma}$相互独立且服从$N(0,1)$，所以

$$\sum_{i=1}^{n}\left(\frac{X_i-\mu}{\sigma}\right)^2 \sim \chi^2(n), \quad \left(\frac{\overline{X}-\mu}{\sigma/\sqrt{n}}\right)^2 \sim \chi^2(1)$$

从而$\frac{n-1}{\sigma^2}S^2$的自由度为$n-1$便可以理解了.

6.2.3 t 分布(学生分布)

设$X \sim N(0,1)$，$Y \sim \chi^2(n)$，且X，Y相互独立，则随机变量

$$T = \frac{X}{\sqrt{Y/n}}$$

服从自由度为n的t **分布**，记为$T \sim t(n)$. 这个分布是英国统计学家 W. S. Gosset 于 1907 年首次以笔名 Student 发表的，所以有时也将它称为"学生分布".

自由度为n的t分布的概率密度函数(图 6.2)为

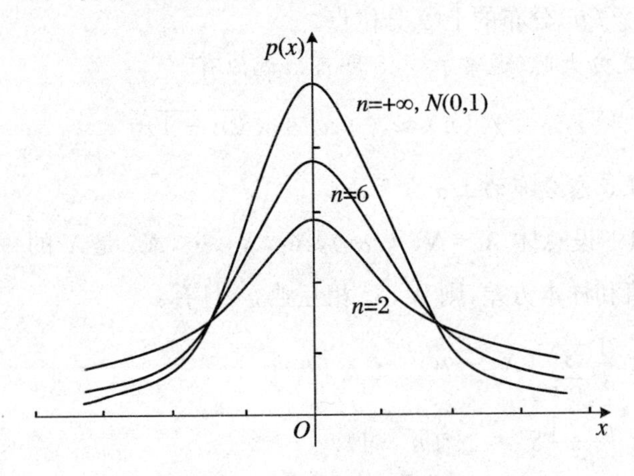

图 6.2　t 分布的分布密度

$$h(t) = \frac{\Gamma((n+1)/2)}{\sqrt{\pi n}\cdot\Gamma(n/2)}(1+t^2/n)^{-(n+1)/2} \quad (-\infty < t < +\infty)$$

对于给定的α $(0<\alpha<1)$，称满足

$$P(t > t_\alpha(n)) = \int_{t_\alpha(n)}^{+\infty} h(t)\mathrm{d}t = \alpha$$

的点$t_\alpha(n)$为$t(n)$分布的上α分位点.

注　由t分布的上α分位点的定义及概率密度函数$h(t)$图像的对称性，知

$$t_{1-\alpha}(n) = -t_\alpha(n)$$

可以证明：对 t 分布的概率密度函数 $h(t)$，由 Γ 函数的性质，有

$$\lim_{n \to +\infty} h(t) = \frac{1}{\sqrt{2\pi}} \exp\{-t^2/2\} \quad (-\infty < t < +\infty)$$

即当 n 足够大时，t 分布近似于标准正态分布 $N(0,1)$. 一般地，当 $n>45$ 时，t 分布就用正态近似：

$$t_\alpha(n) \approx u_\alpha$$

当 n 较小时，t 分布与标准正态分布 $N(0,1)$ 相差很大，此时不能近似.

设总体 $X \sim N(\mu, \sigma^2)$，$X_1, X_2, \cdots, X_n$ 是 X 的一个样本，$\overline{X}, S^2$ 分别是样本均值和样本方差，则

$$\frac{\overline{X} - \mu}{S/\sqrt{n}} \sim t(n-1)$$

设总体 $X \sim N(\mu_1, \sigma^2)$，$Y \sim N(\mu_2, \sigma^2)$，$X_1, X_2, \cdots, X_{n_1}$ 是 X 的一个样本，$Y_1, Y_2, \cdots, Y_{n_2}$ 是 Y 的一个样本，$\overline{X}, \overline{Y}$ 分别是对应的样本均值，S_1^2, S_2^2 分别是对应的样本方差，$S_W^2 = \dfrac{(n_1-1)S_1^2 + (n_2-1)S_2^2}{n_1+n_2-2}$，则

$$\frac{(\overline{X} - \overline{Y}) - (\mu_1 - \mu_2)}{\sqrt{1/n_1 + 1/n_2} \cdot S_W} \sim t(n_1 + n_2 - 2)$$

例 6.2.3　$X_1, X_2, \cdots, X_9$ 是正态总体样本

$$Y_1 = \frac{X_1 + \cdots + X_6}{6}, \quad Y_2 = \frac{X_7 + X_8 + X_9}{3}$$

$$S^2 = \frac{\sum_{i=7}^{9} (X_i - Y_2)^2}{2}, \quad Z = \frac{\sqrt{2}(Y_1 - Y_2)}{S}$$

证明：$Z \sim t(2)$.

证　设 $X_1, X_2, \cdots, X_9 \sim N(\mu, \sigma^2)$，则

$$Y_1 \sim N(\mu, \sigma^2/6), \quad Y_2 \sim N(\mu, \sigma^2/3), \quad 2S^2/\sigma^2 \sim \chi^2(2)$$

且三者相互独立，$Y_1 - Y_2 \sim N(0, 3\sigma^2/6) = N(0, \sigma^2/2)$ 与 S^2 独立. 故

$$Z = \frac{(Y_1 - Y_2)/(\sigma/\sqrt{2})}{\sqrt{\dfrac{2S^2}{\sigma^2}/2}} = \frac{Y_1 - Y_2}{S/\sqrt{2}} \sim t(2)$$

6.2.4　F 分布

设随机变量 $X \sim \chi^2(n_1)$，$Y \sim \chi^2(n_2)$，且 X, Y 相互独立，则随机变量

$$F = \frac{X/n_1}{Y/n_2}$$

服从自由度为(n_1,n_2)的 F **分布**,记为 $F\sim F(n_1,n_2)$. F 分布是以著名统计学家费希尔的名字命名的.

$F(n_1,n_2)$ 的概率密度函数(图 6.3)为

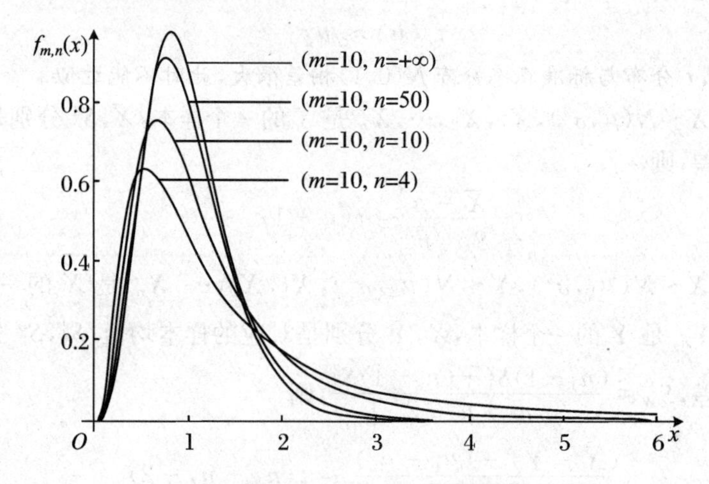

图 6.3　F 分布的分布函数

$$\psi(y) = \begin{cases} \dfrac{\Gamma((n_1+n_2)/2)(n_1/n_2)^{n_1/2}y^{n_1/2-1}}{\Gamma(n_1/2)\Gamma(n_2/2)[1+(n_1y/n_2)]^{(n_1+n_2)/2}}, & y>0 \\ 0, & \text{其他} \end{cases}$$

由定义知,若 $F\sim F(n_1,n_2)$,则

$$\frac{1}{F} \sim F(n_2,n_1)$$

对于给定的 α $(0<\alpha<1)$,称满足

$$P(F>F_\alpha(n_1,n_2)) = \int_{F_\alpha(n_1,n_2)}^{+\infty} \psi(y)\mathrm{d}y = \alpha$$

的点 $F_\alpha(n_1,n_2)$为 $F(n_1,n_2)$分布的上 α 分位点.

F 分布的上α 分位点满足

$$F_{1-\alpha}(n_1,n_2) = \frac{1}{F_\alpha(n_2,n_1)}$$

设总体 $X\sim N(\mu_1,\sigma_1^2)$, $Y\sim N(\mu_2,\sigma_2^2)$, $X_1,X_2,\cdots,X_{n_1}$ 是 X 的一个样本, $Y_1,Y_2,\cdots,Y_{n_2}$是 Y 的一个样本, $\overline{X},S_1^2$; $\overline{Y},S_2^2$ 分别是对应的样本均值和样本方差,则

$$\frac{\sum_{i=1}^{n_1}(X_i-\mu_1)^2/(n_1\sigma_1^2)}{\sum_{j=1}^{n_2}(Y_j-\mu_2)^2/(n_2\sigma_2^2)}\sim F(n_1,n_2)$$

$$\frac{S_1^2/\sigma_1^2}{S_2^2/\sigma_2^2}\sim F(n_1-1,n_2-1)$$

例 6.2.4　设总体 $X\sim N(\mu,\sigma^2)$，$X_1,X_2,\cdots,X_n$ 是 X 的一个样本，$\bar{X},S^2$ 分别是相应的样本均值和样本方差，问：

(1) $U=n\left(\frac{\bar{X}-\mu}{\sigma}\right)^2$ 服从什么分布？

(2) $V=n\left(\frac{\bar{X}-\mu}{S}\right)^2$ 服从什么分布？

解　(1) $U=n\left(\frac{\bar{X}-\mu}{\sigma}\right)^2=\left(\frac{\bar{X}-\mu}{\sigma/\sqrt{n}}\right)^2\sim\chi^2(1)$；

(2) $V=n\left(\frac{\bar{X}-\mu}{S}\right)^2=\left(\frac{\bar{X}-\mu}{\sigma/\sqrt{n}}\right)^2\Big/\frac{(n-1)S^2}{(n-1)\sigma^2}\sim F(1,n-1)$.

例 6.2.5　设总体 $X\sim N(\mu,\sigma^2)$，$X_1,X_2,\cdots,X_n$ 是 X 的一个样本，$\bar{X},S^2$ 分别是样本均值和样本方差.

(1) 求 $P((\bar{X}-\mu)^2\leqslant\sigma^2/n)$；

(2) 如果 n 很大，求 $P((\bar{X}-\mu)^2\leqslant 2S^2/n)$；

(3) 若 $n=6$，求 $P((\bar{X}-\mu)^2\leqslant 2S^2/3)$.

解　(1) 易知

$$\begin{aligned}P((\bar{X}-\mu)^2\leqslant\sigma^2/n)&=P(|\bar{X}-\mu|\leqslant\sigma/\sqrt{n})=P\left(\frac{|\bar{X}-\mu|}{\sigma/\sqrt{n}}\leqslant 1\right)\\&=\Phi(1)-\Phi(-1)=2\Phi(1)-1\\&=0.6826\end{aligned}$$

(2) 由 $(\bar{X}-\mu)^2\leqslant 2S^2/n$，得 $\left|\frac{\bar{X}-\mu}{S/\sqrt{n}}\right|\leqslant\sqrt{2}$，而 $\frac{\bar{X}-\mu}{S/\sqrt{n}}\sim t(n-1)$，当 n 很大时，近似有 $\frac{\bar{X}-\mu}{S/\sqrt{n}}\sim N(0,1)$，所以

$$\begin{aligned}P((\bar{X}-\mu)^2\leqslant 2S^2/n)&=P\left(\left|\frac{\bar{X}-\mu}{S/\sqrt{n}}\right|\leqslant\sqrt{2}\right)\\&=\Phi(\sqrt{2})-\Phi(-\sqrt{2})=2\Phi(\sqrt{2})-1\end{aligned}$$

$$= 0.842\,6$$

(3) 当 $n=6$ 时,记 $T=\dfrac{\overline{X}-\mu}{S/\sqrt{n}}\sim t(5)$,则

$$P((\overline{X}-\mu)^2 \leqslant 2S^2/3) = P((\overline{X}-\mu)^2 \leqslant 4S^2/6) = P\left(\left|\frac{\overline{X}-\mu}{S/\sqrt{n}}\right| \leqslant 2\right)$$
$$= P(T > -2) - P(T > 2)$$
$$= P(T > t_{1-\alpha}(5)) - P(T > t_\alpha(5))$$
$$= 1-\alpha-\alpha = 1-2\alpha$$

由 $t_\alpha(5)=2$,反查 t 分布表,得 $\alpha\approx 0.05$.故

$$P((\overline{X}-\mu)^2 \leqslant 2S^2/3) \approx 1-2\times 0.05 = 0.90$$

例 6.2.6 从正态总体 $N(\mu,\sigma^2)$中抽取容量为 16 的样本,试求:

(1) 已知 $\sigma^2=25$;或者(2) σ^2 为未知,但已知样本方差 $S^2=20.8$ 的情况下,样本均值 $\bar{x}$ 与总体均值μ 之差的绝对值小于 2 的概率.

解 (1) 由于统计量

$$U = \sqrt{n}\,\frac{\bar{x}-\mu}{\sigma} \sim N(0,1)$$

因此在 σ^2 已知时

$$P(|\overline{X}-\mu| < 2) = P\left(\frac{|\overline{X}-\mu|}{\sigma/\sqrt{n}} < \frac{2}{\sigma\sqrt{n}}\right)$$
$$= P\left(\frac{|\overline{X}-\mu|}{5/4} < \frac{2\times 4}{5}\right) = P(|U| < 1.6)$$
$$= \Phi(1.6) - \Phi(-1.6) = 2\Phi(1.6) - 1$$
$$= 2\times 0.945\,2 - 1 = 0.890\,4$$

(2) 由于 σ^2 未知,但 $S^2=20.8$,这时统计量

$$t = \sqrt{n}\,\frac{\overline{X}-\mu}{S} \sim t(n-1)$$

因此

$$P(|\overline{X}-\mu| < 2) = P\left(\frac{|\overline{X}-\mu|}{S/\sqrt{n}} < \frac{2}{S/\sqrt{n}}\right)$$
$$= P\left(\frac{|\overline{X}-\mu|}{S/\sqrt{n}} < \frac{2}{4.56/\sqrt{16}}\right)$$
$$= P(|t| < 1.754) = 1 - P(|t| \geqslant 1.754)$$

查 t 分布表,得 $t_{0.05}(16-1)=1.753$,$P(t\geqslant 1.753)=0.05$.由此可得

$$P(|\bar{X}-\mu|<2)\approx 1-2\times 0.05=0.90$$

习题 6

选择题

1. 设总体 $Z\sim N(0,1)$，$Z_1,Z_2,\cdots,Z_n$ 为简单随机样本，则下面统计量的分布中不正确的是（　　）.

(A) $\sum_{i=1}^{n} Z_i^2\sim\chi^2(n)$

(B) $\frac{1}{n}\sum_{i=1}^{n} Z_i\sim N(0,1/n)$

(C) $\sqrt{n-1}Z_n\bigg/\sqrt{\sum_{i=1}^{n} Z_i^2}\sim t(n-1)$

(D) $\left(\frac{n}{2}-1\right)\sum_{i=1}^{2} Z_i^2\bigg/\sum_{i=3}^{n} Z_i^2\sim F(2,n-2)(n>3)$

2. 设 X_i（$i=1,2,3,4$）的分布如下，则 $P(X_i>EX_i)\neq P(X_i\leqslant EX_i)$ 的是（　　）.

(A) $X_1\sim N(\mu,\sigma^2)$　　(B) $X_2\sim U(a,b)$

(C) $X_3\sim f(t)=\begin{cases}\frac{1}{\theta}e^{-t/\theta}, & t>0\\ 0, & t<0\end{cases}$　　(D) $X_4\sim f(x)=\begin{cases}-x, & -1\leqslant x<0\\ x, & 0\leqslant x\leqslant 1\\ 0, & 其他\end{cases}$

3. 设有随机变量 X_1,X_2,X_3,X_4，记 $EX_i=\mu_i$，$DX_i=\sigma_i^2$，则 $P(\mu_i<X_i<\mu_i+\sigma_i)=P(\mu_i-\sigma_i<X_i<\mu_i)$ 不成立的是（　　）.

(A) $X_1\sim N(\mu,\sigma^2)$　　(B) $X_2\sim U(a,b)$

(C) $X_3\sim f(t)=\begin{cases}\frac{1}{\theta}e^{-t/\theta}, & t>0\\ 0, & t<0\end{cases}$　　(D) $X_4\sim f(x)=\begin{cases}1+x, & -1\leqslant x<0\\ 1-x, & 0\leqslant x\leqslant 0\\ 0, & 其他\end{cases}$

4. 设随机变量 $X\sim N(\mu,\sigma^2)$，对非负常数 k，$P(|X-\mu|\leqslant k\sigma)$（　　）.

(A) 只与 k 有关　　(B) 只与 μ 有关

(C) 只与 σ 有关　　(D) 与 μ,σ,k 有关

5. 设随机变量 X 服从 $F(n,n)$. 记 $p_1=P(X\geqslant 1)$，$p_2=P(X\leqslant 1)$，则（　　）.

(A) $p_1>p_2$　　(B) $p_1<p_2$

(C) $p_1=p_2$　　(D) 因自由度 n 未知，无法比较 p_1 与 p_2 大小

6. 已知 n 个随机变量 X_i（$i=1,\cdots,n$）相互独立且服从相同的两点分布，即 $P(X_i=1)=$

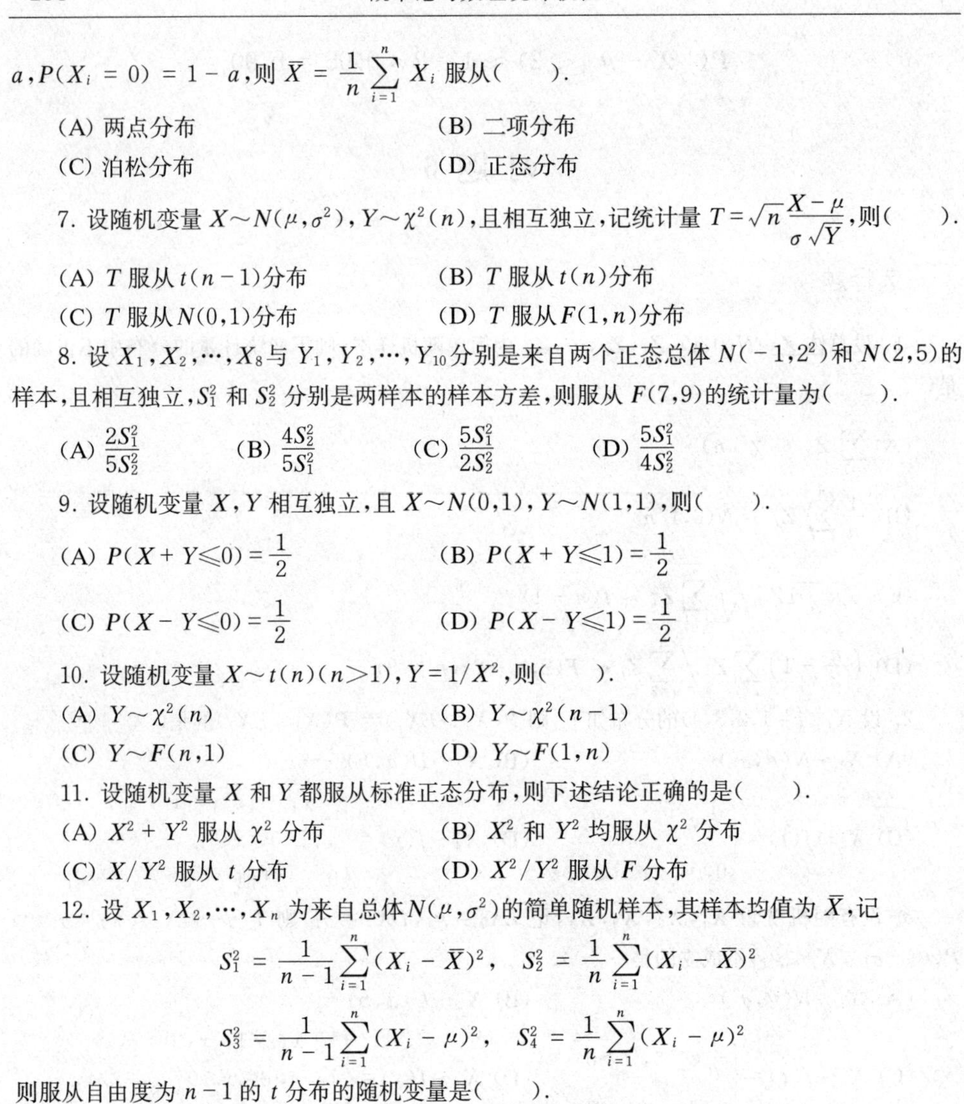

a,$P(X_i=0)=1-a$,则 $\overline{X}=\frac{1}{n}\sum_{i=1}^{n}X_i$ 服从(　　).

(A) 两点分布　　(B) 二项分布

(C) 泊松分布　　(D) 正态分布

7. 设随机变量 $X\sim N(\mu,\sigma^2)$,$Y\sim\chi^2(n)$,且相互独立,记统计量 $T=\sqrt{n}\frac{X-\mu}{\sigma\sqrt{Y}}$,则(　　).

(A) T 服从 $t(n-1)$分布　　(B) T 服从 $t(n)$分布

(C) T 服从$N(0,1)$分布　　(D) T 服从$F(1,n)$分布

8. 设 $X_1,X_2,\cdots,X_8$ 与 $Y_1,Y_2,\cdots,Y_{10}$ 分别是来自两个正态总体 $N(-1,2^2)$和 $N(2,5)$的样本,且相互独立,S_1^2 和 S_2^2 分别是两样本的样本方差,则服从 $F(7,9)$的统计量为(　　).

(A) $\frac{2S_1^2}{5S_2^2}$　　(B) $\frac{4S_2^2}{5S_1^2}$　　(C) $\frac{5S_1^2}{2S_2^2}$　　(D) $\frac{5S_1^2}{4S_2^2}$

9. 设随机变量 X,Y 相互独立,且 $X\sim N(0,1)$,$Y\sim N(1,1)$,则(　　).

(A) $P(X+Y\leqslant 0)=\frac{1}{2}$　　(B) $P(X+Y\leqslant 1)=\frac{1}{2}$

(C) $P(X-Y\leqslant 0)=\frac{1}{2}$　　(D) $P(X-Y\leqslant 1)=\frac{1}{2}$

10. 设随机变量 $X\sim t(n)(n>1)$,$Y=1/X^2$,则(　　).

(A) $Y\sim\chi^2(n)$　　(B) $Y\sim\chi^2(n-1)$

(C) $Y\sim F(n,1)$　　(D) $Y\sim F(1,n)$

11. 设随机变量 X 和 Y 都服从标准正态分布,则下述结论正确的是(　　).

(A) X^2+Y^2 服从 χ^2 分布　　(B) X^2 和 Y^2 均服从 χ^2 分布

(C) X/Y^2 服从 t 分布　　(D) X^2/Y^2 服从 F 分布

12. 设 $X_1,X_2,\cdots,X_n$ 为来自总体$N(\mu,\sigma^2)$的简单随机样本,其样本均值为 $\overline{X}$,记

$$S_1^2=\frac{1}{n-1}\sum_{i=1}^{n}(X_i-\overline{X})^2,\quad S_2^2=\frac{1}{n}\sum_{i=1}^{n}(X_i-\overline{X})^2$$

$$S_3^2=\frac{1}{n-1}\sum_{i=1}^{n}(X_i-\mu)^2,\quad S_4^2=\frac{1}{n}\sum_{i=1}^{n}(X_i-\mu)^2$$

则服从自由度为 $n-1$ 的 t 分布的随机变量是(　　).

(A) $t=\frac{\sqrt{n-1}(\overline{X}-\mu)}{S_1}$　　(B) $t=\frac{\sqrt{n-1}(\overline{X}-\mu)}{S_2}$

(C) $t=\frac{\sqrt{n}(\overline{X}-\mu)}{S_3}$　　(D) $t=\frac{\sqrt{n}(\overline{X}-\mu)}{S_4}$

填空题

1. 设 X_1,X_2,X_3,X_4 是来自正态总体 $N(0,2^2)$的简单随机样本,$X=a(X_1-2X_2)^2+b(3X_3-4X_4)^2$,则当 $a=$______,$b=$______时,统计量 X 服从χ^2 分布,其自由度为______.

2. 设总体 X 服从参数为 λ 的泊松分布，$X_1, X_2, \cdots, X_n$ 是取自此总体的一个样本，$\overline{X}, S^2$ 分别为样本均值和样本方差，则 $E\overline{X}=$______，$D\overline{X}=$______，$ES^2=$______.

3. $X_1, X_2, \cdots, X_n$ 是取自 $\chi^2(n)$ 的一个样本，$\overline{X}, S^2$ 分别为样本均值和样本方差，则 $E\overline{X}$ = ______，$D\overline{X}=$______，$ES^2=$______.

4. 设某商店100天销售电视机的统计资料如表1所示，则样本容量 $n=$______，样本均值 $\overline{X}=$______，样本方差 $S^2=$______.

表1

日售出台数 k	2	3	4	5	6	合计
天数 f	20	30	10	25	15	100

5. 设 $X_1, X_2, \cdots, X_n$ 是来自于正态总体 $N(\mu, \sigma^2)$ 的一个样本，$\overline{X}$ 和 S^2 分别为样本均值和样本方差，则 $\overline{X} \sim$______分布，$\dfrac{\overline{X}-\mu}{\sigma/\sqrt{n}} \sim$______分布，$\dfrac{\overline{X}-\mu}{S/\sqrt{n}} \sim$______分布，$\dfrac{(n-1)S^2}{\sigma^2} \sim$______分布.

6. 设随机变量 X, Y 相互独立，均服从正态分布 $N(0, 3^2)$，且 $X_1, X_2, \cdots, X_9$ 与 $Y_1, Y_2, \cdots, Y_9$ 分别是来自总体 X, Y 的简单随机样本，则统计量 $U=(X_1+\cdots+X_9)/\sqrt{Y_1^2+\cdots+Y_9^2}$ 服从自由度为______的______分布.

7. 设 $X_1, X_2, \cdots, X_n$ 是来自于正态总体 $N(\mu, \sigma^2)$ 的一个样本，则

$$\frac{\overline{X}-\mu}{\sqrt{\dfrac{1}{n(n-1)}\sum_{i=1}^{n}(X_i-\overline{X})^2}}$$

服从______分布.

8. 设 X_1, X_2, X_3, X_4 是来自于正态总体 $N(0,1)$ 的一个样本，则统计量 $\dfrac{X_1-X_2}{\sqrt{X_3^2+X_4^2}}$ 服从______分布，参数为______.

9. 设总体 X 服从标准正态分布，而 $X_1, X_2, \cdots, X_n$ 是来自 X 的简单随机样本，则统计量

$$Y=\left(\frac{n}{5}-1\right)\sum_{i=1}^{5}X_i^2\Big/\sum_{i=6}^{n}X_i^2 \quad (n>5)$$

服从______分布，参数为______.

10. 设 $X_1, X_2, \cdots, X_6$ 是来自总体 $X \sim N(\mu, \sigma^2)$ 的一个样本，$S^2=\dfrac{1}{5}\sum_{i=1}^{6}(X_i-\overline{X})^2$，则 $D(S^2)=$______.

11. 设总体 X 服从 $N(\mu_1, \sigma^2)$，总体 Y 服从 $N(\mu_2, \sigma^2)$，$X_1, X_2, \cdots, X_{n_1}$ 和 $Y_1, Y_2, \cdots, Y_{n_2}$ 分别是来自总体 X 和 Y 的简单随机样本，则

$$E\left[\frac{\sum_{i=1}^{n_1}(X_i - \overline{X})^2 + \sum_{j=1}^{n_2}(Y_j - \overline{Y})^2}{n_1 + n_2 - 2}\right] = \underline{\qquad}$$

12. 设总体 X 的概率密度为$f(x)=\mathrm{e}^{-|x|}/2\ (-\infty<x<+\infty)$,$X_1,X_2,\cdots,X_n$ 为总体X 的简单随机样本,其样本方差为 S^2,则 $ES^2=$______.

解答题

1. 某单位对 39 名女生测定血清总蛋白含量(单位:克/升),数据如下:

74.3, 78.8, 68.8, 78.0, 70.4, 80.5, 80.5, 69.7, 71.2, 73.5, 79.5, 75.6, 75.0
78.8, 72.0, 77.5, 72.0, 79.1, 81.2, 76.5, 76.8, 67.5, 78.6, 72.0, 77.0, 69.6
80.0, 81.5, 65.0, 70.4, 73.5, 72.7, 76.0, 68.9, 76.5, 76.0, 77.9, 79.5, 81.6

(1) 计算均值、方差、标准差、极差、变异系数、偏度、峰度;

(2) 绘出直方图、密度估计曲线、经验分布图,并将密度估计曲线与正态密度曲线比较,将经验分布曲线与正态分布曲线比较;

(3) 绘出茎叶图、箱线图,并计算五数总括.

2. 在总体 $N(80,20^2)$中随机抽取一容量为 100 的样本,求样本均值与总体均值的差的绝对值大于 3 的概率.

3. 查表计算临界值:

(1) $t_{0.05}(30)$; (2) $t_{0.025}(16)$; (3) $t_{0.01}(34)$,对查表得到的数值 λ,求概率 $P(t(34)<\lambda)$, $P(t(34)>\lambda)$,$P(t(34)<-\lambda)$,$P(|t(34)|>\lambda)$; (4) $\chi^2_{0.05}(9)$; (5) $\chi^2_{0.99}(21)$; (6) $\chi^2_{0.9}(18)$,对查表得到的数值 λ,求概率 $P(\chi^2(18)>\lambda)$和 $P(\chi^2(18)<\lambda)$.

4. 已知某种白炽灯泡的使用寿命服从正态分布,在某星期内所生产的该种灯泡中随机抽取 10 只,测得其寿命(单位:小时)为

1 067, 919, 1 196, 785, 1 126, 936, 918, 1 156, 920, 948

试用样本数字特征法求出寿命总体的均值 μ 和方差 σ^2 的估计值,并估计这种灯泡的寿命大于 1 300小时的概率.

5. 设各种零件的质量都是随机变量,它们相互独立,且服从相同的分布,其数学期望为 0.5 千克,均方差为 0.1 千克,问 5 000 只零件的总质量超过 2 510 千克的概率是多少?(提示:当 n 较大时,随机变量之和 $X=X_1+X_2+\cdots+X_n$ 近似地服从正态分布,以下第 6、第 7 题也适用.)

6. 部件包括 10 个部分,每部分的长度是一个随机变量,它们相互独立,且服从同一分布.其数学期望为 2 毫米,均方差为 0.05 毫米,规定总长度为(20 ± 0.1)毫米时产品合格,试求产品合格的概率.

7. 计算机进行加法运算时,对每个加数取整(即取最接近于它的整数),设所有的取整误差是相互独立的,且它们都在$(-0.5,0.5)$上服从均匀分布.

(1) 若将 1 500 个数相加,问误差总和的绝对值超过 15 的概率是多少?

(2) 多少个数加在一起，可使得误差总和的绝对值小于10的概率为0.90?

8. 对某圆柱体的直径进行 n 次测量，测得数值为 $x_1, x_2, \cdots, x_n$. 设 $X_i \sim N(\mu, \sigma^2)$，$\overline{X} = \frac{1}{n}\sum_{i=1}^{n} X_i$. 欲使 $P(|\overline{X}-\mu| < \sigma/4)$ 不小于0.95，问至少需要进行多少次测量?若进行100次测量，上述概率可达到多少?

9. 设某设备的寿命 T(单位：千小时)服从三段模型：

(i) 在(0,6)上服从 $\lambda = 0.03723$ 的指数分布，有 $f(t) = \begin{cases} \lambda e^{-\lambda t}, & t>0 \\ 0, & t \leqslant 0 \end{cases}$；

(ii) 在(6,60)上服从(0,360)上的均匀分布；

(iii) 在 $(60, +\infty)$ 上服从 $N(75, 39^2)$.

求：(1) $0<T<10$ 的概率；(2) 寿命超过50千小时的概率.

10. 设总体 X 具有概率密度

$$f(x) = \begin{cases} 2x, & 0 < x < 1 \\ 0, & \text{其他} \end{cases}$$

从总体 X 抽取样本 X_1, X_2, X_3, X_4，求最大顺序统计量 $T = \max\{X_1, X_2, X_3, X_4\}$ 的概率密度.

11. 已知一台电子设备的寿命 T(单位：小时)服从指数分布，其概率密度为

$$f(t) = \begin{cases} 0.001e^{-0.001t}, & t > 0 \\ 0, & t \leqslant 0 \end{cases}$$

现在检查了100台这样的设备，求寿命最短的时间小于10小时的概率.

12. 设 $X_1, X_2, \cdots, X_n$ 是正态总体 $N(\mu, \sigma^2)$ 的样本，$d = \frac{1}{n}\sum_{i=1}^{n} |X_i - \mu|$. 试证

$$E(d) = \sqrt{\frac{2}{\pi}}\sigma, \quad D(d) = \left(1 - \frac{2}{\pi}\right)\frac{\sigma^2}{n}$$

$\left(\text{提示：设 } Y_i = X_i - \mu, \text{则 } Y_i = X_i - \mu \sim N(0, \sigma^2), E(|Y_i|) = \frac{2}{\sqrt{2\pi}\sigma}\int_0^{+\infty} y e^{-y^2/(2\sigma^2)} dy.\right)$

13. 设 $X_1, X_2, \cdots, X_n$ 是来自正态总体 $N(\mu, \sigma^2)$ 的简单随机样本，S_n^2 为样本方差，求满足 $P(S_n^2/\sigma^2 \leqslant 1.5) \geqslant 0.95$ 的最小值 n.

14. 设 $X_1, X_2, \cdots, X_{10}$ 为 $N(0, 0.3^2)$ 的一个样本，求 $P\left(\sum_{i=1}^{10} X_i^2 > 1.44\right)$.

15. 设总体 $X \sim f(x) = \begin{cases} |x|, & |x|<1 \\ 0, & \text{其他} \end{cases}$，$X_1, X_2, \cdots, X_{50}$ 为取自总体 X 的一个样本，试求：

(1) $\overline{X}$ 的数学期望与方差；

(2) S^2 的数学期望；

(3) $P(|\overline{X}| > 0.02)$.

16. 假定 (X_1, X_2) 是取自正态总体 $N(0, \sigma^2)$ 的一个样本，试求概率

$$P((X_1 + X_2)^2/(X_1 - X_2)^2 < 4)$$

17. 已知 $X_1, \cdots, X_{32}$ 是从正态总体 $N(0, \sigma^2)$ 抽取的样本. 证明

$$T=\sum_{i=1}^{16}(X_{2i-1}-X_{2i})^2\Big/\sum_{i=1}^{16}(X_{2i-1}+X_{2i})^2\sim F(16,16)$$

18.（可作为结论直接使用）设随机变量 X 服从自由度为 k 的 t 分布，试证明 $X^2\sim F(1,k)$.

19. $X_1,X_2,\cdots,X_n$ $(n>2)$ 为来自总体 $N(0,\sigma^2)$ 的简单随机样本，其样本均值为 $\overline{X}$，记 $Y_i=X_i-\overline{X}$ $(i=1,2,\cdots,n)$. 求：

(1) Y_i 的方差 DY_i $(i=1,2,\cdots,n)$；

(2) Y_1 与 Y_n 的协方差 $\mathrm{Cov}(Y_1,Y_n)$.

20. 设 $X_1,X_2,\cdots,X_n$ 是总体为 $N(\mu,\sigma^2)$ 的简单随机样本，$\overline{X}$ 和 S^2 分别为样本均值和样本方差，记 $T=\overline{X}^2-\frac{1}{n}S^2$.

(1) 证明 $ET=\mu^2$；

(2) 当 $\mu=0,\sigma=1$ 时，求 DT.

第7章 参数估计

参数估计就是利用样本来估计总体分布中的未知参数,它是统计推断的基本问题之一.在很多实际问题中,我们知道总体的分布,但不知道分布中的参数,因此需要对未知的参数做出估计.参数估计有两种形式:参数的点估计和区间估计.

7.1 点估计概述

点估计(point estimation)的主要任务是构造一个统计量 $\hat{\theta}=\hat{\theta}(X_1,X_2,\cdots,X_n)$,然后用 $\hat{\theta}$ 去估计 θ.根据总体 X 的一个样本 $X_1,X_2,\cdots,X_n$ 构造的、用其观察值来估计参数 θ 真值的统计量 $\hat{\theta}(X_1,X_2,\cdots,X_n)$ 称为**估计量**. $\hat{\theta}(x_1,x_2,\cdots,x_n)$ 称为**估计值**(value of estimation).

7.1.1 频率替换法

假定在 n 次试验中,事件 A 发生了 n_A 次, n_A/n 为 A 发生的频率,设 $P(A)=p\ (0<p<1)$,则由第5章中的大数定律可知,频率 n_A/n 依概率收敛于事件 A 发生的概率 p,即对任意 $\varepsilon>0$,成立

$$\lim_{n\to+\infty}P(|n_A/n-p|\geqslant\varepsilon)=0$$

于是,当 n 较大时, n_A/n 与 p 非常接近,自然地取 n_A/n 作为 p 的估计,即

$$\hat{p} = n_A / n$$

这种由频率估计相应的概率而得到的估计量的方法称为**频率替换法**.

例 7.1.1 估计一批产品的次品率 p.

设产品只区分正品与次品,分别以 X 取 0 和 1 表示产品为正品和次品,所以总体 X 服从参数为 p 的 0 - 1 分布,即

$$P(X = x) = p^x(1 - p)^{1-x} \quad (x = 0,1)$$

p 为未知的待估参数.令事件 A 表示"产品为次品",则 $p = P(A) = P(X = 1)$.从该批产品中抽取 n 件进行检验,结果为 $X_1, X_2, \cdots, X_n$,则 A 发生的频率为

$$\frac{n_A}{n} = \frac{1}{n}\sum_{i=1}^{n} X_i$$

故由频率替换法可得

$$\hat{p} = \frac{n_A}{n} = \frac{1}{n}\sum_{i=1}^{n} X_i = \overline{X}$$

7.1.2 矩估计法

矩估计法(moment estimation)是由英国统计学家 K. Pearson 于 1894 年正式提出的.矩估计的理论根据是大数定律.现概述如下:

如果总体中有 k 个未知参数,通常用前 k 阶样本矩估计相应的前 k 阶总体矩,然后利用未知参数与总体矩的函数关系,求出参数的估计量,即为**矩估计量**.其优点是直观和易于计算,缺点是使用范围窄(例如,柯西分布的原点矩不存在,矩法估计失效).

具体做法是:令总体矩 $\mu_i = A_i = \frac{1}{n}\sum_{k=1}^{n} X_k^i$(样本矩)$(i = 1,2,\cdots,k)$,得到一个包含 k 个未知参数 $\theta_1, \theta_2, \cdots, \theta_k$ 的联立方程组,从中解出 $\theta_1, \theta_2, \cdots, \theta_k$,则这组解 $\hat{\theta}_1, \hat{\theta}_2, \cdots, \hat{\theta}_k$ 就作为 $\theta_1, \theta_2, \cdots, \theta_k$ 的矩估计量,其观察值称为矩估计值.

对于二维随机向量 (X, Y),如对它做 n 次独立试验,得到 n 对观测值 $(x_1, y_1), (x_2, y_2), \cdots, (x_n, y_n)$,则随机变量 X 与 Y 的相关系数 ρ 的估计值为

$$\rho_{XY} = \frac{\sum_{i=1}^{n}(x_i - \bar{x})(y_i - \bar{y})}{\sqrt{\sum_{i=1}^{n}(x_i - \bar{x})^2 \sum_{i=1}^{n}(y_i - \bar{y})^2}}$$

例 7.1.2 设总体 $X \sim P(\lambda)$,求 λ 的矩估计量.

解 因 $\mu_1 = EX = \lambda, DX = \lambda$,故

$$\hat{\lambda} = A_1 = \frac{1}{n}\sum_{i=1}^{n} X_i = \overline{X}$$

或

$$\hat{\lambda} = B_2 = \frac{1}{n-1}\sum_{i=1}^{n} (X_i - \overline{X})^2$$

这里有一个估计量优劣的问题.对本例来说,在合理的准则下,可以证明用样本均值为优.一般情况下总是采用这样的原则:能用低阶矩处理的就不用高阶矩.

例 7.1.3 设总体 $X \sim U(a,b)$,$X_1,X_2,\cdots,X_n$ 为一个样本,试求 a,b 的矩估计量.

解 易知

$$\mu_1 = EX = \frac{a+b}{2}$$

$$\mu_2 = EX^2 = DX + (EX)^2 = \frac{(b-a)^2}{12} + \frac{(a+b)^2}{4}$$

令

$$\frac{a+b}{2} = A_1 = \frac{1}{n}\sum_{i=1}^{n} X_i$$

$$\frac{(b-a)^2}{12} + \frac{(a+b)^2}{4} = A_2 = \frac{1}{n}\sum_{i=1}^{n} X_i^2$$

解得

$$\hat{a} = A_1 - \sqrt{3(A_2 - A_1^2)} = \overline{X} - \sqrt{\frac{3}{n}\sum_{i=1}^{n} (X_i - \overline{X})^2}$$

$$\hat{b} = A_1 + \sqrt{3(A_2 - A_1^2)} = \overline{X} + \sqrt{\frac{3}{n}\sum_{i=1}^{n} (X_i - \overline{X})^2}$$

例 7.1.4 设总体 X 的均值 μ 及方差 σ^2 都存在,且有 $\sigma^2 > 0$,但 μ,σ^2 都未知,又设 $X_1,X_2,\cdots,X_n$ 为一个样本.试求 μ,σ^2 的矩估计量.

解 易知

$$\begin{cases} \mu_1 = EX = \mu \\ \mu_2 = EX^2 = DX + (EX)^2 = \sigma^2 + \mu^2 \end{cases}$$

令

$$\begin{cases} \mu = A_1 \\ \sigma^2 + \mu^2 = A_2 \end{cases}$$

故

$$\hat{\mu} = A_1 = \overline{X}$$

$$\hat{\sigma}^2 = A_2 - A_1^2 = \frac{1}{n}\sum_{i=1}^{n} X_i^2 - \overline{X}^2 = \frac{1}{n}\sum_{i=1}^{n}(X_i - \overline{X})^2$$

此结果表明，总体均值与方差的矩估计量的表达式不因不同的总体分布而异.

例 7.1.5　从一个二维随机向量(X,Y)中，抽取一组观察值，如表 7.1 所示. 用矩估计法求(X,Y)的相关系数ρ_{XY}的估计值(请读者自己完成).

表 7.1

$X = x_i$	110	184	145	122	165	143	78	129	62	130	168
$Y = y_i$	25	81	36	33	70	54	20	44	14	41	75

注　由于样本原点矩与总体分布函数无关，所以矩估计法没有能充分利用总体分布函数对未知参数所提供的信息，因而矩估计法存在一些缺点，有时甚至得到不合理的解. 例如，对于总体 $X \sim U(0,\theta)$，由 $X = \theta/2$，得 θ 的矩法估计量为 $\hat{\theta} = 2\overline{X}$. 今有样本观察值 1,3,4,6,11，按这种估计有

$$\hat{\theta} = 2\bar{x} = 2 \times \frac{1}{5} \times (1 + 3 + 4 + 6 + 11) = 10$$

即估计总体 $X \sim U(0,10)$. 但样本观察值中的 $11 \overline{\in} [0,10]$，可见估计 $\hat{\theta} = 10$ 是不合理的.

7.1.3　极大似然法

首先我们来看一个例子. 设有甲、乙两个口袋，袋中各装有 4 个同样大小的球，球上分别涂有白色(W)或黑色(B). 已知在甲袋中黑球数为 1，乙袋中黑球数为 3.

(1) 现任取一袋，再从中任取一球，发现是黑球，试问该球取自哪一袋?

(2) 现任取一袋，再从中有放回地任取三球，发现有一个是黑球，试问该球取自哪一袋?

解　(1) 设 p 为抽到黑球的概率，从甲袋中抽一球是黑球的概率为 $p_{甲} = 1/4$，从乙袋中抽一球是黑球的概率为 $p_{乙} = 3/4$. 由于 $p_{乙} > p_{甲}$，这便意味着此球来自乙袋的可能性比来自甲袋的可能性大. 因此我们会判断该球像是来自乙袋.

(2) 设 X 是抽取三个球中黑球的个数，又设 p 为袋中黑球所占的比例，则 $X \sim B(3,p)$，即

$$P(X = k) = \binom{3}{k} p^k (1 - p)^{3-k} \quad (k = 0,1,2,3)$$

在 $X=1$ 时,不同 p 值对应的概率分别为

$$P_{甲}(X=1)=\binom{3}{1}\left(\frac{1}{4}\right)\left(\frac{3}{4}\right)^2=\frac{27}{64}$$

$$P_{乙}(X=1)=\binom{3}{1}\left(\frac{1}{4}\right)^2\left(\frac{3}{4}\right)=\frac{9}{64}$$

由于 $P_{甲}(X=1)>P_{乙}(X=1)$,因此我们会判断该球像是来自甲袋.

极大似然估计的基本思想是:在已知总体 X 的概率分布时,对总体进行 n 次观测,得到一个样本,选取概率最大的 θ 值 $\hat{\theta}$ 作为未知参数 θ 的真值的估计是最合理的(这里 θ 是一参数族).

定义 7.1.1 对固定的样本值 $X_1,X_2,\cdots,X_n$,若总体 X 是离散型随机变量,其概率分布为 $P(X=x)=p(x;\theta_1,\theta_2,\cdots,\theta_k)$,似然函数为

$$L(\theta_1,\theta_2,\cdots,\theta_k)=\prod_{i=1}^{n}p(x_i;\theta_1,\theta_2,\cdots,\theta_k)$$

若总体 X 是连续型随机变量,其概率密度为 $f(x_i;\theta_1,\theta_2,\cdots,\theta_k)$,似然函数为

$$L(\theta_1,\theta_2,\cdots,\theta_k)=\prod_{i=1}^{n}f(x_i;\theta_1,\theta_2,\cdots,\theta_k)$$

若有 $\hat{\theta}(x_1,x_2,\cdots,x_n)$ 使得似然函数

$$L(x_1,x_2,\cdots,x_n;\hat{\theta})=\max_{\theta}L(x_1,x_2,\cdots,x_n;\theta)$$

则称 $\hat{\theta}(x_1,x_2,\cdots,x_n)$ 为 θ 的**极大似然估计**(maximum likelihood estimation),简记为 **MLE**.

极大似然估计的具体解法:

(1) 若 X 是离散型随机变量,其概率分布为 $P(X=x)=p(x;\theta_1,\theta_2,\cdots,\theta_k)$,则似然函数

$$L(\theta_1,\theta_2,\cdots,\theta_k)=\prod_{i=1}^{n}p(x_i;\theta_1,\theta_2,\cdots,\theta_k)$$

一般地,取对数得

$$\begin{aligned}\ln L(\theta_1,\theta_2,\cdots,\theta_k)&=\ln\left[\prod_{i=1}^{n}p(x_i;\theta_1,\theta_2,\cdots,\theta_k)\right]\\&=\sum_{i=1}^{n}\ln p(x_i;\theta_1,\theta_2,\cdots,\theta_k)\end{aligned}$$

解似然方程

$$\frac{\partial \ln L}{\partial\theta_i}=0\quad(i=1,2,\cdots,k)$$

所得到的最大值解为

$$\hat{\theta}_i = \hat{\theta}_i(x_1, x_2, \cdots, x_n) \quad (i = 1,2,\cdots,k)$$

即分别为参数 $\theta_1, \theta_2, \cdots, \theta_k$ 的**极大似然估计值**,而相应的估计量

$$\hat{\theta}_i = \hat{\theta}_i(X_1, X_2, \cdots, X_n) \quad (i = 1,2,\cdots,k)$$

即分别为参数 $\theta_1, \theta_2, \cdots, \theta_k$ 的**极大似然估计量**.

(2) 若 X 是连续型随机变量,方法完全类似.

例 7.1.6　设总体 $X \sim P(\lambda)$,求 λ 的极大似然估计值.

解　似然函数

$$L(\lambda) = \prod_{i=1}^{n}\left(\frac{\lambda^{x_i}}{x_i!}\mathrm{e}^{-\lambda}\right) = \frac{\lambda^{\sum_{i=1}^{n} x_i}}{\prod_{i=1}^{n}(x_i!)}\mathrm{e}^{-n\lambda}$$

取对数得

$$\ln L(\lambda) = \left(\sum_{i=1}^{n} x_i\right)\ln\lambda - \sum_{i=1}^{n}\ln(x_i!) - n\lambda$$

两边求导,得似然方程

$$\frac{\mathrm{d}\ln L}{\mathrm{d}\lambda} = \frac{1}{\lambda}\sum_{i=1}^{n} x_i - n = 0$$

解得

$$\hat{\lambda} = \frac{1}{n}\sum_{i=1}^{n} x_i = \bar{X}$$

此结果与矩估计的结果一样.

例 7.1.7　设总体 $X \sim N(\mu, \sigma^2)$, $x_1, x_2, \cdots, x_n$ 为一组样本观察值,求参数 μ, σ^2 的极大似然估计值.

解　似然函数

$$L(x_1, x_2, \cdots, x_n; \mu, \sigma^2) = \prod_{i=1}^{n}\frac{1}{\sqrt{2\pi}\sigma}\exp\left\{-\frac{(x_i-\mu)^2}{2\sigma^2}\right\}$$

即

$$L = \left(\frac{1}{\sqrt{2\pi}\sigma}\right)^n \exp\left\{-\frac{1}{2\sigma^2}\sum_{i=1}^{n}(x_i-\mu)^2\right\}$$

$$\ln L = -\frac{n}{2}\ln(2\pi\sigma^2) - \frac{1}{2\sigma^2}\sum_{i=1}^{n}(x_i-\mu)^2$$

分别对 μ, σ^2 求偏导数,并令其为 0,得

$$\begin{cases} \dfrac{\partial \ln L}{\partial \mu} = \dfrac{1}{\sigma^2}\sum\limits_{i=1}^{n}(x_i - \mu) = 0 \\ \dfrac{\partial \ln L}{\partial \sigma^2} = -\dfrac{n}{2}\dfrac{1}{\sigma^2} + \dfrac{1}{2\sigma^4}\sum\limits_{i=1}^{n}(x_i - \mu)^2 = 0 \end{cases}$$

解得

$$\mu = \frac{1}{n}\sum_{i=1}^{n} x_i = \bar{x}, \quad \sigma^2 = \frac{1}{n}\sum_{i=1}^{n}(x_i - \bar{x})^2$$

相应的极大似然估计量为

$$\hat{\mu} = \bar{X}, \quad \hat{\sigma}^2 = \frac{1}{n}\sum_{i=1}^{n}(X_i - \bar{X})^2$$

例 7.1.8 设总体 X 为伽马分布 $\Gamma(\lambda, \gamma)$,即有密度函数

$$f(x;\lambda) = \frac{\lambda^{\gamma} x^{\gamma-1}}{\Gamma(\gamma)} e^{-\lambda x} \quad (x > 0)$$

其中,$\gamma > 0, \lambda > 0$ 为参数.假定 $\gamma = \gamma_0$ 已知,λ 为唯一未知参数.求 λ 的极大似然估计.

解 似然函数

$$L(\lambda) = \prod_{i=1}^{n} \frac{\lambda^{\gamma_0} x_i^{\gamma_0 - 1}}{\Gamma(\gamma_0)} e^{-\lambda x_i} = \frac{\lambda^{n\gamma_0}\left(\prod\limits_{i=1}^{n} x_i\right)^{\gamma_0 - 1}}{[\Gamma(\gamma_0)]^n} e^{-\lambda \sum\limits_{i=1}^{n} x_i}$$

$$\ln L(\lambda) = n\gamma_0 \ln \lambda + (\gamma_0 - 1)\sum_{i=1}^{n} \ln x_i - \lambda \sum_{i=1}^{n} x_i - n \ln \Gamma(\gamma_0)$$

解方程

$$\frac{\partial \ln L(\lambda)}{\partial \lambda} = \frac{n\gamma_0}{\lambda} - \sum_{i=1}^{n} x_i = 0$$

得

$$\hat{\lambda} = n\gamma_0 \Big/ \sum_{i=1}^{n} x_i = \frac{\gamma_0}{\bar{x}}$$

但是,应注意:若 $\gamma > 0, \lambda > 0$ 均为未知参数,得到的似然方程组就没有解析解.这种情况在实际问题中经常遇到.此时要用数值方法求似然方程的数值解或近似解.当然在不同的模型下,MLE 的数值解或近似解可以有很多不同的求解方法.统计中应用最广泛的求解似然方程数值解的算法是**牛顿-拉夫森**(Newton - Raphson)**算法**(简称 N - R 算法).

若 L 不是 $\theta_1, \theta_2, \cdots, \theta_k$ 的可微函数,需用其他方法求极大似然估计值,请看下例:

例 7.1.9 设 $X \sim U(a,b)$，$x_1,x_2,\cdots,x_n$ 是 X 的一组样本值，求 a,b 的极大似然估计值与极大似然估计量.

解 X 的密度函数为

$$f(x;a,b)=\begin{cases}\dfrac{1}{b-a}, & a<x<b\\ 0, & 其他\end{cases}$$

似然函数为

$$L(x_1,x_2,\cdots,x_n;a,b)=\begin{cases}\dfrac{1}{(b-a)^n}, & a<x_i<b\ (i=1,2,\cdots,n)\\ 0, & 其他\end{cases}$$

似然函数只有当 $a<x_i<b\ (i=1,2,\cdots,n)$ 时才能获得最大值，且 a 越大，b 越小，L 越大.

令

$$x_{\min}=\min\{x_1,x_2,\cdots,x_n\},\quad x_{\max}=\max\{x_1,x_2,\cdots,x_n\}$$

取 $\hat{a}=x_{\min}$，$\hat{b}=x_{\max}$，则对满足 $a\leqslant x_{\min}\leqslant x_{\max}\leqslant b$ 的一切 a,b，都有

$$\frac{1}{(b-a)^n}\leqslant\frac{1}{(x_{\max}-x_{\min})^n}$$

所以

$$\hat{a}=x_{\min},\quad \hat{b}=x_{\max}$$

是 a,b 的极大似然估计值，从而

$$X_{\min}=\min\{X_1,X_2,\cdots,X_n\},\quad X_{\max}=\max\{X_1,X_2,\cdots,X_n\}$$

分别是 a,b 的极大似然估计量.

例 7.1.10 在一袋内放有很多的白球和黑球，已知两种球数目比为 1∶3，但不知道哪一种颜色的球多. 现从中有放回地抽取 3 次，试求黑球所占比例的极大似然估计.

解 设 X 表示 3 次抽球中黑球出现的次数，θ 表示黑球所占比例，由题意知 $\theta=1/4$ 或 $3/4$，则似然函数为

$$L(\theta)=P(X=x)=\binom{3}{x}\theta^x(1-\theta)^{3-x}\quad(x=0,1,2,3)$$

将 θ 值代入，得

$$L\left(\frac{1}{4}\right)=\binom{3}{x}\left(\frac{1}{4}\right)^x\left(\frac{3}{4}\right)^{3-x}$$

$$L\left(\frac{3}{4}\right)=\binom{3}{x}\left(\frac{3}{4}\right)^x\left(\frac{1}{4}\right)^{3-x}$$

将 X 的可能取值代入,其结果见表 7.2.因此,$\hat{\theta}$ 的极大似然估计值为

$$\hat{\theta}(x)=\begin{cases}\dfrac{1}{4} & (x=0,1)\\[2ex] \dfrac{3}{4} & (x=2,3)\end{cases}$$

表 7.2

x	0	1	2	3
$L\left(\frac{1}{4}\right)$	$\frac{27}{64}$	$\frac{27}{64}$	$\frac{9}{64}$	$\frac{1}{64}$
$L\left(\frac{3}{4}\right)$	$\frac{1}{64}$	$\frac{9}{64}$	$\frac{27}{64}$	$\frac{27}{64}$

自然要提出这样的问题:待估参数的极大似然估计是否一定存在?若存在,是否惟一?请看下面的例子:

例 7.1.11 设 $X\sim U\left(a-\frac{1}{2},a+\frac{1}{2}\right)$,$x_1,x_2,\cdots,x_n$ 是 X 的一个样本,求 a 的极大似然估计值.

解 由例 7.1.9 知,当

$$\hat{a}-\frac{1}{2}\leqslant x_{\min}\leqslant x_{\max}\leqslant\hat{a}+\frac{1}{2}$$

时,L 取最大值 1,即

$$x_{\max}-\frac{1}{2}\leqslant\hat{a}\leqslant x_{\min}+\frac{1}{2}$$

显然,a 的极大似然估计值可能不存在,也不可能惟一.

我们把常见分布的未知参数的极大似然估计列于表 7.3.

表 7.3

总体分布	未知参数	极大似然估计
正态分布 $N(\mu,\sigma^2)$	μ,σ^2	$\hat{\mu}=\bar{x}=\frac{1}{n}\sum_{i=1}^{n}x_i$ $\hat{\sigma}^2=S_n^2=\frac{1}{n}\sum_{i=1}^{n}(x_i-\bar{x})^2$
均匀分布 $U(a,b)$	a,b	$\hat{a}=\min\{x_1,x_2,\cdots,x_n\}$ $\hat{b}=\max\{x_1,x_2,\cdots,x_n\}$
指数分布 $E(\lambda)$	λ	$\hat{\lambda}=n\Big/\sum_{i=1}^{n}x_i$

续表

总体分布	未知参数	极大似然估计
泊松分布 $P(\lambda)$	λ	$\hat{\lambda} = \bar{x} = \frac{1}{n}\sum_{i=1}^{n} x_i$
二项分布 $B(n,p)$	p	$\hat{p} = \bar{x} = \frac{1}{n}\sum_{i=1}^{n} x_i$

例 7.1.12　为估计湖中的鱼数 N，可以从湖中捕出 r 条鱼，做上记号后又都放回湖中，一段时间后再从湖中捕出 S 条鱼，结果发现有 x 条鱼有记号，试根据此信息估计 N 的值.

解　估计 N 的方法很多，常用的有如下 3 种：

(1) 极大似然法　因为在第二次捕鱼之前 x 取哪个数值无法准确预言，故用 X 表示捕出的 S 条鱼中标有记号的条数，显然 X 是随机变量. 由于第二次捕鱼是不放回的，所以，X 服从超几何分布

$$P(X = x) = \binom{r}{x}\binom{N-r}{S-x}\Big/\binom{N}{S}$$

$$\max\{0, S-(N-r)\} \leqslant x \leqslant \min\{r, S\}$$

且 x 为非负整数. 令似然函数 $L(N)$ 为 $P(X=x)$，即

$$L(N) = \binom{r}{x}\binom{N-r}{S-x}\Big/\binom{N}{S}$$

由极大似然原理，应选取使 $L(N)$ 达到最大值的 N 值作为 N 的估计值. 因为对 $L(N)$ 关于 N 求导数很困难，现考虑 $L(N)$ 与 $L(N-1)$ 的比值

$$\frac{L(N)}{L(N-1)} = \frac{N-r}{N}\cdot\frac{N-S}{(N-r)-(S-x)} = \frac{N^2-(r+S)N+rS}{N^2-(r+S)N+rN}$$

故当 $rS>xN$，即 $N<rS/x$ 时，$L(N)>L(N-1)$，$L(N)$ 随 N 增大而增大；当 $rS<xN$，即 $N>rS/x$ 时，$L(N)<L(N-1)$，$L(N)$ 随 N 增大而减小，从而 $L(N)$ 在 $N=rS/x$ 时取得最大值. 再考虑到 N 为正整数，故取 $N=[rS/x]$ 为 N 的(极大似然)估计值，即湖中的鱼数不超过 rS/x 的最大整数.

(2) 矩法　由(1)知

$$P(X = x) = \binom{r}{x}\binom{N-r}{S-x}\Big/\binom{N}{S}$$

$$\max\{0, S-(N-r)\} \leqslant x \leqslant \min\{r, S\}$$

由组合约定,当 $x>r$ 时,$\binom{r}{x}=0$,所以 x 的取值可以写为 $x=0,1,2,\cdots,r$.再由数学期望定义,X(视为总体)的数学期望为

$$\begin{aligned}
E(X) &= \sum_{x=0}^{r} x\cdot\binom{r}{x}\binom{N-r}{S-x}\Big/\binom{N}{S} \\
&= \sum_{x=1}^{r} x\binom{r}{x}\binom{N-r}{S-x}\Big/\binom{N}{S} \\
&= \sum_{x=1}^{r} \frac{x\cdot r!(N-r)!S!(N-S)!}{x!(r-x)!(S-x)!(N-r-S+x)!N!} \\
&= \sum_{x=1}^{r} S\binom{r}{x}\binom{N-r}{S-x}\Big/\binom{N}{S} \quad (\text{令 } x-1=n) \\
&= \sum_{n=0}^{r-1} \frac{S}{\binom{N}{r}}\binom{S-1}{n}\binom{N-S}{r-1-n} \\
&= S\binom{N-1}{r-1}\Big/\binom{N}{r} = \frac{Sr}{N}
\end{aligned}$$

设 X_1 为总体 X 的容量为1的样本,即表示(第二次)捕出的 S 条鱼中标有记号的鱼数,X_1 与 X 同分布,X_1 的观察值也为 x,且因为容量为1,所以 $\overline{X}=X_1=x$.由矩估计法,总体一阶原点矩(即 EX)等于样本一阶原点矩,得 $EX=\overline{X}$,即 $Sr/N=x$.从而,再考虑到 N 为整数,于是同样得 $N=[rS/x]$.

(3) 比例法 设想第二次捕鱼之前,r 条做记号的和其余没做记号的鱼是充分混合的.因此,第二次捕鱼之前,湖中做了记号的鱼与总鱼数之比 r/N 应等于捕出的做了记号的鱼数与(捕出的)总鱼数之比 x/S,即 $r/N=x/S$,于是亦得 $N=[rS/x]$.

7.1.4 极大似然估计的不变性原则

求未知参数 θ 的某种函数 $g(\theta)$ 的极大似然估计,可用下面所述的极大似然估计的**不变原则**(invariance principle).

定理 7.1.1 设 $g(\theta)$ 是 θ 的连续函数,如果 $\hat{\theta}$ 是 θ 的极大似然估计,则 $g(\hat{\theta})$ 一定是 $g(\theta)$ 的极大似然估计.

例 7.1.13 (1) 设 $X_1,X_2,\cdots,X_n$ 是来自总体 X 的一个样本,且 $X\sim P(\lambda)$.求 $P(X=0)$ 的极大似然估计;

(2) 某铁路局证实,一个扳道员在五年内所引起的严重事故次数服从泊松分

布.求一个扳道员在五年内未引起严重事故的概率 p 的极大似然估计.使用下面122个观察值,见表7.4.其中,r 表示一扳道员某五年内引起严重事故的次数,s 表示观察到的扳道员的人数.

表 7.4

r	0	1	2	3	4	5
s	44	42	21	9	4	2

解　(1) 因 $X\sim P(\lambda)$,由例7.1.6可知,参数 λ 的极大似然估计值、极大似然估计量分别为

$$\hat{\lambda}=\bar{x},\quad \hat{\lambda}=\bar{X}$$

令 $P(X=0)=e^{-\lambda}$. 由定理7.1.1知 $\hat{P}(X=0)=e^{-\hat{\lambda}}$,即 $\hat{P}(X=0)=e^{-\bar{X}}$.

(2) 由所给的样本观察值,易得样本均值为

$$\bar{x}=\frac{1}{122}\sum_{i=1}^{122}x_i=137/122=1.123$$

由(1)可知,一扳道员在五年内未引起严重事故的概率 p 的极大似然估计值为

$$\hat{P}(X=0)=e^{-\bar{x}}=e^{-1.123}\approx 0.3253$$

极大似然估计的思想始于高斯的误差理论,但一般将之归功于费希尔,因为费希尔于1922年重新发现了这一方法,并首先研究了这种方法的基本性质而使得极大似然法得到了广泛的应用.其主要优点是:有优良的统计性质和好的近似分布,可用来作参数的区间估计和假设检验;有一整套完整、成熟的数值算法;基于似然原理的似然比检验是一种理论上和应用上都非常重要的检验方法.极大似然法的思想和方法渗透到统计学的各个分支,与各种各样的统计推断方法有直接或间接的联系.

7.2　估计量优良性的评选标准

从上一节的例子中我们看到,同一个参数往往有不止一种看来都合理的估计法.因此,自然会提出孰优孰劣的问题.为此需要有评价估计好坏的标准,标准不同,答案也会有所不同,下面介绍几个常用的准则.

7.2.1 无偏性

定义 7.2.1 设$\hat{\theta}(X_1,X_2,\cdots,X_n)$是 θ 的估计量,$E\hat{\theta}$存在,且

$$E\hat{\theta}=\theta$$

则称$\hat{\theta}$是 θ 的**无偏估计量**(unbiased estimator),否则称为**有偏估计量**(biased estimator).

例 7.2.1 设总体的 k 阶矩存在,则样本的 k 阶矩是总体k 阶矩的无偏估计.

证明 因为

$$EA_k=E\left(\frac{1}{n}\sum_{i=1}^{n}X_i^k\right)=\frac{1}{n}\sum_{i=1}^{n}EX_i^k=\frac{1}{n}\sum_{i=1}^{n}EX^k=EX^k=\mu_k$$

所以 A_k 是μ_k的无偏估计.

例 7.2.2 设总体 $X\sim N(\mu,\sigma^2)$,其中参数 μ,σ^2 未知,试用极大似然估计法求 μ,σ^2 的估计量,并问$\hat{\mu},\hat{\sigma}^2$ 是否为无偏估计? 若不是,请修正使之成为无偏估计.

解 设 $X_1,X_2,\cdots,X_n$为取自总体的一个样本,则由例7.1.7可知,μ,σ^2 的极大似然估计分别为

$$\hat{\mu}=\overline{X},\quad \hat{\sigma}^2=\frac{1}{n}\sum_{i=1}^{n}(X_i-\overline{X})^2$$

由 $E\hat{\mu}=E\overline{X}=\mu$,可知 $\hat{\mu}=\overline{X}$ 为μ 的无偏估计.又由第6章定理6.2.1,可知

$$\frac{n\hat{\sigma}^2}{\sigma^2}\sim\chi^2(n-1)$$

故

$$E\left(\frac{n\hat{\sigma}^2}{\sigma^2}\right)=n-1\quad 即\quad E\hat{\sigma}^2=\frac{(n-1)\sigma^2}{n}\neq\sigma^2$$

所以,$\hat{\sigma}^2$ 不是 σ^2 的无偏估计,但

$$\frac{n}{n-1}\hat{\sigma}^2=\frac{1}{n-1}\sum_{i=1}^{n}(X_i-\overline{X})^2=S^2$$

为 σ^2 的无偏估计量.

由此可知$\frac{1}{n}\sum_{i=1}^{n}(X_i-\overline{X})^2$ 不是 σ^2 的无偏估计量,而样本方差

$$S^2=\frac{1}{n-1}\sum_{i=1}^{n}(X_i-\overline{X})^2$$

是 σ^2 的无偏估计，这也正是在实际中样本方差采用 $S^2 = \frac{1}{n-1}\sum_{i=1}^{n}(X_i - \overline{X})^2$，而不用 $S_n^2 = \frac{1}{n}\sum_{i=1}^{n}(X_i - \overline{X})^2$ 的原因.

由于未知参数 θ 的估计量 $\hat{\theta} = \hat{\theta}(X_1, X_2, \cdots, X_n)$ 是一个随机变量，每次抽取后得到 θ 的估计值 $\hat{\theta} = \hat{\theta}(x_1, x_2, \cdots, x_n)$ 与 θ 的真值是有误差的. 误差分为**系统误差**和**随机误差**两类，系统误差指的是该模型不是它所描述现象的正确理论；而随机误差是该模型所要描述现象的正确理论，但理论与经验之间的不尽一致是由于无法控制的随机因素的干扰引起的，由于这些随机因素的作用是微小的，它们并不影响系统的本质特征，所以该理论还是可取的. 而且随机误差可以认为服从正态分布，其均值为零，即 $E(\hat{\theta} - \theta) = 0$（这可理解为大量重复抽样而得到的多个估计值 $\hat{\theta}$ 与 θ 之差正负抵消了. 但在一次使用中，这原则的合理性就可以质疑. 无论如何，一般人在直观上恐怕都倾向于接受这样的观点：一个没有系统误差的估计总是更可靠一点）. 这就提出了所谓无偏性标准. 在经济、科技中，$E(\hat{\theta} - \theta)$ 称为以 $\hat{\theta}$ 估计 θ 所致的系统误差. 无偏估计的实际意义就是无系统误差（即系统误差为零）.

注　无偏估计不具有不变性，即若 $\hat{\theta}$ 是 θ 的无偏估计，一般而言，$g(\hat{\theta})$ 不是 $g(\theta)$ 的无偏估计，除非 $g(\theta)$ 是 θ 的线性函数. 譬如，对正态总体而言，S^2 是 σ^2 的无偏估计，但 S 不是 σ 的无偏估计. 这点请大家自行验证.

7.2.2　有效性

在实际问题中，人们常常首先关心的是估计的无偏性，但是一个参数的无偏估计可以有很多，那么在这些估计中哪个更好呢？直观的想法是希望所找到的估计围绕其真值的波动越小越好，波动大小可以用方差来衡量，因此，人们常用无偏估计的方差的大小作为度量无偏估计优劣的标准，这就是有效性.

定义 7.2.2　设 $\hat{\theta}_1(X_1, X_2, \cdots, X_n)$ 和 $\hat{\theta}_2(X_1, X_2, \cdots, X_n)$ 都是 θ 的无偏估计量，若

$$D\hat{\theta}_1 < D\hat{\theta}_2$$

成立，则称 $\hat{\theta}_1$ 比 $\hat{\theta}_2$ **有效**（efficiency）.

考察 θ 的所有无偏估计量，如果其中存在一个估计量 $\hat{\theta}_0$，其方差最小，则此估计量是最好的，并称此估计量 $\hat{\theta}_0$ 为 θ 的**最小方差无偏估计**（minimum variance unbiased estimate).

可以证明:对于正态总体 $N(\mu,\sigma^2)$,$(\overline{X},S^2)$是(μ,σ^2)的最小方差无偏估计.

有效性的意义是:用 $\hat{\theta}_0$ 估计 θ 时,除无系统偏差外,还要求估计精度更高.

例 7.2.3　设 $X_1,X_2,\cdots,X_n$ 为取自某总体的一个样本,记总体均值为 μ,方差为 σ^2,则$\hat{\mu}_1=X_1$,$\hat{\mu}_2=\overline{X}$ 都是 μ 的无偏估计,但 $D\hat{\mu}_1=\sigma^2$,$D\hat{\mu}_2=\sigma^2/n$.显然,只要 $n>1$,$\hat{\mu}_2$ 就比$\hat{\mu}_1$ 有效.这表明用全部数据的平均估计总体均值要比只用部分数据更有效.

7.2.3　均方误差准则

对 θ 的两个无偏估计,我们可以通过比较它们的方差来判断哪个更好,但对有偏估计来讲,比较方差意义不大,我们关心的是估计值围绕其真值波动的大小,因而引入**均方误差准则**.

定义 7.2.3　设$\hat{\theta}_1$与$\hat{\theta}_2$ 是参数 θ 的两个估计量,如果

$$E(\hat{\theta}_1-\theta)^2\leqslant E(\hat{\theta}_2-\theta)^2\quad(\theta\in\Theta)$$

且至少对于一个 $\theta_0\in\Theta$,严格不等式成立,则称在均方误差意义下$\hat{\theta}_1$优于$\hat{\theta}_2$.其中 $E(\hat{\theta}_i-\theta)^2$ $(i=1,2)$称为$\hat{\theta}_i$ 的**均方误差**,常记为 $\mathrm{MSE}(\hat{\theta}_i)$.

例 7.2.4　设总体 $X\sim N(\mu,\sigma^2)$,从中获得样本 $X_1,X_2,\cdots,X_n$,试在均方误差意义下比较下面两个估计的优劣:

$$\hat{\sigma}_1^2=\frac{1}{n-1}\sum_{i=1}^{n}(X_i-\overline{X})^2=S^2$$

$$\hat{\sigma}_2^2=\frac{1}{n+1}\sum_{i=1}^{n}(X_i-\overline{X})^2=\frac{n-1}{n+1}S^2$$

解　由例7.2.2 知,S^2 是 σ^2 的无偏估计,因而 σ_1^2 的均方误差即为其方差.在正态分布场合,$\dfrac{(n-1)\hat{\sigma}_1^2}{\sigma^2}=\dfrac{1}{\sigma^2}\sum\limits_{i=1}^{n}(X_i-\overline{X})^2\sim\chi^2(n-1)$,所以

$$\mathrm{Var}\left(\frac{(n-1)\hat{\sigma}_1^2}{\sigma^2}\right)=2(n-1)$$

于是,$\mathrm{Var}(\hat{\sigma}_1^2)=\dfrac{2\sigma^4}{n-1}$,即

$$E(\hat{\sigma}_1^2-\sigma^2)^2=\mathrm{Var}(\hat{\sigma}_1^2)=\frac{2\sigma^4}{n-1}$$

然而$\hat{\sigma}_2$是 σ^2 的有偏估计,其均方误差

$$
\begin{aligned}
E(\hat{\sigma}_2^2-\sigma^2)^2 &= E\left[\frac{1}{n+1}\sum_{i=1}^{n}(X_i-\overline{X})^2-\sigma^2\right]^2 \\
&= E\left[\frac{(n-1)S^2}{n+1}-\sigma^2\right]^2 \\
&= E\left[\frac{n-1}{n+1}(S^2-\sigma^2)-\frac{2}{n+1}\sigma^2\right]^2 \\
&= \left(\frac{n-1}{n+1}\right)^2\mathrm{Var}(S^2)+\left(\frac{2\sigma^2}{n+1}\right)^2 \\
&= \left(\frac{n-1}{n+1}\right)^2\cdot\frac{2\sigma^4}{n-1}+\frac{4\sigma^4}{(n+1)^2}=\frac{2\sigma^4}{n+1}
\end{aligned}
$$

由于$2\sigma^4/(n+1)<2\sigma^4/(n-1)$，故在均方误差意义下有偏估计$\hat{\sigma}_2^2$ 比无偏估计 S^2 要好.

7.2.4 一致性(相合性)

估计量的无偏性和有效性都是在样本容量 n 固定的情况下考虑的，而当 n 增大时，估计量会怎样变化也是我们关心的问题.

定义 7.2.4 设$\hat{\theta}_n$是θ 的估计量，若对任意正数 $\varepsilon>0$，有

$$\lim_{n\to+\infty}P(|\hat{\theta}_n-\theta|<\varepsilon)=1$$

恒成立，则称$\hat{\theta}_n$是θ 的**一致估计量**(consistent estimator).

估计的相合性是对估计的最基本的要求.如果一个估计不具有相合性，则样本容量较大时，这个估计就根本不能用.因此对于一个估计，我们必须考查其相合性.对单参数的 MLE($\hat{\theta}_n$)而言，$\hat{\theta}_n$ 不但是相合估计，而且在一定的条件下，$\hat{\theta}_n$ 的近似分布是正态分布.

例 7.2.5 已知总体 X 服从瑞利分布，其密度函数为

$$f(x;\theta)=\begin{cases}\dfrac{x}{\theta}\mathrm{e}^{-x^2/(2\theta)}, & x>0\\ 0, & x\leqslant 0\end{cases}\qquad(\theta>0\text{ 为未知参数})$$

$X_1,X_2,\cdots,X_n$ 是简单随机样本，求 θ 的极大似然估计量，这个估计量是不是 θ 的无偏估计量?

解 似然函数为

$$L(x_1,x_2,\cdots,x_n;\theta)=\prod_{i=1}^{n}\frac{x_i}{\theta}\exp\left\{-\frac{x_i^2}{2\theta}\right\}=\left(\prod_{i=1}^{n}x_i\right)\frac{1}{\theta^n}\exp\left\{-\frac{1}{2\theta}\sum_{i=1}^{n}x_i^2\right\}$$

所以

$$\ln L = \ln\left(\prod_{i=1}^{n} x_i\right) - n\ln\theta - \frac{1}{2\theta}\sum_{i=1}^{n} x_i^2$$

$$\frac{\mathrm{d}\ln L}{\mathrm{d}\theta} = -\frac{n}{\theta} + \frac{1}{2\theta^2}\sum_{i=1}^{n} x_i^2 = 0$$

解得 $\hat{\theta} = \frac{1}{2n}\sum_{i=1}^{n} x_i^2$，所以 θ 的极大似然估计量为

$$\hat{\theta} = \frac{1}{2n}\sum_{i=1}^{n} X_i^2$$

下面计算 $E\hat{\theta}$：

$$E\hat{\theta} = E\left(\frac{1}{2n}\sum_{i=1}^{n} X_i^2\right) = \frac{1}{2n}\sum_{i=1}^{n} EX_i^2$$

而

$$EX^2 = \int_0^{+\infty} \frac{x^3}{\theta}\mathrm{e}^{-x^2/(2\theta)}\,\mathrm{d}x = 2\theta$$

所以

$$E\hat{\theta} = \frac{1}{2n}\sum_{i=1}^{n} EX_i^2 = \theta$$

故 $\hat{\theta}$ 是 θ 的无偏估计量.

例 7.2.6　设 $\bar{X}$ 是总体 X 的样本均值，则当 $\bar{X}$ 作为总体期望 EX 的估计量时，$\bar{X}$ 是 EX 的一致估计量.

解　由大数定律可知，当 $n \to +\infty$ 时

$$\lim_{n\to+\infty} P(|\bar{X} - EX| \geqslant \varepsilon) = \lim_{n\to+\infty} P\left(\left|\frac{1}{n}\sum_{i=1}^{n} X_i - EX\right| \geqslant \varepsilon\right) = 0$$

所以 $\bar{X}$ 是 EX 的一致估计量.

一般地，若总体 X 的 r 阶矩 $\mu_r = EX^r$ 存在，则由大数定律可知，$\frac{1}{n}\sum_{i=1}^{n} X_i^r$ 依概率收敛于 μ_r. 故 r 阶样本矩都可以作为总体 r 阶矩的一致估计量.

例 7.2.7　设 $\hat{\theta}$ 为 θ 的无偏估计量，若

$$\lim_{n\to+\infty} D\hat{\theta} = 0$$

成立，则 $\hat{\theta}$ 为 θ 的一致估计量.

证明　由切比雪夫不等式可知，对任意 $\varepsilon > 0$，下面不等式都成立：

$$P(|\hat{\theta} - \theta| \geqslant \varepsilon) \leqslant D(\hat{\theta})/\varepsilon^2$$

由题设条件 $\lim\limits_{n\to+\infty} D(\hat{\theta})=0$,可知 $\lim\limits_{n\to+\infty} P(|\hat{\theta}-\theta|\geqslant\varepsilon)=0$,故 $\hat{\theta}$ 为 θ 的一致估计量.

注 估计量的三个评价标准都是在无偏性的前提下进行的,否则便失去了有效性、一致性的意义.此外,一致性是在极限意义下引进的,只有样本容量相当大时,才能显示优越性,而在实际中往往难以增大样本容量,而且证明一致性并非容易.因此,在实际中常常使用无偏性和有效性两个标准.

在实际问题中,我们自然希望估计量具有无偏性、一致性和有效性,但往往不能同时满足,尤其是一致性,要求样本容量充分大,这在实际问题中不易做到,而无偏性和有效性无论在直观还是理论上都比较合理,故应用的场合也较多.

7.3 参数的区间估计

点估计值能给人们一个明确的数量,但不能直接提供估计的精度,这种估计恐怕是没有多大的实际意义.因此就需要引入另一类估计——**区间估计**(interval estimation).在区间估计理论中,被广泛接受的一种观点是置信区间,它是由原籍波兰的美国统计学家 Neyman (1894～1981)于 1934 年提出的.

区间估计就是用一个区间去估计未知参数,即把未知参数值估计在某两界限之间.区间估计就是根据样本求出未知参数的置信区间,"置信"一词表明区间提供的界限并非绝对可靠,而是只有一定的可靠度,即下文提到的**置信度**.

定义 7.3.1 设总体 X 的分布中有未知参数 θ,由样本 $X_1,X_2,\cdots,X_n$ 确定两个样本函数 $\underline{\theta}(X_1,X_2,\cdots,X_n)$,$\bar{\theta}(X_1,X_2,\cdots,X_n)$,如果对于给定的 α $(0<\alpha<1)$,有

$$P(\underline{\theta}<\theta<\bar{\theta})=1-\alpha$$

则称随机区间 $(\underline{\theta},\bar{\theta})$ 为参数 θ 的、置信度为 $1-\alpha$ 的**双侧置信区间**,$\underline{\theta}$ 称为**置信下限**,$\bar{\theta}$ 称为**置信上限**.

由定义可知,置信区间是以统计量为端点的随机区间,对于给定的样本观察值 $(x_1,x_2,\cdots,x_n)$,由统计量 $\underline{\theta}(x_1,x_2,\cdots,x_n)$,$\bar{\theta}(x_1,x_2,\cdots,x_n)$ 构成的置信区间 $[\underline{\theta},\bar{\theta}]$ 可能包含真值 θ,也可能不包含真值 θ,但在多次观察或试验中,每一个样本皆得到一个置信区间 $[\underline{\theta},\bar{\theta}]$,在这些区间中包含真值 θ 的区间占 $100(1-\alpha)\%$,不包含 θ 的仅占 $100\alpha\%$.例如取 $\alpha=0.05$,在 100 次区间估计中,大约有 95 个区间包

含真值 θ，而不包含 θ 的约为 5 个.

7.3.1 枢轴量法

区间估计就是求置信区间 $(\underline{\theta},\bar{\theta})$. 构造未知参数 θ 的置信区间的最常用的方法是枢轴量法.

下面介绍求双侧置信区间的一般方法：

(1) 构造合适的包含待估参数 θ 的估计量 $U(X_1,X_2,\cdots,X_n;\theta)$（不含其他未知参数），$U$ 的分布必须不依赖未知参数. 一般称具有这种性质的 U 为枢轴量.

(2) 给定置信度 $1-\alpha$，定出两个常数 u_1,u_2，使 $P(u_1<U<u_2)=1-\alpha$.

u_1,u_2 一般是由

$$\begin{cases} P(U<u_1)=\alpha/2 \\ P(U>u_2)=\alpha/2 \end{cases}$$

给出的. 注意：这里的 u_2 就是 U 的分布的上 $\alpha/2$ 分位点. 若 U 的密度函数为偶函数，则 $u_1=-u_2=-u_{\alpha/2}$，即有

$$P(|U|>u_{\alpha/2})=\alpha$$

称 $u_{\alpha/2}$ 为 U 的分布的双侧 $\alpha/2$ 分位点.

(3) 若能从 $u_1<U<u_2$ 得到等价的不等式 $\underline{\theta}<\theta<\bar{\theta}$，其中 $\underline{\theta}(X_1,X_2,\cdots,X_n)$，$\bar{\theta}(X_1,X_2,\cdots,X_n)$ 都是统计量，那么 $(\underline{\theta},\bar{\theta})$ 就是 θ 的一个置信度为 $1-\alpha$ 的双侧置信区间.

上述构造置信区间的关键在于构造枢轴量 U，故把这种方法称为**枢轴量法**. 估计量（或样本函数）$U(X_1,X_2,\cdots,X_n;\theta)$ 的构造，通常可以从 θ 的点估计着手考虑，而满足 $P(u_1<U<u_2)=1-\alpha$ 的 u_1 和 u_2 可以有很多，选择的目的是希望其平均长度 $E_\theta(\bar{\theta}-\underline{\theta})$ 尽可能短. 假如可以找到这样的 u_1 与 u_2，使 $E_\theta(\bar{\theta}-\underline{\theta})$ 达到最短，这当然是最好的，不过在许多场合很难做到这点，故常这样选择 u_1 与 u_2，使得 $P_\theta(U>u_2)=P_\theta(U<u_1)=\alpha/2$. 这样得到的置信区间称为**等尾置信区间**.

7.3.2 单个正态总体数学期望的区间估计

设总体 $X\sim N(\mu,\sigma^2)$，$X_1,X_2,\cdots,X_n$ 是一个样本，记 $\bar{X}=\dfrac{1}{n}\sum\limits_{i=1}^{n}X_i$，下面分两种情况求期望 μ 的置信区间.

1. 方差 σ^2 已知

在这种情况下,由于 μ 的点估计是 $\overline{X}$,且 $\overline{X} \sim N(\mu, \sigma^2/n)$,因此:

(1) 构造枢轴量(样本函数)

$$U = \frac{\overline{X} - \mu}{\sigma / \sqrt{n}}$$

则 $U \sim N(0,1)$.

(2) 给定置信度 $1-\alpha$,有

$$P(-u_{\alpha/2} < U < u_{\alpha/2}) = 1 - \alpha$$

其中,$u_{\alpha/2}$是正态分布 $N(0,1)$的上 $\alpha/2$ 分位点,可查表得出.

(3) 由

$$-u_{\alpha/2} < U < u_{\alpha/2} \quad 即 \quad -u_{\alpha/2} < \frac{\overline{X} - \mu}{\sigma / \sqrt{n}} < u_{\alpha/2}$$

知

$$\overline{X} - \frac{\sigma}{\sqrt{n}} u_{\alpha/2} < \mu < \overline{X} + \frac{\sigma}{\sqrt{n}} u_{\alpha/2} \tag{7.3.1}$$

故得出 μ 的置信度为 $1-\alpha$ 的置信区间为$(\underline{\mu}, \bar{\mu}) = (\overline{X} - \delta, \overline{X} + \delta)$, 其中 $\delta = (\sigma/\sqrt{n})\, u_{\alpha/2}$.

所以,由一组样本观察值 $x_1, x_2, \cdots, x_n$ 得出具体的样本均值$\bar{x}$,从而确定 μ 的一个置信区间为

$$(\underline{\mu}, \bar{\mu}) = (\bar{x} - \delta, \bar{x} + \delta)$$

2. 方差 σ^2 未知

在这种情况下,用样本方差 S^2 代替 σ^2.

(1) 构造枢轴量(样本函数)

$$T = \frac{\overline{X} - \mu}{S / \sqrt{n}} \sim t(n-1)$$

(2) 给定置信度为 $1-\alpha$,有

$$P(-t_{\alpha/2}(n-1) < T < t_{\alpha/2}(n-1)) = 1 - \alpha$$

其中,$t_{\alpha/2}(n-1)$是 $t(n-1)$分布的上 $\alpha/2$ 分位点,可查表得出.

(3) 由

$$-t_{\alpha/2}(n-1) < T < t_{\alpha/2}(n-1)$$

即

$$-t_{\alpha/2}(n-1) < \frac{\overline{X} - \mu}{S / \sqrt{n}} < t_{\alpha/2}(n-1)$$

得

$$\overline{X}-\frac{S}{\sqrt{n}}t_{\alpha/2}(n-1)<\mu<\overline{X}+\frac{S}{\sqrt{n}}t_{\alpha/2}(n-1) \tag{7.3.2}$$

从而得出 μ 的置信度为 $1-\alpha$ 的置信区间为

$$(\underline{\mu},\bar{\mu})=(\overline{X}-\delta,\overline{X}+\delta)$$

其中,$\delta=(S/\sqrt{n})t_{\alpha/2}(n-1)$.

例 7.3.1　设总体 $X\sim N(\mu,1)$,μ 未知,$X_1,X_2,\cdots,X_n$ 是 X 的一个样本,要得到 μ 的长度不超过 0.2、置信度为 0.99 的置信区间,样本容量至少应为多大?

解　由条件知,$1-\alpha=0.99$,$\alpha=0.01$,$\frac{\alpha}{2}=0.005$,$u_{0.005}=2.576$.

置信度为 0.99 的置信区间为$(\overline{X}-u_{\alpha/2}/\sqrt{n},\overline{X}+u_{\alpha/2}/\sqrt{n})$,置信区间长度为 $2u_{\alpha/2}/\sqrt{n}$.由 $2u_{\alpha/2}/\sqrt{n}\leqslant 0.2$,得

$$n\geqslant(5.152/0.2)^2=(25.76)^2=663.5776$$

所以样本容量至少应为 664.

7.3.3　单个正态总体方差的区间估计

1. 数学期望 μ 已知

总体 $X\sim N(\mu,\sigma^2)$,$X_1,X_2,\cdots,X_n$ 是一个简单随机样本,则有$\frac{X_i-\mu}{\sigma}\sim N(0,1)$.

(1) 构造枢轴量(样本函数)

$$\chi^2=\sum_{i=1}^{n}\left(\frac{X_i-\mu}{\sigma}\right)^2,\quad \chi^2\sim\chi^2(n)$$

(2) 给定置信度为 $1-\alpha$,有

$$P(\chi^2_{1-\alpha/2}(n)<\chi^2<\chi^2_{\alpha/2}(n))=1-\alpha$$

(3) 由

$$\chi^2_{1-\alpha/2}(n)<\chi^2<\chi^2_{\alpha/2}(n)$$

即

$$\chi^2_{1-\alpha/2}(n)<\sum_{i=1}^{n}\frac{X_i-\mu^2}{\sigma}<\chi^2_{\alpha/2}(n)$$

得

$$\frac{\sum\limits_{i=1}^{n}(X_i-\mu)^2}{\chi^2_{\alpha/2}(n)}<\sigma^2<\frac{\sum\limits_{i=1}^{n}(X_i-\mu)^2}{\chi^2_{1-\alpha/2}(n)}$$

从而得到 σ^2 的置信度为 $1-\alpha$ 的置信区间为

$$(\underline{\sigma}^2,\bar{\sigma}^2) = \left(\sum_{i=1}^{n}(X_i-\mu)^2/\chi^2_{\alpha/2}(n),\sum_{i=1}^{n}(X_i-\mu)^2/\chi^2_{1-\alpha/2}(n)\right) \quad (7.3.3)$$

σ 的置信度为 $1-\alpha$ 的置信区间为

$$(\underline{\sigma},\bar{\sigma}) = \left(\sqrt{\sum_{i=1}^{n}(X_i-\mu)^2/\chi^2_{\alpha/2}(n)},\sqrt{\sum_{i=1}^{n}(X_i-\mu)^2/\chi^2_{1-\alpha/2}(n)}\right) \quad (7.3.4)$$

2. 数学期望 μ 未知

在实际中，σ^2 未知、但 μ 已知的情形是极为罕见的，这时，以 $\bar{X}$ 代替 μ，$(n-1)S^2$ 代替 $\sum_{i=1}^{n}(X_i-\mu)^2$．构造枢轴量(样本函数) $\chi^2=(n-1)S^2/\sigma^2$，则 $\chi^2\sim\chi^2(n-1)$．与数学期望已知的情况类似，可得 σ^2 的置信度为 $1-\alpha$ 的置信区间为

$$(\underline{\sigma}^2,\bar{\sigma}^2) = \left(\frac{(n-1)S^2}{\chi^2_\alpha/2(n-1)},\frac{(n-1)S^2}{\chi^2_{1-\alpha/2}(n-1)}\right) \quad (7.3.5)$$

σ 的置信度为 $1-\alpha$ 的置信区间为

$$(\underline{\sigma},\bar{\sigma}) = \left(\sqrt{\frac{(n-1)}{\chi^2_{\alpha/2}(n-1)}}S,\sqrt{\frac{(n-1)}{\chi^2_{1-\alpha/2}(n-1)}}\ S\right) \quad (7.3.6)$$

例 7.3.2 从一台自动机床加工的同类零件中抽取 10 件，测得零件长度为(单位：毫米)

12.15，12.12，12.01，12.28，12.09，12.03，12.01，12.11，12.06，12.04

设零件长度服从正态分布，求 σ^2 的置信区间($\alpha=0.05$)．

解 易知，$\bar{X}=12.10$，$s^2=0.006\,64$．因 S^2 是 σ^2 的一个无偏估计，故

$$\hat{\sigma}^2 = s^2 = 0.006\,64$$

又 μ 未知，所以 σ^2 的置信度为 $1-\alpha=0.95$ 的置信区间为

$$(\underline{\sigma}^2,\bar{\sigma}^2) = \left(\frac{(n-1)S^2}{\chi^2_{\alpha/2}(n-1)},\frac{(n-1)S^2}{\chi^2_{1-\alpha/2}(n-1)}\right)$$

而 $\chi^2_{0.025}(9)=19.023$，$\chi^2_{0.975}(9)=2.7$，所以，方差 σ^2 的置信度为 $1-\alpha=0.95$ 的置信区间为(0.003 14，0.022 13)．

7.3.4 两个正态总体期望差的区间估计

这是历史上著名的 Behrens - Fisher 问题，它是 Behrens 于 1929 年从实际应用中提出的问题．它的几种特殊情况已获得圆满的解决，但其一般情况至今尚有学

者在讨论.下面我们对此问题分几种情形分别叙述,读者留意它们之间的差别及其处理方法.

设两个正态总体 X,Y 相互独立,$X \sim N(\mu_1,\sigma_1^2)$,$Y \sim N(\mu_2,\sigma_2^2)$,$X_1,X_2,\cdots,X_{n_1}$ 是 X 的一个样本,$Y_1,Y_2,\cdots,Y_{n_2}$ 是 Y 的一个样本.$\overline{X}$ 与 $\overline{Y}$ 分别是 X,Y 的样本均值,$S_1^2 = \dfrac{1}{n_1-1}\sum_{i=1}^{n_1}(X_i-\overline{X})^2$ 和 $S_2^2 = \dfrac{1}{n_2-1}\sum_{i=1}^{n_2}(Y_i-\overline{Y})^2$ 分别是它们的样本方差.

$\mu_1-\mu_2$ 的置信区间分4种情况:

1. σ_1^2,σ_2^2 均已知

已知 $\overline{X}-\overline{Y}$ 是 $\mu_1-\mu_2$ 的点估计量,且 $\overline{X}-\overline{Y} \sim N(\mu_1-\mu_2,\sigma_1^2/n_1+\sigma_2^2/n_2)$.

(1) 构造枢轴量(样本函数)

$$U = \frac{(\overline{X}-\overline{Y})-(\mu_1-\mu_2)}{\sqrt{\sigma_1^2/n_1+\sigma_2^2/n_2}} \sim N(0,1)$$

(2) 对置信度 $1-\alpha$,有

$$P(-u_{\alpha/2} < U < u_{\alpha/2}) = 1-\alpha$$

(3) 由

$$-u_{\alpha/2} < U < u_{\alpha/2}$$

即

$$-u_{\alpha/2} < \frac{(\overline{X}-\overline{Y})-(\mu_1-\mu_2)}{\sqrt{\sigma_1^2/n_1+\sigma_2^2/n_2}} < u_{\alpha/2}$$

于是 $\mu_1-\mu_2$ 的置信区间为

$$(\underline{\mu_1-\mu_2},\overline{\mu_1-\mu_2}) = ((\overline{X}-\overline{Y})-\delta,(\overline{X}-\overline{Y})+\delta) \tag{7.3.7}$$

其中,$\delta = u_{\alpha/2}\sqrt{\sigma_1^2/n_1+\sigma_2^2/n_2}$.

2. σ_1^2,σ_2^2 均未知,但 $\sigma_1^2=\sigma_2^2=\sigma^2$

构造枢轴量(样本函数)

$$T = \frac{(\overline{X}-\overline{Y})-(\mu_1-\mu_2)}{S_w\sqrt{1/n_1+1/n_2}} \sim t(n_1+n_2-2)$$

其中,$S_w = \sqrt{\dfrac{(n_1-1)S_1^2+(n_2-1)S_2^2}{n_1+n_2-2}}$,$S_1^2,S_2^2$ 分别为 X,Y 的样本方差.类似可得 $\mu_1-\mu_2$ 的置信区间为

$$(\underline{\mu_1-\mu_2},\overline{\mu_1-\mu_2}) = ((\overline{X}-\overline{Y})-\delta,(\overline{X}-\overline{Y})+\delta) \tag{7.3.8}$$

其中,$\delta = t_{\alpha/2}(n_1+n_2-2)S_w\sqrt{1/n_1+1/n_2}$.

3. $\sigma_2^2/\sigma_1^2=\theta$ 已知

此时的处理方法与 2 中的完全类似,只需注意到

$$\frac{(n_1-1)S_1^2+(n_2-1)S_2^2/\theta}{\sigma_1^2}=\frac{(n_1-1)S_1^2}{\sigma_1^2}+\frac{(n_2-1)S_2^2}{\sigma_2^2}\sim\chi(n_1+n_2-2)$$

$$\overline{X}-\overline{Y}\sim N(\mu_1-\mu_2,\sigma_1^2/n_1+\sigma_2^2/n_2)=N(\mu_1-\mu_2,\sigma_1^2(1/n_1+\theta/n_2))$$

由于$\overline{X},\overline{Y},S_1^2,S_2^2$ 相互独立,仍可构造如下服从分布 $t(n_1+n_2-2)$的枢轴量

$$t=\frac{\overline{X}-\overline{Y}-(\mu_1-\mu_2)}{\sqrt{(n_1-1)S_1^2+(n_2-1)S_2^2/\theta}}\sqrt{\frac{n_1n_2(n_1+n_2-2)}{n_1\theta+n_2}}\sim t(n_1+n_2-2)$$

记 $\delta^2=\dfrac{(n_1-1)S_1^2+(n_2-1)S_2^2/\theta}{n_1+n_2-2}$,则 $\mu_1-\mu_2$ 的置信度为 $1-\alpha$ 的置信区间为

$$\left(\overline{X}-\overline{Y}-\sqrt{\frac{n_1\theta+n_2}{n_1n_2}}\delta t_{\alpha/2}(n_1+n_2-2),\overline{X}-\overline{Y}+\sqrt{\frac{n_1\theta+n_2}{n_1n_2}}\delta t_{\alpha/2}(n_1+n_2-2)\right)\tag{7.3.9}$$

4. σ_1^2,σ_2^2 均未知,但 n_1,n_2 很大(一般大于 50)

这时用 S_1^2,S_2^2 分别代替 σ_1^2,σ_2^2,其后和情况 1 时的情况一样处理,可得 $\mu_1-\mu_2$ 的置信区间为

$$(\underline{\mu_1-\mu_2},\overline{\mu_1-\mu_2})=((\overline{X}-\overline{Y})-\delta,(\overline{X}-\overline{Y})+\delta)\tag{7.3.10}$$

其中,$\delta=u_{\alpha/2}\sqrt{S_1^2/n_1+S_2^2/n_2}$.

7.3.5 两个正态总体方差比的区间估计

设有相互独立的两个正态总体 $X,Y,X\sim N(\mu_1,\sigma_1^2),Y\sim N(\mu_2,\sigma_2^2),X_1,X_2,\cdots,X_{n_1}$是 X 的一个样本,$Y_1,Y_2,\cdots,Y_{n_2}$是 Y 的一个样本,其样本方差分别为 S_1^2,S_2^2.

1. 若 μ_1,μ_2都已知,方差比σ_1^2/σ_2^2的区间估计

(1) 构造枢轴量(样本函数)

$$F=\frac{\dfrac{1}{n_1}\sum_{i=1}^{n_1}\left(\dfrac{X_i-\mu_1}{\sigma_1}\right)^2}{\dfrac{1}{n_2}\sum_{j=1}^{n_2}\left(\dfrac{Y_j-\mu_2}{\sigma_2}\right)^2}=\frac{\dfrac{1}{n_1\sigma_1^2}\sum_{i=1}^{n_1}(X_i-\mu_1)^2}{\dfrac{1}{n_2\sigma_2^2}\sum_{j=1}^{n_2}(Y_j-\mu_2)^2}\sim F(n_1,n_2)$$

(2) 给定置信度为 $1-\alpha$,有

$$P\left(F_{1-\alpha/2}(n_1,n_2)<\frac{\dfrac{1}{n_1\sigma_1^2}\sum_{i=1}^{n_1}(X_i-\mu_1)^2}{\dfrac{1}{n_2\sigma_2^2}\sum_{j=1}^{n_2}(Y_j-\mu_2)^2}<F_{\alpha/2}(n_1,n_2)\right)=1-\alpha$$

即

$$P\left(\frac{\dfrac{1}{n_1}\sum_{i=1}^{n_1}(X_i-\mu_1)^2}{\dfrac{1}{n_2}F_{\alpha/2}(n_1,n_2)\sum_{j=1}^{n_2}(Y_j-\mu_2)^2}<\frac{\sigma_1^2}{\sigma_2^2}<\frac{\dfrac{1}{n_1}\sum_{i=1}^{n_1}(X_i-\mu_1)^2}{\dfrac{1}{n_2}F_{1-\alpha/2}(n_1,n_2)\sum_{j=1}^{n_2}(Y_j-\mu_2)^2}\right)=1-\alpha$$

(3) 由

$$\frac{1}{F_{1-\alpha/2}(n_1,n_2)}=F_{\alpha/2}(n_2,n_1)$$

得到方差比σ_1^2/σ_2^2的置信度为 $1-\alpha$ 的置信区间为

$$\left(\frac{F_{1-\alpha/2}(n_2,n_1)\dfrac{1}{n_1}\sum_{i=1}^{n_1}(X_i-\mu_1)^2}{\dfrac{1}{n_2}\sum_{j=1}^{n_2}(Y_j-\mu_2)^2},\frac{F_{\alpha/2}(n_2,n_1)\dfrac{1}{n_1}\sum_{i=1}^{n_1}(X_i-\mu_1)^2}{\dfrac{1}{n_2}\sum_{j=1}^{n_2}(Y_j-\mu_2)^2}\right) \tag{7.3.11}$$

2. μ_1,μ_2都未知

由于$\dfrac{(n_1-1)S_1^2}{\sigma_1^2}\sim\chi^2(n_1-1)$，$\dfrac{(n_2-1)S_2^2}{\sigma_2^2}\sim\chi^2(n_2-1)$，且 S_1^2与 S_2^2相互独立，故可构造如下的枢轴量：

(1) 构造枢轴量(样本函数)

$$F=\frac{\dfrac{1}{(n_1-1)}\dfrac{(n_1-1)S_1^2}{\sigma_1^2}}{\dfrac{1}{(n_2-1)}\dfrac{(n_2-1)S_2^2}{\sigma_2^2}}=\frac{S_1^2/S_2^2}{\sigma_1^2/\sigma_2^2}\sim F(n_1-1,n_2-1)$$

(2) 给定置信度为 $1-\alpha$，有

$$P\left(F_{1-\alpha/2}(n_1-1,n_2-1)<\frac{S_1^2/S_2^2}{\sigma_1^2/\sigma_2^2}<F_{\alpha/2}(n_1-1,n_2-1)\right)=1-\alpha$$

即

$$P\left(\frac{S_1^2/S_2^2}{F_{\alpha/2}(n_1-1,n_2-1)}<\frac{\sigma_1^2}{\sigma_2^2}<\frac{S_1^2/S_2^2}{F_{1-\alpha/2}(n_1-1,n_2-1)}\right)=1-\alpha$$

(3) 由$\dfrac{1}{F_{1-\alpha/2}(n_1-1,n_2-1)}=F_{\alpha/2}(n_2-1,n_1-1)$得到方差比$\sigma_1^2/\sigma_2^2$的置信

度为 $1-\alpha$ 的置信区间为

$$\left(\frac{S_1^2}{S_2^2}F_{1-\alpha/2}(n_2-1,n_1-1),\frac{S_1^2}{S_2^2}F_{\alpha/2}(n_2-1,n_1-1)\right) \tag{7.3.12}$$

7.3.6 大样本区间估计

当数据不服从正态分布时,可以用渐近分布来构造近似的置信区间,这就是所谓的大样本方法,即要求样本容量比较大.一个典型的例子是关于比例 p 的置信区间.

设 $X_1,X_2,\cdots,X_n$ 取自 0-1 分布 $B(1,p)$的样本,容量 n 大于 50,现要求 p 的置信度为 $1-\alpha$ 的置信区间.由中心极限定理,知

$$\frac{\sum_{i=1}^{n}X_i-np}{\sqrt{np(1-p)}}=\frac{\sqrt{n}(\bar{X}-p)}{\sqrt{p(1-p)}}\sim N(0,1)$$

(1) 构造枢轴量(样本函数)

$$U=\sqrt{\frac{n}{p(1-p)}}(\bar{X}-p)\sim N(0,1)$$

(2) 给定置信度为 $1-\alpha$,有

$$P(-u_{\alpha/2}<U<u_{\alpha/2})\approx 1-\alpha$$

即

$$-u_{\alpha/2}<\sqrt{\frac{n}{p(1-p)}}(\bar{X}-p)<u_{\alpha/2}$$

求 p 的置信度为 $1-\alpha$ 的置信区间方法有两种:其一是先计算后近似;另一是先近似后计算:

(i) 先计算后近似法

$$-u_{\alpha/2}<\sqrt{\frac{n}{p(1-p)}}(\bar{X}-p)<u_{\alpha/2} \tag{7.3.13}$$

等价于

$$(n+u_{\alpha/2}^2)p^2-(2n\bar{X}+u_{\alpha/2}^2)p+n\bar{X}^2<0$$

记

$$\underline{p}=(-b-\sqrt{b^2-4ac})/(2a),\quad \bar{p}=(-b+\sqrt{b^2-4ac})/(2a)$$

这里,$a=n+u_{\alpha/2}^2$,$b=-(2n\bar{X}+u_{\alpha/2}^2)$,$c=n\bar{X}^2$,用区间$(\underline{p},\bar{p})$近似作为 p 的置信度为 $1-\alpha$ 的置信区间.

(ii) 先近似后计算法

不等式(7.3.13)中用$\bar{X}(1-\bar{X})$近似 $p(1-p)$,则有

$$-u_{\alpha/2}<\sqrt{\frac{n}{\bar{X}(1-\bar{X})}}(\bar{X}-p)<u_{\alpha/2}$$

整理得到

$$\bar{X}-u_{\alpha/2}\sqrt{\bar{X}(1-\bar{X})/n}<p<\bar{X}+u_{\alpha/2}\sqrt{\bar{X}(1-\bar{X})/n}$$

所以 p 的置信度为 $1-\alpha$ 的置信区间为

$$(\underline{p},\bar{p})=(\bar{X}-u_{\alpha/2}\sqrt{\bar{X}(1-\bar{X})/n},\bar{X}+u_{\alpha/2}\sqrt{\bar{X}(1-\bar{X})/n})\tag{7.3.14}$$

例 7.3.3 在一大批产品中取 100 件,经检验有 92 件正品,若记这批产品的正品率为 p,求 p 的 0.95 置信区间.

解 这里的正品率 p 就是 0-1 分布中的参数 p,$n=100$,$1-\alpha=0.95$,$\alpha=0.05$,$\alpha/2=0.025$,$u_{0.025}=1.96$,样本中平均正品率 $\bar{x}=92/100=0.92$,所以

$$\begin{aligned}\underline{p}&=\bar{x}-u_{\alpha/2}\sqrt{\bar{x}(1-\bar{x})/n}\\&=0.92-1.96\sqrt{0.92\times0.08/100}\approx0.87\end{aligned}$$

$$\begin{aligned}\bar{p}&=\bar{x}+u_{\alpha/2}\sqrt{\bar{x}(1-\bar{x})/n}\\&=0.92+1.96\sqrt{0.92\times0.08/100}\approx0.97\end{aligned}$$

故 p 的 0.95 置信区间为(0.87,0.97).

7.3.7 单侧置信区间

在某些问题中,我们并不需要知道参数的区间.例如电视机的寿命,我们只关心其平均寿命的下限,只需知道平均寿命在 10 年以上,而不需要知道平均寿命的上限.又如,在调查某产品的不合格率 p 时,我们只需知道不合格率的上限,因为不合格率的上限是产品质量的标志.由此产生置信上限和置信下限的概念.

定义 7.3.2 若有 $P(\underline{\theta}<\theta)=1-\alpha$,则称随机区间$(\underline{\theta},+\infty)$为参数 θ 的置信度为 $1-\alpha$ 的单侧置信区间,称 $\underline{\theta}$ 为**单侧置信下限**.

若有 $P(\theta<\bar{\theta})=1-\alpha$,则称随机区间$(-\infty,\bar{\theta})$为参数 θ 的置信度为 $1-\alpha$ 的单侧置信区间,称 $\bar{\theta}$ 为**单侧置信上限**.

单侧区间估计就是求置信区间$(-\infty,\bar{\theta})$或$(\underline{\theta},+\infty)$.

求置信度为 $1-\alpha$ 的单侧置信区间可通过求置信度为 $1-2\alpha$ 的双侧置信区间

来解决.由

$$P(\underline{\theta}<\theta)=1-\alpha \quad 和 \quad P(\theta<\bar{\theta})=1-\alpha$$

得到

$$P(\underline{\theta}<\theta<\bar{\theta})=1-2\alpha$$

这就是上面的双侧置信区间,其解法前面已经全部介绍过了,可直接用其结论.如总体 $X\sim N(\mu,\sigma^2)$,方差 σ^2 已知,求期望 μ 的单侧置信区间.

期望 μ 的置信度为 $1-2\alpha$ 的双侧置信区间为

$$(\underline{\mu},\bar{\mu})=\left(\bar{X}-\frac{\sigma}{\sqrt{n}}u_\alpha,\bar{X}+\frac{\sigma}{\sqrt{n}}u_\alpha\right)$$

则 μ 的置信度为 $1-\alpha$ 的单侧置信区间为

$$(\underline{\mu},+\infty)=\left(\bar{X}-\frac{\sigma}{\sqrt{n}}u_\alpha,+\infty\right) \quad 和 \quad (-\infty,\bar{\mu})=\left(-\infty,\bar{X}+\frac{\sigma}{\sqrt{n}}u_\alpha\right)$$

类似于双侧置信区间的研究,对于给定的置信度 $1-\alpha$,选择置信下限 $\underline{\theta}$ 时,$E\underline{\theta}$ 越大越好,而选择置信上限 $\bar{\theta}$ 时,$E\bar{\theta}$ 越小越好.

例 7.3.4　制造某种产品的单位平均工时服从正态分布,现从中抽取 5 件,记录它们的制造工时(单位:小时)如下:

$$6.3,\quad 6.6,\quad 6.9,\quad 7.1,\quad 6.2$$

给定置信度为 0.95,试求单位平均工时的单侧置信上限.

解　这是单个正态总体、方差 σ^2 未知的情形.

选用估计量

$$T=\frac{\bar{X}-\mu}{s/\sqrt{n}}\sim t(n-1)$$

这里,$n=5,\bar{x}=6.62,s^2=0.147,t_{0.05}(4)=2.132$,所以

$$\bar{x}+\frac{t_\alpha(n-1)s}{\sqrt{n}}=6.62+\frac{2.132\times\sqrt{0.147}}{\sqrt{5}}=6.99$$

故单位平均工时的单侧置信上限为 6.99,置信度为 0.95 的单侧置信区间为 (0,6.99).

问题　设想在 n 次观察中,A 现象没有出现,如何估计 A 发生的概率 p 呢?

显然我们不能说 $P(A)=0$,比较合理的估计应是

$$0\leqslant p\leqslant\frac{\gamma_n}{1+\gamma_n}$$

其中,$\gamma_n=\chi^2_{\alpha/2}/n$ (置信水平为 $1-\alpha$).

习题 7

选择题

1. 设总体 $Z \sim N(0,\sigma^2)$，$Z_1,Z_2,\cdots,Z_n$ 为随机样本，则 σ^2 的无偏估计量为(　　).

(A) $\hat{\sigma}^2 = \dfrac{1}{n-1}\sum\limits_{i=1}^{n} Z_i^2$　　(B) $\hat{\sigma}^2 = \dfrac{1}{n}\sum\limits_{i=1}^{n} Z_i^2$

(C) $\hat{\sigma}^2 = \dfrac{n}{(n+1)^2}\sum\limits_{i=1}^{n} Z_i^2$　　(D) $\hat{\sigma}^2 = \dfrac{1}{n+1}\sum\limits_{i=1}^{n} Z_i^2$

2. 样本容量为 n 时，样本方差 S^2 是总体方差 σ^2 的无偏估计量，这是因为(　　).

(A) $ES^2 = \sigma^2$　　(B) $ES^2 = \dfrac{\sigma^2}{n}$

(C) $S^2 \approx \sigma^2$　　(D) $S^2 = \sigma^2$

3. 估计量的有效性是指(　　).

(A) 估计量的方差比较大　　(B) 估计量的置信区间比较宽

(C) 估计量的方差比较小　　(D) 估计量的置信区间比较窄

4. 在作区间估计时，对于同一样本，若置信度设置得越高，则置信区间的宽度就(　　).

(A) 越窄　　(B) 越宽　　(C) 不变　　(D) 随机变动

5. 设总体 $X \sim N(\mu,\sigma^2)$，σ^2 已知而 μ 为未知参数，$X_1,X_2,\cdots,X_n$ 为样本，又 $\Phi(x)$ 表示标准正态分布 $N(0,1)$ 的分布函数，已知 $\Phi(1.96)=0.975$，$\Phi(1.64)=0.95$，μ 的置信水平为0.95的置信区间为 $\left(\overline{X}-\lambda\dfrac{\sigma}{\sqrt{n}},\overline{X}+\lambda\dfrac{\sigma}{\sqrt{n}}\right)$，其中，$\overline{X}=\dfrac{1}{n}\sum\limits_{i=1}^{n}X_i$，则 $\lambda=$(　　).

(A) 0.95　　(B) 0.975　　(C) 1.64　　(D) 1.96

6. 设总体 $X \sim N(\mu,\sigma^2)$，σ^2 未知，若样本容量 n 和置信度 $1-\alpha$ 均不变，则对于不同的样本观察值，总体均值 μ 的置信区间的长度(　　).

(A) 变长　　(B) 变短　　(C) 不变　　(D) 不能确定

填空题

1. 设射手的命中率为 p，在向同一目标的80次射击中，命中75次，则 p 的极大似然估计值为______.

2. 设总体 X 以等概率 $1/\theta$ 取值 $1,2,\cdots,\theta$，则未知参数 θ 的矩估计量为______.

3. 设总体 $X \sim N(\mu,0.9^2)$，$x_1,x_2,\cdots,x_9$ 为一组样本值，算得 $\bar{x}=5$，则 μ 的置信度为0.95的区间估计为______.

4. 设 $X_1,X_2,\cdots,X_n$ 为来自正态总体 $X \sim N(\mu,\sigma^2)$ 的简单随机样本，a,b 为常数，且 $0<$

$a < b$,则随机区间$\left(\sum_{i=1}^{n}\frac{(X_i-\mu)^2}{b},\sum_{i=1}^{n}\frac{(X_i-\mu)^2}{a}\right)$的长度的数学期望为______.

5. 总体 $X\sim N(\mu,2^2)$,$X_1,X_2,\cdots,X_n$ 为简单随机样本,要使 μ 的置信度为 0.95 的置信区间长度不超过 1,则所取样本容量 n 至少为______.

6. 设 $X_1,X_2,\cdots,X_n$ 为来自二项分布总体 $B(n,p)$ 的简单随机样本,$\overline{X}$ 和 S^2 分别为样本均值和样本方差.若 $\overline{X}+kS^2$ 为 np^2 的无偏估计量,则 $k=$______.

解答题

1. 对目标独立地进行射击,直到命中为止,假设进行 n ($n>1$)轮这样的射击,各轮射击的次数相应地为 $k_1,k_2,\cdots,k_n$,试求命中率 p 的极大似然估计和矩估计.

2. 设某计算机用来产生某彩票摇奖时所需的 10 个随机数:0,1,2,…,9.某人用该机做了 100 天试验,每天都是第一次摇到数字 1 为止.此 100 天中各天的试验次数分布如表 1 所示,假设每次试验相互独立且产生数字 1 的概率 p 保持不变.

表 1

试验次数	2	9	10	11	12	14	26
相应天数	5	20	30	20	10	10	15

(1) 求 p 的极大似然估计值 $\hat{p}$;

(2) 如果所得 $\hat{p}\neq 0.1$,请做出所有可能的解释;

(3) 求 p 的矩估计值 $\hat{p}$.

3. 已知总体的概率密度函数为

$$f(x)=\begin{cases}(\beta+1)x^{\beta}, & 0\leqslant x\leqslant 1\\ 0, & \text{其他}\end{cases}$$

现抽取 $n=6$ 的样本,样本观察值分别为

$$0.2,\quad 0.3,\quad 0.9,\quad 0.7,\quad 0.8,\quad 0.7$$

试用矩估计法和极大似然估计法求出 β 的估计量.

4. 设总体服从瑞利分布 $f(x)=\begin{cases}\dfrac{x}{\theta}\mathrm{e}^{-x^2/(2\theta)}, & x\geqslant 0\\ 0, & x<0\end{cases}$,$\theta>0$ 为参数,$X_1,X_2,\cdots,X_n$ 为简单随机样本.

(1) 求 θ 的极大似然估计量.

(2) 该估计量是否为无偏估计量?说明理由.

5. 设总体 X 的概率密度函数为$f(x)=\begin{cases}ax\mathrm{e}^{-x^2/\lambda}, & x>0\\ 0, & x\leqslant 0\end{cases}$ ($\lambda>0$),$X_1,X_2,\cdots,X_n$ 为简单随机样本.

(1) 确定常数 a；

(2) 求 λ 的极大似然估计量；

(3) (2)中求出的估计量是否为 λ 的无偏估计量?

6. 已知总体 X 在 $(1,\theta)$ 上服从均匀分布，$X_1,X_2,\cdots,X_n$ 为简单随机样本.

(1) 求 θ 的矩估计量 $\hat{\theta}$,并问其是否为无偏估计量?

(2) 求估计量的方差 $D\hat{\theta}$.

7. 设分子速度总体 X 服从麦克斯韦(Maxwell)分布 $f(x)=\begin{cases}\dfrac{4x^2}{\alpha^3\sqrt{\pi}}\mathrm{e}^{-x^2/\alpha^2}, & x>0\\ 0, & x\leqslant 0\end{cases}\quad(\alpha>0)$,

$X_1,X_2,\cdots,X_n$ 为简单随机样本.求出 α 的矩估计量和极大似然估计量,并指出无偏估计量.

8. 设随机变量 X 在区间 $(0,\theta]$ 上服从均匀分布,由此总体抽出一随机样本 X_1,试证明:$\hat{\theta}_1=2X_1$, $\hat{\theta}_2=X_1$ 都是 θ 的无偏估计,但不是一致估计.

9. 设随机变量 X 在区间 $(0,\theta]$ 上服从均匀分布,由此总体抽出一随机样本 $X_1,X_2,\cdots,X_n$.试证明:θ 的有偏估计 $\hat{\theta}_n^{(1)}=\dfrac{n}{n+1}X_{(n)}$ 及一个无偏估计 $\hat{\theta}_n^{(2)}=\dfrac{n+1}{n}X_{(n)}$ 都是 θ 的一致估计.

10. 设 $L(x)$ 和 $U(x)$ 分别满足 $P_\theta(L(x)\leqslant\theta)=1-\alpha_1$, $P_\theta(U(x)\geqslant\theta)=1-\alpha_2$,且对任意 x,有 $L(x)\leqslant U(x)$,试证明 $P_\theta(L(x)\leqslant\theta\leqslant U(x))=1-\alpha_1-\alpha_2$.

11. 设总体 X 服从指数分布 $E(\lambda)$,其中 $\lambda>0$,抽取样本 $X_1,X_2,\cdots,X_n$,证明:

(1) 虽然样本均值 $\bar{X}$ 是 λ 的无偏估计,但 $\bar{X}^2$ 不是 λ^2 的无偏估计;

(2) 统计量 $\dfrac{n}{n+1}\bar{X}^2$ 是 λ^2 的无偏估计.

12. 从总体 X 中抽取样本 X_1,X_2,X_3,证明:下列三个统计量

$$\hat{\mu}_1=\frac{X_1}{2}+\frac{X_2}{3}+\frac{X_3}{6},\quad \hat{\mu}_2=\frac{X_1}{2}+\frac{X_2}{4}+\frac{X_3}{4},\quad \hat{\mu}_3=\frac{X_1}{3}+\frac{X_2}{3}+\frac{X_3}{3}$$

都是总体均值 $EX=\mu$ 的无偏估计量;并确定哪个估计量更有效.

13. 设从均值为 μ、方差为 σ^2 的总体中,分别抽取容量为 n_1,n_2 的两个独立样本,$\bar{X}_1,\bar{X}_2$ 分别是两样本的均值,试证:对于任意常数 $a,b\ (a+b=1)$, $Y=a\bar{X}_1+b\bar{X}_2$ 都是 μ 的无偏估计,并确定常数 a,b,使 DY 达到最小.

14. 已知用放射性同位素法可测定地层的年代.现从同一地层采集 19 个样品,测得年代数据(单位:百万年)如下:

249，254，243，268，253，269，287，241，273，306

303，280，260，256，278，344，304，310，283

假定地质年代服从正态分布,则从同一层采集的 19 个样品可以看成是来自总体 $X\sim N(\mu,\sigma^2)$ 的一个样本.试求 μ 的置信水平为 0.95 的置信区间.

15. 测量铝的密度 16 次,得 $\bar{X}=2.705$, $s=0.029$,试求铝的密度均值 μ 的 0.95 置信区间

(设16次测量结果可以看作一个正态总体样本).

16. 为了研究施肥和不施肥对某种农作物产量的影响,选了13个小区在其他条件相同的情况下进行对比试验,收获量如表2所示.假设施肥与未施肥的农作物产量分别服从正态分布,并且方差相同,求施肥与未施肥平均产量之差的置信水平为0.95的置信区间.

表 2

施 肥	34	35	30	32	33	34	
未施肥	29	27	32	31	28	32	31

17. 设总体 $X\sim N(\mu,\sigma^2)$,已知 $\sigma=\sigma_0$,要使总体均值 μ 的置信水平为 $100(1-\alpha)\%$ 的置信区间的长度不大于 l,问需要抽取多大容量的样本?

18. 设总体 X 服从泊松分布 $P(\lambda)$,抽取容量 $n=100$ 的样本,已知样本均值 $\bar{x}=4$,求总体均值 λ 的置信水平为98%的置信区间.

19. 从甲、乙两个生产蓄电池的工厂的产品中分别抽取一些样品,测得蓄电池的电容量(单位:安·时)如下:

甲厂:144, 141, 138, 142, 141, 143, 138, 137;

乙厂:142, 143, 139, 140, 138, 141, 140, 138, 142, 136.

设两个工厂生产的蓄电池的容量分别服从正态分布 $N(\mu_x,\sigma_x^2)$ 及 $N(\mu_y,\sigma_y^2)$,求:

(1) 电容量的方差比 σ_x^2/σ_y^2 的置信水平为95%的置信区间;

(2) 电容量的均值差 $\mu_x-\mu_y$ 的置信水平为95%的置信区间(假定 $\sigma_x^2=\sigma_y^2$).

20. 从汽车轮胎厂生产的某种轮胎中抽取10个样品进行磨损试验,直至轮胎行驶到磨坏为止,测得它们的行驶路程(单位:千米)如下:

41 250, 41 010, 42 650, 38 970, 40 200, 42 500, 43 500, 40 400, 41 870, 39 800

设汽车行驶路程服从正态分布 $X\sim N(\mu,\sigma^2)$,求:

(1) μ 的置信水平为95%的单侧置信下限;

(2) σ 的置信水平为95%的单侧置信上限.

21. 设某球星在NBA中每场得分 $X\sim N(\mu,\sigma^2)$.现统计其14个赛季的每场平均得分 $\bar{x}=30.6$,相应的样本标准差 $s=3.58$,而这14个赛季中该球员的比赛场次分布如表3所示.通过上列统计数据求:

表 3

比赛场次数	18	20	23	25
相应赛季数	5	6	2	1

(1) 总体方差的一个无偏估计值;

(2) 总体方差的置信水平为0.95的一个置信区间.

22. 设 $X_1,X_2,\cdots,X_n$ iid. $\sim N(\mu,1)$,μ 的一个置信度为95%的置信区间是 $(\bar{x}-1.96/\sqrt{n},\bar{x}+1.96/\sqrt{n})$.假设已知另一个观察值 X_{n+1} 将以概率 p 落在这个区间内,试问 p 大于、小于,还是等于0.95? 证明你的结论.

23. 某鸟类学家调查了某林区中若干个鸟窝,发现窝中的鸟蛋个数的一组数据如下:

2, 1, 3, 0, 4, 5, 3, 0, 1, 3, 3, 2, 2

假定每窝鸟蛋个数 X 的分布服从参数为 λ 的泊松分布,试求平均每窝鸟蛋个数的置信度为0.95的置信区间.(提示:利用中心极限定理.)

24. 设 $\alpha_1>0,\alpha_2>0$,且 $\alpha_1+\alpha_2=\alpha$,则

$$P\left(-u_{\alpha_1}<\frac{\overline{X}-\mu}{\sigma/\sqrt{n}}<u_{\alpha_2}\right)=1-\alpha$$

(1) 利用上面这个等式得出 μ 的一个置信度为 $100(1-\alpha)\%$ 的置信区间,且使式(7.3.1)是其一个特例;

(2) 设 $\alpha=0.05,\alpha_1=\alpha/4,\alpha_2=3\alpha/4$.试比较由此得出的置信区间与式(7.3.1)的长度.

25. 科学上重大发现往往是由年轻人做出的,表4列出了自16世纪中叶至20世纪早期的12项重大发现的发现者和发现时的年龄.

表4

发　　现	发现者	发现日期(年)	年龄(岁)
地球绕太阳运转	哥白尼(Copernicus)	1543	40
望远镜、天文学的基本定律	伽利略(Galileo)	1600	34
运动原理、重力、微积分	牛顿(Newton)	1665	34
电的本质	富兰克林(Franklin)	1746	40
燃烧是与氧气联系着的	拉瓦锡(Lavoisier)	1774	31
地球是渐进过程演化成的	莱尔(Lyell)	1830	33
自然选择控制演化的证据	达尔文(Darwin)	1858	49
光的场方程	麦克斯韦(Maxwell)	1864	33
放射性	居里(Curie)	1896	34
量子论	普朗克(Plank)	1901	43
狭义相对论	爱因斯坦(Einstein)	1905	26
量子论的数学基础	薛定谔(Schrödinger)	1926	39

设样本来自正态总体,试求发现者有重大发明时的平均年龄 μ 的置信度为0.95的单侧置信上限.

支持某一科学假设的证据仅仅是掩饰失败的一种企图.

——Popa

第8章 假设检验

统计推断的另一个重要内容就是**假设检验**(hypothesis test).这一章我们将讨论统计检验的建立与检验问题.

8.1 假设检验的基本概念

8.1.1 问题的提法

在数学中,经常见到诸如"假设函数 f 可微"、"假设 X 的方差有限"、"假设 A,则有……"之类的表述.统计假设中"假设"一词的含义与此不同.它不是作为一个已被认定为真的事实,而是作为一个命题或陈述,其正确与否,或更确切地说,我们是否打算接受它,要依据样本去做出决定.做出决定的过程,称作对该假设进行检验.下面我们从一个具体的例子引出假设检验的有关概念.

例 8.1.1 某厂生产的铜丝,质量一向比较稳定,今从中随机地抽出 9 根检查其折断力,测得数据(单位:千克)如下:

$$575, 576, 570, 569, 582, 577, 580, 571, 585$$

设铜丝的折断力服从正态分布 $N(\mu,\sigma^2)$.试问:是否可以相信该厂铜丝的折断力的方差为 64?

我们可以把上述由实际产生的问题归结为一个理论问题:样本 $X\sim N(\mu,\sigma^2)$.要根据 X 的观察值,对命题 $H:\sigma^2=64$ 做出"是"或"否"的判断.在统计术语中,把这种需要根据样本去推断其正确与否的命题,称为一个**假设**(hypothesis)或**统计假设**(statistical hypothesis).通过样本对一个假设做出“是”或“否”的判断的程序,称为检验这个假设,具体的判断规则称为该假设的一个检验.检验的结果若是肯定该命题,则称为接受该假设,反之则是否定或拒绝该假设.

注　实际问题化为统计假设检验问题去处理,一般都与上述例子类似,可以概括为以下几条:

(1) 明确所要处理的问题,答案只能为“是”或“不是”;

(2) 取得样本,同时要知道样本的分布;

(3) 把“是”转化到样本分布上得到一个命题,称为假设;

(4) 根据样本值,按照一定的规则,得出“接受”或“拒绝”假设的决定,回到原问题就是回答了“是”或“不是”.

8.1.2　假设检验的基本思想

在自然科学、医学、人文科学等方面存在许多类似于例 8.1.1 的问题,统计学是如何回答这类问题的呢?我们先讨论一个简单的问题.

例 8.1.2　假设一个人声称他的口袋中装有 10 个大小相同的球,其中 5 个黑球、5 个白球.于是,我们来做有放回的摸球试验,每次摸一球,观察其颜色,结果在 5 次摸球中其结果都是黑球,那么,我们如何看待此人的说法呢?显然,我们面临两种选择:一种承认他的说法是真的,我们这次摸球试验“比较有运气”罢了;另一种是否定他的说法,“哪会有如此运气呢?!”是我们的信念.对于后一种想法,我们说,仅有信念是不行的,还应该有理论上的分析,给予更有力的论证.下面我们来这样分析:

不妨假设“黑球占 50%”这一命题是真的,则在有放回的试验中,我们可认定其概率模型为

$$X_i \sim \begin{pmatrix} 1 & 0 \\ 0.5 & 0.5 \end{pmatrix} \quad (i = 1,2,3,4,5)$$

于是 5 次试验总的黑球数为

$$X = X_1 + X_2 + \cdots + X_5$$

由第 2 章,我们知道随机变量 $X \sim B(5,0.5)$,我们可以求出“5 次皆摸到黑球”的概率是

$$p = \binom{5}{5} 0.5^5 = 0.0312 \tag{8.1.1}$$

这是一个“小概率事件”,即 100 个人做与我们同样的试验,大约只有 3 个人会摸出

这种“5球皆黑”的结果.然而我们从这100人中任选一人,他会恰好有这种“好运气”?凭常识我们认为这是不太可能的.当然,式(8.1.1)告诉我们这种事件也不是绝对不可能发生的,因此比较科学而严谨的说法是:我们宁冒0.0312的风险否定他的说法.

以上的分析就是统计学上进行**假设检验**(hypothesis test)的基本思想.它在逻辑上类似于初等数学中的反证法,即不妨假设命题H是真的,在这一前提下进行数学推导,结果得到了一矛盾的结论,于是我们认为命题H不成立,而接受反命题$\overline{H}$.在统计学中所谓“矛盾”与通常数学上的“矛盾”不同,这里我们是指(小概率原理):小概率事件在一次试验中几乎不发生,若发生了就认为有“矛盾”.

另一点不同的是,在数学证明中,一旦命题H被推翻,$\overline{H}$被接受是确定的,而统计学中,否定假设H时还应指出“冒多大”的风险,如上例是要冒0.0312的风险的.

8.1.3 假设检验的定义与步骤

从上面诸例我们明确了假设检验问题的提法及其基本思想,现在介绍假设检验中几个常用的概念.

1. 零假设与对立假设

每个假设检验问题都有一对竞争的假设,在假设检验中,常把一个被检验的假设叫作**零假设(原假设)**(null hypothesis),而其对立面就叫作**对立假设(备择假设)**(alternative hypothesis).零假设记为H_0,例如,未知的总体参数θ等于某个特殊常数值.用符号表示为

$$H_0: \theta = \theta_0$$

因为θ和θ_0间不存在差别,所以零假设(原假设)也称为无差别假设或零差别假设,对立假设记为H_1(或H_a,H_A),它是关于θ的不同于H_0的假设.对立假设有4种常见的形式:

(1) $H_1: \theta \neq \theta_0$,也称为双侧对立.由于它在$\theta_0$的两侧讨论与$\theta_0$的可能不同,所以这一假设也称为无方向对立假设.

(2) $H_1: \theta < \theta_0$,称为单侧对立.因为它只在θ_0的一侧讨论与θ_0的可能不同,且所关心的是θ_0的左侧或小于θ_0的值,所以这一假设也称为左向对立假设或小于方向对立假设.

(3) $H_1: \theta > \theta_0$,也称为单侧对立.因为所关心的是θ_0的右侧或大于θ_0的值,所以这一假设也称为右向对立假设或大于方向对立假设.

(4) $H_1: \theta=\theta_1$. 在假设检验的研究中,我们不用这种假设,但它在确定假设检验功效时具有重要地位.

在确定零假设和对立假设时,要充分考虑和利用已知的背景知识. 例如,把一物件在天平上称 n 次,得 $X_1, X_2, \cdots, X_n$,用以检验该物件质量是否为1. 设天平的随机误差服从正态分布 $N(0,\sigma^2)$. 若对天平的精度一无所知,则检验问题为 $X_1, X_2, \cdots, X_n \sim N(\mu,\sigma^2)$, $H_0: \mu=1$ (σ 任意) vs $H_1: \mu\neq 1$ (σ 任意). 若已知天平精度,则可认为 σ 已知,例如 $\sigma=0.1$,则检验问题为 $X_1, X_2, \cdots, X_n \sim N(\mu, 0.01)$, $H_0: \mu=1$ vs $H_1: \mu\neq 1$. 其中"vs"是 versus 的缩写,是"对"的意思,即表示 H_0 对 H_1 的假设检验问题.

2. 简单假设和复合假设

统计假设又分为简单假设和复合假设. 不论是零假设还是对立假设,若其中只含有一个参数值,就称为简单假设. 如 $H_0: \theta=\theta_0$ 和 $H_1: \theta=\theta_1$ 为简单假设;否则就称为复合假设. 如 $H_1: \theta\neq\theta_0$, $H_1: \theta<\theta_0$, $H_1: \theta>\theta_0$ 均为复合假设.

3. 检验统计量、接受域、否定域

在检验一个假设时所使用的统计量称为**检验统计量**(test statistic). 使原假设得到接受的那些样本 $X_1, X_2, \cdots, X_n$ 所在的区域,称为该检验的**接受域**(acceptance region),而使原假设被否定的那些样本所在的区域 W,则称为该检验的**否定域**(rejection region). 后面我们将结合具体的例子一一说明.

检验一个假设,就是采取一定的步骤或程序,以做出"接受原假设 H"(即认为命题 H 正确)或"否定(拒绝)H"(认为 H 不正确)的结论或决定.

下面我们介绍的是参数的假设检验问题,即在总体分布已知的条件下,对其参数作假设检验. 根据上述原则,这类问题的具体做法按下列步骤进行:

(1) 根据问题的要求给出原假设(或零假设)H_0,同时给出对立假设(或备择假设)H_1;

(2) 在 H_0 成立的前提下,选择合适的检验统计量,这个统计量应包含要检验的参数,同时它的分布已知;

(3) 根据要求给出显著性水平 α,按照对立假设 H_1 和检验统计量的分布,写出小概率事件及其概率表达式;

(4) 由样本值计算出需要的数值并查出必要的常数值;

(5) 判断小概率事件是否发生,综合(3),(4)就可看出. 根据实际推断原理:若小概率事件在一次试验中发生,就认为原假设 H_0 不合理,于是就拒绝 H_0(即接受 H_1). 若小概率事件不发生,就认为原假设 H_0 合理,接受 H_0.

小概率记为 α,称为检验水平,或叫**显著性水平**(significance level). α 的大小

根据实践确定，不同的问题对 α 有不同的要求，精确度要求越高，α 的值就越小.

我们可以将以上的步骤画成一个流程图（图 8.1），它简明地表示出了统计检验的过程.

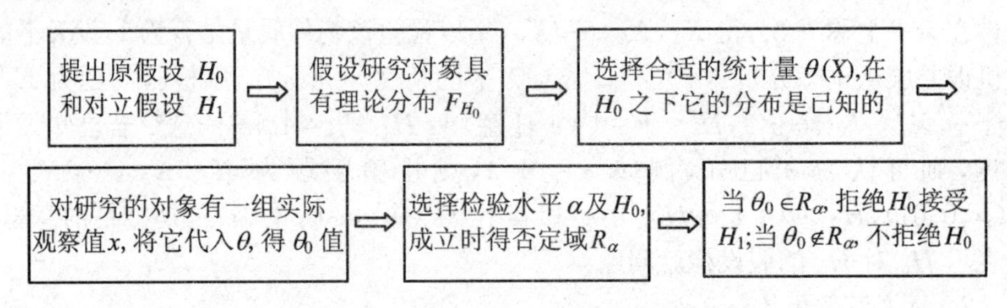

图 8.1　假设检验的基本流程图

注　假设检验与区间估计对问题的提法虽不同，但解决问题的途径是相通的. 现以正态总体 $N(\mu,\sigma_0^2)$ 的方差 σ_0^2 已知，关于期望的假设检验和区间估计为例说明.

假设 $H_0:\mu=\mu_0$，若 H_0 为真，则 $U=\dfrac{\overline{X}-\mu_0}{\sigma_0/\sqrt{n}}\sim N(0,1)$.

对给定的显著性水平 α，有 $P(U\geqslant u_\alpha)=\alpha$，而 $P(U<u_{1-\alpha})=1-\alpha$，由此得 H_0 的接受域是 $(\overline{X}-u_{\alpha/2}\sigma/\sqrt{n},\overline{X}+u_{\alpha/2}\sigma/\sqrt{n})$，就是说明以 $1-\alpha$ 的概率接受 H_0，而这个假设检验的接受域正是 μ 的置信度为 $1-\alpha$ 的置信区间.

这说明它们两者解决问题的途径是相通的，参数的假设检验和参数的区间估计是从不同角度回答同一问题的. 假设检验判断结论是否成立，参数估计解决的是多少（范围）；前者解决是定性的，后者解决是定“量”的.

随着计算机软件的发展，许多事件的概率值都很容易求出，因此，统计的假设检验也可以这样进行：设 H_0 vs H_1，并给出检验水平 α 及一组观察样本 $x_1,x_2,\cdots,x_n$，在选择适当的统计量 Z 之后，算出其样本值 $Z_0(x_1,x_2,\cdots,x_n)$，再根据 H_0，计算以下概率 p 值：

$$P(|Z_0|\leqslant|Z|)=P((Z\leqslant-|Z_0|)\cup(Z\geqslant|Z_0|))$$

如果对于给定的 α，上述计算出的 p 值出现 $p<\alpha$，则我们就拒绝 H_0；否则就不拒绝 H_0.

注　在统计学中，α 一般可选为 0.10，0.05，0.01 或 0.001. 而当我们算出 p 值后，对 H_0 假设的判断是：

(1) 若 $p>0.10$，则不否定 H_0；

(2) 若 $0.05\leqslant p<0.10$，则称 H_0 与事实有显著的差异；

(3) 若 $0.01 \leqslant p < 0.05$,则称 H_0 与事实有很显著的差异;

(4) 若 $0.001 \leqslant p < 0.01$,则称 H_0 与事实有非常显著的差异;

(5) 若 $p < 0.001$,则称 H_0 与事实有极其显著的差异.

可见计算出准确的 p 值,对于我们否定 H_0 的程度可有不同的说法.

如何选择 H_0 和 H_1 是很有讲究的.一般来说,我们经常把要否定的或者对于有怀疑的结果设为 H_0.一旦否定 H_0 了,我们就可以比较放心地接受 H_1,而所冒的风险为 α,它是可以讲清楚的.反之,如果设得不好,检验结果虽不能否定 H_0,所得到的是"无显著性差异",结论就弱多了,如果此时就接受 H_0,则可能还会犯错误.我们将结合具体问题来讨论.

下面就正态总体情况来具体说明参数的假设检验的解决方法.

8.2　正态总体参数的假设检验

8.2.1　正态总体数学期望的假设检验

1. 正态分布的粗略检验

在许多统计方法中,经常假定样本来自正态总体.我们所作的统计推断的好坏,依赖于真正的总体与正态总体接近的程度如何.因此,建立一些方法来检验观测数据与正态总体的差异是否显著是十分必要的.

对于要检验的总体,假定它服从分布 $N(\mu,\sigma^2)$,在统计学中是经常使用的一种理论假设,其中一个重要原因是我们在第5章介绍的中心极限定理,即许多随机因素的综合结果使得许多随机现象服从正态分布.当然,如果我们得到一组观测数据 $x_1,x_2,\cdots,x_n$,对于它们是否偏离正态分布太远以至于能不能使用正态分布进行检验没有把握,这时最好对样本的分布有一个粗略的分析,如在中学课本中介绍的直方图、茎叶图等.当利用计算机来完成正态分布的检验时,与之相应的就是下文 q－q 图检验法.

假设样本 $X_1,X_2,\cdots,X_n$ 来自正态总体 $N(\mu,\sigma^2)$.把观测数据从小到大排列,记为:$x_{(1)} \leqslant x_{(2)} \leqslant \cdots \leqslant x_{(n)}$,则经验分布函数为

$$F_n(x) = \begin{cases} 0, & x < x_{(1)} \\ k/n, & x_{(k)} \leqslant x < x_{(k+1)} \\ 1, & x \geqslant x_{(n)} \end{cases}$$

由于分布函数近似等于样本经验分布函数，故有

$$F(x)=P(X\leqslant x)=\frac{1}{\sqrt{2\pi}\sigma}\int_{-\infty}^{x}\exp\left\{-\frac{(t-\mu)^2}{2\sigma^2}\right\}\mathrm{d}t$$

即

$$F(x)=\Phi\left(\frac{x-\mu}{\sigma}\right)\approx F_n(x)$$

从而$\frac{x-\mu}{\sigma}=\Phi^{-1}(F_n(x))=u$，故有 $x=\sigma u+\mu$.

在 uOx 平面上，$x=\sigma u+\mu$ 表示斜率为σ、截距为 μ 的直线.

当 $x=x_{(i)}$时，经验分布函数 $F_n(x_{(i)})=i/n$，在实际应用中，常用$(i-0.5)/n$代替i/n. 这里，$(i-0.5)/n$ 中的 0.5 是一个“连续性”修正. 相应的 $u_i=\Phi^{-1}((i-0.5)/n)$是标准正态分布的$(i-0.5)/n$分位点；而 $x_{(i)}$是样本分位点. 点$(u_i,x_{(i)})(i=1,2,\cdots,n)$应该近似在 $x=\sigma u+\mu$ 的直线上.

在平面上描点$(u_i,x_{(i)})(i=1,2,\cdots,n)$. 如果 n 个点近似在一条直线上，样本来自正态总体的假设成立；否则不成立. 因 u_i 是正态总体的分位数，而 $x_{(i)}$是样本的分位数，分位数的英文是 quantile，故称此检验法为 q－q 图检验法.

为了定量刻画点$(u_i,x_{(i)})(i=1,2,\cdots,n)$是否在一条直线上，进一步可以通过计算相关系数，并对其正态性作检验.

例 8.2.1　已知 20 名学生的数学平均成绩为

56，23，59，74，49，43，39，51，37，61，43，51，61，99，23，56，49，49，75，20

试用 q－q 图检验法检验其正态性.

解　作 q－q 图的步骤为：

(1) 把原始数据按从小到大的顺序排列：20，23，23，37，39，43，43，49，49，49，51，51，56，56，59，61，61，74，75，99，与 $x_{(i)}$ 相应的事件 $X\leqslant x_{(i)}$ 的概率为 $p_i=F_n(x_{(i)})=(i-0.5)/n$；

(2) 对概率 p_i 计算相应的标准正态分位数 u_i $(i=1,2,\cdots,20)$；

(3) 把点$(u_i,x_{(i)})(i=1,2,\cdots,n)$画在平面坐标系上，并考察它们是否在一条直线上；

(4) 计算相关系数

$$r=\frac{\sum_{i=1}^{n}(x_{(i)}-\bar{x})(u_i-\bar{u})}{\sqrt{\sum_{i=1}^{n}(x_{(i)}-\bar{x})^2}\sqrt{\sum_{i=1}^{n}(u_i-\bar{u})^2}}$$

并检验其正态性.

计算结果见表8.1,图见图8.2.可见点$(u_i, x_{(i)})(i=1,2,\cdots,n)$近似在一条直线上(相关系数 $r=0.994$),故可认为样本来自正态总体.

表8.1 q-q图检验数据

i	$x_{(i)}$	p_i	标准正态分位数 u_i	i	$x_{(i)}$	p_i	标准正态分位数 u_i
1	20	0.025	-1.9600	14	56	0.675	0.4538
3	23	0.125	-1.1503	15	59	0.725	0.5978
4	37	0.175	-0.9346	17	61	0.825	0.9346
5	39	0.225	-0.7554	18	74	0.875	1.1503
7	43	0.325	-0.4538	19	75	0.925	1.4395
10	49	0.475	-0.0627	20	99	0.975	1.9600
12	51	0.575	0.1891				

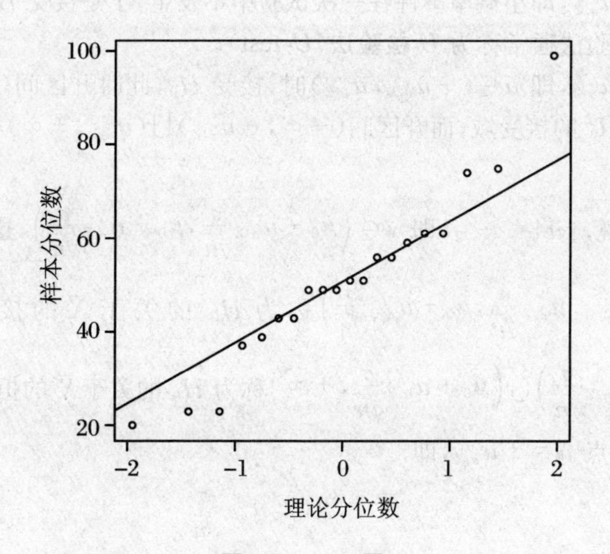

图8.2 q-q图

2. 单个正态总体的数学期望的检验

设 $X \sim N(\mu, \sigma^2)$,参数 $\mu \in (-\infty, +\infty)$, $\sigma^2 > 0$, $X_1, X_2, \cdots, X_n$ 为来自总体 X 的一个样本,样本均值为 $\overline{X} = \frac{1}{n}\sum_{i=1}^{n} X_i$,样本方差为 $S^2 = \frac{1}{n-1}\sum_{i=1}^{n}(\overline{X} -$

$X_i)^2$，关于 μ 的检验分下面三种情况：

(1) σ^2 已知，关于 μ 的检验（U 检验）

(i) 给出原假设 H_0：$\mu=\mu_0$及对立假设 H_1：$\mu\neq\mu_0$；

(ii) 在 H_0：$\mu=\mu_0$成立的条件下，选统计量

$$U=\frac{\overline{X}-\mu_0}{\sigma/\sqrt{n}}\sim N(0,1) \tag{8.2.1}$$

(iii) 对给定的显著性水平 α，根据对立假设 H_1 和统计量 U 的分布，小概率事件为 $|U|>u_{\alpha/2}$，其概率表达式为

$$P(|U|>u_{\alpha/2})=\alpha$$

(iv) 由样本值算出样本均值 $\bar{x}$，从而算出统计量 U 的值 u，并查出 $u_{\alpha/2}$；

(v) 判断小概率事件（$|U|>u_{\alpha/2}$）是否发生.

若 $|u|>u_{\alpha/2}$，即小概率事件在一次试验中发生，于是拒绝 H_0，即接受 H_1：$\mu\neq\mu_0$；

若 $|u|<u_{\alpha/2}$，即小概率事件在一次试验中不发生，于是接受 H_0：$\mu=\mu_0$.

以上的检验法通常称为 **U 检验法**（U-test）.

若 $|u|<u_{\alpha/2}$，即 $u\in(-u_{\alpha/2},u_{\alpha/2})$时，接受 H_0，此时开区间$(-u_{\alpha/2},u_{\alpha/2})$称为 H_0 的关于 U 的接受域，而开区间$(-\infty,-u_{\alpha/2})\cup(u_{\alpha/2},+\infty)$称为 H_0 的关于 U 的拒绝域.

对 $\overline{X}$ 来说，$|u|<u_{\alpha/2}$，即 $\bar{x}\in\left(\mu_0-u_{\alpha/2}\frac{\sigma}{\sqrt{n}},\mu_0+u_{\alpha/2}\frac{\sigma}{\sqrt{n}}\right)$，这时接受 H_0. 此时开区间 $\left(\mu_0-u_{\alpha/2}\frac{\sigma}{\sqrt{n}},\mu_0+u_{\alpha/2}\frac{\sigma}{\sqrt{n}}\right)$称为 H_0 的关于 $\overline{X}$ 的接受域；开区间 $\left(-\infty,\mu_0-u_{\alpha/2}\frac{\sigma}{\sqrt{n}}\right)\cup\left(\mu_0+u_{\alpha/2}\frac{\sigma}{\sqrt{n}},+\infty\right)$称为 H_0 的关于$\overline{X}$ 的拒绝域. 接受域和拒绝域的连接点 $u=\pm u_{\alpha/2}$，即

$$\overline{X}=\mu_0\pm u_{\alpha/2}\frac{\sigma}{\sqrt{n}}$$

叫作**临界点**（critical point）.

例 8.2.2 安装一台新仪器，要求元件尺寸的均值保持在原有仪器的水平. 已知原有仪器的元件尺寸均值为 3.278（厘米），标准差为 0.002（厘米）. 现测量 10 个新元件，得尺寸数据（单位：厘米）为

3.277，3.281，3.278，3.278，3.286，3.279，3.278，3.281，3.279，3.280

设元件尺寸服从正态分布，且新、旧元件尺寸分布的方差相同，问新装仪器的元件

尺寸的均值与原有仪器的元件尺寸的均值有无显著差别(检验水平 $\alpha=0.05$)?

解 设元件尺寸 X 服从正态分布$N(\mu,\sigma^2)$,因新、旧元件尺寸的方差相同,故 $\sigma^2=0.002^2$.由题意知,待检假设为

$$H_0:\mu=3.278 \quad \text{vs} \quad H_1:\mu\neq 3.278$$

由前面的分析可知,水平为 α 的拒绝域为

$$W=\left\{(x_1,x_2,\cdots,x_n)\left|\frac{|\bar{x}-\mu_0|}{\sigma/\sqrt{n}}\geqslant u_{\alpha/2}\right.\right\}$$

现在 $\alpha=0.05$,查表知,$u_{\alpha/2}=u_{0.025}=1.96$,又由样本算得均值为 $\bar{x}=3.2795$,且

$$\mu_0=3.278,\quad \sigma^2=0.002^2,\quad n=10$$

从而可算得

$$\frac{|\bar{x}-\mu_0|}{\sigma/\sqrt{n}}=\left|\frac{3.2795-3.278}{0.002}\times\sqrt{10}\right|=2.37>1.96$$

由于它落在拒绝域 W 内,故拒绝 H_0,接受 H_1,即认为新、旧元件尺寸的均值之间存在显著差别.

(2) σ^2 未知,关于 μ 的检验(t 检验)

这种情况下,如何选择统计量才能使其分布避免带有未知参数 σ 呢?英国统计学家 William S. Gosset 推出 t 统计量:用样本方差 S^2 代替 σ^2,也即用 S 代替σ.

(i) 给出原假设 $H_0:\mu=\mu_0$ 及对立假设 $H_1:\mu\neq\mu_0$;

(ii) 在 $H_0:\mu=\mu_0$成立的条件下,选统计量

$$T=\frac{\overline{X}-\mu_0}{S/\sqrt{n}}\sim t(n-1) \tag{8.2.2}$$

(iii) 对给定的显著性水平 α,根据对立假设 H_1 和统计量 T 的分布,小概率事件为$|T|>t_{\alpha/2}(n-1)$,其概率表达式为

$$P(|T|>t_{\alpha/2}(n-1))=\alpha$$

(iv) 由样本值算出样本均值及样本方差 $\bar{x},s^2$,从而算出统计量 T 的值t,并查出 $t_{\alpha/2}(n-1)$;

(v) 判断小概率事件($|T|>t_{\alpha/2}(n-1)$)是否发生.

若$|t|>t_{\alpha/2}(n-1)$,即小概率事件在一次试验中发生,于是拒绝 H_0,即接受 $H_1:\mu\neq\mu_0$;

若$|t|<t_{\alpha/2}(n-1)$,即小概率事件在一次试验中不发生,于是接受 $H_0:\mu=\mu_0$.

以上的检验法通常称为 t **检验法**(t-test).

例 8.2.3 某厂甲、乙两个车间生产同一种产品，其质量指标假定都服从正态分布，标准规格为均值等于 120. 现从两车间分别抽出 5 件产品，测得的指标值列于表 8.2，试根据这些数据去判断该厂的两个车间是否符合预定规格 120（检验水平 $\alpha=0.05$）.

表 8.2

甲车间	119	120	119.2	119.7	119.6
乙车间	110.5	106.3	122.2	113.8	117.2

解 该问题可以提为假设检验的问题：

原假设：$H_0:\mu=120$，对立假设：$H_1:\mu\neq 120$，方差未知.

对于甲车间，可以算出：$\bar{x}=119.5$，$s=0.4$，查表得 $t_{\alpha/2}(n-1)=t_{0.025}(4)=2.776$. 于是

$$\sqrt{n}\mid \bar{x}-\mu_0\mid/s=\sqrt{5}\mid 119.5-120\mid/0.4=2.795>2.776$$

对于乙车间，可以算出：$\bar{x}=114$，$s=6.105$，而

$$\sqrt{n}\mid \bar{x}-\mu_0\mid/s=\sqrt{5}\mid 114-120\mid/6.105=2.198<2.776$$

所以按 0.05 的检验水平，结论是：甲车间产品与规格不符，但未发现乙车间产品与规格不符的有力证据.

注 这个结论看起来似乎让人难以接受. 因为甲车间 5 件产品都与标准相差无几，反倒认为不合规格；而乙 5 件中除一件外，都比标准规格低很多，反倒认为可以通过. 这是为什么？

① 首先我们注意到甲车间的 $s=0.4$ 远低于乙车间的 $s=6.105$，这表明甲车间产品规格比乙车间稳定得多.

② 也正是因为甲车间产品规格很整齐，所以，与标准值 120 的细微差别也被检测出来了. 不能不承认：甲车间产品的平均规格有很大可能略低于标准值. 虽只略低一点，也是事实，不能归因于随机误差.

③ 乙车间抽出的 5 件产品的指标大多远低于标准值，使我们有理由怀疑，该车间产品平均规格达不到 120. 但由于该车间产品质量波动太大，所测得的数据尚不能很有把握认为其平均规格确与标准有差距，而非随机性影响所致，就是说，现有的数据可能太少了些.

(3) 单侧检验

许多实际问题中，需要检验的问题往往写成以下两种形式更合理，即：

右侧检验：$H_0:\mu\leqslant\mu_0$，$H_1:\mu>\mu_0$ 和左侧检验：$H_0:\mu\geqslant\mu_0$，$H_1:\mu<\mu_0$.

我们仅就方差 σ^2 已知时来讨论这个问题(方差未知时情形类似).先考虑右侧检验问题.以$\overline{X}$记样本均值,$\overline{X}$是μ 的估计,故$\overline{X}$愈小,直观上看与原假设 H_0 愈符合;反之,$\overline{X}$愈大,则与对立假设 H_1 愈符合,由此我们得出一个直观上合理的检验是:

当$\overline{X}\leqslant C$ (C 是一个常数)时接受原假设 H_0,$\overline{X}>C$ 时否定H_0.剩下的问题是确定常数 C.

右侧检验问题解法:

(i) 给出原假设 $H_0:\mu\leqslant\mu_0$ 及对立假设 $H_1:\mu>\mu_0$;

(ii) 选统计量

$$U=\frac{\overline{X}-\mu_0}{\sigma/\sqrt{n}}\sim N(0,1) \tag{8.2.3}$$

(iii) 对给定的显著性水平 α,根据对立假设 H_1 和统计量 U 的分布,小概率事件为 $U>u_\alpha$,其概率表达式为

$$P(U>u_\alpha)=\alpha$$

(iv) 由样本值算出样本均值 $\bar{x}$,从而算出统计量 U 的值u,并查出 u_α.

判断小概率事件($U>u_\alpha$)是否发生.这里,H_0 关于$\overline{X}$的拒绝域为$\left(\mu_0+u_\alpha\frac{\sigma}{\sqrt{n}},+\infty\right)$.

左侧检验问题解法:

(i) 给出原假设 $H_0:\mu\geqslant\mu_0$及对立假设 $H_1:\mu<\mu_0$;

(ii) 选统计量

$$U=\frac{\overline{X}-\mu_0}{\sigma/\sqrt{n}}\sim N(0,1) \tag{8.2.4}$$

(iii) 对给定的显著性水平 α,根据对立假设 H_1 和统计量 U 的分布,小概率事件为($U<-u_\alpha$),其概率表达式为

$$P(U<-u_\alpha)=\alpha$$

(v) 由样本值算出样本均值 $\bar{x}$,从而算出统计量 U 的值u,并查出 u_α.

判断小概率事件($U<-u_\alpha$)是否发生.这里,H_0 关于 $\overline{X}$ 的拒绝域为$\left(-\infty,\mu_0-u_\alpha\frac{\sigma}{\sqrt{n}}\right)$(图 8.3).

注 式(8.2.4)的 μ_0 未必是总体的均值,它只是真正总体期望值 μ 的一个下界,因为 μ 是未知的,从而式(8.2.4)的 U 并不见得遵从正态分布,但我们可以这

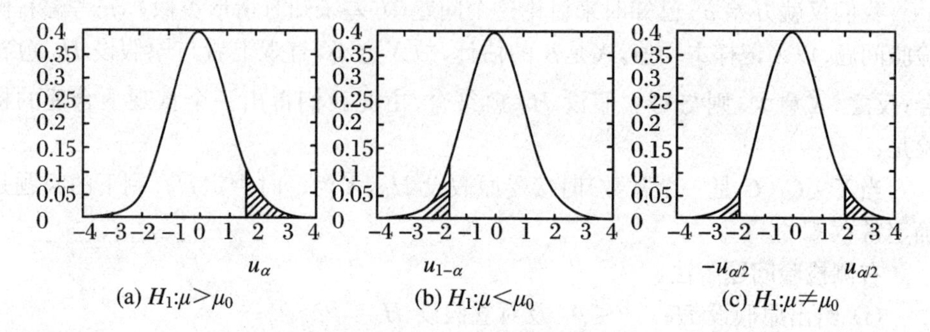

(a) $H_1:\mu>\mu_0$　　(b) $H_1:\mu<\mu_0$　　(c) $H_1:\mu\neq\mu_0$

图 8.3　U 检验的拒绝域

样来考虑问题：

设想真正的期望值是 μ，则

$$U^* = \frac{\overline{X}-\mu}{\sigma/\sqrt{n}} \sim N(0,1) \tag{8.2.5}$$

我们可以在选择一个水平 α 下，查表得一临界值 u_α 和相应的否定域

$$W = (U < -u_\alpha)$$

而

$$P(U^* \in W) = \alpha \tag{8.2.6}$$

以下步骤自然应算出(由样本)U^* 的值，观察它是否落入 W 区域内；如果是，则以 α 检验水平可否定 H_0 而接受 H_1. 然而，由于式(8.2.5)是含有未知的 μ，故给了样本 $x_1,x_2,\cdots,x_n$ 之后是算不出来的，所以不能直接算 U^*. 但数学上我们知道，由于在 H_0 之下 $\mu\geqslant\mu_0$，故式(8.2.5)中若用 μ_0 代替其中的 μ，则 U^* 的数值将变大：

$$U^* = \frac{\overline{X}-\mu}{\sigma/\sqrt{n}} \leqslant \frac{\overline{X}-\mu_0}{\sigma/\sqrt{n}} = U \tag{8.2.7}$$

只要 $\mu\geqslant\mu_0$，式(8.2.7)总是成立的，并不需要知道具体的 μ 值.

因此，对否定域 W，如果统计量 U 落入 W，则 $U^*<U$，U^* 必然也在 W 之中(虽然具体位置不知道)，所以可以以 α 水平拒绝 H_0 而接受 H_1.

例 8.2.4　某厂生产的一种铜丝的主要质量指标为折断力大小，根据以往资料分析，可以认为折断力 X 服从正态分布，且数学期望 $\mu=570$(千克)，标准差 $\sigma=8$(千克). 现换了原材料生产一批铜丝，并从中抽出 10 个样品，测得折断力(单位：千克)为

578，　572，　568，　570，　572，　570，　570，　572，　596，　584

从性质上分析，估计折断力的方差不会变化. 问这批铜丝的折断力是否比以往生产的铜丝的较大(检验水平 $\alpha=0.05$)?

解　由题意建立假设

$$H_0: \mu \leqslant 570 \quad \text{vs} \quad H_1: \mu > 570$$

用 U 检验法,这时拒绝域为

$$W = \left\{ (x_1, x_2, \cdots, x_n) \left| \frac{\bar{x} - \mu_0}{\sigma/\sqrt{n}} \geqslant u_\alpha \right. \right\}$$

这里,$\sigma = 8, n = 10, \mu_0 = 570, u_\alpha = u_{0.05} = 1.64$,由样本算得 $\bar{x} = 575.2$,代入可得

$$U = \frac{575.2 - 570}{8/\sqrt{10}} \approx 2.055 > 1.64$$

因此拒绝 H_0,即认为新生产的铜丝的折断力明显提高.

3. 利用中心极限定理的大样本检验

我们在第5章中曾介绍一条重要的结论,即中心极限定理.该定理告诉我们:设随机变量序列 $x_1, x_2, \cdots, x_n$ 是相互独立同分布的,不管该分布是何种分布,若期望 μ、方差 σ^2 存在,则

$$U_n = \frac{\sum_{i=1}^{n} X_i - n\mu}{\sqrt{n}\sigma} \tag{8.2.8}$$

当 n 较大时近似服从 $N(0,1)$ 分布.将式(8.2.8)作一点变化:令

$$U = \frac{\overline{X} - \mu}{\sigma}\sqrt{n} \tag{8.2.9}$$

则 U 近似服从 $N(0,1)$ 分布.

在实际应用中,我们的随机样本是同分布的,理论上假设其期望与方差都存在,这些条件一般都可以满足,因此,在 σ 已知的条件下,可用

$$U = \frac{\overline{X} - \mu}{\sigma}\sqrt{n} \sim N(0,1) \tag{8.2.10}$$

作均值的检验.如果 σ 未知,则不妨用 S 代替 σ 来作检验,至于"n 充分大"是多大才可用式(8.2.10)的近似分布,在统计学中并无特别的规定,从经验看,一般来说,n 在30以上即可用,当然 n 愈大愈好.

例 8.2.5　斯坦福心脏移植项目起始于1967年10月.病人经过一个委员会的会诊后就可以进入该项目,然后就等待可供的合适的心脏.在等待过程中有些人死亡,另一些人退出,但大部分人接受了移植.表8.3是截至1980年2月184例病人接受移植后可记录到的存活天数的部分记录,其中包括一些有过多次心脏移植病人的完整存活天数.问:就以上已死亡的人来观察,当时接受心脏移植的病人存活的天数平均来说是否超过300天?

表 8.3

编号	1	2	3	4	5	6	7	8	9
生存天数	15	3	46	623	126	64	1 350	23	278
编号	10	11	12	13	14	15	16	17	18
生存天数	1 024	10	39	730	1 961	136	1	836	60
编号	19	20	21	22	23	24	25	26	27
生存天数	1 996	0	47	54	51	2 878	44	994	51
编号	28	29	30	31	32	33	34	35	36
生存天数	1 478	254	897	148	51	323	66	2 723	550
编号	37	38	39	40	41	42	43	44	45
生存天数	66	65	227	25	631	12	63	2 474	1 384
编号	46	47	48	49	50	51	52	53	54
生存天数	544	29	48	297	1 318	1 352	50	547	431
编号	55	56	57	58	59	60	61	62	63
生存天数	68	26	161	14	1 634	146	48	2 127	263
编号	64	65	66	67	68	69	70	71	72
生存天数	293	65	731	538	68	928	22	40	7
编号	73	74	75	76	77	78	79	80	81
生存天数	25	1 534	1 271	44	1 247	1 232	191	1 202	274
编号	82	83	84	85	86	87	88	89	90
生存天数	31	42	381	47	626	48	1 150	45	195
编号	91	92	93	94	95	96	97	98	99
生存天数	30	729	121	202	265	1	328	86	132
编号	100	101	102	103	104	105	106	107	108
生存天数	221	90	36	169	122	382	10	5	136
编号	109	110	111	112	113				
生存天数	50	139	22	145	138				

解 提出原假设 $H_0: \mu \leqslant 300 = \mu_0$ 及对立假设 $H_1: \mu > 300 = \mu_0$.

构造统计量

$$T=\frac{\overline{X}-\mu_0}{S}\sqrt{n} \tag{8.2.11}$$

将样本值代入式(8.2.11),取 $n=113$,计算得 $\bar{x}=440.8496$,$s=629.168$,则

$$t=\frac{440.8496-300}{629.168}\times\sqrt{113}=2.3797$$

计算 p 值:$p=P(T>2.3797)=0.00866$.

结论:实际检验与 $H_0:\mu\leqslant 300$ 有非常显著的差异,故认定存活天数在 300 天以上(检验水平 $\alpha=0.01$).

图 8.4 给出了均值检验选择统计量的图解.

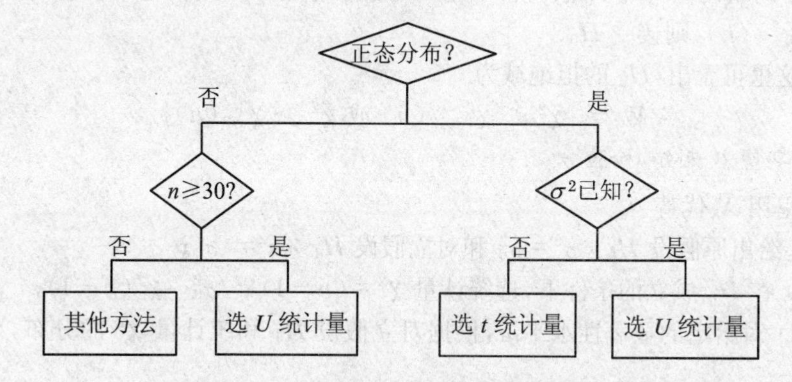

图 8.4　均值检验选择统计量的图解

思考题　有两组学生的成绩.第一组为 10 名,成绩 x 为:100,99,99,100,100,100,100,99,100,99;第二组为 2 名,成绩 y 为:50,0.我们对这两组数据作同样的水平 $\alpha=0.05$ 的 t 检验:$H_0:\mu=100$ vs $H_1:\mu<100$.

有人给出以下结论:

(i) 对第一组数据的结果为:t 值为 -2.4495,单边的 p 值为 0.0184;结论为:拒绝 H_0.

(ii) 对第二组数据的结果为:t 值为 -3,单边的 p 值为 0.1024;结论为:接受 H_0.

你认为该问题的这些结论合理吗?进行讨论,并说出理由.

8.2.2　正态总体方差的假设检验

1. 期望已知,检验 σ^2

解法如下:

(i) 给出原假设 $H_0: \sigma^2 = \sigma_0^2$ 和对立假设 $H_1: \sigma^2 \neq \sigma_0^2$;

(ii) 在 H_0 成立的条件下,选统计量 $\chi^2 = \sum_{i=1}^{n}\left(\frac{X_i - \mu}{\sigma_0}\right)^2 \sim \chi^2(n)$;

(iii) 对给定显著性水平 α,根据对立假设 H_1 和统计量 χ^2 的分布,小概率事件为

$$(0 < \chi^2 < \chi^2_{1-\alpha/2}(n)) \cup (\chi^2_{\alpha/2}(n) < \chi^2 < +\infty)$$

其概率表达式为

$$P((0 < \chi^2 < \chi^2_{1-\alpha/2}(n)) \cup (\chi^2_{\alpha/2}(n) < \chi^2 < +\infty)) = \alpha$$

(iv) 由样本值算出 χ^2 值,查表得 $\chi^2_{1-\alpha/2}(n)$,$\chi^2_{\alpha/2}(n)$;

(v) 判断:若 $0<\chi^2<\chi^2_{1-\alpha/2}(n-1)$ 或 $\chi^2>\chi^2_{\alpha/2}(n)$,则拒绝 H_0,若 $\chi^2_{1-\alpha/2}(n)<\chi^2<\chi^2_{\alpha/2}(n)$,则接受 H_0.

从这里可看出,H_0 的拒绝域为

$$W = \{\chi^2 \leqslant \chi^2_{1-\alpha/2}(n) \text{ 或 } \chi^2 \geqslant \chi^2_{\alpha/2}(n)\}$$

2. 期望 μ 未知,检验 σ^2

这里用 $\overline{X}$ 代替 μ.

(i) 给出原假设 $H_0: \sigma^2 = \sigma_0^2$ 和对立假设 $H_1: \sigma^2 \neq \sigma_0^2$;

(ii) 在 H_0 成立的条件下,选统计量 $\chi^2 = (n-1)S^2/\sigma_0^2 \sim \chi^2(n-1)$;

(iii) 对给定的显著性水平 α,根据对立假设 H_1 和统计量 χ^2 的分布,小概率事件为

$$(0 < \chi^2 < \chi^2_{1-\alpha/2}(n-1)) \cup (\chi^2_{\alpha/2}(n-1) < \chi^2 < +\infty)$$

其概率表达式为

$$P((0 < \chi^2 < \chi^2_{1-\alpha/2}(n-1)) \cup (\chi^2_{\alpha/2}(n-1) < \chi^2 < +\infty)) = \alpha$$

(iv) 由样本值算出 χ^2,s^2 值,查表得 $\chi^2_{1-\alpha/2}(n-1)$,$\chi^2_{\alpha/2}(n-1)$;

(v) 判断:若 $0<\chi^2<\chi^2_{1-\alpha/2}(n-1)$ 或 $\chi^2>\chi^2_{\alpha/2}(n-1)$,则拒绝 H_0,若 $\chi^2_{1-\alpha/2}(n-1)<\chi^2<\chi^2_{\alpha/2}(n-1)$,则接受 H_0.

从这里可看出,H_0 的拒绝域为

$$W = \{\chi^2 \leqslant \chi^2_{1-\alpha/2}(n-1) \text{ 或 } \chi^2 \geqslant \chi^2_{\alpha/2}(n-1)\}$$

例 8.2.6 续例 8.2.4(检验水平为 $\alpha = 0.05$).问是否可以相信该批铜丝折断力的方差为 64?

解 由题意知,要检验假设 $H_0: \sigma^2 = 64$ vs $H_1: \sigma^2 \neq 64$.因为 μ 未知,故检验统计量为

$$\chi^2 = \frac{(n-1)S^2}{\sigma_0^2} \sim \chi^2(n-1)$$

这里，$n=10$，$\alpha=0.05$，$\chi^2_{\alpha/2}(n-1)=\chi^2_{0.025}(9)=19.02$，$\chi^2_{1-\alpha/2}(n-1)=\chi^2_{0.975}(9)=2.70$，计算得

$$\bar{x}=575.7,\quad (n-1)s^2=260.1$$

由此可得

$$\chi^2=\frac{\sum_{i=1}^{n}(X_i-\bar{X})^2}{\sigma_0^2}=\frac{260.1}{64}\approx 4.06$$

因为 $2.70<4.06<19.02$，根据 χ^2 检验法，应接受 H_0，即认为这批铜丝的折断力的方差为 64.

3. 单侧检验

以 μ 已知的情况为例说明.

右侧检验：

(i) 给出原假设 $H_0:\sigma^2\leqslant\sigma_0^2$ 和对立假设 $H_1:\sigma^2>\sigma_0^2$；

(ii) 取统计量 $\chi^2=\sum_{i=1}^{n}\left(\frac{X_i-\mu}{\sigma_0}\right)^2\sim\chi^2(n)$；

(iii) 对给定显著性水平 α，根据对立假设 H_1 和统计量 χ^2 的分布，小概率事件为 $(\chi^2>\chi^2_\alpha(n))$，其概率表达式为 $P(\chi^2>\chi^2_\alpha(n))=\alpha$；

(iv) 由样本值算出 χ^2 值，查表得 $\chi^2_\alpha(n)$；

从上可以看出，H_0 的拒绝域为 $W=\{\chi^2\geqslant\chi^2_\alpha(n)\}$.

左侧检验：

(i) 给出原假设 $H_0:\sigma^2\geqslant\sigma_0^2$ 和对立假设 $H_1:\sigma^2<\sigma_0^2$；

(ii) 取统计量 $\chi^2=\sum_{i=1}^{n}\left(\frac{X_i-\mu}{\sigma_0}\right)^2\sim\chi^2(n)$；

(iii) 对给定显著性水平 α，根据对立假设 H_1 和统计量 χ^2 的分布，小概率事件为 $(\chi^2<\chi^2_{1-\alpha}(n))$，其概率表达式为 $P(\chi^2<\chi^2_{1-\alpha}(n))=\alpha$；

(iv) 由样本值算出 χ^2 值，查表得 $\chi^2_{1-\alpha}(n)$.

从上可以看出，H_0 的拒绝域为 $W=\{\chi^2\leqslant\chi^2_{1-\alpha}(n)\}$.

例 8.2.7 在进行工艺改革时，如果方差显著增大，则改革需朝相反方向进行以减少方差；若方差变化不显著，需试行别的改革方案. 现在加工 45 个活塞，对某项工艺进行改革，在新工艺下对加工好的 25 个活塞的直径进行测量，并由测量值算得样本方差 $s^2=0.000\,66$. 已知在工艺改革前活塞直径的方差为 0.000 40，问进一步改革的方向如何($\alpha=0.05$)?

解 设测量值 X 服从正态分布 $N(\mu,\sigma^2)$. 已知工艺改革前方差 $\sigma^2=$

0.000 40,现要确定下一步改革的方向.由题意可知,需考察改革后的活塞直径的方差 σ^2 是否不大于改革前的方差.因此待检假设可设为

$$H_0: \sigma^2 \leqslant 0.00040 \quad \text{vs} \quad H_1: \sigma^2 > 0.00040$$

这是一个复合假设,由前面的讨论可知,拒绝域为

$$W = \left\{ (x_1, x_2, \cdots, x_n) \left| \frac{(n-1)s^2}{\sigma_0^2} > \chi_\alpha^2(n-1) \right. \right\}$$

这里,$n=25, s^2=0.00066$,由 $\alpha=0.05$,查 χ^2 分布表得

$$\chi_\alpha^2(n-1) = \chi_{0.05}^2(24) = 36.415$$

于是

$$\frac{(n-1)s^2}{\sigma_0^2} = \frac{24 \times 0.00066}{0.00040} = 39.60 > 36.415$$

故应拒绝 H_0,即改革后的方差显著大于改革前的方差.因此,下一步改革应朝相反方向进行.

例 8.2.8 在正常的生产条件下,某产品的测试指标总体 $X \sim N(\mu_0, \sigma_0^2)$,其中 $\sigma_0=0.23$.后来改变了生产工艺,制出了新产品.假设新产品的测试指标总体仍为 X,且知 $X \sim N(\mu, \sigma^2)$.现从新产品中随机抽取10件,测得样本值为 $x_1, x_2, \cdots, x_{10}$,算得样本标准差 $s=0.33$.试在检验水平 $\alpha=0.05$ 的情况下检验:

(1) 方差 σ^2 有没有显著变化?

(2) 方差 σ^2 是否变大?

解 (1) 属于双侧检验问题

$$H_0: \sigma^2 = \sigma_0^2 = 0.23^2 \quad \text{vs} \quad H_1: \sigma^2 \neq \sigma_0^2$$

选统计量

$$\chi^2 = \frac{(n-1)S^2}{\sigma_0^2} \sim \chi^2(n-1)$$

H_0 的拒绝域为 $W=\{\chi^2 \leqslant \chi_{1-\alpha/2}^2(n-1)\} \cup \{\chi^2 \geqslant \chi_{\alpha/2}^2(n-1)\}$,计算得

$$\chi^2 = \frac{(n-1)s^2}{\sigma_0^2} \approx 18.527$$

查表得

$$\chi_{1-\alpha/2}^2(n-1) = \chi_{0.975}^2(9) \approx 2.7, \quad \chi_{\alpha/2}^2(n-1) = \chi_{0.025}^2(9) \approx 19.023$$

由于 $2.7 < \chi^2 = 18.527 < 19.023$,所以接受 H_0,即新产品指标的方差与原产品比较没有显著变化.

(2) 属于右侧检验问题

$$H_0: \sigma^2 \leqslant \sigma_0^2 = 0.23^2 \quad \text{vs} \quad H_1: \sigma^2 > \sigma_0^2$$

统计量仍为

$$\chi^2 = \frac{(n-1)S^2}{\sigma_0^2} \sim \chi^2(n-1)$$

H_0 的拒绝域为 $W=\{\chi^2 \geqslant \chi_\alpha^2(n-1)\}$.

而 $\chi^2=18.527$,查表得 $\chi_\alpha^2(n-1)=\chi_{0.05}^2(9)\approx 16.919$.

由于 $\chi^2=18.527>16.919$,故拒绝 H_0,即接受 H_1,说明新产品指标的方差比原产品指标的方差显著地变大.

注 本例中(1)和(2)两种情况下的结论好像是矛盾的:(1)中说没有显著变化,(2)中说显著地变大.这是因为任何一个假设都是在一定的检验水平 α 下进行的,对同一个 α,不同的假设有着不同的拒绝域(或接受域).由于(1)和(2)是不同的假设检验问题,拒绝域不同,因此,同一个 χ^2 值,不在(1)的拒绝域却可在(2)的拒绝域内,这是正常的(图 8.5).

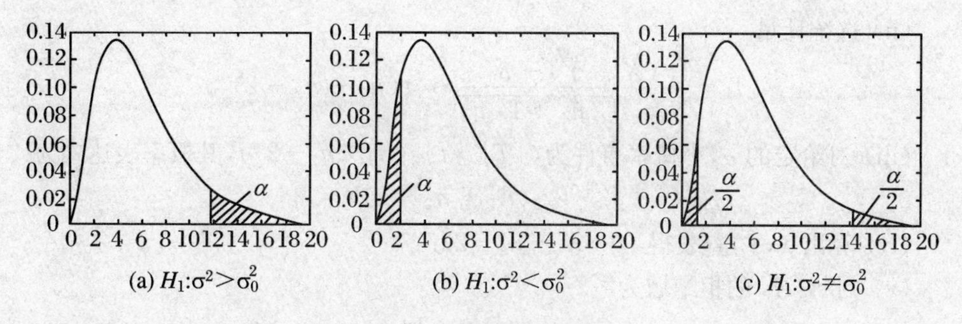

图 8.5 χ^2 检验的拒绝域

8.2.3 两正态总体期望差的假设检验

设总体 $X\sim N(\mu_1,\sigma_1^2)$, $Y\sim N(\mu_2,\sigma_2{}^2)$, $X_1,X_2,\cdots,X_{n_1}$ 和 $Y_1,Y_2,\cdots,Y_{n_2}$ 分别为来自 X,Y 的相互独立的样本.

下面分三种情况讨论.

1. σ_1^2,σ_2^2 均已知

(i) $H_0: \mu_1-\mu_2=\delta_0$ vs $H_1: \mu_1-\mu_2\neq \delta_0$;

(ii) 选统计量

$$U = \frac{(\overline{X}-\overline{Y})-\delta_0}{\sqrt{\sigma_1^2/n_1+\sigma_2^2/n_2}} \sim N(0,1)$$

(iii) 对给定的 α,小概率事件为$(|U|>u_{\alpha/2})$,其概率表达式为 $P(|U|>u_{\alpha/2})=\alpha$;

(iv) 算出 $\bar{x},\bar{y}$,查表得 $u_{\alpha/2}$;

(v) 判断:H_0 的拒绝域为

$$W=\left\{\bar{x}-\bar{y}\in\left(-\infty,\delta_0-u_{\alpha/2}\sqrt{\frac{\sigma_1^2}{n_1}+\frac{\sigma_2^2}{n_2}}\right)\cup\left(\delta_0+u_{\alpha/2}\sqrt{\frac{\sigma_1^2}{n_1}+\frac{\sigma_2^2}{n_2}},+\infty\right)\right\}$$

对右侧检验:$H_0:\mu_1-\mu_2\leqslant\delta_0$,$H_0$ 的拒绝域为

$$W=\left\{\bar{x}-\bar{y}\in\left(\delta_0+u_\alpha\sqrt{\frac{\sigma_1^2}{n_1}+\frac{\sigma_2^2}{n_2}},+\infty\right)\right\}$$

对左侧检验:$H_0:\mu_1-\mu_2\geqslant\delta_0$,$H_0$ 的拒绝域为

$$W=\left\{\bar{x}-\bar{y}\in\left(-\infty,\delta_0-u_\alpha\sqrt{\frac{\sigma_1^2}{n_1}+\frac{\sigma_2^2}{n_2}}\right)\right\}$$

2. σ_1^2,σ_2^2 均未知,但 $\sigma_1^2=\sigma_2^2=\sigma^2$

(i) $H_0:\mu_1-\mu_2=\delta_0$ vs $H_1:\mu_1-\mu_2\neq\delta_0$;

(ii) 选统计量

$$T=\frac{(\bar{X}-\bar{Y})-\delta_0}{S_w\sqrt{1/n_1+1/n_2}}\sim t(n_1+n_2-2)$$

(iii) 对给定的 α,小概率事件为$(|T|>t_{\alpha/2}(n_1+n_2-2))$,其概率表达式为

$$P(|T|>t_{\alpha/2}(n_1+n_2-2))=\alpha;$$

(iv) 算出 $\bar{x},\bar{y}$,查表得 $t_{\alpha/2}(n_1+n_2-2)$.

(v) 判断:H_0 的拒绝域为

$$W=\{t\in(-\infty,-t_{\alpha/2}(n_1+n_2-2))\cup(t_{\alpha/2}(n_1+n_2-2),+\infty)\}$$

对右侧检验:$H_0:\mu_1-\mu_2\leqslant\delta_0$,$H_0$ 的拒绝域为

$$W=\{\bar{x}-\bar{y}\in(\delta_0+t_\alpha(n_1+n_2-2)S_w\sqrt{1/n_1+1/n_2},+\infty)\}$$

对左侧检验:$H_0:\mu_1-\mu_2\geqslant\delta_0$,$H_0$ 的拒绝域为

$$W=\{\bar{x}-\bar{y}\in(-\infty,\delta_0-t_\alpha(n_1+n_2-2)S_w\sqrt{1/n_1+1/n_2})\}$$

例 8.2.9 第二次世界大战后的一段时间内,许多国家都使用 DDT 作为杀虫剂,然而后来科学家发现它对人畜都有很大的危害而被禁止使用.科学家发现人类或哺乳类动物摄取 DDT 之后会产生颤抖和摇摆的症状.为了解释其原因,科学家取了两组老鼠,各 6 只,一组是 DDT 中毒的,另一组是对照组.主要观测 DDT 对神经活动的影响.正常情况下在一根神经被刺激后,其响应会出现一个尖的电脉冲,随后会有一个小得多的第二个峰;如果第二个峰值过大,可能就会对神经的正常活动产生影响.实际测量到的第二个峰值对第一个峰值的百分比记录于表 8.4 所示.试问:中毒组的峰值是否确实大于对照组?

表 8.4

中毒组	12.207	16.869	25.050	22.429	8.456	20.589
对照组	11.074	9.686	12.064	9.351	8.182	6.642

解 (1) 先检验这两组数据是否服从正态分布(略);

(2) 设假设检验 $H_0: \mu_1 - \mu_2 \leqslant 0$($\mu_1$ 为中毒组的均值,μ_2 为对照组均值,正态独立总体,方差相等而未知),$H_1: \mu_1 - \mu_2 > 0$;

(3) 构造统计量

$$T = \frac{\overline{X} - \overline{Y}}{\sqrt{n_1 S_1^2 + n_2 S_2^2}} \cdot \sqrt{\frac{n_1 n_2 (n_1 + n_2 - 2)}{n_1 + n_2}}$$

其中,$\overline{X}$,$\overline{Y}$ 分别为中毒组与对照组的样本均值,n_1,n_2分别为两组的样本数;

(4) 具体计算($n_1 = n_2 = 6$)

$\bar{x} = 17.6$, $\bar{y} = 9.4998$

$s_1 = 5.7877$, $s_2 = 1.7802$

$$t = \frac{17.6 - 9.4998}{\sqrt{6 \times (5.7877^2 + 1.7802^2)}} \times \sqrt{\frac{6^2 \times (6 + 6 - 2)}{6 + 6}} = 2.9912$$

(5) 计算 p 值:$P = P(t \leqslant qT) = 0.0068$;

(6) 结论:$p < 0.01$,则可认为 H_0 不成立,即中毒组的均值非常显著地高于对照组.

注 如用否定域法,可选 $\alpha = 0.01$,$t_{0.01}(10) = 2.764$,$W = \{2.764 \leqslant T\}$,显然 $t \in W$,故拒绝 H_0 而接受 H_1.

当 σ_1^2,σ_2^2 均未知时,只有当 $\sigma_1^2 = \sigma_2^2$ 成立时才能作 $H_0: \mu_1 = \mu_2$ 的检验,为什么呢?

我们先看一个例子,现在要从两个优良稻种中选取一个推广,故先在甲、乙两个乡中各选取 m 亩和 n 亩地用不同稻种做试验.然后按相同的条件管理,到秋收后考查两乡的平均亩产量,哪一个种子的平均产量高就推广哪一个种子,用统计语言正是两个正态总体(假定产量服从正态分布)的均值比较问题,这里按相同条件予以管理意味着两个总体的方差相同.如果两个乡中甲乡管理十分精细,而乙乡管理十分差,结果乙乡的产量低于甲乡的产量.如果认为乙乡的种子差于甲乡的种子,显然这是不能接受的,因为他们是在不同条件下进行比较的,故当 $\sigma_1^2 \neq \sigma_2^2$ 时,一般不能作检验 $H_0: \mu_1 = \mu_2$.但有些具体问题非得作这样的检验也不是不可以,看下面的一个例子.

例 8.2.10　设 $X_1,\cdots,X_n$；$Y_1,\cdots,Y_n$ 分别是从两个独立正态总体 $N(\mu_1,\sigma_1^2)$和 $N(\mu_2,\sigma_2^2)$中抽取的样本.作下列检验：$H_0:\mu_1=\mu_2$ vs $H_1:\mu_1\neq\mu_2$（假设 σ_1^2,σ_2^2未知）.

解　由于 X 与 Y 的样本数相同，令

$$Z_i = X_i - Y_i \sim N(\mu_1-\mu_2,\sigma_1^2+\sigma_2^2)$$

以 Z_i 为基础作检验 $H_0:\mu_1-\mu_2=0$.记

$$S^2=\frac{1}{n-1}\sum_{i=1}^{n}(X_i-Y_i-\overline{X}+\overline{Y})^2=\frac{1}{n-1}\sum_{i=1}^{n}(Z_i-\overline{Z})^2$$

于是

$$\frac{(n-1)S^2}{\sigma_1^2+\sigma_2^2}\sim\chi^2(n-1)$$

取统计量$\sqrt{n}\,\overline{Z}/S$，在 H_0 下此统计量服从 $t(n-1)$分布.从而拒绝域为

$$W=\left\{(X_1,\cdots,X_n,y_1,\cdots,y_n)\,\middle|\,\sqrt{n}\,\frac{|\overline{X}-\bar{y}|}{s}>t_{1-\alpha/2}(n-1)\right\}$$

3. σ_1^2,σ_2^2 均未知，但 n_1,n_2都很大

(i) $H_0:\mu_1-\mu_2=\delta_0$ vs $H_1:\mu_1-\mu_2\neq\delta_0$；

(ii) 选统计量

$$U=\frac{(\overline{X}-\overline{Y})-\delta_0}{\sqrt{S_1^2/n_1}}+S_2^2/n_2\sim N(0,1)$$

(iii) 对给定的 α，小概率事件为$(|U|>u_{\alpha/2})$，其概率表达式为 $P(|U|>u_{\alpha/2})=\alpha$；

(iv) 算出 $\bar{x},\bar{y}$，查表得 $u_{\alpha/2}$；

(v) 判断：H_0 的拒绝域为

$$W=\left\{\bar{x}-\bar{y}\in\left(-\infty,\delta_0-u_{\alpha/2}\sqrt{\frac{S_1^2}{n_1}+\frac{S_2^2}{n_2}}\right)\cup\left(\delta_0+u_{\alpha/2}\sqrt{\frac{S_1^2}{n_1}+\frac{S_2^2}{n_2}},+\infty\right)\right\}$$

对右侧检验：$H_0:\mu_1-\mu_2<\delta_0$，H_0 的拒绝域为

$$W=\left\{\bar{x}-\bar{y}\in\left(\delta_0+u_\alpha\sqrt{\frac{S_1^2}{n_1}+\frac{S_2^2}{n_2}},+\infty\right)\right\}$$

对左侧检验：$H_0:\mu_1-\mu_2>\delta_0$，H_0 的拒绝域为

$$W=\left\{\bar{x}-\bar{y}\in\left(-\infty,\delta_0-u_\alpha\sqrt{\frac{S_1^2}{n_1}+\frac{S_2^2}{n_2}}\right)\right\}$$

8.2.4　两正态总体方差比的 F 检验

设总体 $X\sim N(\mu_1,\sigma_1^2)$，$Y\sim N(\mu_2,\sigma_2^2)$，$\overline{X},\overline{Y},S_1^2,S_2^2$ 分别是 X,Y 的样本

$X_1,\cdots,X_{n_1}$ 和 $Y_1,\cdots,Y_{n_2}$ 的均值和样本方差，$\dfrac{\sigma_1^2}{\sigma_2^2}$ 为方差比.

1. μ_1,μ_2 已知

(i) $H_0:\dfrac{\sigma_1^2}{\sigma_2^2}=1$，即 $\sigma_1^2=\sigma_2^2$ vs $H_1:\sigma_1^2\neq\sigma_2^2$；

(ii) 因为

$$\sum_{i=1}^{n_1}\left(\frac{X_i-\mu_1}{\sigma_1}\right)^2\sim\chi^2(n_1),\quad \sum_{j=1}^{n_2}\left(\frac{Y_j-\mu_2}{\sigma_2}\right)^2\sim\chi^2(n_2)$$

所以在 H_0 成立的条件下，选统计量

$$F=\frac{\dfrac{1}{n_1}\displaystyle\sum_{i=1}^{n_1}\left(\frac{X_i-\mu_1}{\sigma_1}\right)^2}{\dfrac{1}{n_2}\displaystyle\sum_{j=1}^{n_2}\left(\frac{Y_j-\mu_2}{\sigma_2}\right)^2}\sim F(n_1,n_2)$$

(iii) 给定的 α，小概率事件为

$$(0<F<F_{1-\alpha/2}(n_1,n_2))\cup(F_{\alpha/2}(n_1,n_2)<F<+\infty)$$

其概率表达式为

$$P((0<F<F_{1-\alpha/2}(n_1,n_2))\cup(F_{\alpha/2}(n_1,n_2)<F<+\infty))=\alpha$$

(iv) 计算 F：查表得 $F_{1-\alpha/2}(n_1,n_2)$，$F_{\alpha/2}(n_1,n_2)$；

(v) 判断：若 $0<F<F_{1-\alpha/2}(n_1,n_2)$ 或 $F_{\alpha/2}(n_1,n_2)<F<+\infty$，则拒绝 H_0，即 H_0 的拒绝域为

$$W=\{F\leqslant F_{1-\alpha/2}(n_1,n_2)\}\cup\{F\geqslant F_{\alpha/2}(n_1,n_2)\}$$

2. μ_1,μ_2 未知

(i) $H_0:\dfrac{\sigma_1^2}{\sigma_2^2}=1$，即 $\sigma_1^2=\sigma_2^2$ vs $H_1:\sigma_1^2\neq\sigma_2^2$；

(ii) 在 H_0 成立的条件下，选统计量

$$F=\frac{\dfrac{1}{n_1-1}\displaystyle\sum_{i=1}^{n_1}\left(\frac{X_i-\overline{X}}{\sigma_1}\right)^2}{\dfrac{1}{n_2-1}\displaystyle\sum_{j=1}^{n_2}\left(\frac{Y_j-\overline{Y}}{\sigma_2}\right)^2}=\frac{S_1^2}{S_2^2}\sim F(n_1-1,n_2-1)$$

(iii) 给定 α，小概率事件为

$$(0<F<F_{1-\alpha/2}(n_1-1,n_2-1))\cup(F_{\alpha/2}(n_1-1,n_2-1)<F<+\infty)$$

其概率表达式为

$$P((0<F<F_{1-\alpha/2}(n_1-1,n_2-1))\cup(F_{\alpha/2}(n_1-1,n_2-1)<F<+\infty))=\alpha$$

(iv) 计算 F:查表得 $F_{1-\alpha/2}(n_1-1,n_2-1)$,$F_{\alpha/2}(n_1-1,n_2-1)$;

(v) 判断:H_0 的拒绝域为

$$W=\{F\leqslant F_{1-\alpha/2}(n_1-1,n_2-1)\}\cup\{F\geqslant F_{\alpha/2}(n_1-1,n_2-1)\}$$

例 8.2.11 用两种方法研究冰的潜热,样本取自 -72 ℃的冰.用方法 A 做,取样本容量 $n_1=13$,用方法 B 做,取样本容量 $n_2=8$,测量每克冰从 -72 ℃变为 0 ℃的水,其中热量的变化数据为:

方法 A: 79.89, 80.04, 80.02, 80.04, 80.03, 80.04, 80.03, 79.97
80.05, 80.03, 80.02, 80.00, 80.02;

方法 B: 80.02, 79.94, 79.97, 79.98, 79.97, 80.03, 79.95, 79.97.

假设两种方法测得的数据总体都服从正态分布.试问:

(1) 两种方法测量总体的方差是否相等($\alpha=0.05$)?

(2) 两种方法测量总体的均值是否相等($\alpha=0.05$)?

解 (1) 属于 μ_1,μ_2未知的情况下方差比检验问题:

$$H_0:\sigma_1^2=\sigma_2^2\ (\text{即}\sigma_1^2/\sigma_2^2=1)\quad \text{vs}\quad H_1:\sigma_1^2\neq\sigma_2^2$$

在 H_0 成立的条件下,选统计量

$$F=S_1^2/S_2^2\sim F(n_1-1,n_2-1)$$

计算相关数值

$$\bar{x}=\frac{1}{13}\sum_{i=1}^{13}x_i\approx 80.02,\quad S_1^2=\frac{1}{13-1}\sum_{i=1}^{13}(x_i-\bar{x})^2\approx 5.75\times 10^{-4}$$

$$\bar{y}=\frac{1}{8}\sum_{j=1}^{8}y_j\approx 79.98,\quad S_2^2=\frac{1}{8-1}\sum_{i=1}^{13}(y_i-\bar{y})^2\approx 9.86\times 10^{-4}$$

$$F=\frac{S_1^2}{S_2^2}=\frac{5.75\times 10^{-4}}{9.86\times 10^{-4}}\approx 0.5842$$

查表

$$F_{\alpha/2}(n_1-1,n_2-1)=F_{0.025}(12,7)\approx 4.67$$

$$F_{1-\alpha/2}(n_1-1,n_2-1)=F_{0.975}(12,7)=\frac{1}{F_{0.025}(7,12)}\approx 0.277$$

因为 $0.277<0.5842<4.67$,即 F 在 H_0 的接受域内,故接受 H_0,即两个测量总体的方差相等.

(2) 在 σ_1^2,σ_2^2 未知的情况下,检验两正态总体的均值差:

$$H_0:\mu_1=\mu_2\ (\text{即}\ \mu_1-\mu_2=0)\quad \text{vs}\quad H_1:\mu_1\neq\mu_2$$

由(1)知 $\sigma_1^2=\sigma_2^2$,在 H_0 成立的条件下,选统计量

$$T = \frac{\overline{X} - \overline{Y}}{S_w \sqrt{1/n_1 + 1/n_2}} \sim t(n_1 + n_2 - 2)$$

计算相关数值

$$S_w^2 = \frac{(n_1 - 1)S_1^2 + (n_2 - 1)S_2^2}{(n_1 + n_2 - 2)} = \frac{12 \times 5.75 \times 10^{-4} + 7 \times 9.86 \times 10^{-4}}{13 + 8 - 2} \approx 7.26 \times 10^{-4}$$

$$S_w \approx 2.7 \times 10^{-2}$$

$$|t| = \frac{|\bar{x} - \bar{y}|}{S_w \sqrt{1/n_1 + 1/n_2}} = \frac{|80.02 - 79.98|}{2.7 \times 10^{-2} \sqrt{1/13 + 1/8}} \approx 3.2969$$

查表

$$t_{\alpha/2}(n_1 + n_2 - 2) = t_{0.025}(19) = 2.903$$

因为$|t| = 3.2969 > 2.903$,故拒绝 H_0,即接受 H_1,说明两种方法的测量总体的均值不相等.

例 8.2.12　现有甲、乙两台车床生产同一型号的滚珠.根据经验认为两台车床生产的滚珠直径都服从正态分布.现从这两台车床生产的产品中分别抽出8个和9个,测得的直径(单位:毫米)分别为:

甲:15.0, 14.5, 15.2, 14.8, 15.1, 15.2, 14.8, 15.5;

乙:15.2, 14.8, 15.2, 15.0, 15.0, 14.8, 15.1, 14.8, 15.0.

试问:乙车床生产的滚珠直径的方差是否比甲车床生产的小($\alpha = 0.05$)?

解　设 X, Y 分别表示甲、乙两台车床的滚珠的直径,即 $X \sim N(\mu_1, \sigma_1^2)$, $Y \sim N(\mu_2, \sigma_2^2)$,依题意需检验

$$H_0: \sigma_1^2 \leqslant \sigma_2^2 \quad \text{vs} \quad H_1: \sigma_1^2 > \sigma_2^2$$

其水平为 α 的拒绝域为

$$W = \{S_1^2 / S_2^2 \geqslant F_\alpha(n_1 - 1, n_2 - 1)\}$$

这里,$n_1 = 8, n_2 = 9, \alpha = 0.05$,从而 $F_\alpha(n_1 - 1, n_2 - 1) = F_{0.05}(7,8) = 3.50$,由样本算得

$$S_1^2 = \frac{0.67}{7}, \quad S_2^2 = \frac{0.21}{8}$$

于是

$$F = \frac{S_1^2}{S_2^2} = \frac{0.67}{0.21} \times \frac{8}{7} = 3.65 > 3.50$$

故拒绝 H_0,即表示乙车床生产的滚珠直径的方差比甲车床生产的小.

8.3* 似然比检验

统计假设的显著性检验规则决定于假设的否定域,而否定域是借助于统计量建立起来的.因此,如何选择统计量以及选择什么样的统计量是十分重要的问题.然而,实际上选择统计量多数情况不可能像对于正态总体那样具体给出,特别是求统计量的分布是比较困难的,因此,在更多的情况下,人们不得不从直观的想法出发,设法去构造一个或一些看上去合理的统计量.例如,若某一统计量在对立假设正确时倾向于取较大的值,而在零假设正确时倾向取较小的值,则统计量的大值为否定域的检验,可认为是合理的检验.

Neyman 和 Pearson 于 1928 年提出了利用似然比获得统计量的一般方法,可视为极大似然估计在检验问题中的引申,二者有类似的直观依据,它至今仍然是寻求用于检验新统计量的重要方法.

8.3.1 似然比检验的基本思想

我们首先介绍似然比检验的直观背景.假设 $\boldsymbol{X}$ 是离散型或连续型随机变量,其概率函数或概率密度 $f(x;\theta)$ 依赖于参数 $\theta\in\Theta$.

(1) 首先考虑零假设和对立假设都是简单假设的情形.关于 $\boldsymbol{X}$ 的分布参数有两个二者必居其一的假设:

零假设 $H_0:\theta=\theta_0\in\Theta$(简记 $f(x;\theta_0)$ 为 $f_0(x)$);

对立假设 $H_1:\theta=\theta_1\in\Theta$(简记 $f(x;\theta_1)$ 为 $f_1(x)$).

那么关于随机样本 $\boldsymbol{X}=(X_1,X_2,\cdots,X_n)$ 的概率密度有两个假设:

$$H_0:\psi_0(\boldsymbol{X})=\prod_{i=1}^{n}f_0(x_i)$$

$$H_1:\psi_1(\boldsymbol{X})=\prod_{i=1}^{n}f_1(x_i)$$

与极大似然估计法类似,似然比检验基于如下直观的想法:经随机取样获得样本值 $\boldsymbol{X}=(x_1,x_2,\cdots,x_n)$ 的情况下,假如 H_0 真实,可能 $\psi_0(\boldsymbol{X})>\psi_1(\boldsymbol{X})$,否则最可能 $\psi_0(\boldsymbol{X})<\psi_1(\boldsymbol{X})$.因此,如果比值 $L(\boldsymbol{X})=\dfrac{\psi_1(\boldsymbol{X})}{\psi_0(\boldsymbol{X})}$ 充分大,则似应否定假设 H_0.这就是似然比检验的基本思想.

统计量

$$L(X) = \frac{\psi_1(X)}{\psi_0(X)} \tag{8.3.1}$$

叫作**似然比**(likelihood ratio)，而以似然比为统计量构造的检验叫作**似然比检验**(likelihood ratio test).

(2) 现在考虑一般情形.关于 X 的分布参数有两个二者必居其一的假设：

零假设 $H_0: X \sim f(x;\theta)(\theta \in \Theta_0)$；

对立假设 $H_1: X \sim f(x;\theta)(\theta \in \Theta_1)$.

其中，$\Theta_0 \subset \Theta$，$\Theta_1 = \Theta - \Theta_0$；特别地，如果 $\Theta_0 = \{\theta_0\}$，则 H_0，H_1 就是前面考虑的两个简单假设.那么，关于随机样本 $X = (x_1, x_2, \cdots, x_n)$ 的概率密度有两个二者必居其一的假设：

$$H_0: \psi(X;\theta) = \prod_{i=1}^{n} f(x_i;\theta) \quad (\theta \in \Theta_0)$$

$$H_1: \psi(X;\theta) = \prod_{i=1}^{n} f(x_i;\theta) \quad (\theta \in \Theta_1)$$

换句话说，要么存在 $\theta_0 \in \Theta_0$，使 $X \sim \psi(X;\theta_0)$；要么存在 $\theta_1 \in \Theta_1$，使 $X \sim \psi(X;\theta_1)$.简记 $\psi_0(X) = \psi(X;\theta_0)$，$\psi_1(X) = \psi(X;\theta_1)$.

注　这里 θ_0 和 θ_1 一般是未知数，而对于式(8.3.1)所考虑情形，θ_0 和 θ_1 是已知的.

那么，如果假设 H_0 真实，则直观上似应有

$$\psi_0(X) = \sup_{\theta \in \Theta_0} \psi(X;\theta)$$

如果假设 H_1 真实，则直观上似应有

$$\psi_1(X) = \sup_{\theta \in \Theta_1} \psi(X;\theta)$$

仿照两个简单假设的情形，考虑似然比

$$L(X) = \frac{\psi_1(X)}{\psi_0(X)} = \frac{\sup_{\theta \in \Theta_1} \psi(X;\theta)}{\sup_{\theta \in \Theta_0} \psi(X;\theta)}$$

借助于似然比 $L(X)$ 构造的显著性检验叫作(**广义**)**似然比检验**.

8.3.2　似然比检验的一般步骤

似然比检验可分以下几步进行：

(1) 提出基本假设 H_0，并且明确它的对立假设 H_1；

(2) 规定检验的显著性水平 α；

(3) 建立 H_0 的 α 水平的否定域.对于给定的 α，选择一常数 x_α，使对于一切 $\theta \in \Theta_0$，满足条件

$$P_\theta(L(X_1,\cdots,X_n) \geqslant x_\alpha) \leqslant \alpha$$

其中，$L(X_1,\cdots,X_n)=L(\boldsymbol{X})$是由式(8.3.1)定义的似然比，那么

$$W=\{(x_1,\cdots,x_n) \mid L(x_1,\cdots,x_n) \geqslant x_\alpha\}$$

就是零假设 H_0 在对立假设 H_1 下的似然比检验的否定域，其显著水平为 α；

(4) 对假设 H_0 的真伪做出判断：若$(x_1,\cdots,x_n) \in W$，否定假设 H_0，若不然，则不否定假设 H_0.

例 8.3.1 假设随机变量 $\boldsymbol{X} \sim N(\mu,\sigma_0^2)$，其中 σ_0 已知.关于参数 μ 有两个简单假设：

$$H_0: \mu=\mu_0 \quad \text{vs} \quad H_1: \mu=\mu_1$$

其中，μ_0与 μ_1均为已知常数，试求假设 H_0 的似然比检验的 α 水平否定域.

解 这里 H_0 与 H_1是两个简单假设：

$$H_0: \boldsymbol{X} \sim N(\mu_0,\sigma_0^2) \quad \text{vs} \quad H_1: \boldsymbol{X} \sim N(\mu_1,\sigma_0^2)$$

其似然比为

$$\begin{aligned} L(\boldsymbol{X}) &= L(x_1,\cdots,x_n) \\ &= \frac{(\sqrt{2\pi}\sigma_0)^{-n}\exp\left\{-\dfrac{1}{2\sigma_0^2}\sum_{i=1}^{n}(x_i-\mu_1)^2\right\}}{(\sqrt{2\pi}\sigma_0)^{-n}\exp\left\{-\dfrac{1}{2\sigma_0^2}\sum_{i=1}^{n}(x_i-\mu_0)^2\right\}} \\ &= \exp\left\{-\frac{n}{2\sigma_0^2}(\mu_0-\mu_1)(2\bar{x}-\mu_0-\mu_1)\right\} \end{aligned}$$

其中，$\bar{x}=\dfrac{1}{n}\sum_{i=1}^{n} x_i$.易见，若 $\mu_0<\mu_1$，则 $L(\boldsymbol{X})$ 是 $\bar{x}$ 的增函数；若 $\mu_0>\mu_1$，则 $L(\boldsymbol{X})$ 是 $\bar{x}$ 的减函数.因此，对于给定的 α，有

$$P(L(\boldsymbol{X}) \geqslant x_\alpha)=\begin{cases} P\left(\bar{x} \geqslant \mu_0+u_\alpha \dfrac{\sigma_0}{\sqrt{n}}\right)=\alpha, & \text{若 } \mu_0<\mu_1 \\ P\left(\bar{x} \leqslant \mu_0-u_\alpha \dfrac{\sigma_0}{\sqrt{n}}\right)=\alpha, & \text{若 } \mu_0>\mu_1 \end{cases}$$

其中，u_α 是标准正态分布的 α 水平双侧分位数，x_α 是常数.于是否定域为

$$W=\{L(\boldsymbol{X}) \geqslant x_\alpha\}$$

$$= \begin{cases} \left\{ \bar{x} \geqslant \mu_0 + u_\alpha \dfrac{\sigma_0}{\sqrt{n}} \right\} = \{ u \geqslant u_\alpha \}, & \text{若 } \mu_0 < \mu_1 \\ \left\{ \bar{x} \leqslant \mu_0 - u_\alpha \dfrac{\sigma_0}{\sqrt{n}} \right\} = \{ u \leqslant - u_\alpha \}, & \text{若 } \mu_0 > \mu_1 \end{cases}$$

其中，$u = \dfrac{\bar{x} - \mu_0}{\sigma_0/\sqrt{n}}$.

例 8.3.2 假设 X 服从伯努利分布，参数为 $p\ (0<p<1)$，$X \sim f(x;p) = p^x(1-p)^{1-x}\ (x=0,1)$. 关于未知参数 $p\ (0<p<1)$，有两个假设

$$H_0 : p = p_0 \quad \text{vs} \quad H_1 : p = p_1$$

其中，p_0 与 p_1 都是已知数. 试建立假设 H_0 的 α 水平的似然比检验.

解 这里 H_0 与 H_1 是两个简单假设：

$$H_0 : P(X = x \mid H_0) = f_0(x) = p_0^x(1-p_0)^{1-x}$$
$$H_1 : P(X = x \mid H_1) = f_1(x) = p_1^x(1-p_1)^{1-x}$$

其中，$x=0$ 或 $x=1$. 设 s 表示事件$(X=1)$在 n 次独立观测中出现的次数. 那么，似然比为

$$L(s) = \frac{\binom{n}{s} p_1^s (1-p_1)^{n-s}}{\binom{n}{s} p_0^s (1-p_0)^{n-s}} = \left(\frac{p_1}{p_0}\right)^s \left(\frac{1-p_1}{1-p_0}\right)^{n-s}$$

由于 $L(s)(0\leqslant s\leqslant n)$是 s 的单调函数，可见似然比检验的否定域为

$$W = \left\{ \left(\frac{p_1}{p_0}\right)^s \left(\frac{1-p_1}{1-p_0}\right)^{n-s} \geqslant x_\alpha \right\} = \begin{cases} \{ s \geqslant c_\alpha \}, & p_1 < p_0 \\ \{ s \leqslant c_\alpha \}, & p_1 > p_0 \end{cases}$$

其中，c_α 是满足下列方程的最小非负整数 c：

$$\begin{cases} \displaystyle\sum_{k=c}^{n} \binom{n}{k} p_0^k (1-p_0)^{n-k} \leqslant \alpha, & p_0 < p_1 \\ \displaystyle\sum_{k=0}^{c} \binom{n}{k} p_0^k (1-p_0)^{n-k} \leqslant \alpha, & p_0 > p_1 \end{cases}$$

8.4 两种类型的错误

假设检验问题的结果是由样本值决定的，由于样本的随机性，会产生两种类型

的错误.我们可以用表 8.5 列出.

表 8.5　两类错误

自然状态	检验结果	
	接受 H_0	拒绝 H_0
H_0 成立	正确	第一类错误
H_0 不成立	第二类错误	正确

简而言之：

(1) H_0 是正确的,但检验结果却拒绝 H_0,这类错误称为"弃真"错误,又叫**第一类错误**(type I error),其概率记为 α.

(2) H_0 是不正确的,但检验结果却接受 H_0,这类错误称为"取伪"错误,又叫**第二类错误**(type II error),其概率记为 β.

一般来说,犯第一类错误的概率 α 比较清楚,β 却不易计算.下面用一个简单例子来说明 α,β 的含义:

设 $H_0:\mu=\mu_1, H_1:\mu\neq\mu_1, \mu<\mu_1$,而且统计量 U 服从正态分布 $N(\mu,\sigma^2)$,则两类错误 α,β 的概率值分别如图 8.6 中表示.

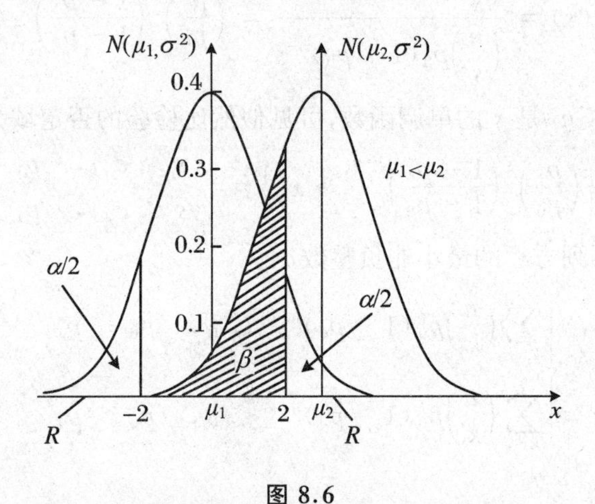

图 8.6

由图 8.6 可以看出:如果要检验原假设 $H_0:\mu=\mu_1$,而且选择对立假设 $H_1:\mu\neq\mu_1$,我们就无法知道它真实的 μ 值是多少,从而图 8.6 上的 β 面积是哪一块就给不出来,因为若 $\mu\neq\mu_1$,则 μ 可能在μ_1 的左边,也可能在其右边,但由于真值 μ 不知道,所以 β 的确切值无法知道.

总之，犯第一类错误的概率就是 α；第二类错误的概率 β 却常常是未知的.实际问题中，这两类错误是不可避免的.在样本容量固定的条件下，要减少第一类错误，即要少弃 H_0，也就意味着多取，所以多犯"取伪"错误；同样，若要少犯第二类错误，最好一个不取，则显然增加了"弃真"错误.若要两种错误都减少，只有增加样本容量，也就是说要多做工作.

例 8.4.1 设某指标总体 $X \sim N(\mu, 3.6^2)$，对 μ 作双侧假设检验

$$H_0: \mu = \mu_0 \quad \text{vs} \quad H_1: \mu \neq \mu_0 \ (\text{即 } \mu = \mu_1)$$

若取拒绝域为 $W = (-\infty, 67) \cup (69, +\infty)$.试就下列几种情况，求犯两类错误的概率：

(1) $\mu_0 = 68, \mu_1 = 70, n = 36$；

(2) $\mu_0 = 68, \mu_1 = 70, n = 64$；

(3) $\mu_0 = 68, \mu_1 = 68.5, n = 64$.

解 本题是 σ^2 已知的、期望为 μ 的假设检验问题，统计量为

$$U = \frac{\overline{X} - \mu_0}{\sigma \sqrt{n}} \sim N(0,1)$$

H_0 的接受域为 $\overline{W} = (67, 69)$，拒绝域为 $W = (-\infty, 67) \cup (69, +\infty)$.

(1) 易知

$$\begin{aligned}
\alpha &= P(\text{弃真}) = P(\text{拒绝}H_0 \mid H_0 \text{ 正确}) \\
&= P(\overline{X} < 67 \mid \mu = \mu_0 = 68) + P(\overline{X} > 69 \mid \mu = \mu_0 = 68) \\
&= P\left(\frac{\overline{X} - 68}{3.6/\sqrt{36}} < \frac{67 - 68}{3.6/\sqrt{36}}\right) + P\left(\frac{\overline{X} - 68}{3.6/\sqrt{36}} > \frac{69 - 68}{3.6/\sqrt{36}}\right) \\
&= P(U < -1.67) + P(U > 1.67) \\
&= \Phi(-1.67) + 1 - \Phi(1.67) = 2 - 2\Phi(1.67) \\
&= 2(1 - 0.952\,5) = 0.095 \\
\beta &= P(\text{取伪}) = P(\text{接受 } H_0 \mid H_1 \text{ 正确}) \\
&= P(67 < \overline{X} < 69 \mid \mu = \mu_1 = 70) \\
&= P\left(\frac{67 - 70}{3.6/\sqrt{36}} < \frac{\overline{X} - 70}{3.6/\sqrt{36}} < \frac{69 - 70}{3.6/\sqrt{36}}\right) \\
&= P(-5 < U^* < -1.67) \\
&= \Phi(-1.67) - \Phi(-5) \approx \Phi(-1.67) \\
&= 0.047\,5
\end{aligned}$$

(2) 与(1)类似，只是 $n = 64$，所以

$$\begin{aligned}
\alpha &= P(\text{弃真}) = P(\text{拒绝 } H_0 \mid H_0 \text{ 正确}) \\
&= P(\overline{X} < 67 \mid \mu = \mu_0 = 68) + P(\overline{X} > 69 \mid \mu = \mu_0 = 68) \\
&= 0.026\,4 \\
\beta &= P(\text{取伪}) = P(\text{接受 } H_0 \mid H_1 \text{ 正确}) \\
&= P(67 < \overline{X} < 69 \mid \mu = \mu_1 = 70) \\
&\approx \Phi(-2.22) = 0.013\,2
\end{aligned}$$

和(1)比较可以看出,当样本容量增加时,两类错误都减少.

(3) 易知

$$\begin{aligned}
\alpha &= P(\text{弃真}) = P(\text{拒绝 } H_0 \mid H_0 \text{ 正确}) \\
&= P(\overline{X} < 67 \mid \mu = \mu_0 = 68) + P(\overline{X} > 69 \mid \mu = \mu_0 = 68) \\
&= P\left(\frac{\overline{X}-68}{3.6/\sqrt{64}} < \frac{67-68}{3.6/\sqrt{64}}\right) + P\left(\frac{\overline{X}-68}{3.6\sqrt{64}}\sqrt{64}\right) \\
&= 2 - 2\Phi(2.22) = 2(1-0.986\,8) \\
&= 0.026\,4 \\
\beta &= P(\text{取伪}) = P(\text{接受 } H_0 \mid H_1 \text{ 正确}) \\
&= P(67 < \overline{X} < 69 \mid \mu = \mu_1 = 68.5) \\
&= P\left(\frac{67-68.5}{3.6/\sqrt{64}} < \frac{\overline{X}-68.5}{3.6/\sqrt{64}} < \frac{69-68.5}{3.6/\sqrt{64}}\right) \\
&= \Phi(1.11) - \Phi(-3.33) \approx \Phi(1.11) \\
&= 0.866\,5
\end{aligned}$$

这里 β 的数值很大,主要是 $\mu_0 = 68$ 和 $\mu_1 = 68.5$ 相差很小,可分辨性差,加大了犯取伪错误的可能性.但由于数据出现偏离真值的可能性很小,故犯弃真的可能性还是较小的.

注 在假设检验中,如何理解指定的显著性水平 α?我们希望所做出的检验犯两类错误的概率尽可能都小,但实际上这是不可能的.当样本容量 n 固定时,一般地,减少犯其中一个错误的概率就会增大犯另一个错误的概率.因此,通常的做法是只要求犯第一类错误的概率不大于指定的显著性水平 α,因而根据小概率原理,最终结论为拒绝 H_0 较为可靠,而最终判断为接受 H_0 则不大可靠,其原因是不知道犯第二类错误的概率 β 究竟有多大,且 α 小,β 就大,所以通常用"H_0 相容","不拒绝 H_0"等词语来代替"接受 H_0",而"不拒绝 H_0"还包含有进一步抽样检验的意思.

8.5 拟合优度检验

8.5.1 非参数χ^2检验

在前面章节中,我们介绍了正态总体的参数的假设检验问题,这些假设检验问题都是在总体分布形式为已知的条件下进行的,但是在很多场合,我们往往事先并不知道总体的分布类型,这时需要根据样本对总体的分布或分布类型提出假设并进行检验,这种检验一般称为分布拟合检验或非参数检验.例如,我们考察某一产品的可靠性而打算采用指数分布模型,可能事先有一些理论或经验上的根据,但究竟是否可行?有时需要通过样本进行检验.又如,有人制造了一个骰子,他声称是均匀的,即出现各面的概率都是1/6,是否是这样呢?单凭审视其外形恐难以判断,于是把骰子掷若干次,记录其出现各个面的次数,以此去检验结果与"各面的概率都是1/6"的说法是否符合.

在本节中,我们简要介绍一种分布拟合检验方法——非参数 χ^2 检验.

设离散型总体 X 只能取值 $m_1, m_2, \cdots, m_r$,现在需检验

$$H_0: P(X = m_i) = p_i \quad (i = 1,2,\cdots,r) \tag{8.5.1}$$

其中,$\sum_{i=1}^{r} p_i = 1$,且 p_i 已知.令事件 $A_i = (X = m_i)(i = 1,2,\cdots,r)$,则式(8.5.1)可写成

$$H_0: P(A_i) = p_i \ (i = 1,2,\cdots,r) \quad \text{vs} \quad H_1: P(A_i) \neq p_i \tag{8.5.2}$$

设 $X_1, X_2, \cdots, X_n$ 为取自总体 X 的样本,记 n_i 为样本中取值为 m_i 的个数 $(1 \leqslant i \leqslant r)$

$$\sum_{i=1}^{r} n_i = n$$

且 n_i/n 为 A_i 发生的频率.由于频率的稳定性,故当 n 较大时,两者应比较接近,所以在 H_0 成立时,n_i/n 应与 p_i 非常接近.由此可知,n_i/n 与 p_i 的差异的大小就可反映出 H_0 的真伪.Pearson 提出用

$$\chi^2 = \sum_{i=1}^{r} \frac{(n_i - np_i)^2}{np_i} \tag{8.5.3}$$

作为检验 H_0 的统计量,利用 χ^2 可衡量两者差异的程度,当 H_0 不真时,χ^2 的值应较

大,这时拒绝域可取为

$$W = \{(n_1,\cdots,n_r) \mid \chi^2 \geqslant c\}$$

其中,c 为某正数.为了得到水平为 α 的检验,还需要检验统计量 χ^2 在 H_0下的分布.下面的皮尔逊定理给出了 χ^2 的渐近分布.

定理 8.5.1(Pearson 定理) 若总体的真实分布 p_i 已知,令

$$P(X = m_i) = p_i \quad (i = 1,2,\cdots,r)$$

则式(8.5.3)所定义的统计量 χ^2 近似地服从自由度为 $r-1$ 的 χ^2 分布.

有时把式(8.5.3)中的 n_i 和 np_i 分别称为(m_i 或第 i 组的,因 m_i 的具体值不起作用,它只是起一个标识的作用)经验频数和理论频数.

由定理 8.5.1 可知,假设检验(8.5.2)的一个水平为 α 的拒绝域为

$$\chi^2 = \sum_{i=1}^{r} \frac{(n_i - np_i)^2}{np_i} \geqslant \chi_\alpha^2(r-1)$$

注意到事件群$\{A_i \mid 1 \leqslant i \leqslant r\}$满足:

(1) A_i互不相容,即 $A_iA_j = \varnothing\ (i \neq j)$;

(2) $\bigcup_{i=1}^{r} A_i = \Omega$,

则称 A_i为有限完备事件群,所以上述检验也称为有限完备事件群的 χ^2 检验.

由于定理 8.5.1 的结论为近似结果,应用时一般要求 $n \leqslant 50$,且每个 $np_i \leqslant 5$,否则相邻组要进行合并(证明略).

例 8.5.1 一家工厂分早、中和晚三班,每班 8 小时,近期发生了一些事故.在最近记录的 30 次事故中,有 11 次发生在早班,6 次发生在中班,13 次发生在晚班,从而大家怀疑班次不同与事故发生有关.试利用上述记录数据来判断这一说法是否成立($\alpha = 0.05$).

解 以 X 记事故发生的班次,$X=1,2,3$ 分别表示事故发生在早班、中班和晚班,并记 $p_i = P(X=i)\ (i=1,2,3)$.若事故的出现与班次无关,则 $p_i = 1/3\ (i=1,2,3)$.建立统计假设

$$H_0: p_i = \frac{1}{3} \quad (i = 1,2,3)$$

由题设,$n=30, r=3, n_1=11, n_2=6, n_3=13$,给定 $\alpha=0.05$,查表得 $\chi_\alpha^2(r-1) = 5.991$,计算可得

$$\chi^2 = \sum_{i=1}^{r} \frac{(n_i - np_i)^2}{np_i} = \frac{1}{10}[(11-10)^2 + (6-10)^2 + (13-10)^2] = 2.6$$

由于 $\chi^2 < \chi_\alpha^2(r-1)$,故接受 H_0,即认为事故的出现与班次无关.

注 这个浅显的例子有其启发性.不了解统计思想的人倾向于低估随机

性的影响，因此多半会从 11∶6∶13 的记录推断中班事故率显著地小些.从形式上理解统计方法的人则可能从本例检验结果认定三班事故率无差别，两种看法皆失之偏颇.对上述认为事故的出现与班次无关的结论自然不能解释为资料证明了“无关”，甚至也不能解释为充分支持了“无关”的说法，其确切意义只能是：资料未给出“有关”的说法以充分支持，因而认为有进一步查验的必要.

例 8.5.2 生物学家孟德尔根据颜色与形状将豌豆分成四类：黄圆的、青圆的、黄有角的、青有角的，且运用遗传学的理论指出这4类豌豆之比为9∶3∶3∶1.他观察了556颗豌豆，发现各类的颗数分别为315，108，101，32.试问可否认为孟德尔的分类论断是正确的($\alpha=0.05$)？

解 分别以 A_1,A_2,A_3,A_4 表示豌豆为黄圆、青圆、黄有角和青有角四个事件，依据题意需检验，有

$$H_0: P(A_1)=\frac{9}{16}, P(A_2)=\frac{3}{16}, P(A_3)=\frac{3}{16}, P(A_4)=\frac{1}{16}$$

这里，$n=556, n_1=315, n_2=108, n_3=101, n_4=32, r=4$，且

$$\chi^2_\alpha(r-1)=\chi^2_{0.05}(3)=7.815$$

而

$$\chi^2=\sum_{i=1}^{r}\frac{(n_i-np_i)^2}{np_i}=0.5036<7.815$$

故接受 H_0，即认为孟德尔的论断是正确的.

在假设(8.5.1)或(8.5.2)中，有时 p_i 为未知参数 $\theta_1,\theta_2,\cdots,\theta_k$ 的函数，即 $p_i=p_i(\theta_1,\theta_2,\cdots,\theta_k)(i=1,2,\cdots,r)$，这时首先在 H_0 下利用样本给出 θ_i 的极大似然估计为 $\hat{\theta}_i\ (1\leqslant i\leqslant k)$，然后计算出

$$\hat{p}_i=p_i(\hat{\theta}_1,\hat{\theta}_2,\cdots,\hat{\theta}_k)$$

再构造相应的 Pearson 统计量

$$\chi^2=\sum_{i=1}^{r}\frac{(n_i-n\hat{p}_i)^2}{n\hat{p}_i} \tag{8.5.4}$$

可以证明，当 H_0 为真时，式(8.5.4)定义的统计量服从渐近自由度为 $r-k-1$ $(r>k+1)$ 的 χ^2 分布.这样我们得到一个近似的水平为 α 的拒绝域

$$\chi^2=\sum_{i=1}^{r}\frac{(n_i-n\hat{p}_i)^2}{n\hat{p}_i}\geqslant\chi^2_\alpha(r-k-1)$$

利用上述的非参数 χ^2 检验，就可以对一般的离散型总体和连续型总体进行检验.

例 8.5.3　已知某袋内放着白球和黑球，现做下面的试验，进行有放回的抽球，直到抽到白球为止. 记录下抽取的次数；重复进行如此试验 100 次，结果如表 8.6 所示. 试问该袋内黑、白球个数是否相等（$\alpha=0.05$）？

表 8.6

抽取次数	1	2	3	4	⩾5
频数	43	31	15	6	5

解　记 X 为首次出现白球所需抽取的次数，则

$$P(X=k)=(1-p)^{k-1}p\quad(k=1,2,\cdots)$$

其中，p 表示从袋内任取一球为白球的概率. 若 $p=1/2$，即表示黑球与白球的个数相等，则

$$P(X=1)=\frac{1}{2},\quad P(X=2)=\frac{1}{4},\quad P(X=3)=\frac{1}{8}$$

$$P(X=4)=\frac{1}{16},\quad P(X\geqslant 5)=\frac{1}{16}$$

记

$$A_i=(X=i)\quad(i=1,2,3,4)$$

$$A_5=(X\geqslant 5)$$

根据题意，需检验

$$H_0:P(A_1)=\frac{1}{2},P(A_2)=\frac{1}{4},P(A_3)=\frac{1}{8},P(A_4)=\frac{1}{16},P(A_5)=\frac{1}{16}$$

将试验结果代入，计算得

$$\begin{aligned}\chi^2&=\sum_{i=1}^{5}\frac{(n_i-np_i)^2}{np_i}\\&=\frac{(43-50)^2}{50}+\frac{(31-25)^2}{25}+\frac{(15-12.5)^2}{12.5}\\&\quad+\frac{(6-6.25)^2}{6.25}+\frac{(5-6.25)^2}{6.25}\\&=3.18\end{aligned}$$

而

$$r=5,\quad \chi_\alpha^2(r-1)=\chi_{0.05}^2(4)=9.488>3.18$$

故接受 H_0，即认为白球与黑球个数相等.

例 8.5.4　表 8.7 给出了某地 120 名 12 岁男孩身高的资料（单位：厘米）. 试问能否认为该地区 12 岁男孩的身高服从正态分布（$\alpha=0.05$）？

表 8.7

128.1	144.4	150.3	146.2	140.6	139.7	134.1	124.3	147.9
143.0	143.1	142.7	126.0	125.6	127.7	154.4	142.7	141.2
133.4	131.0	125.4	130.3	146.3	146.8	142.7	137.6	136.9
122.7	131.8	147.7	135.8	134.8	139.1	139.0	132.3	134.7
138.4	136.6	136.2	141.6	141.0	138.4	145.1	141.4	139.9
140.6	140.2	131.0	150.4	142.7	144.3	136.4	134.5	132.3
152.7	148.1	139.6	138.9	136.1	135.9	140.3	137.3	134.6
145.2	128.2	135.9	140.2	136.6	139.5	135.7	139.8	129.1
141.4	189.7	136.2	138.4	138.1	132.9	142.9	144.7	118.8
138.3	135.3	140.6	142.2	152.1	142.4	142.7	136.2	135.0
154.3	147.9	141.3	143.8	138.1	139.7	127.4	146.0	155.8
141.2	146.4	139.4	140.8	127.7	150.7	100.3	148.5	147.5
138.9	123.1	126.0	150.0	143.7	156.9	133.1	142.8	136.8
133.1	144.5	142.4						

解 记 X 为该地区 12 岁男孩的身高，则依题意需检验

$$H_0: X \sim N(\mu, \sigma^2)$$

由于 H_0 中含有未知参数，故需先进行参数估计. 我们知道，μ 与 σ^2 的极大似然估计分别为

$$\hat{\mu} = \overline{X} = 139.5, \quad \hat{\sigma}^2 = \frac{1}{n}\sum_{i=1}^{n}(X_i - \overline{X})^2 = 55$$

因为 X 是连续型随机变量，为利用非参数 χ^2 检验，首先要将 X 的取值离散化，这里将 X 取值分成 9 组，如表 8.8 所示.

表 8.8

组限	$(-\infty,126)$	$[126,130)$	$[130,134)$	$[134,138)$	$[138,142)$
频数	5	8	10	22	33
组限	$[142,146)$	$[146,150)$	$[150,154)$	$[154,+\infty)$	
频数	20	11	6	5	

下面我们计算概率 $\hat{p}_i$：

$$\hat{p}_1 = P(X < 126) = \Phi\left(\frac{126-\mu}{\hat{\sigma}}\right)$$

$$\hat{p}_i = P(x_{i-1} \leqslant X < x_i)$$

$$= \Phi\left(\frac{x_i - \hat{\mu}}{\hat{\sigma}}\right) - \Phi\left(\frac{x_{i-1} - \hat{\mu}}{\hat{\sigma}}\right) \quad (i = 2,\cdots,8)$$

$$\hat{p}_9 = P(154 \leqslant X < +\infty) = 1 - \Phi\left(\frac{154 - \hat{\mu}}{\hat{\sigma}}\right)$$

算得的结果列于表 8.9.

表 8.9

A_i	n_i	$\hat{p}_i$	$n\hat{p}_i$	$n_i - n\hat{p}_i$	$(n_i - n\hat{p}_i)^2/(n\hat{p}_i)$
$X<126$	5	0.034 4	4.128	0.872	0.184 2
$126\leqslant X<130$	8	0.066 9	8.028	0.844	0.058 6
$130\leqslant X<134$	10	0.129 4	15.53	−5.53	1.965 9
$134\leqslant X<138$	22	0.191 0	22.92	−0.92	0.036 9
$138\leqslant X<142$	33	0.212 4	25.49	7.51	0.212 6
$142\leqslant X<146$	20	0.177 5	21.30	−1.30	0.079 3
$146\leqslant X<150$	11	0.111 6	13.39	−2.39	0.4265
$150\leqslant X<154$	6	0.0522	6.260	1.664	0.296 6
$154\leqslant X$	5	0.0256	3.07		
$\sum$					6.281 5

而 $r=8$，χ^2 的自由度为 $r-k-1=8-2-1=5$，且 $\chi^2_\alpha(r-k-1)=\chi^2_{0.05}(5)=11.071>5.076\,4$，故接受 H_0，即可以认为该地区 12 岁男孩的身高服从正态分布.

关于对连续型随机变量的观察进行分组时，当 $n<50$ 时，可取组数为 5 左右；当 $n>100$ 时，可大致取 10 组，并且为方便起见，各组的组距常取成相等的. 分布拟合检验还有很多方法，这里不再一一介绍.

8.5.2 列联表独立性检验

χ^2 检验的一个重要应用是列联表独立性检验，列联表是描述两个分类变量的频数分布表. 设每一个体可能具有或不具有属性 A 或 B，而希望考察这两个属性是否有关联. 属性 A 分成 r 个等级 $A_1,\cdots,A_r$，B 分成 s 个等级 $B_1,\cdots,B_s$. 比如要考察人的文化程度与收入是否有关联，可以把人按其学历分成若干个等级，按其收入分成若干个等级.

设在所考察的总体中随机抽出若干个体,比方说从特定的一群人中抽出若干人.在此假定总体所含个体数相比于所抽出的人数很大,或者,在相反的情况,则设想抽样是有放回的.这样可以假定所抽个体的类别是独立同分布的.

考虑二元总体(X,Y),由于总体可以有限离散化,不妨假定X与Y的取值范围可分别分成r和s个互不相交的子区间$A_1,\cdots,A_r$和$B_1,\cdots,B_s$,记

$$p_{ij}=P(X\in A_i,Y\in B_j)\quad(i=1,\cdots,r;j=1,\cdots,s)$$
$$p_{i\cdot}=P(X\in A_i)\quad(i=1,\cdots,r)$$
$$p_{\cdot j}=P(Y\in B_j)\quad(j=1,\cdots,s)$$

显然,

$$p_{i\cdot}=\sum_{j=1}^{s}p_{ij},\quad p_{\cdot j}=\sum_{i=1}^{r}p_{ij}\quad(i=1,\cdots,r;j=1,\cdots,s)$$

考虑下述非参数假设检验问题

$$H_0:X\text{与}Y\text{独立}$$

显然它可转化为

$$H_0:p_{ij}=p_{i\cdot}\cdot p_{\cdot j}\quad(i=1,\cdots,r;j=1,\cdots,s)$$

设$((X_1,Y_1),\cdots,(X_n,Y_n))$是总体$(X,Y)$的容量为$n$的样本,记$n_{ij}$ $(i=1,2,\cdots,r;j=1,2,\cdots,s)$为样本中诸分量落入矩形区域$A_i\times B_j$的频数,且记

$$n_{i\cdot}=\sum_{j=1}^{s}n_{ij},\quad n_{\cdot j}=\sum_{i=1}^{r}n_{ij}\quad(i=1,\cdots,r;j=1,\cdots,s)$$

显然$\sum_{i=1}^{r}n_{i\cdot}=\sum_{j=1}^{s}n_{\cdot j}=\sum_{i=1}^{r}\sum_{j=1}^{s}n_{ij}=n$.

利用前面的方法,我们可以进行列联表的独立性检验,如表8.1所示.

表8.10

		B_j				$\sum_{j=1}^{s}n_{i\cdot}$
		1	2	…	s	
A_i	1	n_{11}	n_{12}	…	n_{1s}	$n_{1\cdot}$
	2	n_{21}	n_{22}	…	n_{2s}	$n_{2\cdot}$
	⋮	⋮	⋮		⋮	⋮
	r	n_{r1}	n_{r2}	…	n_{rs}	$n_{r\cdot}$
$\sum_{i=1}^{r}n_{\cdot j}$		$n_{\cdot 1}$	$n_{\cdot 2}$	…	$n_{\cdot s}$	

首先,可以证明,参数$p_{i\cdot}$与$p_{\cdot j}$的最大似然估计为

$$\hat{p}_{i\cdot}=\frac{n_{i\cdot}}{n},\quad\hat{p}_{\cdot j}=\frac{n_{\cdot j}}{n}\quad(i=1,\cdots,r;j=1,\cdots,s)$$

其次，由于 $\sum_{i=1}^{r} p_{i\cdot} = \sum_{j=1}^{s} p_{\cdot j} = 1$，故 $r+s$ 个参数 $p_{i\cdot}$ 和 $p_{\cdot j}$ 中仅有 $r+s-2$ 个独立参数. 于是相应的统计量

$$\chi^2 = \sum_{i=1}^{r}\sum_{j=1}^{s}\left(\frac{n_{ij}-\mu_{ij}{}^2}{\mu_{ij}}\right) \tag{8.5.5}$$

其中，$\mu_{ij} = \frac{n_{i\cdot} \cdot n_{\cdot j}}{n}$ $(i=1,\cdots,r;j=1,\cdots,s)$，渐近服从 $\chi^2(rs-(r+s-2)-1)$ 分布.

拒绝域相应为

$$W = \{((x_1,y_1),\cdots,(x_n,y_n)) \mid \chi^2 > \chi_\alpha^2((r-1)(s-1))\}$$

上述检验通常称为联立表的独立性检验，它在实际中应用广泛.

注 ① 关于统计量(8.5.5)的说明. 统计量

$$\chi^2 = \sum_{i=1}^{r}\sum_{j=1}^{s}\frac{(n_{ij}-\mu_{ij})^2}{\mu_{ij}} = n\sum_{i=1}^{r}\sum_{j=1}^{s}\frac{(n_{ij}/n-\mu_{ij}/n)^2}{\mu_{ij}/n} \tag{8.5.6}$$

其中

$$\frac{\mu_{ij}}{n} = \frac{n_{i\cdot} \cdot n_{\cdot j}}{n^2} = \frac{n_{i\cdot}}{n}\cdot\frac{n_{\cdot j}}{n} \tag{8.5.7}$$

如果讨论的是古典概型，则式(8.5.7)中的 $n_{i\cdot}/n$ 和 $n_{\cdot j}/n$ 分别恰好是 $P(X=i)$ 和 $P(Y=j)$ 的边缘概率；而式(8.5.6)中的 μ_{ij}/n 恰好是联合概率 $P(X=i, Y=j)$，可见 $\left(\frac{n_{ij}}{n}-\frac{\mu_{ij}}{n}\right)^2$ 此项实质上是在计算

$$[P(X=i,Y=j)-P(X=i)\cdot P(Y=j)]^2 \tag{8.5.8}$$

即考察偏离独立性的量有多大，而除以 μ_{ij}/n 又是考察的一种比例数，因此式(8.5.6)的右边

$$\sum_{i=1}^{r}\sum_{j=1}^{s}\frac{(n_{ij}/n-\mu_{ij}/n)^2}{\mu_{ij}/n} = \sum_{i=1}^{r}\sum_{j=1}^{s}\Delta_{ij} \tag{8.5.9}$$

是计算所有两因素观察数$\{n_{ij}\}$. 按独立性来考察，其总体的“偏差比例”，再乘以观察数 n 以后，如果偏差太大，就会出现 $\chi_\alpha^2<\chi^2$，即认为 H_0 是不能被接受的，转而认为这两因素是相关的.

由式(8.5.9)也可以看出一点，即相同的偏差比例 Δ_{ij} 是否会遭否定，还与样本容量 n 有密切关系；n 愈大对偏差比例 Δ_{ij} 就要求愈严.

此外，由式(8.5.6)和(8.5.9)可看出，如果有一排 i 或有一列 j，它们对应的 Δ_{ij} 很显著地大，使得 $\chi^2\in\mathbb{R}$，则应注意所对应的因素可能有特殊的意义，因为它

的“贡献”多于其他项的.

② 为了尽可能好地运用上述 χ^2 检验,一般要求 n_{ij} 应不少于5个.

例 8.5.5　某研究机构欲对个人收入与学历关系进行研究.为此,将收入分为三个水平:高收入、中等收入和低收入,将学历分为三个层次:高中及以下、大学、研究生.现有一个由500人组成的样本资料,见表8.11,试在 $\alpha=0.01$ 下检验收入与学历是否有关系.

表 8.11　调查资料表

收入水平	最后学历			合计
	高中以下	大学	研究生	
高收入	25	21	10	56
中等收入	82	88	30	200
低收入	223	16	5	244
合计	330	125	45	500

解　本例要检验收入与学历的关系,即检验独立性问题.根据题意建立假设

H_0:收入与学历无关系(独立)　vs　H_1:收入与学历有关系(不独立)

本例中行数与列数相等,$r=s=3$,涉及的是一个 3×3 的列联表,所以需要计算9个期望频数值(表8.12).

表 8.12　经计算的调查资料

收入水平	最后学历			合计
	高中以下	大学	研究生	
高收入	25(36.96)	21(14)	10(5.04)	56
中等收入	82(132)	88(50)	30(18)	200
低收入	223(161.04)	16(61)	5(21.96)	244
合计	330	125	45	500

括号中的数字为 μ_{ij} 的值.

计算 χ^2 统计量

$$\chi^2=\frac{(25-36.96)^2}{36.96}+\frac{(21-14)^2}{14}+\frac{(10-5.04)^2}{5.04}+\frac{(82-132)^2}{132}+\frac{(88-50)^2}{50}$$

$$+\frac{(30-18)^2}{18}+\frac{(223-161.04)^2}{161.04}+\frac{(16-61)^2}{61}+\frac{(5-21.96)^2}{21.96}$$

$$=3.87+3.5+4.88+18.94+28.88+8+23.84+33.2+13.1=138.21$$

已知 $\alpha=0.01$,查 χ^2 分布表,得 $\chi^2_{0.01}(4)=13.277$.

因为 $\chi^2=138.21>13.277$,落在拒绝域,所以拒绝 H_0,接受 H_1,即认为收入是与学历有关联的.

8.6 连续型分布的柯尔莫戈洛夫检验

用 χ^2 分布来作拟合优度检验的最大优点是简单易懂,计算统计量也不麻烦,所以广为统计工作者,特别是应用统计工作者所使用.然而从统计量 χ^2(见式(8.5.6))可看出,χ^2 检验只看分割区间内频数 n_i 与理论频数 np_i 之间的差异偏离到何种程度,而并不管 p_i 是不是 H_0 中所假设的 F_0 分布.因此,χ^2 检验的灵敏度在连续型分布(有密度函数)条件下,在许多场合不如以下将介绍的柯尔莫戈洛夫检验,它是基于所谓经验分布函数有关概念的基础上的.

8.6.1 样本的经验函数

定义 8.6.1 设 $x_1,x_2,\cdots,x_n$ 为观测样本,将它们按不减顺序排列,记为

$$x_1^*\leqslant x_2^*\leqslant\cdots\leqslant x_k^*\leqslant x_{k+1}^*\leqslant\cdots\leqslant x_n^* \tag{8.6.1}$$

则对任何 $-\infty<x<+\infty$,定义 $F_n^*(x)$ 为

$$F_n^*(x)=\begin{cases}0, & x\leqslant x_1^*\\ \dfrac{i}{n}, & x_i^*<x\leqslant x_{i+1}^*\\ 1, & x>x_n^*\end{cases} \tag{8.6.2}$$

并称 $F_n^*(x)$ 为**经验分布函数**.

显然,当 x 在 $(x_i^*,x_{i+1}^*]$ 内变化时,$F_n^*(x)$ 的值不变;而当 $i=1,2,\cdots,n-1$ 变化时,i/n 是增加的,故 $F_n^*(x)$ 是阶梯函数,而且阶梯是愈来愈高的,其图形如图 8.7 所示.

8.6.2 柯尔莫戈洛夫检验

以下我们介绍具有概率密度的总体分布的柯尔莫戈洛夫检验法,简称柯氏检验法:

(1) 设原假设 $H_0: F=F_0$ 和对立假设 $H_1: F\neq F_0$;

(2) 对观测样本 $x_1,x_2,\cdots,x_n$ 按不减顺序排序得 $x_1^*,x_2^*,\cdots,x_n^*$,并按式(8.6.2)求经验分布函数 $F_n^*(x)$;

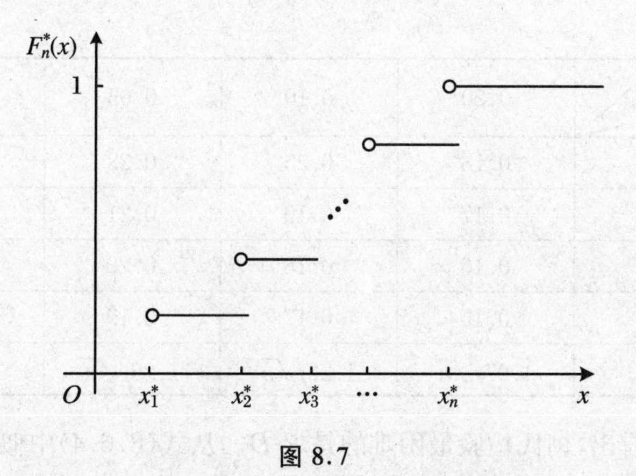

图 8.7

(3) 对 $-\infty < x < +\infty$,求 $F_n^*(x)$ 与 $F_0(x)$ 之间的最大绝对误差

$$D_n = \max_{-\infty < x < +\infty} | F_n^*(x) - F_0(x) | \quad (8.6.3)$$

其中,$F_0(x)$ 是 H_0 假设中 F_0 的累积分布

$$F_0(x) = \int_{-\infty}^{x} p_0(u)\mathrm{d}u \quad (-\infty < x < +\infty) \quad (8.6.4)$$

(例如检验 $p_0(u) \sim N(\mu, \sigma^2)$ 分布,则式(8.6.4)可以查正态分布表求得);

(4) 统计量 D_n 在 α 水平下临界值 $D_n(\alpha)$ 如表 8.13 所示,则在给定 α 之后,可查临界值 $D_n(\alpha)$,拒绝域选为

$$W_\alpha = \{D_n(\alpha) < D_n\} \quad (8.6.5)$$

若由样本 $x_1, x_2, \cdots, x_n$ 算出的值 $D_n \in W_\alpha$,则否定 H_0,即不能接受 $F = F_0$(在 α 检验水平下),如表 8.13 所示.

表 8.13

$D_n(\alpha)$ \ α n	0.20	0.10	0.05	0.01
5	0.45	0.51	0.56	0.67
10	0.32	0.37	0.41	0.49
15	0.27	0.30	0.34	0.40
20	0.23	0.26	0.29	0.36
25	0.21	0.24	0.27	0.32
30	0.19	0.22	0.24	0.29

续表

$D_n(\alpha)$ α / n	0.20	0.10	0.05	0.01
35	0.18	0.20	0.23	0.27
40	0.17	0.19	0.21	0.25
45	0.16	0.18	0.20	0.24
50	0.15	0.17	0.19	0.23
$n>50$	$1.07/\sqrt{n}$	$1.22/\sqrt{n}$	$1.36/\sqrt{n}$	$1.07/\sqrt{n}$

读者容易看出，柯氏检验最困难的是求 D_n，从式(8.6.4)中似乎需要考察一切 $F_0(x)(-\infty<x<+\infty)$的值再去比较误差，其实不然. 以下介绍求统计量 D_n 的具体算法.

令

$$\begin{aligned} d_i^{(1)} &= |F_n^*(x_i)-F_0(x_i)| \quad (i=1,2,\cdots,n) \\ d_i^{(2)} &= |F_n^*(x_{i+1})-F_0(x_i)| \quad (i=1,2,\cdots,n) \end{aligned} \tag{8.6.6}$$

(约定 $F_n^*(x_{n+1})=1$)，则可以证明式(8.6.3)的 D_n 等价于

$$D_n = \max_{1\leqslant i\leqslant n}\{d_i^{(1)},d_i^{(2)}\} \tag{8.6.7}$$

这样，我们只需要计算 $F_0(x_k)(k=1,2,\cdots,n)$即可求得统计量 D_n 的值.

下面我们用例子说明柯氏检验法的实施过程.

例 8.6.1　设表 8.14 的数据是一组病人的血糖值的记录. 问：在显著性水平 $\alpha=0.05$ 下，这组数据是否来自正态分布 $N(104,21^2)$？

表 8.14　病人血糖值的观察记录(单位：mg/dL)

194.8	101.4	101.5	98.1	98.6	98.2	109.3	127.0
87.6	108.7	117.4	98.7	113.5	105.6	78.6	104.0
132.3	86.0	94.8	82.9	85.4	111.0	97.0	105.0
107.5	124.6	96.1	89.2	95.8	86.0	83.5	

解　设这组数据来自总体 X，则我们要检验的问题是

$$H_0: X\sim N(104,21^2) \quad \text{vs} \quad H_1: X \text{ 的分布不是} N(104,21^2)$$

列表(这里仅列出部分)，见表 8.15.

表 8.15 柯氏检验计算过程的数据表

k	1	2	3	4	5	6	7
x_k^*	78.6	82.9	83.5	85.4	86	86	87.6
$F_0(x_k^*)$	0.113	0.158	0.164	0.188	0.196	0.196	0.217
$k/n-F_0$	-0.08	-0.09	-0.07	-0.06	-0.03	-0.00	-0.04
$F_0-(k-1)/n$	0.113	0.125	0.100	0.091	0.067	0.034	0.024

表 8.15 最后两行的绝对值的最大值是 0.125. 由公式(8.6.7)知,这个值就是 D_n 的值. 已知 $\alpha=0.05$,由柯氏检验临界值表得 $D_{31}(0.05)=0.23$,D_n 的值没有超过临界值,不能否定 H_0,即可认为病人的血糖值的分布与正态分布无显著差异. 由计算过程可以看出,现代统计计算已经不适合于手工操作,必须借助于计算机或统计软件.

8.7 双总体的秩和检验

8.7.1 两个总体分布的假设检验

以上介绍的柯氏检验是基于经验分布基础上的,因而对有密度的连续型分布检验 $F=F_0$ 比 χ^2 检验要精确,而且没有人为的区间分割和要求每个区间内频数不少于 5 个等一些不方便的因素. 因此在需要比较精细的检验时,仍有许多统计工作者应用柯氏检验法,虽然柯氏检验计算起来似乎麻烦一些,然而近代的许多统计软件也都有自动进行上述统计量的计算,故使用起来也很方便.

在许多应用工作中,除了检验总体是否符合给定的分布 F_0 之外,还常常遇到检验两个总体分布 F_1 和 F_2 是否相等的问题,请看下面的例子:

例 8.7.1 农学家培育了不同的玉米品种,希望增加有效的赖氨酸,在考察新玉米的蛋白质的质量时,做了以下的试验:选 20 只同一天孵出的小鸡,喂它们新品种;另选 20 只喂通常的玉米,饲料量相同. 21 天之后测量它们的体重,得如下数据(单位:克):

试验组:361, 447, 401, 375, 434, 403, 393, 426, 406, 318, 467, 407, 427, 420, 477, 392, 430, 339, 410, 326;

对照组:380, 321, 366, 356, 283, 349, 402, 462, 356, 410, 329, 399, 350,

384, 316, 272, 345, 455, 360, 431.

我们的问题是：作为两个独立总体，它们的分布是否发生了变化？即若以 F_1 代表试验组小鸡重量总体的分布，以 F_2 代表对照组小鸡重量总体的分布，问题变成要检验是否有 $F_1=F_2$？或者更确切的是对原假设 $H_0: F_1=F_2$ 与 $H_1: F_1\neq F_2$（独立总体）进行检验.

在获得两组独立样本 $\{x_i\}$，$\{y_i\}$ 后要加以检验，对于这类分布的假设检验问题，有人将 8.6.2 小节介绍过的基于经验分布函数的柯氏检验法推广到双总体分布的检验，称为斯米尔诺夫(Smirnov)检验. 因为从理论到计算都比较复杂，这里就不作介绍，有兴趣的读者可以参看中山大学数学力学系编写的教材.

以下我们介绍一种比较简单的非参数检验法，称为**秩和检验**.

8.7.2 秩和检验法

秩和检验的具体做法是：

(1) 设原假设 $H_0: F_1=F_2$ 和对立假设 $H_1: F_1\neq F_2$.

(2) 将两组样本 $\{x_1,\cdots,x_{n_1}\}$，$\{y_1,\cdots,y_{n_2}\}$ 混合起来，按值的大小排序得

$$z_1^* \leqslant z_2^* \leqslant \cdots \leqslant z_{n_1+n_2}^* \tag{8.7.1}$$

每个数据对应的序号(下标)称为它的秩.

(3) 设 $n_1\leqslant n_2$，则对样本 $\{x_1,\cdots,x_{n_1}\}$ 所对应的秩全部加起来. 此时注意：若同一数值 x，y 都出现，且可能不止一个，如 x_2,x_3,y_1,y_2 都同值并排成 $z_2^*\leqslant z_3^*\leqslant z_4^*\leqslant z_5^*$，则 x_2,x_3 的序号都是 $(2+3+4+5)/4=3.5$（这样，则将 x_2,x_3,y_1,y_2 写成 $z_\cdot^*$ 的什么位置，x 获得的序号不变）. 秩的全部和记为 T.

(4) 设想 $F_1=F_2$，则观测中出现 $(x\geqslant y)$ 和 $(y\geqslant x)$ 应该机会差不多，因此上述按大小混编排序，x 的秩和不会太大也不应太小；否则我们就有理由怀疑 H_0 的正确性.

在 n_1,n_2 较大时，秩和 T 在 H_0 下近似服从如下的正态分布，即

$$T\sim N\left(\frac{n_1(n_1+n_2+1)}{2},\frac{n_1n_2(n_1+n_2+1)}{12}\right) \tag{8.7.2}$$

对一般较小的 n_1,n_2，可查本书附表.

(5) 对给定的 α，查秩和表(附表)，对应于 n_1,n_2 可得下限 T_1 和上限 T_2，拒绝域选为

$$W_\alpha=\{T\leqslant T_1\}\cup\{T\geqslant T_2\} \tag{8.7.3}$$

由真实数据算得秩和 T，看其是否落入 W_α 之中以便给出结论.

例 8.7.2 例 8.7.1 的秩和检验. 将例 8.7.1 的具体数值列成表 8.16.

表 8.16

序号	1	2	3	4	5	6	7	8
y				318		326		339
x	272	283	316		321		329	
x 的序号	1	2	3		5		7	
序号	9	10	11	12	13	14	15	16
y							361	
x	345	349	350	356	356	360		366
x 的序号	9	10	11	12.5	12.5	14		16
序号	17	18	19	20	21	22	23	24
y	375			392	393		401	
x		380	384			399		402
x 的序号		18	19			22		24
序号	25	26	27	28	29	30	31	32
y	403	406	407		410	420	426	427
x				410				
x 的序号				28.5				
序号	33	34	35	36	37	38	39	40
y	430		434	447			467	477
x		431			455	462		
x 的序号		34			37	38		

从表 8.16 排序中知，x 的序号总和为

$$T_x = 323.5 \tag{8.7.4}$$

由于 $n_1, n_2 = 20$，可查正态分布表求临界值：

期望：$\mu = \dfrac{n_1(n_1 + n_2 + 1)}{2} = 410$；

方差：$\sigma^2 = \dfrac{n_1 n_2(n_1 + n_2 + 1)}{12} = 1\,366.67$；

标准差：$\sigma = 36.97$，

则在 $\alpha=0.05$ 水平下，可利用标准正态分布(附表)得临界值

$$T_1 = 410 - 1.96 \times 36.97 = 337.54$$
$$T_2 = 410 + 1.96 \times 36.97 = 482.46$$

从而拒绝域为

$$W_{0.05} = \{x < 337.54\} \cup \{x > 482.46\} \quad (8.7.5)$$

由式(8.7.4)，$T_x=323.5<T_1=337.54$，故 $T_x \in W_{0.05}$，从而可以以 0.05 的水平否定 $H_0: F_1=F_2$，而接受 $F_1 \neq F_2$，即改良品种后的玉米和通常玉米饲养的小鸡的体重有显著差异，事实上，在正态条件下进一步检验 $\mu_1 \leqslant \mu_2$，必遭否定，表明改良后平均体重高于通常饲料喂养的平均体重.

读者可能会问：现在是 $n_1=n_2$，是否可对 y 来求序而不是对 x，结论一样吗？是的，可以考虑对 y 求序，其结果是

$$T_y = 496.5 \quad (8.7.6)$$

由于 $496.5=T_y>482.46=T_2$，故同样有 $T_y \in W_{0.05}$，而否定 H_0，所以结论是相同的.

习 题 8

选择题

1. 在假设检验问题中，H_0 为原假设，给定检验水平 α，则在下列各式中正确的是(　　).

(A) P(接受$H_0|$ H_0 正确)$=\alpha$　　(B) P(接受 $H_0|H_0$ 不正确)$=1-\alpha$

(C) P(拒绝$H_0|H_0$ 正确)$=\alpha$　　(D) P(拒绝$H_0|H_0$ 不正确)$=1-\alpha$

2. 作假设检验时，若增大样本容量，则犯两类错误的概率(　　).

(A) 都增大　(B) 都减小　(C) 都不变　(D) 一个增大，一个减小

3. 设 $X_1,\cdots,X_n$ 是取自正态总体 $N(\mu,\sigma^2)$的简单样本，则当 $H_0: \mu=\mu_0$成立时，(　　)成立.

(A) $\sqrt{n}\dfrac{\overline{X}-\mu}{\sigma} \sim N(0,1)$　　(B) $\sqrt{n}\dfrac{\overline{X}-\mu_o}{S} \sim t(n-1)$

(C) $\sqrt{n}\dfrac{\overline{X}-\mu}{S} \sim t(n-1)$　　(D) $\dfrac{1}{\sigma^2}\sum\limits_{i=1}^{n}(X_i-\mu_0)^2 \sim \chi^2(n-1)$

4. 设总体 $X \sim N(\mu,\sigma^2)$，作假设检验时，在下列何种情况下，采用 t 检验法(　　).

(A) 已知 σ^2，检验假设 $H_0: \mu=\mu_0$　(B) 未知 σ^2，检验假设 $H_0: \mu=\mu_0$

(C) 已知 μ，检验假设 $H_0: \sigma^2=\sigma_0^2$　(D) 未知 μ，检验假设 $H_0: \sigma^2=\sigma_0^2$

5. 设总体 $X \sim N(\mu,\sigma^2)$，σ^2 未知，$X_1,X_2,\cdots,X_n$ 为来自总体X 的样本观测值，现对 μ 进

行假设检验,若在显著水平 $\alpha=0.05$ 下拒绝了 $H_0:\mu=\mu_0$,则当显著水平改为 $\alpha=0.01$ 时,下列说法正确的是(　　).

(A) 必接受 H_0　　(B) 必拒绝 H_0

(C) 第一类错误的概率变大　　(D) 可能接受,也可能拒绝 H_0

6. 设总体 $X\sim N(\mu,\sigma^2)$,统计假设 $H_0:\mu=\mu_0$ vs $H_1:\mu\neq\mu_0$,若用 t 检验法,则在显著性水平 α 下的拒绝域为(　　).

(A) $|t|<t_{1-\frac{\alpha}{2}}(n-1)$　　(B) $|t|>t_{1-\frac{\alpha}{2}}(n-1)$

(C) $t>t_{1-\alpha}(n-1)$　　(D) $t<-t_{1-\alpha}(n-1)$

填空题

1. 设某药品中的有效成分的含量服从正态分布 $N(\mu,\sigma^2)$,原工艺生产的产品中有效成分的平均含量为 μ_0.为检验新工艺是否真的提高了有效成分的含量,要求当新工艺没有提高有效成分的含量时,误认为新工艺提高了有效成分的含量的概率不超过5%,那么应取原假设 H_0:______,备择假设 H_1:______,显著水平 $\alpha=$______.

2. 设 $X_1,\cdots,X_n$ 是取自正态总体$N(\mu,\sigma^2)$的简单样本,其中 μ,σ^2 未知,记 $\overline{X}=\dfrac{1}{n}\sum\limits_{i=1}^{n}X_i$,

$Q^2=\sum\limits_{i=1}^{n}(X_i-\overline{X})^2$,则在假设 $H_0:\mu=0$ 的 t 检验中使用统计量 $t=$______,H_0 的拒绝域为______.

3. 设总体 $X\sim N(\mu,\sigma^2)$,μ 未知,$X_1,\cdots,X_n$ 为来自总体 X 的样本观测值,记 $\overline{X}$ 为样本均值,s^2 为样本方差,对假设检验:$H_0:\sigma\geqslant 2$ vs $H_1:\sigma<2$,应取检验统计量 $\chi^2=$______.

4. 设总体 $X\sim N(\mu_1,\sigma^2)$,$Y\sim N(\mu_2,\sigma^2)$,μ_1,μ_2,σ 是未知参数.今分别从两个总体 X,Y 抽得容量为 m 和 n 的两个独立子样 $(x_1,\cdots,x_m)$ 与 $(y_1,\cdots,y_n)$,要检验原假设 $H_0:\mu_1=\mu_2$,应由样本值计算统计量______的值,将其值与分布临界值______比较,做出判断:当__________时拒绝 H_0;当______时,则接受 H_0.

解答题

1. 一个停车场有12个位置排成一行,某人发现有8个位置停了车,而有4个相连的位置空着.这个发现令人惊奇吗(即它是非随机性的表示吗)?

2. 四个人在玩扑克牌,其中一个人连续三次都没有得到A牌.问他是否有理由埋怨自己"运气"不佳?

3. 某钢厂生产的钢筋的抗拉强度服从正态分布,长期以来,其抗拉强度均值 $\mu=10\,560$ $(\mathrm{N/cm^2})$.现在革新工艺后生产了一批钢筋,抽取10根样品进行抗拉强度试验,测得抗拉强度如下:

10 510, 10 620, 10 670, 10 550, 10 780, 10 710, 10 670, 10 580, 10 560, 10 650

检验这批钢筋的抗拉强度均值是否有所提高($\alpha=0.05$).

4. 某切割机正常工作时,切割的金属棒的长度服从正态分布 $N(100,2^2)$. 从该切割机切割的一批金属棒中抽取15根,测得它们的长度(单位:毫米)如下:

101, 96, 103, 100, 98, 102, 95, 97, 104, 101, 99, 102, 97, 100

(1) 若已知总体方差不变,检验该切割机工作是否正常,即总体均值是否等于100(毫米)($\alpha=0.05$).

(2) 若不能确定总体方差是否变化,检验总体均值是否等于100毫米($\alpha=0.05$).

5. 饲养场规定肉鸡平均体重超过3千克方可屠宰,若从鸡群中随机抽取20只,得到体重的平均值为2.8千克,标准差为0.2千克,问这一批鸡可否屠宰($\alpha=0.05$)?

6. 已知我国14岁女学生的平均体重(单位:千克)为43.38,从该年龄的女学生中抽查10名运动员的体重,分别为39,36,43,43,40,46,45,45,42,41,试问这些运动员的体重与上述平均体重的差异是否显著($\alpha=0.05$)?

7. 两个小麦品种从播种到抽穗所需天数的观测值分别为101,100,99,99,98,100,98,99,99,99与100,98,100,99,98,99,98,98,99,100,试用两个正态总体均值与方差作假设检验的方法检验两品种的观测值有没有显著的差异($\alpha=0.05$).

8. 某小麦品种经过四代选育,从第5和第6代中分别抽出10株,得到它们株高的观测值分别为66,65,66,68,62,65,63,66,68,62和64,61,57,65,65,63,62,63,64,60,试检验株高这一性状是否已达到稳定($\alpha=0.05$).

9. 有甲、乙两个试验员,对同样的试样进行分析,各人试验分析结果如表1所示(分析结果服从正态分布).试问甲、乙两个试验员的试验分析结果之间有无显著性差异($\alpha=0.05$)?

表1

试验号数	1	2	3	4	5	6	7	8
甲	4.3	3.2	3.8	3.5	3.5	4.8	3.3	3.9
乙	3.7	4.1	3.8	3.8	4.6	3.9	2.8	4.4

10. 无线电厂生产某种高频管,其中一项指标服从正态分布 $N(\mu,\sigma^2)$. 从该厂生产的一批高频管中抽取8个,测得该项指标的数据如下:

68, 43, 70, 65, 55, 56, 60, 72

(1) 若已知 $\mu=60$,检验假设 $H_0: \sigma^2\leqslant 49$ vs $H_1: \sigma^2>49$(取 $\alpha=0.05$);

(2) 若未知 μ,检验假设 $H_0: \sigma^2\leqslant 49$ vs $H_1: \sigma^2>49$(取 $\alpha=0.05$).

11. 某种物品在处理前、后分别抽样分析其含脂率,数据如下:

处理前:0.19, 0.18, 0.21, 0.30, 0.41, 0.12, 0.27;

处理后:0.15, 0.13, 0.07, 0.24, 0.19, 0.06, 0.08, 0.12.

设处理前后均服从正态分布,检验:

(1) 处理前、后含脂率的方差是否有显著差异($\alpha=0.05$);

(2) 处理后含脂率的均值是否显著降低($\alpha=0.01$).

12. 按两种不同的配方生产橡胶，测得橡胶伸长率(%)如下：

第一种配方：540，533，525，520，544，531，536，529，534；

第二种配方：565，577，580，575，556，542，560，532，570，561.

设橡胶伸长率服从正态分布，试检验两种配方生产的橡胶伸长率的方差是否有显著差异($\alpha=0.05$).

13. 用某种仪器间接测量强度，重复测量5次，所得数据是175，173，178，174，176，而用精确方法测量的强度为179(看作强度的真值)，设测量强度服从正态分布，问这种仪器测量的强度是否显著降低($\alpha=0.05$)？

14. 某化工厂的产品中硫的含量的百分比在正常情形下服从正态分布 $N(4.55,\sigma^2)$，为了知道设备经过维修后产品中硫的含量的百分比 μ 是否改变，测试5个产品，它们含硫量的百分比分别为

$$4.28,\quad 4.40,\quad 4.42,\quad 4.35,\quad 4.37$$

试在两种情形：(1) 已知 $\sigma=0.1$；(2) σ 未知之下，分别检验 $H_0:\mu=4.55$，其中显著性水平 $\alpha=0.05$，假定方差始终保持不变.

15. 选择亚洲的若干城市及美国若干城市6月份的平均最高气温(见表2，单位：℃)，试检验有无显著性差异？亚洲是否比美国高？为此，(1) 首先检验 $\sigma_1=\sigma_2$；(2) 根据(1)的检验结果再检验两个总体的均值.

16. 设 $x_1,x_2,\cdots,x_n$ 是来自 $N(\mu,1)$ 的样本，考虑如下假设检验问题：

$$H_0:\mu=2 \quad \text{vs} \quad H_1:\mu=3$$

设检验由拒绝域为 $W=\{\bar{x}\geqslant 2.6\}$ 给出.

(1) 当 $n=20$ 时，求检验犯两类错误的概率；

(2) 如果要使得检验犯第二类错误的概率 $\beta\leqslant 0.01$，n 最小应取多少？

(3) 证明：当 $n\to+\infty$ 时，$\alpha\to 0,\beta\to 0$.

表2

亚洲		美国	
北京:31	上海:28	纽约:26	洛杉矶:22
台北:32	香港:29	旧金山:19	费城:25
高雄:29	首尔:27	匹兹堡:26	小石城:31
东京:25	大阪 25	达拉斯:30	丹佛:21
吉隆坡:33	雅加达:31	华盛顿:26	底特律:29
新加坡:31	马尼拉:33	芝加哥:26	圣安东尼奥:31
孟买:32	曼谷:33	堪萨斯:29	亚特兰大:29
		巴尔的摩:26	波士顿:23
			明尼亚波历士:26

17. 设总体为均匀分布 $U(0,\theta)$，$x_1,x_2,\cdots,x_n$ 是样本，考虑检验问题

$$H_0:\theta\geqslant 3 \quad \text{vs} \quad H_1:\theta<3$$

拒绝域取为 $W=\{x_{(n)}\leqslant 2.5\}$，求检验犯第一类错误的最大值 α，若要使得该最大值不超过0.05，n 应取多大？

18. 设 X 有概率分布 $P(X=1)=\theta^2$，$P(X=2)=2\theta(1-\theta)$，$P(X=3)=(1-\theta)^2$. 检验 $H_0: \theta=0.1$ vs $H_1: \theta=0.9$. 抽取三个样本，取拒绝域为 $W=\{X_1=1, X_2=1, X_3=1\}$. 求此时犯第一类错误与第二类错误的概率.

19. 设 $X_1, X_2, \cdots, X_n$ 是来自总体 $X \sim N(\mu, 4)$ 的一个样本，其观察值为 $x_1, x_2, \cdots, x_n$，均值为 $\bar{x}$，检验 $H_0: \mu=0$ vs $H_1: \mu \neq 0$. 取拒绝域为 $W=\{x_1, x_2, \cdots, x_n \mid \sqrt{n}|\bar{x}|/2 > u_{\alpha/2}\}$. 当实际情况 $\mu=1$ 时，试求犯第二类错误的概率.

20. 已知某电子元件的使用寿命服从指数分布 $E(\lambda)$，抽查 100 个样品，测得样本均值 $\bar{x}=1\,950$(小时)，能否认为参数 $\lambda=2\,000$ $(\alpha=0.05)$？

21. 在某段公路上，观测每 15 秒内通过的汽车数，得到数据如表 3 所示. 检验该段公路上每 15 秒内通过的汽车辆数是否服从泊松分布($\alpha=0.05$).

表 3

每 15 秒通过的汽车数 x_i	0	1	2	3	4	5	6	≥7
频数 n_i	24	67	58	35	10	4	2	0

22. 某卷烟厂生产的两种香烟，现分别对两种香烟的尼古丁含量做 6 次试验，结果如表 4 所示. 若香烟的尼古丁含量服从正态分布，且方差相等，试问这两种香烟的尼古丁含量有无显著差异($\alpha=0.05$)？

表 4

甲	25	28	23	26	29	22
乙	28	23	30	35	21	27

表 5(a) 矮个子总统

总统	身高	寿命
Madison	5′4″	85
Van Buren	5′6″	79
B. Harrison	5′6″	67
J. Adams	5′7″	90
J. Q. Adams	5′7″	80

23. 菠菜的雄株和雌株的性比为 1∶1，从 200 株中观测到雄株数为 108，雌株数为 92，试检验 108∶92 与 1∶1 是否有显著的差异.

24. 据现在的推测，矮个子的人比高个子的人寿命要长一些. 表 5(a)和(b)给出了美国 31 个自然死亡的总统的寿命，他们分别属于两类：矮个子(<5′8″)和高个子(≥5′8″). 设两个寿命总体均为正态且方差相等，但参数均未知. 试问这些数据是否符合上述推测(取 $\alpha=0.05$)？

表5(b) 高个子总统

总统	身高	寿命	总统	身高	寿命
W. Harrison	5′8″	68	Polk	5′8″	53
Tayler	5′8″	65	Grant	5′8.5″	63
Hayes	5′8.5″	70	Truman	5′9″	88
Fillmore	5.9″	74	Pieree	5′10″	64
A. Johson	5′10″	66	T. Roosevelt	5′10″	60
Coolidge	5′10″	60	Eisenhower	5′10″	78
Cleveland	5′11″	71	Wilson	5′11″	67
Hoover	5′11″	90	Monroe	6′	73
Tyler	6′	71	Buchanan	6′	77
Taft	6′	72	Harding	6′	72
Jackson	6′1″	78	Washington	6′2″	67
Arthur	6′2″	56	F. Roosevelt	6′2″	63
L. Johnson	6′2″	64	Jefferson	6′2″	83

25. 一家大型超市连锁店接到许多消费者投诉某品牌炸土豆片中60克一袋的那种质量不符.店方猜想引起这些投诉的原因是在运输过程中,产生了土豆片碎屑,碎屑沉积在食品袋底部,但为了使顾客对花钱买到的土豆片感到物有所值,店方仍然决定对来自一家最大的供应商的下一批袋装炸土豆片的平均质量(单位:克)μ 进行检验,假设陈述如下:

$$H_0: \mu \geqslant 60 \quad \text{vs} \quad H_1: \mu < 60$$

如果有证据可以拒绝原假设,店方就拒收这批炸土豆片并向供应商提出投诉.

(1) 与这一假设检验问题相关联的第一类错误是什么?

(2) 与这一假设检验问题相关联的第二类错误是什么?

(3) 你认为连锁店的顾客们会将哪类错误看得比较严重?而供应商会将哪类错误看得比较严重?

26. 在 π 的前800位小数的数字中,0,1,2,3,…,9 分别出现了 74,92,83,79,80,73,77,75,76,91 次,试用柯氏检验法检验这些数据与均匀分布相适合的假设.

从来没见过能够预测股市走势的人.

——巴菲特

第9章 方差分析和回归分析简介

方差分析和回归分析是统计推断中的重要内容且非常实用.本章只简单介绍单因素方差分析和一元线性回归.

9.1 单因素方差分析

在实际问题中,经常使用上一章的方法对两个正态总体进行均值比较,即检验两个样本是否取自同一总体.如果分组样本不止两个,就必须使用方差分析(ANOVA:ANalysis Of VAriance)对它们所取自的总体进行均值比较.也就是说方差分析是检验两个或多个总体的均值间差异是否具有统计意义的一种方法.既然方差分析通常用于均值比较,那么把它称为“ANOVA 方差分析”似乎是不合适的,为什么不用“均值分析”(ANOME:ANalysis Of MEans)来代替呢?事实上,用“方差分析”这个名称是很有道理的:虽然经常比较的是均值,但比较时是采用方差的估计量进行分析的.方差分析所使用的检验统计量是 F 统计量,它是方差估计值之比.这里不是根据用途而是根据分析方法来命名的.

在科学试验和生产实践中,影响试验或生产的因素往往很多.我们通常需要分析哪种因素对事物有着显著的影响,并希望知道起决定影响的因素在什么时候有着最有利的影响.

例如在农业科学试验中,为了提高农作物的产量需要考虑种子的品种、化肥的施用种类和数量等因素对作物的影响,并希望从中找出这些因素的最佳搭配.在化工生产中需要了解不同的原料成分、原料剂量、催化剂、温度等对产品的数量和质量的影响,并从中得到有影响的因素的适宜组合以提高生产.

为此我们首先安排试验,然后利用试验结果的信息,对我们所关心的事情做出判断.

方差分析就是研究一种或多种因素对试验结果的观测值是否有显著影响,从而找出较优的试验条件或生产条件的一种常用而有效的推断方法.

在试验中,我们所要考察的指标称为试验指标.影响试验指标的条件称为**因素**(factor),这里的因素主要是指可以人为控制的条件,如原料、反应温度、化肥种类等.因此所处的状态称为**因素的水平**(treatment).只有一个因素在改变的试验称为单因素试验,多于一个因素在改变的试验称为多因素试验.在本书中只考虑单因素试验.

定义 9.1.1　检验多个总体均值是否相等的统计方法,称为**方差分析**(analysis of variance),缩写为 ANOVA.

下面从一个实例出发来说明单因素方差分析(one-way analysis of variance)的基本思想.

例 9.1.1　利用4种不同配方的材料 A_1,A_2,A_3,A_4 生产出来的元件,测得其使用寿命如表9.1所示.问:4种不同配方下元件的使用寿命有无显著的差异?

表 9.1

材料	使用寿命							
A_1	1 600	1 610	1 650	1 680	1 700	1 700	1780	
A_2	1 500	1 640	1 400	1 700	1 750			
A_3	1 640	1 550	1 600	1 620	1 640	1 600	1 740	1 800
A_4	1 510	1 520	1 530	1 570	1 640	1 600		

在此例中,材料的配方是影响元件使用寿命的因素,4种不同的配方表明因素处于4种状态,称为4种水平,这样的试验称为4因素单水平试验.由表9.1的数据可以看出,不仅不同的配方的材料生产出的元件使用寿命不同,而且同一配方下元件的使用寿命也不一样,分析数据波动的原因主要来自两个方面:

其一,在同样的配方下做若干次寿命试验,试验条件大体相同,因此,数据的波动是由于其他随机因素的干扰引起的.设想在同一配方下元件的使用寿命应该有一个理论上的均值,而实际测得的数据与均值的偏差即为随机误差,且假设此误差服从正态分布.

其二,在不同的配方下,使用寿命有不同的均值,它导致不同组的元件间寿命数据不同.

下面我们详细讨论单因素试验的方差分析.试验指标记为 X,对其有影响的因素记为 A,设 A 有 s 个水平 $A_1, A_2, \cdots, A_s$.在水平 A_i $(i=1,2,\cdots,s)$ 下进行 n_i $(\geqslant 2)$ 次独立试验,得到的结果可列成表 9.2 的形式.

表 9.2

水平	观 测 值				总体
A_1	x_{11}	x_{12}	$\cdots$	x_{1n_1}	$N(\mu_1, \sigma^2)$
A_2	x_{21}	x_{22}	$\cdots$	x_{2n_2}	$N(\mu_2, \sigma^2)$
$\vdots$	$\vdots$	$\vdots$		$\vdots$	$\vdots$
A_s	x_{s1}	x_{s2}	$\cdots$	x_{sn_s}	$N(\mu_s, \sigma^2)$

我们假定在各水平 A_i $(i=1,2,\cdots,s)$ 下的试验结果分别为 $X_{i1}, X_{i2}, \cdots, X_{in_i}$,视为来自正态总体 $N(\mu_i, \sigma^2)$ 的一个简单随机样本,μ_i, σ^2 未知,且不同水平下的结果相互独立.

记 $\varepsilon_{ij} = X_{ij} - \mu_i$,则 $\varepsilon_{ij} \sim N(0, \sigma^2)$ 表示随机误差,这样,上述单因素模型可表示为

$$\begin{cases} X_{ij} = \mu_i + \varepsilon_{ij} & (i=1,2,\cdots,s; j=1,2,\cdots,n_i) \\ \varepsilon_{ij} \sim N(0,\sigma^2) & (\text{相互独立}) \end{cases} \tag{9.1.1}$$

对于上面的模型(9.1.1),方差分析的主要任务为:

(1) 检验在各个水平下的均值是否相等,即检验假设

$$H_0: \mu_1 = \mu_2 = \cdots = \mu_s \quad \text{vs} \quad H_1: \mu_1, \mu_2, \cdots, \mu_s \text{ 不完全相同} \tag{9.1.2}$$

(2) 做出未知参数 $\mu_1, \mu_2, \cdots, \mu_s, \sigma^2$ 的估计.

为了方便讨论,我们记

$$n = \sum_{i=1}^{s} n_i, \quad \mu = \frac{1}{n} \sum_{i=1}^{s} n_i \mu_i$$

并称 μ 为**总平均**,又记 $\alpha_i = \mu_i - \mu$ $(i=1,2,\cdots,s)$ 称为第 i 个水平对试验指标 X 的效应,且 $\sum_{i=1}^{s} n_i \alpha_i = 0$.这样,模型(9.1.1) 可表示为

$$\begin{cases} X_{ij} = \mu + \alpha_i + \varepsilon_{ij} & (i=1,2,\cdots,s; j=1,2,\cdots,n_i) \\ \varepsilon_{ij} \sim N(0,\sigma^2) & (\text{相互独立}) \end{cases} \tag{9.1.3}$$

假设(9.1.2)可变为

$$H_0: \alpha_1 = \alpha_2 = \cdots = \alpha_s = 0 \quad \text{vs} \quad H_1: \alpha_1, \alpha_2, \cdots, \alpha_s \text{ 不全为 } 0 \tag{9.1.4}$$

为了检验不同水平的影响是否有显著差异，需要对影响给以度量.在方差分析中，我们常以离差平方和来刻画影响的大小.并且从离差平方和分解入手，导出假设检验(9.1.4)的检验统计量.

记 $\overline{X} = \dfrac{1}{n}\sum_{i=1}^{s}\sum_{j=1}^{n_i} X_{ij}$ 为样本总平均，称

$$SST = \sum_{i=1}^{s}\sum_{j=1}^{n_i}(X_{ij} - \overline{X})^2$$

为**总平方和**(sum of squares for total)，同时也是对试验指标的总影响，故也称为**总变差**.又记 $\overline{X_i} = \dfrac{1}{n_i}\sum_{j=1}^{n_i} X_{ij}$ 为 A_i 水平下的样本均值，则 SST 可分解为

$$SST = \sum_{i=1}^{s}\sum_{j=1}^{n_i}[(X_{ij} - \overline{X_i}) + (\overline{X_i} - \overline{X})]^2 = SSE + SSA$$

其中

$$SSE = \sum_{i=1}^{s}\sum_{j=1}^{n_i}(X_{ij} - \overline{X_i})^2, \quad SSA = \sum_{i=1}^{s}\sum_{j=1}^{n_i}(\overline{X_i} - \overline{X})^2$$

则 $SST = SSE + SSA$，这表明，我们将 SST 分解成 SSA 与 SSE 的和.其中，SSE 反映随机误差对总体指标的影响，故 SSE 叫作**误差平方和**(sum of squares of error).反映了在 A 的不同水平下对总体指标的影响程度，它是由水平 A_i 以及随机误差引起的，SSA 称为因素 A 的**效应平方和**(sum of squares of factor A).

为了得出假设(9.1.2)及其检验统计量，我们先讨论效应平方和 SSA 及误差平方和 SSE 的统计特征.先将其写成下面的形式：

$$SSE = \sum_{j=1}^{n_1}(X_{1j} - \overline{X_1})^2 + \sum_{j=1}^{n_2}(X_{2j} - \overline{X_2})^2 + \cdots + \sum_{j=1}^{n_s}(X_{sj} - \overline{X_s})^2$$

由第 6 章可知

$$\sum_{j=1}^{n_i}(X_{ij} - \overline{X_i})^2/\sigma^2 \sim \chi^2(n_i - 1)$$

又由 $\sum_{j=1}^{n_i}(X_{ij} - \overline{X_i})^2\ (i = 1,2,\cdots,s)$ 的独立性及 χ^2 分布的可加性，知

$$SSE/\sigma^2 \sim \chi^2\left(\sum_{i=1}^{s}(n_i - 1)\right) = \chi^2(n - s)$$

同时，$E\left(\dfrac{SSE}{n-s}\right) = \sigma^2$.

对于 SSA，我们注意到

$$\overline{X_i} \sim N(\mu_i, \sigma^2/n_i), \quad \overline{X} \sim N(\mu, \sigma^2/n) \quad (i = 1,2,\cdots,s)$$

于是

$$SSA = \sum_{i=1}^{s}\sum_{j=1}^{n_i}(\overline{X_i} - \overline{X})^2 = \sum_{i=1}^{s} n_i(\overline{X_i} - \overline{X})^2$$

SSA 是s个变量$\sqrt{n_i}(\overline{X_i}-\overline{X})(i=1,2,\cdots,s)$的平方和,它们之间仅有一个线性约束条件

$$\sum_{i=1}^{s}\sqrt{n_i}[\sqrt{n_i}(\overline{X_i} - \overline{X})] = \sum_{i=1}^{s} n_i(\overline{X_i} - \overline{X}) = \sum_{i=1}^{s}\sum_{j=1}^{n_i} X_{ij} - n\overline{X} = 0$$

由此得,SSA 的自由度为$s-1$.

进一步还可以证明 SSA 与 SSE 相互独立,且 H_0 在成立时,有

$$SSA/\sigma^2 \sim \chi^2(s-1)$$

根据上面的分析,我们知道在 H_0 成立时,$\frac{SSA}{s-1}$和$\frac{SSE}{n-s}$的期望均为σ^2,也就是说,$\frac{SSA}{s-1}$和$\frac{SSE}{n-s}$都是σ^2 的无偏估计,故两者比较接近,当然在 H_0 不成立时,$\frac{SSA}{s-1}$应比 $\frac{SSE}{n-s}$ 大.因此取

$$F = \frac{SSA/(s-1)}{SSE/(n-s)}$$

则在 H_0 成立时,$F\sim F(s-1,n-s)$.从而 F 可作为式(9.1.4)的检验统计量,且在 H_0 不成立时,F 的取值有偏大的趋势,所以水平为 α 的拒绝域为

$$W = \left\{\frac{SSA/(s-1)}{SSE/(n-s)} \geqslant F_\alpha(s-1,n-s)\right\}$$

通常将上面的结果列成表 9.3,称为方差分析表.

表 9.3

方差来源	平方和	自由度	均方	F 值	p 值
因素 A	SSA	$s-1$	$MSA=\frac{SSA}{s-1}$	$F=\frac{MSA}{MSE}$	p
误差	SSE	$n-s$	$MSE=\frac{SSE}{n-r}$		
总和	SST	$n-1$			

例 9.1.2(续例 9.1.1)　试检验

$$H_0: \mu_1 = \mu_2 = \mu_3 = \mu_4$$

取水平 $\alpha=0.01$.

解　方差分析表如表9.4所示.

表9.4

方差来源	平方和	自由度	均方	F 值	p 值	临界值
因素 A	49 212	3	16 404	2.165 8	0.120 8	4.82
误差	166 622	22	7 574			
总和	215 835	25				

查表得 $F_\alpha(s-1,n-s)=F_{0.01}(3,22)=4.82>2.165\,8$ (p 值:$0.120\,8>0.01$),故没有充足的理由说明 H_0 不正确,即认为4种材料生产的元件的平均寿命无显著差异.

例9.1.3　某灯泡厂用4种不配料方案制成的灯丝各生产一批灯泡,并在每批灯泡中随机地抽取若干个灯泡测试其使用寿命(单位:小时),结果列于表9.5.

表9.5

灯泡 使用寿命 灯丝	1	2	3	4	5	6	7	8
甲	1 600	1 610	1 650	1 680	1 700	1 700	1 780	
乙	1 500	1 610	1 400	1 700	1 750			
丙	1 640	1 550	1 600	1 620	1 640	1 600	1 740	1 800
丁	1 510	1 520	1 530	1 570	1 640	1 680		

希望了解这4批灯泡使用寿命有无显著差异.若有显著差异,则希望从中选取一种较优的配料方案,若无显著差异,则可从中选取一种经济、易行的配料方案($\alpha=0.05$).

解　按上例的方法将计算结果列于表9.6.

表9.6

方差来源	平方和	自由度	均方	F 值
因素	39 776.457	3	13 258.819	1.64
随机误差	178 088.93	22	9 094.95	
总和	217 865.387	25		

这里 $s=4,n=26$,由 $\alpha=0.05$,查 F 分布表,得 $F_{0.05}(3,22)=3.05,F=1.64$

<3.05,因此接受 H_0,即认为这 4 种灯丝产生的灯泡的平均寿命之间没有显著差异.

最后,我们考虑单因素模型中未知参数的估计.从 SSE 的统计性质知

$$\hat{\sigma}^2 = \frac{SSE}{n-s}$$

为 σ^2 的无偏估计.又由 $\overline{X} \sim N(\mu, \sigma^2/n)$,$\overline{X_{\cdot j}} \sim N(\mu_j, \sigma^2/n_j)$($j=1,2,\cdots,s$),得到 μ 和 μ_j 的无偏估计

$$\hat{\mu} = \overline{X}, \quad \hat{\mu}_j = \overline{X_{\cdot j}}$$

如果拒绝 H_0,即认为效应 $\alpha_1, \alpha_2, \cdots, \alpha_s$ 显著时,我们可以得到效应的无偏估计

$$\hat{\alpha}_i = \overline{X} - \overline{X_{\cdot i}}$$

且容易验证

$$\sum_{j=1}^{s} n_j \hat{\alpha}_i = \sum_{j=1}^{s} n_j \overline{X_{\cdot j}} - n\overline{X} = 0$$

有时还需做出效应差 $\mu_i - \mu_j = \alpha_i - \alpha_j$ 的区间估计,由于效应差的估计满足

$$\overline{X_{\cdot i}} - \overline{X_{\cdot j}} \sim N(\mu_i - \mu_j, (1/n_i + 1/n_j)\sigma^2)$$

且与 SSE 独立,则

$$t = \frac{\overline{X_{\cdot i}} - \overline{X_{\cdot j}} - (\mu_i - \mu_j)}{\sqrt{\dfrac{SSE}{n-S}(1/n_i + 1/n_j)}} = \frac{\overline{X_{\cdot i}} - \overline{X_{\cdot j}} - (\mu_i - \mu_j)}{\hat{\sigma}\sqrt{1/n_i + 1/n_j}} \sim t(n-s)$$

可作为枢轴量,容易得到 $\alpha_i - \alpha_j$ 的置信水平为 α 的置信区间为

$$\left(\overline{X_{\cdot i}} - \overline{X_{\cdot j}} - \hat{\sigma}\sqrt{\frac{1}{n_i} + \frac{1}{n_j}}\,t_{\frac{\alpha}{2}}(n-s), \overline{X_{\cdot i}} - \overline{X_{\cdot j}} + \hat{\sigma}\sqrt{\frac{1}{n_i} + \frac{1}{n_j}}\,t_{\frac{\alpha}{2}}(n-s)\right)$$

例 9.1.4(续例 9.1.3) 求 μ 和 α_i 的估计值及 $\alpha_1 - \alpha_5$ 的水平为 $1-0.05$ 的置信区间.

解 易知

$$\hat{\mu} = \overline{X} = 89.6$$

$$\hat{\alpha}_1 = \hat{\mu}_1 - \hat{\mu} = \frac{270}{3} - 89.6 = 0.4$$

$$\hat{\alpha}_2 = \hat{\mu}_2 - \hat{\mu} = 4.4, \quad \hat{\alpha}_3 = \hat{\mu}_3 - \hat{\mu} = 5.4$$

$$\hat{\alpha}_4 = \hat{\mu}_4 - \hat{\mu} = -4.6, \quad \hat{\alpha}_5 = \hat{\mu}_5 - \hat{\mu} = -5.6$$

由 $\overline{X_{\cdot 1}} - \overline{X_{\cdot 5}} = \hat{\alpha}_1 - \hat{\alpha}_5 = 6$,$\alpha = 0.05$,查表得

$$t_{\alpha/2}(n-5) = t_{0.05}(15-5) = t_{0.05}(10) = 2.228\,1$$

$$\hat{\sigma}^2 = \frac{SSE}{n-s} = \frac{50}{15-5} = 5$$

因此

$$\hat{\sigma}\sqrt{\frac{1}{n_1}+\frac{1}{n_5}} \cdot t_{\alpha/2}(n-s) = \sqrt{5} \times \sqrt{\frac{1}{3}+\frac{1}{3}} \times 2.2281 \approx 4.068$$

从而可得 $\alpha_1 - \alpha_5$ 的置信水平为0.95的置信区间为

$$(6-4.068, 6+4.068) = (1.932, 10.068)$$

9.2　一元线性回归

回归(regression)一词源于19世纪英国生物学家道尔顿对人体遗传特征的试验研究.他根据试验数据,发现个子高的双亲其子女也较高,但平均来看,却不比他们的双亲高;同样,个子矮的双亲其子女也较矮,但平均来看,也不会比他们的双亲还要矮.他把这种身材趋于人的平均高度的现象称为"回归",并作为统计概念加以应用.如今统计学的"回归"这一概念已经不是原来生物学上的特殊规律性,而是指变量之间的一种依存关系.例如,人的身高与体重之间有一定的关系,但是由身高不能精确计算其体重,也不能由体重精确计算出其身高,又如人的年龄与血压之间的关系、农业上的施肥量与单位产量之间的关系等等.而回归分析就是处理变量之间这种依存关系的一种数学方法,它是最常用的数理统计方法.回归分析一般分为线性回归分析和非线性回归分析,本节着重介绍一元线性回归分析.

一元线性回归模型(regression model)是用于分析一个自变量(independent variable)与一个因变量(dependent variable)之间线性关系的数学方程.一般形式为

$$\hat{y} = a + bx$$

式中,$\hat{y}$ 是因变量 y 的估计值,也称理论值,x 是自变量,a,b 为未知参数.而且 a 是直线方程的截距,即 $x=0$ 时的 $\hat{y}$ 值;b 是回归直线的斜率,也称回归系数,表示自变量每变化一个单位时 $\hat{y}$ 的增量.当 $b>0$ 时,表示 x 与 $\hat{y}$ 同方向变化;当 $b<0$ 时,表示 x 与 $\hat{y}$ 反方向变化;当 $b=0$ 时,表示自变量 x 与因变量 $\hat{y}$ 之间不存在线性关系,无论 x 取何值,$\hat{y}$ 为一常数.

9.2.1　因变量 y 与自变量 x 之间的关系

我们知道,因变量与自变量之间的关系可以分为两种类型:

一种是函数关系,即对两个变量 x,y 来说,当 x 值确定后,y 值按照一定的规律唯一确定,即形成一种精确的关系.例如,微积分中所研究的一般变量之间的函数关系就属于此种类型.

另一种是统计关系,即当 x 值确定后,y 值不是唯一确定的,但大量统计资料表明,这些变量之间还是存在着某种客观的联系.事实上,在日常生活中,商品价格与需求量之间总存在某种相互联系,图 9.1 中标出了某种商品的 10 对调查数据,很容易观察到,该商品的年需求量与价格之间存在某种统计关系,这种关系具有下面两个特征:

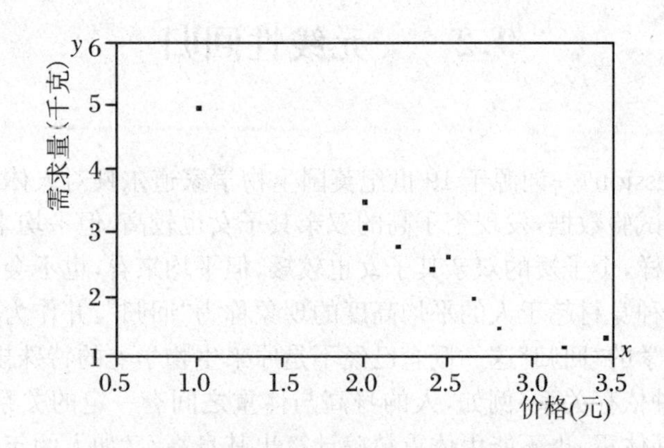

图 9.1 某商品的年需求量与价格组成的坐标图示

(1) 因变量 y 随自变量 x 有规律地变化;

(2) 观测点分布在某统计关系直线的周围,此种情况说明 y 的变化除了受自变量 x 影响以外,还受其他因素的影响.

从而若要建立这样一个回归模型,通过对此模型所作的一些假设,可以体现出上述统计关系所刻画的特征,就需要用到回归分析这一统计方法.

回归分析(regression analysis)是应用统计方法对大量的观测数据进行整理、分析和研究,从而得出反映事物内部规律性的一些结论的一种分析方法.

9.2.2 一元线性回归模型及其参数估计

回归分析的主要目的是建立回归模型,借以给定 x 值来估计 y 值.模型是否合适?估计的精确度如何?怎样进行判断和检验?解决这些问题都必须从回归模型的固有性质出发.所以从理论上首先弄清楚回归模型的性质是十分必要的.

若 y 与 x 具有统计关系且是线性的,则可以建立下述一元线性回归模型

$$y_i = a + bx_i + \varepsilon_i \quad (i = 1,2,\cdots,n)$$

其中,(x_i,y_i)表示(x,y)的第 i 个观测值,a,b 为参数,$a+bx_i$ 为反映统计关系直线的分量,ε_i 为反映在统计关系直线周围散布的随机变量,$\varepsilon_i \sim N(0,\delta^2)$.对于任意 x_i 值,有:

(1) y_i 服从正态分布;

(2) $Ey_i = a + bx_i$;

(3) $\sigma^2(y_i) = \sigma^2$;

(4) 各 y_i 之间相互独立,且 $y_i \sim N(a+bx_i,\sigma^2)$.

要想描述 y 与 x 之间的线性关系,可以有无数条直线,需要在其中选出一条最能反映 y 与 x 之间关系规律的直线.由于在一元线性回归模型 $y_i = a + bx_i + \varepsilon_i$ 中 a 和 b 均未知,需要根据样本数据对它们进行估计.设 a 和 b 的估计值为$\hat{a}$和$\hat{b}$,则可建立一元线性回归模型

$$y = \hat{a} + \hat{b}x$$

如图 9.2 所示.一般而言,所求的$\hat{a}$和$\hat{b}$应能使每个样本观测点(x_i,y_i)与回归直线之间的偏差尽可能小,即使观察值与拟合值的偏差平方和达到最小,这种估计方法称之为**最小二乘法**(least-square method).

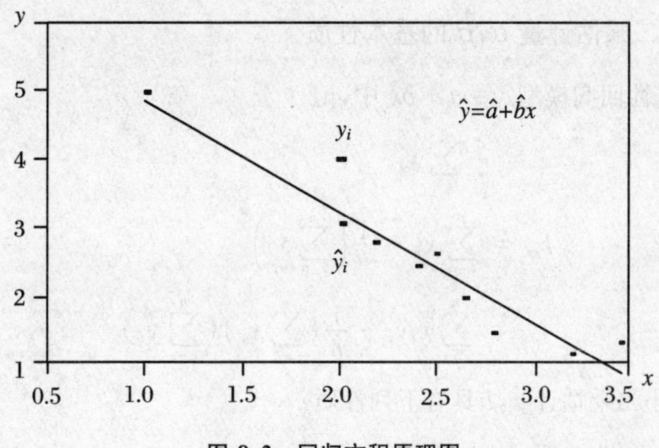

图 9.2　回归方程原理图

令

$$Q(a,b) = \sum_{i=1}^{n}[y_i - (a + bx_i)]^2$$

使 Q 达到最小值的 a 和 b 称为最小二乘估计量(least-square estimation),简记为

LSE. 显然,Q 是关于 a 和 b 的二元函数,且其偏导数分别为

$$\frac{\partial Q}{\partial a} = -2\sum_{i=1}^{n}[y_i - (a + bx_i)]$$

$$\frac{\partial Q}{\partial b} = -2\sum_{i=1}^{n}[y_i - (a + bx_i)]x_i$$

根据极值的必要条件,令这两个偏导数等于零,整理后得到正规方程组

$$\begin{cases} na + b\sum_{i=1}^{n}x_i = \sum_{i=1}^{n}y_i \\ a\sum_{i=1}^{n}x_i + b\sum_{i=1}^{n}x_i^2 = \sum_{i=1}^{n}x_iy_i \end{cases}$$

解此方程组,得到

$$b = \frac{\sum_{i=1}^{n}(x_i - \bar{x})(y_i - \bar{y})}{\sum_{i=1}^{n}(x_i - \bar{x})^2} = \frac{\sum_{i=1}^{n}x_iy_i - \frac{(\sum_{i=1}^{n}x_i)(\sum_{i=1}^{n}y_i)}{n}}{\sum_{i=1}^{n}x_i^2 - \frac{(\sum_{i=1}^{n}x_i^2)}{n}} \tag{9.2.1}$$

$$a = \bar{y} - b\bar{x} \tag{9.2.2}$$

9.2.3 最小二乘估计量 a,b 的基本性质

在一元线性回归模型 $y = a + bx$ 中,记

$$\bar{x} = \frac{1}{n}\sum_{i=1}^{n}x_i$$

$$l_{xx} = \sum_{i=1}^{n}x_i^2 - \frac{1}{n}\left(\sum_{i=1}^{n}x_i\right)^2$$

$$l_{xy} = \sum_{i=1}^{n}x_iy_i - \frac{1}{n}\left(\sum_{i=1}^{n}x_i\right)\left(\sum_{i=1}^{n}y_i\right)$$

则 a,b 的最小二乘估计 $\hat{a},\hat{b}$ 具有下列性质:

性质 1 $E\hat{a} = a, E\hat{b} = b$.

因为对任意 i,有

$$Ey_i = a + bx_i, \quad E\bar{y} = a + b\bar{x}$$

$$Dy_i = \sigma^2, \quad E(y_i - \bar{y}) = b(x_i - \bar{x})^2$$

从而

$$E\hat{b} = \frac{1}{l_{xx}}E\Big[\sum_{i=1}^{n}(x_i - \bar{x})(y_i - \bar{y})\Big] = \frac{b\sum_{i=1}^{n}(x_i - \bar{x})^2}{l_{xx}} = b$$

$$E\hat{a} = E\bar{y} - \bar{x}\cdot E\hat{b} = a + b\bar{x} - b\bar{x} = a$$

性质1表明 a,b 的最小二乘估计 $\hat{a},\hat{b}$ 是无偏的.

性质2 $D\hat{a} = \left(\frac{1}{n} + \frac{\bar{x}^2}{l_{xx}}\right)\sigma^2, D\hat{b} = \frac{1}{l_{xx}}\sigma^2$.

因为 $\sum_{i=1}^{n}(x_i - \bar{x})^2 = 0$,所以 a,b 的估计可以分别表示为

$$\hat{b} = \frac{1}{l_{xx}}\sum_{i=1}^{n}(x_i - \bar{x})(y_i - \bar{y}) = \frac{1}{l_{xx}}\sum_{i=1}^{n}(x_i - \bar{x})y_i \tag{9.2.3}$$

$$\hat{a} = \frac{1}{n}\sum_{i=1}^{n}y_i - \bar{x}\hat{b} = \sum_{i=1}^{n}\left[\frac{1}{n} - \frac{(x_i - \bar{x})\bar{x}}{l_{xx}}\right]y_i \tag{9.2.4}$$

根据 $y_1, y_2, \cdots, y_n$ 的相互独立性,有

$$D\hat{b} = \frac{1}{l_{xx}^2}\sum_{i=1}^{n}(x_i - \bar{x})^2\sigma^2 = \frac{\sigma^2}{l_{xx}}$$

$$D\hat{a} = \sum_{i=1}^{n}\left[\frac{1}{n} - \frac{(x_i - \bar{x})\bar{x}}{l_{xx}}\right]^2\sigma^2 = \left(\frac{1}{n} + \frac{\bar{x}^2}{l_{xx}^2}\right)\sigma^2$$

式(9.2.3)和(9.2.4)表明最小二乘估计量 $\hat{a},\hat{b}$ 是线性的且为线性无偏估计量.

性质3 $\mathrm{Cov}(\hat{a},\hat{b}) = -\frac{\bar{x}}{l_{xx}}\sigma^2$.

显然,$\hat{a},\hat{b}$ 的协方差

$$\begin{aligned}\mathrm{Cov}(\hat{a},\hat{b}) &= E(\hat{a}\,\hat{b}) - E\hat{a}\cdot E\hat{b}\\ &= \sum_{i=1}^{n}\frac{(x_i - \bar{x})}{l_{xx}^2}\left[\frac{1}{n} - \frac{(x_i - \bar{x})\bar{x}}{l_{xx}^2}\right]\sigma^2\\ &= -\sum_{i=1}^{n}\frac{(x_i - \bar{x})^2\bar{x}}{l_{xx}^2}\sigma^2 = -\frac{\bar{x}}{l_{xx}}\sigma^2\end{aligned}$$

从而由上述性质很容易知道以下结论:

定理 9.2.1 在一元线性回归模型 $y = a + bx + \varepsilon, \varepsilon \sim N(0,\sigma^2)$ 的条件下,有:

(1) 估计值 $\hat{b} \sim N\left(b, \frac{\sigma^2}{l_{xx}}\right), \hat{a} \sim N\left(a, \left(\frac{1}{n} + \frac{\bar{x}^2}{l_{xx}}\right)\sigma^2\right)$;

(2) 协方差 $\mathrm{Cov}(\hat{a},\hat{b}) = -\dfrac{\bar{x}}{l_{xx}}\sigma^2$.

下面给出一个实际例子.

例 9.2.1 某种合成纤维的强度与其拉伸倍数有关.表 9.7 是 24 个纤维样品的强度与相应的拉伸倍数的实测记录.试求这两个变量间的线性回归模型.

表 9.7

编号	1	2	3	4	5	6	7	8	9	10	11	12
拉伸倍数 x	1.9	2.0	2.1	2.5	2.7	2.7	3.5	3.5	4.0	4.0	4.5	4.6
强度 y	1.4	1.3	1.8	2.5	2.8	2.5	3.0	2.7	4.0	3.5	4.2	3.5
编号	13	14	15	16	17	18	19	20	21	22	23	24
拉伸倍数 x	5.0	5.2	6.0	6.3	6.5	7.1	8.0	8.0	8.9	9.0	9.5	10.0
强度 y	5.5	5.0	5.5	6.4	6.0	5.3	6.5	7.0	8.5	8.0	8.1	8.1

现用公式(9.2.1)以及(9.2.2)求 a,b,这里 $n=24$,以及

$$\sum_{i=1}^{2}4x_i = 127.5,\quad \sum_{i=1}^{2}4y_i = 113.1,\quad \sum_{i=1}^{2}4x_i^2 = 829.61$$

$$\sum_{i=1}^{2}4y_i^2 = 650.93,\quad \sum_{i=1}^{2}4x_iy_i = 731.6,$$

$$l_{xx} = 152.266,\quad l_{xy} = 130.756,\quad l_{yy} = 117.946$$

$$b = \frac{l_{xy}}{l_{xx}} = 0.859,\quad a = \bar{y} - \hat{b}\bar{x} = 0.15$$

由此得强度 y 与拉伸倍数 x 之间的线性回归模型:$y=0.15+0.859x$.

9.2.4 σ^2 的无偏估计

很显然,误差 ε_i $(i = 1,2,\cdots,n)$ 的方差 σ^2 刻画了实际图点与线性回归直线之间的离散程度,如果 ε_i 具有可观测性,自然会想到用 $\sum\varepsilon_i^2/n$ 来估计 σ^2,然而 ε_i 是观测不到的,能观测到的是 y_i.由 $Ey_i = \hat{a} + \hat{b}x_i = \hat{y}_i$(即 Ey_i 的估计),从而可以用残差 $y_i - \hat{y}_i$ 来估计 ε_i,以及用

$$\frac{1}{n}\sum_{i=1}^{n}(y_i - \hat{y}_i)^2 = \frac{1}{n}\sum_{i=1}^{n}[y_i - (a + b\hat{x}_i)]^2 = \frac{1}{n}Q$$

来估计 σ^2.我们希望得到无偏估计,因此,需求残差平方和 Q 的数学期望.

定理 9.2.2　在一元线性回归模型

$$y = a + bx + \varepsilon, \quad \varepsilon \sim N(0, \sigma^2)$$

的条件下，有：

(1) $E(Q) = (n-2)\sigma^2$；

(2) $Q/\sigma^2 \sim \chi^2(n-2)$，且 Q 与 $\bar{y}, \hat{b}$ 相互独立.

9.2.5　线性相关显著性检验

建立回归方程的目的是揭示两个相关变量 x 与 y 之间的内在规律，然而对某些样本观察值 $(x_i, y_i)(i = 1, 2, \cdots, n)$ 做出的散点图，一看就知道变量 x 与 y 之间根本不存在线性相关关系，但也能够通过式(9.2.1)与(9.2.2)计算出 $\hat{a}, \hat{b}$，从而这时候建立的回归方程 $\hat{y} = a + b\hat{x}$ 是毫无意义的，那么什么是一个有意义的回归方程呢？为此我们必须对 x 与 y 之间的线性相关关系做出回归效果的显著性检验，为构造合适的检验统计量，我们先引入平方和分解公式与相关系数的概念.

(1) 平方和分解公式

记 $SST = \sum_{i=1}^{n}(y_i - \bar{y})^2$，称 SST 为总偏差平方和，它反映数据 y_i 的总波动，易得 SST 有如下分解式：

$$\begin{aligned} SST &= \sum_{i=1}^{n}(y_i - \bar{y})^2 \\ &= \sum_{i=1}^{n}(y_i - \hat{y}_i + \hat{y}_i - \bar{y})^2 \\ &= \sum_{i=1}^{n}(\hat{y}_i - \bar{y})^2 + \sum_{i=1}^{n}(y_i - \hat{y}_i)^2 \\ &= SSR + SSE \end{aligned}$$

其中，$SSR = \sum_{i=1}^{n}(\hat{y}_i - \bar{y})^2$ 称为残差平方和，$SSE = \sum_{i=1}^{n}(y_i - \hat{y}_i)^2$ 称为回归平方和. 从而，由上述平方和分解表达式 $SST = SSR + SSE$ 知，SSR 越大，SSE 就越小，x 与 y 之间的线性关系就越显著；反之，x 与 y 之间的线性关系越不显著. 于是很自然地想到，检验回归方程是否有显著意义就是考察 SSR/SST 的大小，若其比值越大，则 SST 中 SSR 所占的比例就越大，回归效果就越显著；反之，回归效果就无显著性意义.

(2) 相关系数

由于$\frac{SSR}{SST}=\frac{\hat{b}^2 l_{xx}}{l_{xy}}=\frac{l_{xy}^2}{l_{xx}l_{xy}}$,记

$$r=\sqrt{\frac{SSR}{SST}}=\frac{l_{xy}}{\sqrt{l_{xx}l_{xy}}}=\frac{\sum_{i=1}^{n}(x_i-\bar{x})(y_i-\bar{y})}{\sqrt{\sum_{i=1}^{n}(x_i-\bar{x})^2\sum_{i=1}^{n}(y_i-\bar{y})^2}}$$

于是称 r 为 x 与 y 的相关系数.

显然$|r|\leqslant 1$,通过上述表达式的讨论可以得到下面结论:

① 当 $r=0$ 时,$l_{xy}=0$,从而$\hat{b}=0$,此时回归直线$\hat{y}=\hat{a}+\hat{b}x=\hat{a}$,这说明 x 与 y 之间不存在线性相关关系.

② 当 $0<|r|<1$ 时,这时 x 与 y 之间存在一定的线性相关关系.当 $r>0$ 时,$\hat{b}>0$,此时称 x 与 y 正相关;当 $r<0$ 时,$\hat{b}<0$,此时称 x 与 y 负相关;当 r 越接近于 0 时,x 与 y 之间的线性关系越弱;当 r 越接近于 1 时,x 与 y 之间的线性关系越强.

③ 当$|r|=1$时,$SSE=0$,称 x 与 y 完全线性相关,在这种情况下,x 与 y 之间存在着确定的线性函数关系.当 $r=1$ 时,称之为完全正相关;当 $r=-1$ 时,称之为完全负相关.

从上述讨论知,相关系数 r 确实可以表达两个变量 x 与 y 之间的线性关系,但不能够反映出它们之间是否存在其他的曲线关系.

(3) 线性回归效果的显著性检验

对回归效果的显著性检验有三种不同的检验方法:F 检验法、r 检验法、t 检验法,其本质上是相同的,这里仅介绍线性回归效果的 F 检验法.根据上面的思想来构造 F 检验统计量,我们先来介绍下面的定理:

定理 9.2.3 在一元线性回归模型中,当原假设 $H_0:b=0$ 成立时,$SSR/\sigma^2\sim\chi^2(1)$,且 SSE 与 SSR 相互独立.

证明 由定理 9.2.1 知$\hat{b}\sim N(b,\sigma^2/l_{xx})$,从而当 $H_0:b=0$ 成立时,有$\hat{b}\sim N(0,\sigma^2/l_{xx})$,故

$$\hat{b}\sqrt{l_{xx}}/\sigma^2\sim N(0,1)$$

于是

$$SSR/\sigma^2=\hat{b}^2 l_{xx}/\sigma^2\sim\chi^2(1)$$

由定理 9.2.2 知,$(n-2)\hat{\sigma}^2/\sigma^2=SSE/\sigma^2\sim\chi^2(n-2)$且 SSE 与$\hat{b}$相互独立,从

而 SSE 与 $SSR=\hat{b}^2 l_{xx}$ 是相互独立的，从而根据 F 分布的构造性定理，在 H_0 真的条件下，有

$$F=\frac{SSR}{SSE/(n-2)}=\frac{\hat{b}^2 l_{xx}}{\hat{\sigma}^2}\sim F(1,n-2) \tag{9.2.5}$$

因此可选它作检验 $H_0:b=0$ 的检验统计量.当 H_0 为真时，F 的值不应太大，故对选定的显著性水平 α（$\alpha>0$），由 $P(F>F_\alpha)=\alpha$，查 $F(1,n-2)$ 分布表确定临界值 F_α 分位数.若观测数据代入式(9.2.5)算出的 F 值满足 $F\geqslant F_\alpha$，则不能接受 H_0，认为建立的回归方程有显著性意义，否则认为所建立的回归方程不具有显著性意义.

下面说明例 9.2.1 所建立的回归方程是否具有显著性意义.

选取原假设 $H_0:b=0$，即所建立的回归方程 $\hat{y}=0.15+0.859x$ 无显著意义，显著性水平 $\alpha=0.05$，则在 H_0 真的条件下

$$F=\frac{(n-2)SSR}{SSE}\sim F(1,22)$$

由 $P(F\geqslant F_\alpha)=\alpha$，查表得 $F_\alpha=4.30$. 现计算 F 值.

由 $SST=l_{yy}=117.95$，$SSR=\hat{b}^2 l_{xx}=0.859^2\times 152.266\approx 112.35$，$SSE=SST-SSR=5.60$，得

$$F=\frac{22\times 112.35}{5.6}=441.375>F_\alpha=4.3$$

从而根据 F 显著性检验，拒绝 H_0，认为所建立的线性回归模型具有显著性意义.

9.2.6　预测与控制

在生产技术与科学研究中，当所求得的回归方程效果显著的时候，我们又如何利用回归方程 $\hat{y}=\hat{a}+\hat{b}x$ 进行预测与控制呢？下面我们逐一进行讨论.首先我们讨论点预测问题.

对于一元线性回归模型

$$\begin{cases} y=a+bx+\varepsilon \\ \varepsilon\sim N(0,\sigma^2) \end{cases}$$

我们根据观测数据 $(x_i,y_i)(i=1,2,\cdots)$，得到经验回归方程 $\hat{y}=\hat{a}+\hat{b}x$，当控制变量 x 取值 x_0（$x_0\neq x_i,i=1,2,\cdots,n$）时，如何估计或预测相应的 y_0 呢？这就是所谓的预测问题.自然我们想到用回归模型，用 $\hat{y}_0=\hat{a}+\hat{b}x_0$ 来估计实际的 $y_0=$

$a+bx_0+\varepsilon$，并称 $\hat{y}_0$ 为 y_0 **点估计或点预测**.

在实际应用中，若因变量 y 比较难观测，而控制变量 x 却比较容易观察或测量，那么根据观测资料得到回归模型后，只要观测 x 就能求得 y 的估计和预测值，这是回归分析最重要的应用之一，如在例 9.2.1 中，拉伸倍数 $x_0=7.5$，则可预测强度

$$\hat{y}_0 = 0.15 + 0.859 \times 7.5 = 6.59$$

但是，上面这样的估计用来预测 y 究竟好不好呢？它的精度如何？我们希望知道误差，于是就有考虑给出一个类似于置信区间的预测区间的想法. 我们知道 y_0 是一随机变量，与 $y_1,y_2,\cdots,y_n$ 相互独立，且

$$E\hat{y}_0 = E\hat{a} + x_0E\hat{b} = a + bx_0$$

$$\begin{aligned} D\hat{y}_0 &= D\hat{a} + x_0{}^2D\hat{b} + 2x_0\mathrm{Cov}(\hat{a},\hat{b}) \\ &= \left[\frac{1}{n} + \frac{(x_0-\bar{x})^2}{l_{xx}}\right]\sigma^2 \end{aligned}$$

从而

$$\hat{y}_0 = \hat{a} + \hat{b}x_0 \sim N\left(a + b_0, \left(\frac{1}{n} + \frac{(x_0-\bar{x})^2}{l_{xx}}\right)\sigma^2\right)$$

由于 y_0 与 $\hat{y}_0$ 相互独立（$\hat{y}_0$ 只与 $y_1,y_2,\cdots,y_n$ 有关），且 $y_0\sim N(a+bx_0,\sigma^2)$，所以

$$y_0 - \hat{y}_0 \sim N\left(0, \left(1 + \frac{1}{n} + \frac{(x_0-\bar{x})^2}{l_{xx}}\right)\sigma^2\right)$$

由定理 9.2.2 知，$y_0-\hat{y}_0$ 与 $(n-2)\hat{\sigma}^2/\sigma^2$ 相互独立，故有

$$T = \frac{y_0-\hat{y}_0}{\sqrt{\hat{\sigma}^2\left[1 + \dfrac{1}{n} + \dfrac{(x_0-\bar{x})^2}{l_{xx}}\right]}} \sim t(n-2)$$

从而，对于给定的置信水平 $1-\alpha$，查自由度为 $n-2$ 的 t 分布表，可得满足 $P(|T|<t_\alpha)=1-\alpha$ 的临界值 t_α，故得 y_0 的置信度为 $1-\alpha$ 的置信区间为

$$\left(\hat{y}_0 - t_{\alpha/2}\,\hat{\sigma}\sqrt{1 + \frac{1}{n} + \frac{(x_0-\bar{x})^2}{l_{xx}}}, \hat{y}_0 + t_{\alpha/2}\,\hat{\sigma}\sqrt{1 + \frac{1}{n} + \frac{(x_0-\bar{x})^2}{l_{xx}}}\right)$$

这就是 y_0 的置信度为 $1-\alpha$ 的预测区间，区间的中点 $\hat{y}+0=\hat{a}+\hat{b}x_0$ 随 x_0 呈线性变化趋势，它的长度在 $x_0=\bar{x}$ 处最短，x_0 越远离 $\bar{x}$，预测区间的长度就越长. 预测区间的上、下限落在关于线性回归直线对称的两条曲线上.

当 n 较大、l_{xx} 充分大时，$1+\dfrac{1}{n}+\dfrac{(x_0-\bar{x})^2}{l_{xx}}\approx 1$，从而可得 y_0 的近似预测区间

$$(\hat{y}_0 - t_{\alpha/2}\,\hat{\sigma}, \hat{y}_0 + t_{\alpha/2}\,\hat{\sigma}) \tag{9.2.6}$$

上式说明,预测区间的长度,即预测的精度主要由$\hat{\sigma}$确定,因此在预测中,$\hat{\sigma}$是一个基本而重要的量.

回归方程还可用于控制.设某质量指标 y 与某自变量x之间有线性相关关系,且已求得了线性回归方程$\hat{y} = \hat{a} + \hat{b}x$.此外,当 $y \in (A, B)$,质量合格,那么 x 应控制在什么范围才能以概率 $1-\alpha$ 保证质量合格?这便是一个控制问题,其中 A, B 是按某种标准给出的定值.

控制问题可以看作是预测问题的反问题,即要求观察值 y 在某一区间(A, B)内取值时,问应将 x 控制在什么范围内.

由式(9.2.6),构造不等式

$$\hat{y}_0 - \hat{\sigma}t_{\alpha/2}\sqrt{1 + \frac{1}{n} + \frac{(x_0 - \bar{x})^2}{l_{xx}}}$$
$$= \hat{a} + \hat{b}x - \hat{\sigma}t_{\alpha/2}\sqrt{1 + \frac{1}{n} + \frac{(x_0 - \bar{x})^2}{l_{xx}}} \geqslant A$$

$$\hat{y}_0 + \hat{\sigma}t_{\alpha/2}\sqrt{1 + \frac{1}{n} + \frac{(x_0 - \bar{x})^2}{l_{xx}}}$$
$$= \hat{a} + \hat{b}x + \hat{\sigma}t_{\alpha/2}\sqrt{1 + \frac{1}{n} + \frac{(x_0 - \bar{x})^2}{l_{xx}}} \leqslant B$$

用上面得到的 x 取值范围作为控制 x 的上、下界.为了保证得到的控制范围有意义,A 和 B 应满足 $B - A \geqslant 2\,\hat{\sigma}t_{\alpha/2}$.

9.2.7　可化为一元线性回归的曲线回归模型举例

前面讨论的线性回归问题,是在回归模型为线性这一基本假定下给出的,然而在实用中还经常碰到非线性回归的情形,这里我们只讨论可以化为线性回归的非线性回归问题,仅通过对某些常见的可化为线性回归问题的讨论来阐明解决这类问题的基本思想和方法.

例 9.2.2　将下列曲线回归模型转化为一元线性回归形式:

(1) 双曲线:$1/y = a + b/x$;

(2) 幂函数:$y = ax^b$ (或 $y = ax^{-b}$)($b > 0$);

(3) 指数函数:$y = a\mathrm{e}^{bx}$ (或 $y = a\mathrm{e}^{-bx}$)($b > 0$);

(4) 对数函数:$y = a + b\log x$;

(5) 倒指数函数:$y = a\mathrm{e}^{b/x}$ (或 $y = a\mathrm{e}^{-b/x}$)($a, b > 0$).

解 (1) 记 $y'=1/y, x'=1/x$,则回归函数化为 $y'=a+bx'$.

(2) 两边取对数,则有 $\log y=\log a+b\log x$(或 $\log y=\log a-b\log x$),记 $y'=\log y, x'=\log x, a'=\log a$,从而有线性回归直线方程 $y'=a'+bx'$(或 $y'=a'-bx'$).

(3) 两边取对数,则有 $\log y=\log a+bx$(或 $\log y=\log a-bx$),记 $y'=\log y$, $a'=\log a$,从而有线性回归直线方程 $y'=a'+bx$(或 $y'=a'-bx$).

(4) 作变换 $x'=\log x$,则有线性回归直线方程 $y=a+bx'$.

(5) 两边取对数,则有 $\log y=\log a+b/x$(或 $\log y=\log a-b/x$),记 $y'=\log y, a'=\log a, x'=1/x$,从而有线性回归直线方程 $y'=a'+bx'$(或 $y'=a'-bx'$).

事实上,还有一些可化为线性回归的曲线回归模型,这里不再一一介绍.

例 9.2.3 炼钢过程中用来盛钢水的钢包,由于受钢水的侵蚀作用,容积会不断地扩大.表 9.8 给出了使用次数和容积增大量的 15 对试验数据.试利用例 9.2.2 中(1),(5)两曲线模型求 y 关于 x 的回归公式.

表 9.8

使用次数 x_i	增大容积 y_i	使用次数 x_i	增大容积 y_i
2	6.42	10	10.49
3	8.20	11	10.59
4	9.58	12	10.60
5	9.50	13	10.80
6	9.70	14	10.60
7	10.00	15	10.90
8	9.93	16	10.79
9	9.99		

解 (1) 选取双曲线回归模型 $1/y=a+1/x$,假设 y 与 x 满足 $1/y=a+1/x+\varepsilon$,则由例 9.2.2(1)知,模型变成 $y'=a+bx'+\varepsilon$ ($\varepsilon\sim N(0,\sigma^2)$).先将 x,y 的数据取倒数,可得 x',y' 的数据(0.500 0,0.155 8),…,(0.062 5,0.092 9),对得到的 15 对新数据,根据最小二乘法得到线性回归方程 $y'=0.131\,2x'+0.082\,3$,代回原变量,有

$$1/y=0.131\,2/x+0.082\,3$$

即$\hat{y}=\dfrac{x}{0.082\,3x+0.131\,2}$为 y 关于 x 的曲线回归方程.

(2) 选择倒指数 $y=a\mathrm{e}^{b/x}$ 拟合,根据例 9.2.2(5),有 $y'=a'+bx'+\varepsilon$,由最小二乘法求得 $\hat{a}'=2.457\,8$,$\hat{b}=-1.110\,7$,因此线性回归直线方程为$\hat{y}'=2.458\,7-1.110\,7x'$,从而代回原变量,有$\hat{y}=11.678\,9\mathrm{e}^{-1.110\,7/x}$.

本题的两种曲线回归拟合中,哪一种回归曲线是最佳的拟合曲线呢?这里只需要计算出相应的残差平方和 SSE 或σ^2(标准误差),然后比较 SSE 或σ^2 的大小即可,最小者为最优拟合.在本例中,双曲线拟合时,$SSE=1.439\,6$,$\sigma^2=0.332\,8$;倒指数拟合时,$\sigma^2=0.216\,8$,故倒指数拟合效果更好些.

习 题 9

解答题

1. 在一个单因子试验中,因子 A 有三个水平,每个水平下各重复 4 次,具体数据如表 1 所示.试计算误差平方和 SSE、因子 A 的平方和S_A、总平方和 SST,并指出它们各自的自由度.

表 1

水平	数	据		
水平一	8	5	7	4
水平二	6	10	12	9
水平三	0	1	5	2

2. 在单因子方差分析中,因子 A 有三个水平,每个水平下各重复 4 次,请完成下列方差分析表(表 2),并在显著性水平 $\alpha=0.05$ 下对因子 A 是否显著做出检验.

表 2 方差分析表

来源	平方和	自由度	均方和	F 值	显著性
因子 A	4.2				
误差 e	2.5				
总和	6.7				

3. 某工厂用设备 A_1,A_2,A_3 生产某种产品,现记录了这三台设备连续 5 天的每天不合格品

率,得数据如表 3 所示.就这些数据分析三台设备有无显著性差异($\alpha=0.05$).

表 3

	第一天	第二天	第三天	第四天	第五天
A_1	4.1	4.8	4.1	4.9	5.7
A_2	6.1	5.7	5.4	7.2	6.4
A_3	4.5	4.8	4.8	5.1	5.6

4. 某企业准备用 3 种方法组装一种新的产品,为确定哪种方法每小时生产的产品数量最多,随机抽取 30 名工人,并指定每人使用其中的一种方法.通过对每位工人生产的产品数进行方差分析,得到的结果列于表 4.

表 4

方差来源	平方和	自由度	均方	F 值	p 值	临界值
因素 A			210		0.245 946	3.354 131
误差	3 836					
总和						

(1) 完成上面的方差分析表;

(2) 若显著性水平 $\alpha=0.05$,检验 3 种方法组装的产品数量之间是否有显著差异?

5. 为什么在线性回归模型中总要引入随机扰动项?

6. 令 y 表示一名妇女生育孩子的生育率,x 表示该妇女接受教育的年数.生育率对教育年数的简单回归模型为 $y=a+bx+\varepsilon$.

(1) 随机干扰项 ε 包含什么样的因素? 它们可能与教育水平相关吗?

(2) 上述简单回归分析能够揭示教育对生育率在其他条件不变下的影响吗? 请解释.

7. 考察温度对产量的影响,测得下列 10 组数据,见表 5.

表 5

温度 x (℃)	20	25	30	35	40	45	50	55	60	65
产量 y (kg)	13.2	15.1	16.4	17.1	17.9	18.7	19.6	21.2	22.5	24.3

(1) 试画出这 10 对观测值的散布图;

(2) 检验产量 y 与温度 x 之间是否存在显著的线性相关关系,若存在,求 y 对 x 的线性回归方程.

8. 某种作物单位面积的成本 x 与产量 y 有关,做试验,得数据如表 6 所示.检验产量 y 与成本的倒数 $1/x$ 之间是否存在显著的线性相关关系.若存在,求出 y 对 x 的回归方程.

表 6

成本 x	5.67	4.45	3.85	3.84	3.73	2.18
产量 y (kg/m^2)	18.1	18.5	18.9	18.8	18.3	19.1

9. 炼钢是一个氧化脱碳的过程,钢液含碳量的多少直接影响到炼钢时间的长短.表 7 是某种平炉(共 34 炉)的熔毕碳含量 x(炉料熔化完毕时钢液的含碳量和精炼时间 y(钢液熔化完毕到出钢时间,单位:分钟)的数据.

表 7

熔毕碳含量 x (×0.01%)	180	104	134	141	204	150	121	151	147
精炼时间 y (分钟)	200	100	135	125	235	170	125	135	155
熔毕碳含量 x (×0.01%)	145	141	144	190	190	161	165	154	116
精炼时间 y (分钟)	165	135	160	190	210	145	195	150	100
熔毕碳含量 x (×0.01%)	123	151	110	108	158	107	180	127	115
精炼时间 y (分钟)	110	180	130	110	130	115	240	135	120
熔毕碳含量 x (×0.01%)	191	190	153	155	177	177	143		
精炼时间 y (分钟)	205	220	145	160	185	205	160		

(1) 写出拟合回归直线 $y=\hat{a}+\hat{b}x$ 的具体方程.

(2) y 和 x 之间有没有相关关系?

(3) 若观察到某炉的熔毕碳含量为 145(即 1.45%),估计该炉所需精炼时间(即求出精炼时间 y_0 的点预测和区间预测,置信度为 0.95).

(4) 如果想控制炼钢时间在 250 分钟内,熔毕碳含量不能高于多少(置信度为 0.95)(本题中熔毕碳含量是不能控制的,但还是可以利用求解控制问题的方法去解)?

第 10 章　R 语言简介

10.1　R 简介

R 是一个开放的统计编程环境，是一种统计绘图语言，也指实现该语言的软件. R 语言是从 S 统计绘图语言演变而来的，可看作是 S 的“方言”. S 语言是 20 世纪 70 年代诞生于贝尔试验室，由 Rich Becker，John Chambers 和 Allan Wilks 开发的用来进行数据探索、统计分析、作图的解释型语言. 基于 S 语言开发的商业软件 S_Plus，可以方便地编写函数、建立模型，具有良好的扩展性，在国外学术界应用很广. 1995 年由新西兰 Auckland 大学统计系的 Robert Gentleman 和 Ross Ihaka 等基于 S 语言的源代码，编写了一套能执行 S 语言的软件，这就是 R 软件，其命令统称为 R 语言.

R 可在多种操作系统下运行，如 Windows，Linux 和 Unix. R 继承了 S 语言关于向量化操作以及数据结构等诸多优势，加上它面向用户的特点，所以 R 在统计编程和统计图形方面显得非常灵活. 因此，R 自诞生以来，深受统计学家和计量爱好者的喜爱，被国外大量学术与科研机构采用，其应用范围涵盖了计量经济学、实证金融学、空间统计学、生物统计学、生物信息学等诸多领域，成为主流软件之一.

和其他商业统计软件相比，R 有着无可比拟的优点. 首先，它具有自由、免费、开放源代码的特征，可以自由开发应用，免费复制与发行；其次，R 语言是彻底面向对象的统计编程语言，统计计算与统计模块十分齐全，不管是用户还是开发者都可以使用 R 语言本身来扩展 R 的功能；另外，R 软件体积小，更新速度快，发展势头猛．R软件源程序已经更新了约100个版本，目前是3.1.1版．最为重要的是，R的扩展性非常强，全世界各地的CRAN（The Comprehensive R Archive Network）镜像网上有各个行业许多志愿者提供的非常丰富的程序包或者工具包，各镜像更新周期一般为1～2天．

关于如何在Windows系统中下载和安装R，可在网站http://cran.r-project.org查阅，并可以下载到R的Windows版本．它是完全免费的，对于普通用户来讲，只需下载安装R的基本包（base）就可以了．具体下载步骤如下：点击进入Windows，再点击base，下载安装程序“R-3.1.1 for Windows”．如图10.1所示．

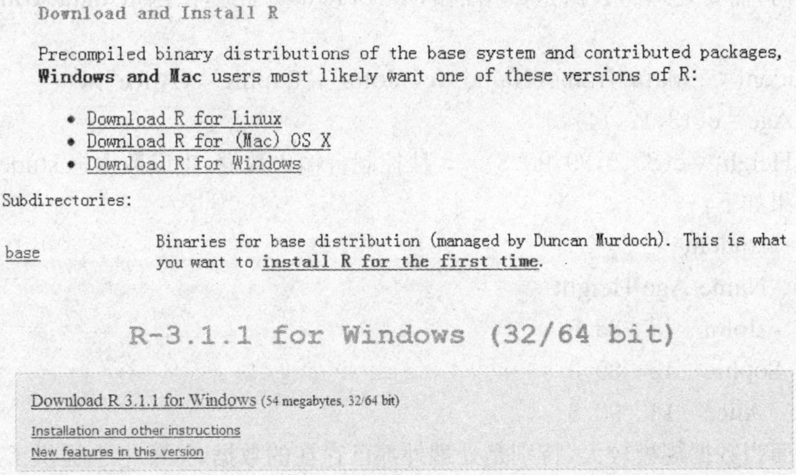

Download and Install R

Precompiled binary distributions of the base system and contributed packages, **Windows and Mac** users most likely want one of these versions of R:

- Download R for Linux
- Download R for (Mac) OS X
- Download R for Windows

Subdirectories:

base　Binaries for base distribution (managed by Duncan Murdoch). This is what you want to **install R for the first time**.

R-3.1.1 for Windows (32/64 bit)

Download R 3.1.1 for Windows (54 megabytes, 32/64 bit)

Installation and other instructions

New features in this version

图10.1

下载完成后，双击“R-3.1.1-win.exe”开始安装，按照Windows的提示，一直点击“下一步”，各选项选择默认，语言建议选英文．安装完成后，通过点击快捷方式运行R软件，便可调出R软件的主窗口．类似于许多以编程为主要工作方式的软件，R的界面简单而朴素，只有为数不多的几个菜单和快捷按钮．快捷按钮下面的窗口便是命令输入窗口，它也是部分运算结果的输出窗口，有些运算结果则会输出在新建的窗口中．主窗口上方的一些文字是刚运行R时出现的一些说明和指引．文字下的“：>”符号便是R的命令提示符，在其后便可输出命令．R一般采用交互方式工作，在命令提示符后输入命令，回车便会输出运算结果．

R中处理数据的类型主要有向量、数据框、列表和矩阵等．在R中，我们可采用以下方式生成所需数据．首先是直接键盘输入，在控制台中输入命令，生成所需数据，例如：

x<-1:8 #从控制台直接输入数据，生成向量(1,2,3,4,5,6,7,8)，并赋予名称 x；

a<-c(2,1,5,7,4,-2) #从控制台直接输入数据，生成向量(2,1,5,7,4,-2)，并赋予名称 a；

w<-scan( ) #直接从控制台输入数据，生成向量 w，特别适用于输入较大样本数据，如

```
75.0  64.0  47.4  66.9  62.2  62.2  58.7  63.5
66.6  64.0  57.0  69.0  56.9  50.0  72.0
```

有时，需要处理的数据是数据框的形式，R 中为此提供函数 data. frame( )，例如：

student<-data. frame(Name=c("John","Sophie","Alice"),
  Age=c(13,12,14),
  Height=c(83.5,89,90.8)) #从控制台输入数据，生成数据框 student.

运行结果如下：

```
  student
  Name Age Height
1   John  13  83.5
2 Sophie  12  89.0
3  Alice  14  90.8
```

然而当数据规模较大，特别是处理外部已存在的数据时，R 中也提供了从外部读取数据的函数，其中 read. table( )或者 read. csv( )可从从外部读入数据框、列表或者矩阵，scan( )函数可从外部读入向量即一维数据，例如：

student<-read. table("D:/student. txt",head=T) #将电脑中 D 盘下名称为"student"的 txt 文件存储的数据读取到 R 中.

一般地，执行此命令前，需要先将数据录入到 Excel 文件，然后保存为文本文件. txt，也可直接将数据录入到 txt 文件，存于 D 盘目录下.

R 对于数据的处理问题可以通过调用相应函数来完成，R 语言基本包中提供了比较常见的大多数函数，例如上面介绍的有关数据生成和读写的函数；数学运算函数，如求和 sum( )、求根 uniroot( )、矩阵转置 t( )等；还有常见的各种统计计算的函数，如统计分布函数正态密度函数 dnorm( )、检验函数 t. test( )、回归函数 lm( )等；当然还有绘图函数，如箱线图 boxplot( )、饼图 pie( )、已知图形上再添加曲线 lines( ).

R 中函数的调用方法是函数名+( )，即 function(对象，选项=)，对象指需要

处理的数据，选项指调用该函数时需要特殊设定的参数，常规函数一般只需遵循其缺省值，如 mean(x, trim = 0, na. rm = FALSE). 若想对所调用的函数更清楚地了解，我们可以通过“help(函数名)”或者“? 函数名”来查看该函数的帮助文件，如在控制台中输入“? boxplot”，就可以查看 boxplot 函数的用法，可将帮助文件中的 examples 的内容粘贴到控制台中，运行并查看其结果.

此外，在 R 语言中，用户可以根据自己的要求灵活地编写自己所需要的程序，这些程序可以直接调用，以处理相应的问题.

10.2　R 语言的应用

下面我们按照数理统计的内容次序，来介绍 R 语言在统计描述和统计推断分析中的应用.

10.2.1　描述性统计

例 10.2.1　假设有 15 名同学的体重(单位：千克)如下：

x<- c(75.0, 64.0, 47.4, 66.9, 62.2, 62.2, 58.7, 63.5, 66.6, 64.0, 57.0, 69.0, 56.9, 50.0, 72.0)

计算数据 x 的各种统计量.

(1) 样本和：sum(x)，求部分和，如 sum(x[5:10])(将向量 x 中第 5 至第 10 个元素求和)，sum(x[x<65])(将向量 x 中小于 65 的元素求和)；

(2) 均值：mean(x)；

(3) 次序：sort(x)(从小到大排序)，rank(x)(求秩)；

(4) 中位数：median(x)；

(5) 百分位数：quantile(x)(默认为 5 个分位数)；

(6) 方差与标准差：var(x)，sd(x)；

(7) 变异系数：cv = sd/mean * * 100；

(8) 众数：max(table(x))，如 Y = sample(1 : 3, 100, replace = T)，max(table(Y)).

10.2.2　数据的分布

10.2.2.1　分布函数

R 中提供了一些常用的分布函数、概率密度或与分布律计算相关的函数，表 10.1

中给出的是常见概率分布的名称、在 R 中的名称和调用该函数时所用的参数.

表 10.1

分布名称	R 中的名称	参　数
二项分布	binom	size,prob
泊松分布	pois	lambda
几何分布	geom	shape,scale
超几何分布	hyper	m,n,k
负二项分布	nbinom	size,prob
均匀分布	unif	min,max
指数分布	exp	rate
正态分布	norm	mean,sd
F 分布	f	df1,df2,ncp
T 分布	t	df,ncp
卡方分布	chisq	df,ncp
伽马分布	gamma	shape,scale
柯西分布	cauchy	location,scale
Logistic 分布	logis	location,scale
贝塔分布	beta	shape1,shape2,ncp

在表 10.1 中,R 函数前加上不同的前缀表示不同的函数:

d:概率密度函数 f(x)或分布律 p(x=k);

p:累积概率或分布函数 F(x);

q:分布函数的反函数,即下分位数;

r:产生相应分布的随机数.

例如:

dnorm(0) ＃计算标准正态密度函数 $\varphi(0)$的值.

pnorm(1.96,0,1) ＃计算标准正态分布的函数 $\Phi(1.96)$的值.

qnorm(0.95) ＃标准正态的下 0.95 分位数.

rnorm(10,0,2) ＃产生 10 个正态分布 $N(0,4)$随机数.

其他分布类似.

例 10.2.2　已知 $X\sim N(1,2)$,计算 $P(0<X\leqslant 4)$.

解　在 R 中,可用 pnorm( )函数计算类似问题,即

$P(0<X\leqslant 4)$ = pnorm(4,1,sqrt(2)) - pnorm(0,1,sqrt(2)) = 0.7433025.

10.2.2.2　直方图、核密度估计图、经验分布图和q-q图

1. 直方图

hist(x, breaks = “Sturges”, freq = Null, probability = ! freq, col = Null, …)
# break规定直方图的组距, freq = T(频数图), freq = F(频率图), probability与freq相反.

2. 核密度估计图

density(x, bw = “nrd0”, adjust = 1, kernel = c(“gaussian”, “epanechnikov”, “rectangular”, “triangular”, “biweight”, “cosine”, “optcosine”), weights = NULL, window = kernel, width, give. Rkern = FALSE, n = 512, from, to, cut = 3, na. rm = FALSE, ...)

例 10.2.3　绘出例10.2.1中15名同学体重的直方图和核密度估计图,并与正态分布的密度对照.

解　在R中输入:

hist(x, freq = F) #作出数据的直方图.

lines(density(x), lty = 1) #作出数据的核密度估计曲线.

lines(44 : 76, dnorm(44 : 76, mean(x), sd(x)), lty = 2) #作出数据的正态分布的概率密度曲线.

如图10.2所示.

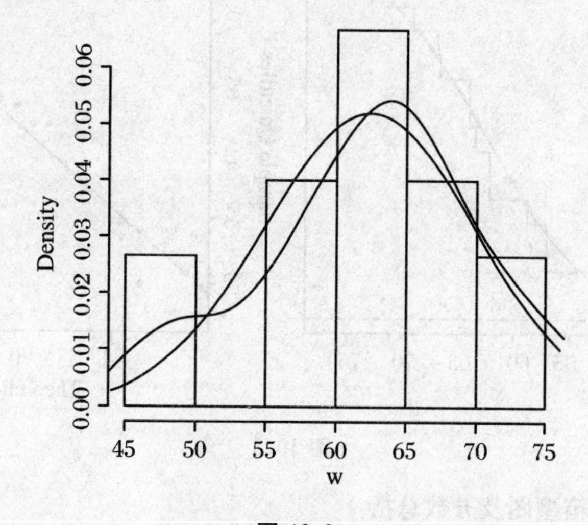

图 10.2

3. 经验分布图

直方图的制作适合于总体为连续型分布的场合,对一般的总体分布,若要估计总体分布函数 $F(x)$,可用经验分布函数作估计.

ecdf(x) ＃x 为由观测值得到的数值型向量.

plot(x,...,ylab="Fn(x)",vertical=FALSE,col.01line="gray70") ＃x 是由函数 ecdf( )生成的向量,其中 vertical=TRUE 表示画竖线,默认不画.

4. q-q 图

判别数据是否服从某分布的图:qqnorm,qqexp 等,qqline 表示画直线.

绘出例 10.2.1 中 15 名同学体重的经验分布图和 q-q 图,并与正态分布的分布函数对照.输入:

par(mfrow=c(1,2)) ＃让所作两幅绘图位于同一页面.

plot(ecdf(x),verticals=TRUE,do.p=FALSE) ＃经验分布图.

lines(44:76,pnorm(44:76,mean(x),sd(x))) ＃相应的数据范围内的正态分布曲线.

qqnorm(x);qqline(x) ＃正态 q-q 图,鉴别数据是否来自正态分布.

结果如图 10.3 所示.

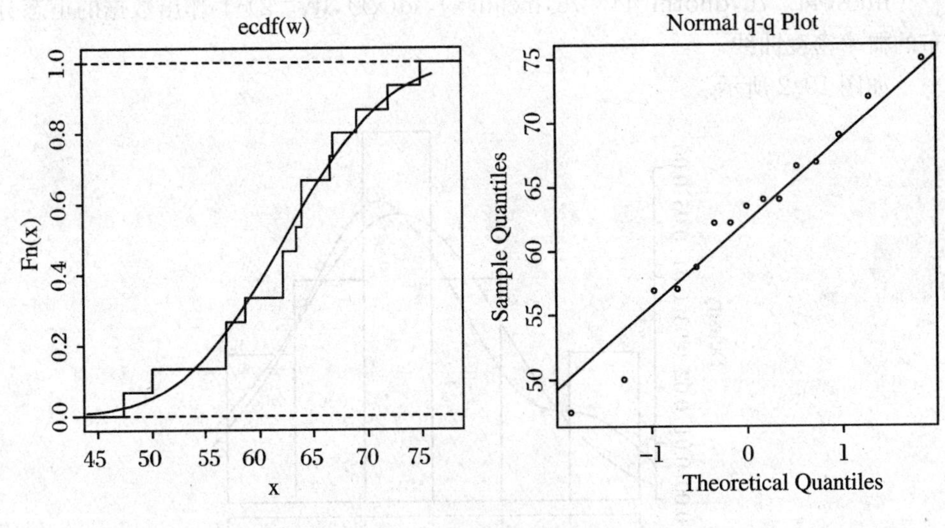

图 10.3

5. 茎叶图、箱型图及五数总括

即 stem(x),boxplot(x),fivenum(x).

10.2.3　正态性检验

上述介绍的茎叶图、箱型图等对随机性、确定性的数据都有用,其特点是生动直观,但在作推断时不是非常准确,下面简单介绍两种检验方法.

10.2.3.1　*正态性 W 检验方法*

利用 Shapiro-Wilk W 统计量作正态性检验:

shapiro. test(x) ＃向量长度为 3～5 000.

shapiro. test(w) ＃检验向量 x 的正态性.

shapiro. test(rexp(100,2)) ＃检验指数分布随机数的正态性.

10.2.3.2　*经验分布的 Kolmogorov-Smirnov 检验方法*

统计量 $D = \sup|Fn(x) - F(x)|$,表示经验分布与假设的分布的距离:

ks. test(x,y,...,alternative = c(“two. sided”,“less”,“greater”))

x = rexp(100,5);ks. test(x,“pnorm”,mean(x),sd(x)) ＃检验指数分布随机数的正态性.

例 10.2.4　检验例 10.2.1 中向量 x 是否服从正态分布.

解　输入:

shapiro. test(x) ＃正态性 W 检验方法.

输出结果:

data:　w

W = 0.9686, p-value = 0.8371

从输出结果上看,检验 p 值 0.837 1>0.05,故接受数据 x 服从正态分布这一假设.

当然,关于正态性检验还有其他的检验方法.

10.2.4　多元数据的数字特征及相关系数

计算二元数据的均值、方差的命令基本上与一元变量的命令相同.

例 10.2.5　某种矿石有两种有用成分 A 和 B,取 10 个样本,每个样本中成分 A 的含量百分数 $x(\%)$及 B 的含量百分数 $y(\%)$的数据如下:

A:67,54,72,64,39,22,58,43,46,34;

B:24,15,23,19,16,11,20,16,17,13.

计算样本均值、方差、协方差和相关系数.

解　在 R 中输入:

ore< - data. frame(

```
    x=c(67, 54, 72, 64, 39, 22, 58, 43, 46, 34),
    y=c(24, 15, 23, 19, 16, 11, 20, 16, 17, 13))
mean(ore) #求均值.
cov(ore) #求方差、协方差.
    x         y
x 1.000000  0.919903
y 0.919903  1.000000
```

cor. test(x,y, method="spearman") #对 A,B 作相关性检验,采用 speartman 秩相关系数检验.

输出结果:

```
        Spearman's rank correlation rho
data:  x and y
S=16, p-value=0.0008802
alternative hypothesis: true rho is not equal to 0
sample estimates:
    rho
0.9030303
```

从结果 p 值看,拒绝原假设,认为 A,B 数据间存在显著的相关关系,这一点与上面得到的 x,y 的相关系数 0.919 903 是一致的.

注 R 中二元数据的相关性检验:

cor. test(x, y, alternative = c("two. sided","less","greater"), method = c("pearson","kendall","spearman"),exact=NULL,conf. level=0.95,...)

10.2.5 参数估计

R 没有提供专门的函数用来做估计问题,只是在处理相关参数检验问题时,R 会输出相对应的点估计和区间估计的结果,这个结果具有较大的局限性.不过在 R 中我们可以使用牛顿迭代法求解正规方程组,获得矩估计;用 optimize( )函数求解极大似然函数,获得最大似然估计.下面我们通过一个例子,来看如何在 R 中完成参数估计问题.

例 10.2.6 设 $X_1,X_2,\cdots,X_n$ 是取自泊松分布总体 $X\sim P(\lambda)$ 的一个样本,求参数 λ 的最大似然估计.

解 泊松分布的分布律为

$$P(X=k)=\frac{\lambda^k}{k!}\mathrm{e}^{-\lambda}\quad(k=0,1,2,\cdots)$$

似然函数

$$L(\lambda)=\prod_{i=1}^{n}P(X_i=x_i)=\mathrm{e}^{-n\lambda}\frac{\lambda^{\sum_{i=1}^{n}x_i}}{\prod_{i=1}^{n}x_i!}$$

对数似然函数

$$\ln L(\lambda)=-n\lambda+\ln\lambda\sum_{i=1}^{n}x_i-\sum_{i=1}^{n}\ln x_i!$$

得对数似然方程为

$$-n+\frac{1}{\lambda}\sum_{i=1}^{n}x_i=0$$

求解得 $\hat{\lambda}_{\mathrm{MLE}}=\sum_{i=1}^{n}x_i/n=\bar{x}$.

下面我们在 R 中通过求极值函数 optimize 和求根函数 uniroot 分别来完成此题的求解.

```
x<-rpois(100,2) #此题无具体样本值,可产生泊松分布随机数作样本值.
x #输出 x.
[1] 1 5 3 0 4 4 4 1 2 1 2 1 4 1 2 3 4 2 3 1 2 2 4 0 2 4 3 1 0 4 4 3 4 1 1 1
[37] 1 2 4 3 3 3 2 3 3 0 2 0 1 4 2 1 4 0 2 1 3 3 1 4 0 0 3 0 2 2 3 1 2 1 2 1
[73] 1 0 4 1 1 1 1 1 3 2 1 4 1 0 1 6 4 3 0 2 2 1 1 1 0 3 2 2
n<-length(x) #样本值个数.
```

(1) 函数 optimize

```
f<-function(p)
  {sum(x)*log(p)-n*p} #对上面对数似然函数编写 R 中的函数 f.
out<-optimize(f,c(1,3),maximum=T) #对对数似然函数求极大值点.
out #输出结果.
$maximum
[1] 2.019982
$objective
[1]-59.9743
```

分析输出结果,上述 x 作为观测值,求得似然函数的极大值点是 2.019982.

(2) 函数 uniroot

```
f<-function(p) {sum(x)/p-n} #编写对数似然方程函数.
out<-uniroot(f,c(1,3)) #对对数似然方程求根.
out #输出结果.
 $maximum
[1] 2.019982
 $objective
[1]-59.9743
```

分析输出结果，上述 x 作为观测值，利用 uniroot 函数求得似然方程的解是 2.019 982.

此题也可直接求解似然方程，得到参数的极大似然估计值 $\bar{x}$. 我们计算上述 x 的平均值，输入：mean(x)，输出结果：[1] 2.02，这个输出结果与上面的输出结果是吻合的. 当有些估计问题在比较难以求解似然方程时，就可在 R 中用上述过程完成该估计问题.

10.2.6 假设检验

10.2.6.1 参数检验

1. 单样本和两样本的检验

t.test(x,y=NULL,alternative=c("two.sided","less","greater"),mu=0, paired=FALSE,var.equal=FALSE,conf.level=0.95,...).

例 10.2.7 某种元件的寿命 X(单位:小时)服从正态分布，现测得 16 只元件寿命如下：

159,280,101,212,224,379,179,264,222,362,168,250,149,260,485,170

问是否有理由认为元件的平均寿命大于 225 小时？

解 该问题的原假设和对立假设为

$$H0:mu<=225, H1:mu>225$$

在 R 中输入：

```
X<-c(159, 280, 101, 212, 224, 379, 179, 264, 222, 362, 168, 250,
        149, 260, 485, 170)
t.test(X,mu=225,alternative="greater")
```

输出结果：

```
One Sample t-test

data: X
```

```
t=0.6685, df=15, p-value=0.257
alternative hypothesis: true mean is greater than 225
95 percent confidence interval:
 198.2321      Inf
sample estimates:
mean of x
  241.5
```

输出 p 值>0.05,接受原假设,即没有充分理由认为平均寿命大于225小时.同时通过这个例子,我们看到t.test()函数也给出了样本均值的点估计.

例10.2.8 在平炉上进行一项试验以确定改变操作方法的建议是否会增加钢的得率,试验是在同一个平炉上进行的.每炼一炉钢时除操作方法外,其他条件都尽可能相同.先用标准方法炼一炉,然后用新方法炼一炉,以后交替进行,各炼了10炉,其得率分别为:

标法:78.1,72.4,76.2,74.3,77.4,78.4,76.0,75.5,76.7,77.3;

新法:79.1,81.0,77.3,79.1,80.0,79.1,79.1,77.3,80.2,82.1.

设两样本独立,问新的操作能否提高得率($\alpha=0.05$)?

解 先作正态性检验,再作方差齐性检验.

输入:

```
X<-c(78.1,72.4,76.2,74.3,77.4,78.4,76.0,75.5,76.7,77.3)
Y<-c(79.1,81.0,77.3,79.1,80.0,79.1,79.1,77.3,80.2,82.1)
shapiro.test(X);shapiro.test(Y) #正态性检验.
var(X,Y) #方差齐性检验.
t.test(X,Y,alternative="less")
```

输出结果:

```
Welch Two Sample t-test
data: X and Y
t=-4.2957, df=17.319, p-value=0.0002355
alternative hypothesis: true difference in means is less than 0
95 percent confidence interval:
   -Inf -1.9055
sample estimates:
mean of x mean of y
   76.23    79.43
```

所得 p 值远远小于 0.05，故拒绝原假设，即两组数据有显著差别.

此处也可采取成对 t 检验：

t.test(X－Y,alternative＝“less”)

结果类似.

2. 二项分布的参数检验

binom.test(x, n, p＝0.5, alternative＝c(“two.sided”, “less”, “greater”), conf.level＝0.95) ＃x 为成功的次数，n 为试验总数，p 为原假设的概率.

例 10.2.9 有一批蔬菜种子的平均发芽率 $p=0.85$，现随机抽取 500 粒用种衣剂进行浸种处理，结果有 445 粒发芽. 试检验种衣剂对种子发芽率有无影响.

解 检验问题为

H0:p＝0.85， H1:p!＝0.85

输入：

binom.test(445,500,0.85)

输出结果：

Exact binomial test

data：445 and 500

number of successes＝445，number of trials＝500，p-value＝0.01207

alternative hypothesis：true probability of success is not equal to 0.85

95 percent confidence interval：

0.8592342 0.9160509

sample estimates：

probability of success

0.89

输出 p 值＝0.012 07＜0.05，故拒绝原假设，认为该种衣剂对发芽率有显著影响.

10.2.6.2 若干非参数检验

1. 理论分布已知的情形

Pearson 拟合优度卡方检验

chisq.test(x,y＝NULL,correct＝TRUE,p＝rep(1/length(x),length(x)), rescale.p＝FALSE,simulate..vale＝FALSE,B＝2000)

例 10.2.10 某消费者协会为了确定市场上消费者对 5 种品牌啤酒的喜好情况，随机抽取了 1 000 名啤酒爱好者作为样本，进行如下试验：每个人得到 5 种品牌的啤酒各一瓶，但未标明牌子. 这 5 种啤酒按分别写着 A,B,C,D,E 字母的

5 张纸片随机地顺序送给每个人. 表 10.2 是根据资料整理得到的各种品牌啤酒爱好者的频数分布. 试根据这些数据判断消费者对这 5 种品牌啤酒的爱好者有无明显差异.

表 10.2

A	B	C	D	E
210	312	170	85	223

解　根据题意,需要检验是否服从均匀分布. 输入:

```
X<-c(210, 312, 170, 85, 223)
chisq.test(X)
```

输出结果:

```
Chi-squared test for given probabilities
data: X
X-squared = 136.49, df = 4, p-value < 2.2e-16
```

输出 p 值远远小于 0.05,故拒绝原假设,认为消费者对 5 种品牌啤酒的爱好有显著差异.

例 10.2.11　检验下面的学生成绩是否服从正态分布?

25,45,50,54,55,61,64,68,72,75,75,78,79,81,83,84,84,84,85,86,86,86,87,89,89,89,90,91,91,92,100

解　可用 shapiro.test(X)作正态性检验,chisq.test 的应用范围更广. 先做如下准备:

```
A<-table(cut(X,breaks=c(0,69,79,89,100)))  # 对数据进行分组,要注意每组的频数不能小于5.
P<-pnorm(c(70,80,90,100),mean(X),sd(X))
P<-c(P[1],P[2]-P[1],P[3]-P[2],1-P[3])  # 构造理论分布.
chisq.test(A,p=p)  # 作检验.
```

输出结果:

```
Chi-squared test for given probabilities
data: A
X-squared = 8.334, df = 3, p-value = 0.03959
```

输出 p 值 $=0.03959<0.05$,故拒绝原假设,认为该成绩不服从正态分布.

2. 理论分布依赖若干未知参数的情形

(1) Kolmogorov - Smirnov 检验

① 单样本检验

例 10.2.12 对一台设备进行寿命检验,记录10次无故障工作时间,并按从小到大的次序排列为

420,500,920,1 380,1 510,1 650,1 760,2 100,2 300,2 350

试用 Kolmogorov - Smirnov 检验此设备无故障工作的时间是否服从参数为1/1 500的指数分布.

解 输入:

```
X<-c(420, 500, 920, 1380, 1510, 1650, 1760, 2100, 2300, 2350)
ks.test(X,"pexp", 1/1500) #只能用在分布完全已知的情形.
```

输出结果:

```
One-sample Kolmogorov-Smirnov test
data: X
D=0.3015, p-value=0.2654
alternative hypothesis: two-sided
```

输出 p 值 $=0.265\,4>0.05$,故接受原假设,认为服从指数分布.

注 Kolmogorov - Smirnov 检验与 chisq 检验相比,Kolmogorov - Smirnov 检验不需将样本分组,少了任意性,这是其优点.其缺点是只能用于理论分布为一维连续分布且分布完全已知的情形,适用面比 chisq 检验小.

② 列联表数据的独立性检验

设两个随机变量 X,Y 均为离散型,检验 X 与 Y 的独立性.

(a) Pearson 卡方检验

列联表数据写为矩阵.

例 10.2.13 为了研究吸烟是否与患肺癌有关,对63位肺癌患者及43位非肺癌患者(对照组)调查了其中的吸烟人数,结果如表10.3所示.

表 10.3

	患肺癌	未患肺癌	合计
吸烟	60	32	92
不吸烟	3	11	14
合计	63	43	106

解　输入：

x<－c(60，3，32，11)；dim(x)<－c(2,2)

chisq. test(x) ＃连续修正.

输出结果：

Pearson's Chi-squared test with Yates' continuity correction

data：x

X-squared = 7.9327，df = 1，p-value = 0.004855

从输出 p 值看，要拒绝原假设，即认为吸烟和患肺癌之间存在显著的相关关系.

注　*在用 chisq. test( )计算时，注意单元的期望频数，若没有空单元且所有单元期望频数不小于5，则 Pearson 卡方检验是合理的，否则会出现警告. 若不满足，应使用下述的费希尔精确的独立检验.*

(b) 费希尔精确的独立检验

fisher. test(x,y = NULL,workspace = 200000,hybrid = FALSE,control = list( ),or = 1,alternative = "two. sided",conf. int = TRUE,conf. level = 0.95)

例 10.2.14　某医师为研究乙肝免疫球蛋白预防胎儿宫内感染 HBV 的效果，将33例 HBsAg 阳性孕妇随机分为预防注射组和对照组，结果如表10.4所示，问两组新生儿的 HBV 总体感染率有无差别？

表 10.4

组别	阳性	阴性	合计	感染率
预防注射组	4	18	22	18.18
对照组	5	6	11	45.45
合计	9	24	33	27.27

解　有一个单元频数小于5，应该作 Fisher 精确概率检验. 输入：

x<－c(4,5,18,6)；dim(x)<－c(2,2)

fisher. test(x)

输出结果：

Fisher's Exact Test for Count Data

data：x

p-value = 0.121

alternative hypothesis：true odds ratio is not equal to 1

95 percent confidence interval：
 0.03974151 1.76726409
sample estimates：
odds ratio
0.2791061

所得 p 值 = 0.121 > 0.05，故接受原假设，认为两组感染率无差别，也就是该种免疫蛋白对感染率并无显著作用.

10.2.7 方差分析

方差分析的条件：

(1) 误差服从正态分布；

(2) 方差具有齐性.

正态性检验用 shapiro.test(X).

方差齐性检验：两个样本的用 F 检验 var.test(X, Y)；多于两个样本的用 bartlett.test( ).

若以上两条满足，则方差分析可用函数 aov( )检验；

若正态性不能满足，可用非参数的 Kruskal - Wallis 检验函数 kruskal.test( ).

10.2.7.1 单因素方差分析

例 10.2.15 小白鼠在接种了 3 种不同菌型的伤寒杆菌后的存活天数如表 10.5 所示.判断小白鼠被注射三种伤寒杆菌型后的平均存活天数有无显著差异.

表 10.5

菌型	存活日数
1	2 4 3 2 4 7 7 2 2 5 4
2	5 6 8 5 10 7 12 12 6 6
3	7 11 6 6 7 9 5 5 10 6 3 10

解 该问题为检验原假设

$$H0: mu1 = mu2 = mu3$$

输入：

```
mouse<-data.frame(
    X=c(2, 4, 3, 2, 4, 7, 7, 2, 2, 5, 4, 5, 6, 8, 5, 10, 7,12, 12,
           6, 6, 7, 11, 6, 6, 7, 9, 5, 5, 10, 6, 3, 10),
```

A = factor(c(rep(1,11),rep(2,10), rep(3,12))))

mouse. aov< - aov(X ~ A, data = mouse) ＃作方差分析.

summary(mouse. aov)

输出结果:

Df　Sum Sq Mean Sq F value　Pr(>F)

A　　2　94.256　47.128　8.4837 0.001202 ＊＊

Residuals　30 166.653　5.555

\- - -

Signif. codes: 0'＊＊＊'0.001 '＊＊'0.01 '＊'0.05 '.'0.

由于上述 p 值<0.01,故拒绝原假设,应该认为有显著差异.

1. 多重比较

多重 t 检验方法:用函数 pairwise. t. test( )可得到多重比较的 p 值:

pairwise. t. test(x, g, p. adjust. method = p. adjust. methods, pool. sd = ! paired,paired = FALSE,alternative = c("two. sided","less","greater"),...)

其中 x 是响应向量,g 为因子向量,p. adjust. method 是 p 值的调整方法. 为克服多重 t 检验方法的缺点,有许多方法对 p 值进行调整,如 holm,bochberg,hommel, bonferroni,BH,BY,fdr,none,缺省按"holm"调整.

对上例进行多重比较,输入:

attach(mouse)

pairwise. t. test(X,A,p. adjust. method = "none")

输出结果:

Pairwise comparisons using t tests with pooled SD

data: X and A

```
  1        2
2 0.00072  -
3 0.00238 0.54576
```

p-value adjustment method: none

可看出第一种与后两种有显著差异,而第二种与第三种没有显著的差异,也可从箱型图看出.

2. 方差的齐性检验

(1) 误差的正态性检验

shapiro. test(X[A = = 1]);shapiro. test(X[A = = 2]);shapiro. test(X[A = = 3])

其输出结果略.

(2) 方差齐性检验

若只检验两个水平的,可以用 var.test( ),对于多个水平的检验,常用 Bartlett 检验:

bartlett.test(x, g, ...)

bartlett.test(formula, data, subset, na.action, ...)

在上例中,可用

bartlett.test(X ~ A,data = mouse) 或 bartlett.test(mouse $ X,mouse $ A)

输出结果:

Bartlett test of homogeneity of variances

data: mousc $ X and mouse $ A

Bartlett's K-squared = 1.2068, df = 2, p-value = 0.5469

p 值较大,故接受原假设,因此认为各处理的方差是相同的.

3. Kruskal-Wallis 秩和检验

只有方差分析过程需要若干条件,才能应用 F 检验.若有些数据不满足正态分布这样的条件,方差分析就不能直接应用,但 Kruskal - Wallis 秩和统计量的分布与总体分布无关,可以摆脱总体分布的束缚,它是一个非参数检验方法.在比较两个以上的总体时,常用 Kruskal - Wallis 秩和检验,若是两样本,用 Wilcoxon 方法:

kruskal.test(x, g, ...)

kruskal.test(formula, data, subset, na.action, ...)

例 10.2.16 为了比较属同一类的四种不同食谱的营养效果,将 25 只老鼠随机地分为 4 组,每组分别是 8 只、4 只、7 只和 6 只,各采用食谱甲、乙、丙和丁喂养.假设其他条件均保持相同,12 周后测得体重增加量如表 10.6 所示,对 $\alpha = 0.5$,检验各食谱的营养效果是否有显著差异.

表 10.6

食谱	体重增加数							
甲	164	190	203	205	206	214	228	257
乙	185	197	201	231				
丙	187	212	215	220	248	265	281	
丁	202	204	207	227	230	276		

解 输入：

```
food<-data.frame(x=c(164,190,203,205,206,214,228,257,185,197,
                     201,231,187,212,215,220,248,265,281,202,204,
                     207,227,230,276),
g<-factor(rep(1:4,c(8,4,7,6))))
kruskal.test(x~g,data=food)
```

输出结果：

```
Kruskal-Wallis rank sum test
data: x by g
Kruskal-Wallis chi-squared=4.213, df=3,
p-value=0.2394
```

分析结果，p 值较大，故接受原假设，认为各个营养食谱效果无显著差异.

10.2.7.2 *双因素方差分析*

1. 不考虑交互作用

例 10.2.17 在一个农业试验中，考虑四种不同的种子 A_1, A_2, A_3, A_4 和三种不同的施肥方法 B_1, B_2, B_3，得到的产量如表 10.7 所示，试分析种子与施肥对产量有无显著影响.

表 10.7

	B_1	B_2	B_3
A_1	325	292	316
A_2	317	310	318
A_3	310	320	318
A_4	330	370	365

解 假设不考虑两因素的交互作用，输入：

```
agriculture<-data.frame(
    Y=c(325, 292, 316, 317, 310, 318, 310, 320, 318, 330, 370, 365),
    A=gl(4,3),B=gl(3,1,12)
)
agri.aov=aov(Y ~ A+B, data=agriculture)
summary(agri.aov)
```

输出结果：

```
                Df Sum Sq Mean Sq F value  Pr(>F)
A                3 3824.2  1274.7  5.2262 0.04126 *
B                2  162.5    81.2  0.3331 0.72915
Residuals        6 1463.5   243.9
---
Signif. codes:  0'***'0.001'**'0.01'*'0.05'.'
```

根据输出的 p 值,树种(因素 A)对产量影响较显著,而没有充分理由认为施肥方式(因素 B)有显著影响.

2. 考虑交互作用

例 10.2.18 研究树种与地理位置对松树生长的影响,对四个地区的三种同龄松树的直径进行测量,得到数据如表 10.8 所示,A_1,A_2,A_3 表示三个不同的树种,B_1,B_2,B_3,B_4 表示四个不同的地区,对每一种水平组合进行了 5 次测量,对此试验结果进行方差分析.

表 10.8

	B_1	B_2	B_3	B_4
A_1	23 25 21 14 15	20 17 11 26 21	16 19 13 16 24	20 21 18 27 24
A_2	28 30 19 17 22	26 24 21 25 26	19 18 19 20 25	26 26 28 29 23
A_3	18 15 23 18 10	21 25 12 12 22	19 23 22 14 13	22 13 12 22 19

解 输入:

```
tree<-data.frame(A=gl(3,20,60), B=gl(4,5,60),
Y=c(23,25,21,14,15,20,17,11,26,21,16,19,13,16,24,20,21,
    18,27,24,28,30,19,17,22,26,24,21,25,26,19,18,19,20,
    25,26,26,28,29,23,18,15,23,18,10,21,25,12,12,22,19,
    23,22,14,13,22,13,12,22,19))
tree.aov <- aov(Y ~ A+B+A:B,data=tree)
summary(tree.aov)
```

输出结果:

```
            Df Sum Sq Mean Sq F value   Pr(>F)
A            2 352.53  176.27  8.9589 0.000494 ***
B            3  87.52   29.17  1.4827 0.231077
A:B          6  71.73   11.96  0.6077 0.722890
```

```
Residuals    48 944.40   19.67
---
Signif. codes: 0 "***" 0.001 "**" 0.01 "*" 0.05 "." 0
```

分析输出的 p 值,只有树种(因素 A)效应高度显著,其余因素 B 与交互效应均不显著.

10.2.8　回归分析

10.2.8.1　一元线性回归

例 10.2.19　由专业知识知,合金的强度 Y 与合金中碳含量 X 有关.为了解它们间的关系,从生产中收集了一批数据 (x_i, y_i),数据如表 10.9 所示.

表 10.9

强度 Y	42	43.5	45	45.5	45	47.5	49	53	50	55	55	60
碳含量 X	0.10	0.11	0.12	0.13	0.14	0.15	0.16	0.17	0.18	0.20	0.21	0.23

解　输入:

```
x<-c(0.10,0.11,0.12,0.13,0.14,0.15,0.16,0.17,0.18,0.20,0.21,0.23)
y<-c(42.0,43.5,45.0,45.5,45.0,47.5,49.0,53.0,50.0,55.0,55.0,60.0)
lm.sol<-lm(y ~ 1+x)
summary(lm.sol)
```

输出结果:

```
Call:
lm(formula=y ~ 1 + x)

Residuals:
    Min      1Q  Median      3Q     Max
-2.0431 -0.7056  0.1694  0.6633  2.2653

Coefficients:
            Estimate Std. Error t value Pr(>|t|)
(Intercept)   28.493      1.580   18.04 5.88e-09 ***
x            130.835      9.683   13.51 9.50e-08 ***
---
Signif. codes: 0 "***" 0.001 "**" 0.01 "*" 0.05 "." 0.1 " " 1
```

Residual standard error：1.319 on 10 degrees of freedom

Multiple R-squared：0.9481，   Adjusted R-squared：0.9429

F-statistic：182.6 on 1 and 10 DF， p-value：9.505e-08

分析输出结果，输出的 p 值表明，回归方程通过了回归系数检验和回归方程的检验，它们均是高度显著的，因此回归方程为

$$y = 28.493 + 130.835x$$

这个线性关系也可从图形上得到验证. 输入：

plot(x,y);abline(lm.sol)

结果如图 10.4 所示.

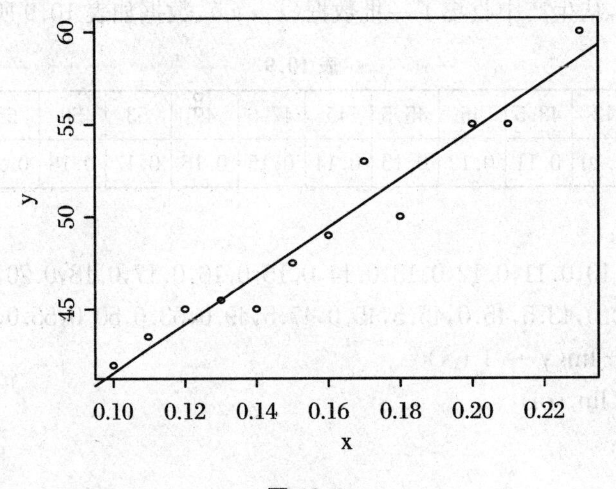

图 10.4

10.2.8.2 其他问题

1. 预测

在上例中，$X=0.16$ 时相应 Y 的概率为 0.95 的预测区间：

new = data.frame(x = 0.16) ＃采用用数据框形式.

lm.pre = predict(lm.sol, new, interval = "prediction", level = 0.95)

输出结果：

```
       fit        lwr        upr
1   49.42639   46.36621   52.48657
```

2. 回归诊断

R 也提供了相应的函数来处理回归模型的诊断问题，这里我们对上例作出回归诊断图：

```
par(mfrow=c(2,2))
plot(lm.sol)
```

结果如图 10.5 所示.从回归诊断图同样看到,该例中数据的拟合回归模型是比较合适的.

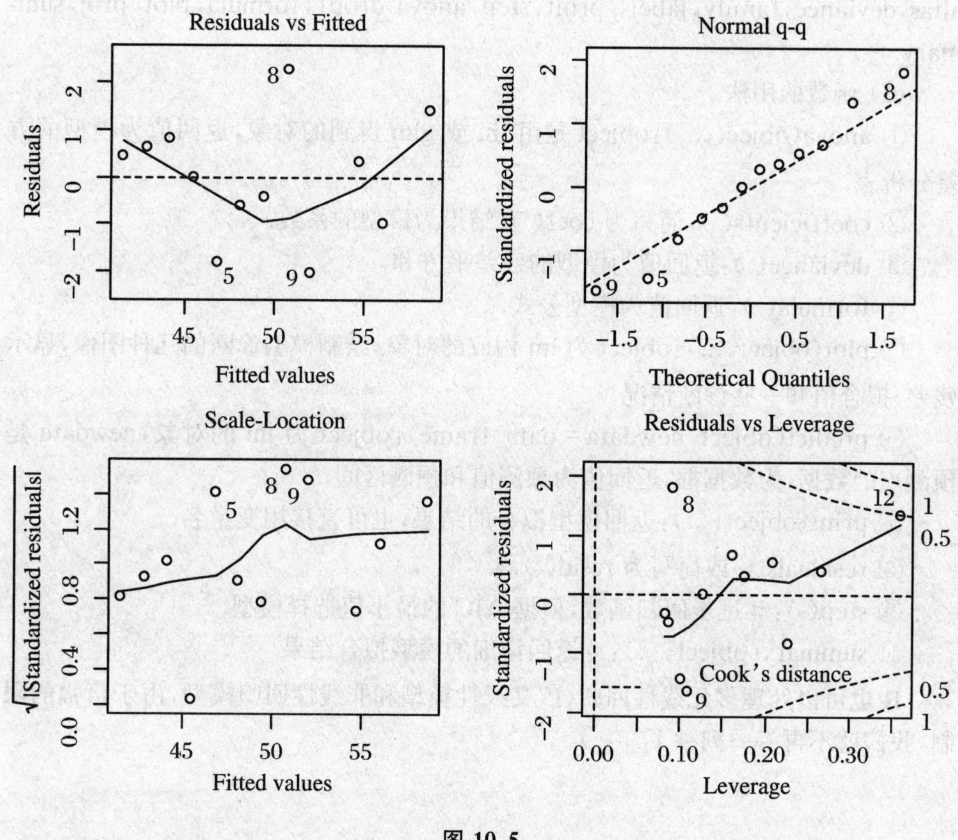

图 10.5

3. R 软件中与线性模型有关的函数

(1) 基本函数

适应于多元线性模型的基本函数 lm( ):

fitted.model = lm(formula,data = data.frame

其中,formula 为模型公式,data.frame 为数据框,例如:

fm2 = lm(y~x1 + x2,data = data) ♯适合 y 关于 x1 和 x2 的多元回归模型.

(2) 提取模型信息的通用函数

lm( )函数的返回值称为拟合结果的对象,本质上是一个具有类属性值 lm 的列表,有 model,coeffcients,residuals 等. 为获得更多的信息,可以用对 lm( )类对象有特殊操作的通用函数,包括 add1,coef,effects,kappa,predict,residuals,alias,deviance,family,labels,print,step,anova drop1,formula,plot,proj,summary.

(3) 函数的用法

① anova(object,...):object 是由 lm 或 glm 得到的对象,返回值为模型的方差分析表.

② coefficients( ),简写为 coef( ):结果为模型的系数.

③ deviance( ):返回值为模型的残差平方和.

④ formula( ):返回值为模型公式.

⑤ plot(object,...):object 为 lm 构成的对象,绘制模型诊断的几种图像,显示残差、拟合值和一些诊断情况.

⑥ predict(object,newdata = data. frame):object 为 lm 的对象,newdata 是预测点的数据,为数据框,返回值为预测值和预测区间.

⑦ print(object,...):返回模型拟合的结果,也可直接用变量名.

⑧ residuals( )或简写为 resid( ).

⑨ step( ):#逐步回归函数,根据 AIC 的最小值选择模型.

⑩ summary(object,...):#返回详细的模型拟合结果.

R 也可以处理多元线性回归、广义线性模型和非线性回归模型,由于篇幅的限制,我们就不再一一列举了.

习 题 答 案

习题 1

选择题

1. C **2**. A **3**. D **4**. A **5**. D **6**. C **7**. A **8**. C **9**. D **10**. B **11**. B **12**. B **13**. B

填空题

1. 0.6 **2**. 3/8 **3**. 0.5 **4**. 0.4;0.94 **5**. 2/15 **6**. 0.4 **7**. 3/5 **8**. 0.4; 0.4 **9**. 2/3
10. 0.429 **11**. 0.947 **12**. 23/45; 15/23 **13**. 0 **14**. (1) 0.3; (2) 0.5 **15**. 1/4
16. 3/4 **17**. 0.5 **18**. $1-(1-p)^n$;$(1-p)^n+np(1-p)^{n-1}$

解答题

1. 略 **2**. $B=[(A_1\cup A_2)A_3]\cup A_4\cup(A_5A_6)$ **3**. 0.8 **4**. 0.49; 0.83
5. (1) 78/210; (2) 50/210; (3) 89/132; (4) 71/160; (5) 71/210; (6) 43/210

6. 17/25 **7**. 1/2 **8**. (1) $\binom{3}{1}\binom{37}{2}\Big/\binom{40}{3}$; (2) $\binom{3}{3}\Big/\binom{40}{3}$; (3) $\binom{37}{3}\Big/\binom{40}{3}$;

(4) $1-\binom{37}{3}\Big/\binom{40}{3}$; (5) $\left[\binom{3}{2}\binom{37}{1}+\binom{3}{3}\binom{37}{0}\Big/\binom{40}{3}\right]$ **9**. 1/2

10. $\dfrac{k^n-(k-1)^n}{N^n}$ $(1\leqslant k\leqslant N)$ **11**. (1) 2/3; (2) 3/5; (3) 0.26 **12**. 1/2 **13**. 0.008 35

14. 6/7 **15**. 0.034 5 **16**. 0.973 **17**. (1) 43/60; (2) 37/51 **18**. 4/9;2/9;3/9

19. 0.458 **20**. (1) 0.98^n; (2) $\binom{n}{3}\cdot 0.98^{n-3}\cdot 0.02^3$;(3) $1-\binom{n}{2}\cdot 0.98^{n-2}\cdot 0.02^2-\binom{n}{1}\cdot 0.98^{n-1}\cdot 0.02-0.98^n$ **21**. (1) 0.835; (2) 0.931; (3) 0.903; (4) 0.069

22. 6/7 **23**. $\dfrac{182}{729}$ **24**. $(-1)^i\dfrac{n-1}{n}\cdot\dfrac{1}{(n-1)^i}+\dfrac{1}{n}$ **25**. (1) $1-\left(\dfrac{1}{2}\right)^{2n}$;

(2) $\binom{2n}{n}\left(\frac{1}{2}\right)^n\left(\frac{1}{2}\right)^n$

27. (1) 0.000 002；(2) 0.997 84

习 题 2

选择题

1. A　**2**. A　**3**. A　**4**. B　**5**. C　**6**. B

填空题

1. $P(X=0)=0.95$, $P(X=1)=0.05$；$F(x)=\begin{cases}0, & x<0\\ 0.95, & 0\leqslant x<1\\ 1, & x\geqslant 1\end{cases}$　**2**. 0.87；0.72；0.7

3. $-\frac{1}{2}$；$F(x)=\begin{cases}0, & x<0\\ x-x^2/4, & 0\leqslant x<2\\ 1, & x\geqslant 2\end{cases}$；0.062 5　**4**. 0.4；$f(x)=\begin{cases}2x, & 0\leqslant x\leqslant 1\\ 0, & 其他\end{cases}$

5. $\frac{1}{\ln 2}$　**6**. 0.433 2；0.841 1；5.14 或 5.16　**7**. 0.35　**8**. 0.683 6　**9**. 0.79

10. $f_Y(y)=\begin{cases}\frac{1}{8}(y-3), & 3<y<7\\ 0, & 其他\end{cases}$　**11**. $\frac{2}{3}e^{-2}$

解答题

1. $P(X=0)=\frac{3}{28}, P(X=1)=\frac{15}{28}, P(X=2)=\frac{10}{28}$

2. $F(x)=\begin{cases}0, & x<0\\ 0.5, & 0\leqslant x<1\\ 0.8, & 1\leqslant x<3\\ 1, & x\geqslant 3\end{cases}$；$P(X\leqslant 2)=0.8$

3. $P(X=k)=(1-p)^k p$ $(k=0,1,2,\cdots)$　**4**. 1/64　**5**. (1) 0.285；(2) 0.608

6. (1) 0.090 2；(2) 0.676 7　**7**. 五名好　8. (1) 0.027 99；(2) 0.002 84

9. $p_1\approx 0.017\,5, p_2\approx 0.009\,1$　**10**. (1) $P(X=k)=(1-0.8)^{k-1}\times 0.8$ $(k=1,2,3,4)$, $P(X=5)=(1-0.8)^4=0.2^4$；(2) $P(X\leqslant 4)=1-0.2^4$；(3) $(1-0.8)^4\times 0.8$；(4) 0.8

11. (1) 1/2; (2) $1-e^{-1}$; (3) $F(x)=\begin{cases}\frac{1}{2}e^{x}, & x<0\\ 1-\frac{1}{2}e^{-x}, & x\geqslant 0\end{cases}$

12. $a=1/2, b=1/\pi, P(-1<X<1/2)=2/3$ **13**. 0,1,0 **14**. 0.6 **15**. (1) 0.532 8, 0.999 6, 0.697 7, 0.5; (2) $c=3$ **16**. (1) 0.933 2; (2) 0.383 **17**. $\sigma=31.25$

18. $F(t)=\begin{cases}1-e^{-t/241}, & t\geqslant 0\\ 0, & t<0\end{cases}$; $P(50<T<100)=F(100)-F(50)=e^{-50/241}-e^{-100/241}$

19. 0.545 8 **20**. (1) $f_Y(y)=\begin{cases}\frac{1}{y\sqrt{2\pi}}e^{-(\ln y)^2/2}, & y>0\\ 0, & y\leqslant 0\end{cases}$;

(2) $f_Y(y)=\begin{cases}\frac{1}{\sqrt{2\pi}}y^{-\frac{1}{2}}e^{-\frac{y}{2}}, & y>0\\ 0, & y\leqslant 0\end{cases}$

21. $f_Y(y)=\frac{1}{3}f_X(\frac{y-2}{3})=\begin{cases}\frac{1}{3}, & 5\leqslant y\leqslant 8\\ 0, & 其他\end{cases}$,即 $Y\sim U(5,8)$.

习 题 3

选择题

1. C **2**. B **3**. A **4**. D **5**. A **6**. D **7**. B **8**. C **9**. C

填空题

1. 3/4 **2**. 0.841 3 **3**. $f_\xi(x)=\begin{cases}\frac{2(b-x)}{b^2}, & 0\leqslant x\leqslant b\\ 0, & 其他\end{cases}$

4. (1) $P(Y_1=0,Y_2=0)=P(Y_1=1,Y_2=0)=0.5$, $P(Y_1=0,Y_2=1)=P(Y_1=1,Y_2=1)=0$; (2) $P(Y_1=0)=P(Y_1=1)=0.5, P(Y_2=0)=1, P(Y_2=1)=0$; (3) 1

5. $1-\frac{2}{e}$ **6**. $\frac{13}{48}$

解答题

1. $F(x,y)=\begin{cases}0, & x<0,-\infty<y<+\infty\\ 0.25, & 0\leqslant x<1,0\leqslant y<1\\ 0.5, & y\geqslant 1\\ 0.5, & x\geqslant 1,0\leqslant y<1\\ 1, & x\geqslant 1,y\geqslant 1\end{cases}$

2. $P(X=i,Y=j)=0\ (j\neq i-1,i)$, $P(X=i,Y=i-1)=0.4^{i}\cdot 0.6^{i-1}$, $P(X=i,Y=j)=0.4^{i-1}\cdot 0.6^{i+1}$ 3. (1) $\frac{1}{24}$; (2) $\frac{1}{2}$; (3) $\frac{13}{16}$; (4) $\frac{8}{9}$ 4. $a=20,\frac{1}{16}$ 5. $a=2$

6. $a=\sqrt[4]{54}$ 7.

X \ Y	1	2	3
0	3/64	18/64	6/64
1	0	9/64	18/64
2	0	9/64	0
3	1/64	0	0

X	0	1	2	3
$P_{i\cdot}$	27/64	27/64	9/64	1/64
Y	1	2	3	
$P_{\cdot j}$	1/16	9/16	6/16	

8. (1) $1-\left(\frac{1}{3}\right)^{5}$; (2) 7 9. (1) $P(X=0,Y=0)=\frac{a^{2}}{(a+b)^{2}}$, $P(X=0,Y=1)=P(X=1,Y=0)=\frac{ab}{(a+b)^{2}}$, $P(X=1,Y=1)=\frac{b^{2}}{(a+b)^{2}}$, X,Y 独立; (2) $P(X=0,Y=0)=\frac{a(a-1)}{(a+b)(a+b-1)}$, $P(X=0,Y=1)=P(X=1,Y=0)=\frac{ab}{(a+b)(a+b-1)}$, $P(X=1,Y=1)=\frac{b(b-1)}{(a+b)(a+b-1)}$, X,Y 不独立(边缘分布略去)

10. $1-\frac{2}{3}b^{-0.5}$; 1 11. (1) $f(x,y)=\begin{cases}\frac{1}{2}e^{\frac{y}{2}}, & 0\leqslant x\leqslant 1,y>0\\ 0, & \text{其他}\end{cases}$; (2) $1-\sqrt{2\pi}[\varphi(1)-\varphi(0)]$

12. $1-e^{-k^{2}/2}$ 13. $f_{Y|X}(y|x)=\frac{2y}{1-x^{4}}\ (0<x<1,x^{2}\leqslant y\leqslant 1)$; $\frac{7}{15}$ 14. $-\ln(1-y)$

15. (1) $\frac{1}{9}$; (2) $\frac{3}{7}$; (3) X,Y 不独立 **16**. X,Y 相互独立;

17. $f_Z(z)=\begin{cases}1-e^{-z}, & 0\leqslant z<1\\(e-1)e^{-z}, & z\geqslant 1\\0, & 其他\end{cases}$

18. (1) X,Y 相互独立; (2) $f_Z(z)=\begin{cases}-\frac{1}{3}z+\frac{7}{6}, & 1\leqslant z\leqslant 3\\0, & 其他\end{cases}$

19. 令 $T=\max\{X,Y\}$, $f_T(t)=\begin{cases}1-e^{-t}+te^{-t}, & 0<t\leqslant 1\\e^{-t}, & t>1\\0, & 其他\end{cases}$;

令 $R=\min\{X,Y\}$, $f_R(r)=\begin{cases}(2-r)e^{-r}, & 0<r\leqslant 1\\0, & 其他\end{cases}$

20. $P(Z=-2)=0.1$, $P(Z=0)=0.2$, $P(Z=1)=0.5$, $P(Z=3)=0.1$, $P(Z=4)=0.1$;
$P(Z=1)=0.1$, $P(Z=-1)=0.2$, $P(Z=-2)=0.5$, $P(Z=2)=0.1$, $P(Z=4)=0.1$;
$P(Z=1)=0.2$, $P(Z=-1)=0.2$, $P(Z=-2)=0.2$, $P(Z=-0.5)=0.3$, $P(Z=2)=0.1$;
$P(Z=-1)=0.8$, $P(Z=1)=0.1$, $P(Z=2)=0.1$

21. (1) X,Y 不独立; (2) $f(u,v)=\begin{cases}1, & 0\leqslant u,v<1\\0, & 其他\end{cases}$; (3) $|X|,|Y|$ 相互独立

22. $P(X=0)=0.7312$, $P(X=1)=P(X=-1)=0.1344$

23. (1) $\pi/4$; (2) $1/2$; (3) 1 **24**. 略

习题 4

选择题

1. B **2**. A **3**. D **4**. C **5**. D **6**. A **7**. D **8**. B **9**. B **10**. A
11. C **12**. C

填空题

1. 52 **2**. 3 **3**. 4/9 **4**. 0 **5**. 0 **6**. 1 **7**. 8/9 **8**. $1-2/\pi$ **9**. 买
10. $1-1/e$ **11**. -1

解答题

1. 0.35, −0.3, 1.525 **2**. 1 **3**. 6/7 **4**. 44.64 **5**. 2.2 **6**. $E\xi=3.75$

ξ	0	10	20	30
P	0.670	0.287	0.041	0.002

7. (1) 0.6；(2) 3.2；(3) 26 400；(4) 1.06，1.03　**8**. 0.4；1.2；11/150

9. $\dfrac{a+b+m}{3}$；$\dfrac{1}{18}(a^2+b^2+m^2-ab-am-bm)$；$m, m_e=a+\sqrt{\dfrac{a(a-b)}{2}}$

10. 7/2,35/12,不存在,3.5;4,19/6,3.5,5 和 6

11. $\dfrac{1}{24}\pi(a+b)(a^2+b^2)$　**12**. $\dfrac{a}{3}$　**13**. (1) 3;(2) $2/\sqrt{\pi}$,$2(1-2/\pi)$

14. 11.67　**15**. p 分位数$=\begin{cases}\ln(2(1-p)), & \dfrac{1}{2}\leqslant p<1\\ -\ln(2p), & 0<p<\dfrac{1}{2}\end{cases}$　**16**. 4.807 7

17. (1) $10z-0.003z^2-3\,000$;(2) 1 667

18. $P(X=2)=28/45$，$P(X=3)=14/45$,$P(X=4)=3/45$,$EX=2.44$,$DX=0.38$

19. $P(X=0)=0.504$，$P(X=1)=0.398$，$P(X=2)=0.092$，
$P(X=3)=0.006$，$EX=0.6$，$DX=0.46$

20. $X\sim B(4,0.41)$，$EX=1.64$　**21**. $\dfrac{1}{p}$，$\dfrac{1-p}{p^2}$

22. $11-\ln 5+\dfrac{1}{2}\ln 21$　**23**. 14 167　**24**. (1) 2.755%；(2) 3%

25. $P(S_n=Su^kd^{n-k})=C_n^kp^k(1-p)^{n-k}$ $(k=0,1,2,\cdots,n)$,$S[up+d(1-p)]^n$

26. $\pm\rho$　**27**. 0　**28**. (1) $\dfrac{1}{\sqrt{2\pi(a_1^2\sigma_1^2+a_2^2\sigma_2^2)}}\exp\left\{-\dfrac{x^2}{2(a_1^2\sigma_1^2+a_2^2\sigma_2^2)}\right\}$；(2) $\dfrac{a_1^2\sigma_1^2-a_2^2\sigma_2^2}{a_1^2\sigma_1^2+a_2^2\sigma_2^2}$；

(3) 当 $a_1^2\sigma_1^2=a_2^2\sigma_2^2$ 时,U,V 相互独立；(4) $\dfrac{1}{2\pi(a_1^2\sigma_1^2+a_2^2\sigma_2^2)}\exp\left\{-\dfrac{x^2+y^2}{2(a_1^2\sigma_1^2+a_2^2\sigma_2^2)}\right\}$

29. 0.5　**32**. (1) 0.5；(2) $13x^2-6x+9$；(3) 3/13，$0\leqslant x\leqslant\dfrac{6}{13}$

习 题 5

选择题

1. B　**2**. C　**3**. D　**4**. B

填空题

1. 1/2,25　**2**. 1/2　**3**. 1　**4**. 1/2　**5**. 7/9;1/12　**6**. 0;300

解答题

2. (1) 0.925;(2) 188 **4**. (1) 0.888 9; (2) 0.997 4 **5**. 35 **6**. 12 656 **7**. 0.285 **8**. 189
9. 0.5 **10**. (1) 0.894 4; (2) 0.137 9 **11**. $(-86.6\times10^{-m},86.6\times10^{-m})$

12. (1) $P(X=k)=\binom{100}{k}0.2^k\cdot0.8^{100-k}$; (2) $P(14\leqslant X\leqslant30)=0.927$

13. 643 **14**. 233 958.798 = 234 000

习 题 6

选择题

1. C **2**. C **3**. C **4**. A **5**. C **6**. B **7**. B **8**. D **9**. B **10**. C **11**. B **12**. B

填空题

1. 0.05; 0.01; 2 **2**. $\lambda;\lambda/n;\lambda$ **3**. n; 2; $2n$ **4**. 100; 3.85; 1.947
5. $N\left(\mu,\frac{\sigma^2}{n}\right)$; $N(0,1)$; $t(n-1)$; $\chi^2(n-1)$ **6**. 9; t **7**. $t(n-1)$
8. t; 2 **9**. F; $(5,n-5)$ **10**. $0.4\sigma^4$ **11**. σ^2 **12**. 2

解答题

1. 略 2. 0.133 6 **3**. (1) 1.697 3; (2) 2.119 9; (3) 2.441 1, 0.99, 0.01, 0.01, 0.02; (4) 23.589; (5) 8.897; (6) 10.865, 0.9, 0.1 **4**. 997.1, 17 304.77, 0.010 7
5. 0.078 68 **6**. 0.464 8 **7**. (1) 0.180 2; (2) 441 **8**. 62, 0.987 6
9. (1) $1-\mathrm{e}^{-0.22338}+0.011$; (2) 0.676 **10**. $f_T(x)=\begin{cases}8x^7, & 0<x<1\\ 0, & \text{其他}\end{cases}$ **11**. 0.63 **12**. 略
13. 27 **14**. 0.1 **15**. (1) 0, 0.01; (2) 0.5; (3) 0.841 4 **16**. 0.7 **17**. 略 18. 略
19. (1) $\frac{n-1}{n}\sigma^2$; (2) $-\frac{1}{n}\sigma^2$ **20**. (2) $\frac{2}{n(n-1)}$

习 题 7

选择题

1. B **2**. A **3**. C **4**. B **5**. D **6**. D

填空题

1. 15/16 **2**. $2\bar{X}-1$ **3**. (4.8694,5.1306) **4**. $\left(\frac{1}{a}-\frac{1}{b}\right)n\sigma^2$ **5**. 62 **6**. -1

解答题

1. $n\Big/\sum_{i=1}^{n}k_i$；$n\Big/\sum_{i=1}^{n}k_i$ **2**. (1) 0.1026；(3) 0.091 **3**. 0.5；0.5563 **4**. (1) $\frac{1}{2n}\sum_{i=1}^{n}X_i^2$；

(2) 无偏的 **5**. (1) $a=2/\lambda$；(2) $\frac{1}{n}\sum_{i=1}^{n}X_i^2$；(3) 无偏

6. (1) $\hat{\theta}=2\bar{X}-1$,且无偏；(2) $D\hat{\theta}=\frac{(\theta-1)^2}{3n}$

7. $\frac{\sqrt{\pi}}{2}\bar{X}$, $\sqrt{\frac{2\sum_{i=1}^{n}X_i^2}{3n}}$；矩估计量

13. $a=\frac{n_1}{n_1+n_2}$；$b=\frac{n_2}{n_1+n_2}$ **14**. [263.84,289.95] **15**. (2.674,2.736)

16. (0.665,5.335) **17**. $n\geqslant\left(\frac{2u_{1-\alpha}\cdot\sigma_0}{c}\right)^2$ **18**. (3.5603,4.4939)

19. (1) (0.328,5.075)； (2) (−1.767,2.967) **20**. (1) 40392.017；(2) 2335.773

21. (1) $s^2=3.58^2$；(2) (10.949,15.265)

23. [1.553,3.2038] **25**. 39岁零2个月

习 题 8

选择题

1. C **2**. B **3**. B **4**. B **5**. D **6**. B

填空题

1. $\mu\leqslant\mu_0$；$\mu>\mu_0$；0.05 **2**. $\frac{\bar{X}}{Q}\sqrt{n(n-1)}\sim t(n-1)$；$|t|>t_{\frac{\alpha}{2}}(n-1)$ **3**. $\frac{(n-1)s^2}{4}$

4. $\frac{\bar{x}-\bar{y}}{S_w\sqrt{1/m+1/n}}\sim t(m+n-2)$；$t_{\alpha/2}(m+n-2)$；$|t|>t_{\alpha/2}(m+n-2)$；

$|t|<t_{\alpha/2}(m+n-2)$

解答题

1. 这种状况出现是人为安排的,而不是随机停车所致的

2. 说明这个人运气差 3. 有显著提高 4. (1) 可以;(2) 可以

5. H_1 为 $\mu>3,\dfrac{s}{\sqrt{n-1}}=0.046,t=-4.348,t_{0.95}(19)=1.729$

6. H_1 为 $\mu\neq 43.38,\bar{x}=42,s=2.933,\dfrac{s}{\sqrt{n-1}}=0.978,t=1.411,t_{0.975}(9)=2.262$

7. 接受 H_0,认为两品种的观测值有显著的差异

8. 接受 H_0,认为株高这一性状已达到稳定 9. 两试验分析结果无显著性差异

10. (1) 接受;(2) 接受 11. (1) 有显著差异;(2) 显著降低 12. 有显著差异

13. 显著降低 14. (1) 含硫量发生变化;(2) 含硫量发生变化

16. (1) 0.003 6,0.036 8;(2) 34 17. 17 18. 0.000 001;0.486

19. $\Phi(\sqrt{n}/2+u_{\alpha/2})+\Phi(\sqrt{n}/2-u_{\alpha/2})$ 20. 可以 21. 是 22. 无 23. 没有

25. (1) 第一类错误是该供应商提供的这批炸土豆片的平均重量的确大于或等于 60 克,但检验结果却提供证据支持店方倾向于认为其重量小于 60 克;(2) 第二类错误是该供应商提供的这批炸土豆片的平均重量其实小于 60 克,但检验结果却没有提供证据支持店方发现这一点,从而拒收这批产品.顾客们自然看重第二类错误,而供应商则更看重第一类错误

26. 接受假设

习 题 9

解答题

1. $SSE=42.75,f_e=9;S_A=105.5,f_A=2;SST=148.25,f_A=11$

2.

来源	平方和	自由度	均方和	F 值
因子 A	4.2	2	2.1	7.5
误差 e	2.5	9	0.28	
总和	6.7	11		

3.

来源	平方和	自由度	F 值	显著性
因子	5.952	2	8.93	* *
误差 SSE	4.392	12		
总和	10.344	14		

4. (1)

方差来源	平方和	自由度	均方	F 值	p 值
因素 A	420	2	210	1.478	0.245 946
误差	3 836	27	142.07		
总和	4 256	29			

(2) $F=1.478<F_{0.05}=3.554\,131$(或 p 值 $=0.245\,946>\alpha=0.05$),不拒绝原假设

5. 随机扰动项是模型中表示其他多种因素的综合影响.第一,变量之间的关系大多为非确定性因果关系;第二,模型不可能包含所有的变量,次要变量不可避免地被省略;第三,确定模型数学形式会造成误差;第四,建立模型时,使用的样本数据也会有测量误差;第五,一些客观存在的随机因素,如天气、季节、战争等影响无法列入模型.

6. (1) 收入、年龄、家庭状况、政府所谓相关政策也是影响生育率的重要原因,在上述简单回归模型中,它们被包含在了随机干扰项中.有些因素可能与教育水平相关,如收入水平与教育水平往往呈正相关,年龄大小与教育水平呈负相关.(2)当归结在随机干扰项中的重要影响因素与模型中的教育水平 x 相关时,上述回归模型不能够揭示教育对生育率在其他条件不变下的影响,因为这时出现解释变量与随机干扰项相关的情形,违背了基本假设.

7. (2) 线性回归方程为 $Y=9.121\,2+0.223\,0x$

9. (1) $y=-32.304+1.269\,5x$;(2) 检验统计量的值为 152.970 8,$F_{0.05}(1,32)=4.149\,1$,故 y 和 x 之间有线性相关关系;(3) $[145.798\,1,157.753\,3]$;(4) $x_0\leqslant 249.065$

参考文献

[1] 陈希孺.概率论与数理统计[M].合肥:中国科学技术大学出版社,1996.

[2] H·克拉美.统计学数学方法[M].魏宗舒,等,译.上海:上海科学技术出版社,1966.

[3] 王梓坤.概率论基础及其应用[M].北京:科学出版社,1976.

[4] 谢衷洁.普通统计学[M].北京:北京大学出版社,2004.

[5] 魏宗舒,等.概率论与数理统计教程[M].北京:高等教育出版社,1983.

[6] 茆诗松,吕晓玲.数理统计学[M].北京:中国人民大学出版社,2011.

[7] M·费史.概率论及数理统计[M].王福保,译.上海:上海科学技术出版社,1962.

[8] 复旦大学.概率论:第一册[M].北京:高等教育出版社,1979.

[9] 吴喜之.统计学:从数据到结论[M].北京:中国统计出版社,2004.

[10] 盛骤,谢式千,潘承毅.概率论及数理统计[M].2 版.北京:高等教育出版社,1989.

[11] 薛毅,陈立萍.统计建模与 R 软件[M].北京:清华大学出版社,2007.

[12] 陈家鼎,郑忠国.概率与统计[M].北京:北京大学出版社,2007.

[13] Ang A H S, Tang W H. Probability Concepts in Engineering Planning and Design [M]. New York: Wiley & Sons, 1984.

[14] Tang S P. A First Course in Probability and Statistics with Applications [M]. Harcourt Brace Jobanovich, INC, 1983.

[15] 陈希孺.机会的数学[M].北京:清华大学出版社,暨南大学出版社,2000.

[16] Meyer P L.概率论及统计应用[M].潘孝瑞,等,译.北京:高等教育出版社,1986.

[17] 高惠璇.统计计算[M].北京:北京大学出版社,1995.

[18] 苏淳.概率论[M].合肥:中国科学技术大学出版社,2004.

[19] 茆诗松,等.概率论与数理统计[M].北京:高等教育出版社,2004.

[20] Charles J S.概率统计[M].北京:机械工业出版社,2003.

[21] George C, Berger R L.统计推断[M].北京:机械工业出版社,2003.

[22] 钱敏平,叶俊.随机数学[M].北京:高等教育出版社,2000.

[23] 龙永红.概率论与数理统计中的典型例题分析与习题[M].北京:高等教育出版社,2004.

[24] David S M, George P McCabe. Introduction to the Practice of Statistics [M]. New York: W H. Freeman and Company, 1993.

[25] Duncan A J. Quality Control and Industrial statistics [M]. Homewood, III: Ricard D. Irwin, 1974.

附表 1 泊松分布函数表

$$P(X = x) = \frac{\lambda^i}{i!}e^{-\lambda}$$

x \ λ	0.1	0.2	0.3	0.4	0.5	0.6	0.7	0.8	0.9	1.0	1.5
0	0.90484	0.81873	0.74082	0.67032	0.60653	0.54881	0.49659	0.44933	0.40657	0.36788	0.22313
1	0.09048	0.16375	0.22225	0.26813	0.30327	0.32929	0.34761	0.35946	0.36591	0.36788	0.33470
2	0.00452	0.01637	0.03334	0.05363	0.07582	0.09879	0.12166	0.14379	0.16466	0.18394	0.25102
3	0.00015	0.00109	0.00333	0.00715	0.01264	0.01976	0.02839	0.03834	0.04940	0.06131	0.12551
4		0.00005	0.00025	0.00072	0.00158	0.00296	0.00497	0.00767	0.01111	0.01533	0.04707
5			0.00002	0.00006	0.00016	0.00036	0.00070	0.00123	0.00200	0.00307	0.01412
6					0.00001	0.00004	0.00008	0.00016	0.00030	0.00051	0.00353
7							0.00001	0.00002	0.00004	0.00007	0.00076
8										0.00001	0.00014
9											0.00002
10											
11											
12											
13											
14											
15											
16											
17											
18											
19											
20											
21											
22											
23											
24											
25											
26											

2.0	2.5	3.0	3.5	4.0	4.5	5.0	6.0	7.0	8.0	9.0	10.0
0.13534	0.08208	0.04979	0.03020	0.01832	0.01111	0.00674	0.00248	0.00091	0.00034	0.00012	0.00005
0.27067	0.20521	0.14936	0.10569	0.07326	0.04999	0.03369	0.01487	0.00638	0.00268	0.00111	0.00045
0.27067	0.25652	0.22404	0.18496	0.14653	0.11248	0.08422	0.04462	0.02234	0.01073	0.00500	0.00227
0.18045	0.21376	0.22404	0.21579	0.19537	0.16872	0.14037	0.08924	0.05213	0.02863	0.01499	0.00757
0.09022	0.13360	0.16803	0.18881	0.19537	0.18981	0.17547	0.13385	0.09123	0.05725	0.03374	0.01892
0.03609	0.06680	0.10082	0.13217	0.15629	0.17083	0.17547	0.16062	0.12772	0.09160	0.06073	0.03783
0.01203	0.02783	0.05041	0.07710	0.10420	0.12812	0.14622	0.16062	0.14900	0.12214	0.09109	0.06306
0.00344	0.00994	0.02160	0.03855	0.05954	0.08236	0.10444	0.13768	0.14900	0.13959	0.11712	0.09008
0.00086	0.00311	0.00810	0.01687	0.02977	0.04633	0.06528	0.10326	0.13038	0.13959	0.13176	0.11260
0.00019	0.00086	0.00270	0.00656	0.01323	0.02316	0.03627	0.06884	0.10140	0.12408	0.13176	0.12511
0.00004	0.00022	0.00081	0.00230	0.00529	0.01042	0.01813	0.04130	0.07098	0.09926	0.11858	0.12511
0.00001	0.00005	0.00022	0.00073	0.00192	0.00426	0.00824	0.02253	0.04517	0.07219	0.09702	0.11374
	0.00001	0.00006	0.00021	0.00064	0.00160	0.00343	0.01126	0.02635	0.04813	0.07277	0.09478
		0.00001	0.00006	0.00020	0.00055	0.00132	0.00520	0.01419	0.02962	0.05038	0.07291
			0.00001	0.00006	0.00018	0.00047	0.00223	0.00709	0.01692	0.03238	0.05208
				0.00002	0.00005	0.00016	0.00089	0.00331	0.00903	0.01943	0.03472
					0.00002	0.00005	0.00033	0.00145	0.00451	0.01093	0.02170
						0.00001	0.00012	0.00060	0.00212	0.00579	0.01276
							0.00004	0.00023	0.00094	0.00289	0.00709
							0.00001	0.00009	0.00040	0.00137	0.00373
								0.00003	0.00016	0.00062	0.00187
								0.00001	0.00006	0.00026	0.00089
									0.00002	0.00011	0.00040
									0.00001	0.00004	0.00018
										0.00002	0.00007
										0.00001	0.00003
											0.00001

附表 2　标准正态分布函数表

$$\Phi(x) = \frac{1}{2\pi}\int_{-\infty}^{x} \mathrm{e}^{-t^2/2}\,\mathrm{d}t$$

x	0.000 00	0.010 00	0.020 00	0.030 00	0.040 00	0.050 00	0.060 00	0.070 00	0.080 00	0.090 00
0.0	0.500 00	0.503 99	0.507 98	0.511 97	0.515 95	0.519 94	0.523 92	0.527 90	0.531 88	0.535 86
0.1	0.539 83	0.543 80	0.547 76	0.551 72	0.555 67	0.559 62	0.563 56	0.567 49	0.571 42	0.575 35
0.2	0.579 26	0.583 17	0.587 06	0.590 95	0.594 83	0.598 71	0.602 57	0.606 42	0.610 26	0.614 09
0.3	0.617 91	0.621 72	0.625 52	0.629 30	0.633 07	0.636 83	0.640 58	0.644 31	0.648 03	0.651 73
0.4	0.655 42	0.659 10	0.662 76	0.666 40	0.670 03	0.673 64	0.677 24	0.680 82	0.684 39	0.687 93
0.5	0.691 46	0.694 97	0.698 47	0.701 94	0.705 40	0.708 84	0.712 26	0.715 66	0.719 04	0.722 40
0.6	0.725 75	0.729 07	0.732 37	0.735 65	0.738 91	0.742 15	0.745 37	0.748 57	0.751 75	0.754 90
0.7	0.758 04	0.761 15	0.764 24	0.767 30	0.770 35	0.773 37	0.776 37	0.779 35	0.782 30	0.785 24
0.8	0.788 14	0.791 03	0.793 89	0.796 73	0.799 55	0.802 34	0.805 11	0.807 85	0.810 57	0.813 27
0.9	0.815 94	0.818 59	0.821 21	0.823 81	0.826 39	0.828 94	0.831 47	0.833 98	0.836 46	0.838 91
1.0	0.841 34	0.843 75	0.846 14	0.848 49	0.850 83	0.853 14	0.855 43	0.857 69	0.859 93	0.86214
1.1	0.864 33	0.866 50	0.868 64	0.870 76	0.872 86	0.874 93	0.876 98	0.879 00	0.881 00	0.882 98
1.2	0.884 93	0.886 86	0.888 77	0.890 65	0.892 51	0.894 35	0.896 17	0.897 96	0.899 73	0.901 47
1.3	0.903 20	0.904 90	0.906 58	0.908 24	0.909 88	0.911 49	0.913 08	0.914 66	0.916 21	0.917 74
1.4	0.919 24	0.920 73	0.922 20	0.923 64	0.925 07	0.926 47	0.927 85	0.929 22	0.930 56	0.931 89
1.5	0.933 19	0.934 48	0.935 74	0.936 99	0.938 22	0.939 43	0.940 62	0.941 79	0.942 95	0.944 08
1.6	0.945 20	0.946 30	0.947 38	0.948 45	0.949 50	0.950 53	0.951 54	0.952 54	0.953 52	0.954 49
1.7	0.955 43	0.956 37	0.957 28	0.958 18	0.959 07	0.959 94	0.960 80	0.961 64	0.962 46	0.963 27
1.8	0.964 07	0.964 85	0.965 62	0.966 38	0.967 12	0.967 84	0.968 56	0.969 26	0.969 95	0.970 62
1.9	0.971 28	0.971 93	0.972 57	0.973 20	0.973 81	0.974 41	0.975 00	0.975 58	0.976 15	0.976 70
2.0	0.977 25	0.977 78	0.978 31	0.978 82	0.979 32	0.979 82	0.980 30	0.980 77	0.981 24	0.981 69
2.1	0.982 14	0.982 57	0.983 00	0.983 41	0.983 82	0.984 22	0.984 61	0.985 00	0.985 37	0.985 74
2.2	0.986 10	0.986 45	0.986 79	0.987 13	0.987 45	0.987 78	0.988 09	0.988 40	0.988 70	0.988 99
2.3	0.989 28	0.989 56	0.989 83	0.990 10	0.990 36	0.990 61	0.990 86	0.991 11	0.991 34	0.991 58
2.4	0.991 80	0.992 02	0.992 24	0.992 45	0.992 66	0.992 86	0.993 05	0.993 24	0.993 43	0.993 61

续表

x	0.000 00	0.010 00	0.020 00	0.030 00	0.040 00	0.050 00	0.060 00	0.070 00	0.080 00	0.090 00
2.5	0.993 79	0.993 96	0.994 13	0.994 30	0.994 46	0.994 61	0.994 77	0.994 92	0.995 06	0.995 20
2.6	0.995 34	0.995 47	0.995 60	0.995 73	0.995 85	0.995 98	0.996 09	0.996 21	0.996 32	0.996 43
2.7	0.996 53	0.996 64	0.996 74	0.996 83	0.996 93	0.997 02	0.997 11	0.997 20	0.997 28	0.997 36
2.8	0.997 44	0.997 52	0.997 60	0.997 67	0.997 74	0.997 81	0.997 88	0.997 95	0.998 01	0.998 07
2.9	0.998 13	0.998 19	0.998 25	0.998 31	0.998 36	0.998 41	0.998 46	0.998 51	0.998 56	0.998 61
3.0	0.998 65	0.998 69	0.998 74	0.998 78	0.998 82	0.998 86	0.998 89	0.998 93	0.998 96	0.999 00
3.1	0.999 03	0.999 06	0.999 10	0.999 13	0.999 16	0.999 18	0.999 21	0.999 24	0.999 26	0.999 29
3.2	0.999 31	0.999 34	0.999 36	0.999 38	0.999 40	0.999 42	0.999 44	0.999 46	0.999 48	0.999 50
3.3	0.999 52	0.999 53	0.999 55	0.999 57	0.999 58	0.999 60	0.999 61	0.999 62	0.999 64	0.999 65
3.4	0.999 66	0.999 68	0.999 69	0.999 70	0.999 71	0.999 72	0.999 73	0.999 74	0.999 75	0.999 76
3.5	0.999 77	0.999 78	0.999 78	0.999 79	0.999 80	0.999 81	0.999 81	0.999 82	0.999 83	0.999 83
3.6	0.999 84	0.999 85	0.999 85	0.999 86	0.999 86	0.999 87	0.999 87	0.999 88	0.999 88	0.999 89
3.7	0.999 89	0.999 90	0.999 90	0.999 90	0.999 91	0.999 91	0.999 92	0.999 92	0.999 92	0.999 92
3.8	0.999 93	0.999 93	0.999 93	0.999 94	0.999 94	0.999 94	0.999 94	0.999 95	0.999 95	0.999 95
3.9	0.999 95	0.999 95	0.999 96	0.999 96	0.999 96	0.999 96	0.999 96	0.999 96	0.999 97	0.999 97
4.0	0.999 97	0.999 97	0.999 97	0.999 97	0.999 97	0.999 97	0.999 98	0.999 98	0.999 98	0.999 98
4.1	0.999 98	0.999 98	0.999 98	0.999 98	0.999 98	0.999 98	0.999 98	0.999 98	0.999 99	0.999 99
4.2	0.999 99	0.999 99	0.999 99	0.999 99	0.999 99	0.999 99	0.999 99	0.999 99	0.999 99	0.999 99
4.3	0.999 99	0.999 99	0.999 99	0.999 99	0.999 99	0.999 99	0.999 99	0.999 99	0.999 99	0.999 99
4.4	0.999 99	0.999 99	1.000 00	1.000 00	1.000 00	1.000 00	1.000 00	1.000 00	1.000 00	1.000 00
4.5	1.000 00	1.000 00	1.000 00	1.000 00	1.000 00	1.000 00	1.000 00	1.000 00	1.000 00	1.000 00
4.6	1.000 00	1.000 00	1.000 00	1.000 00	1.000 00	1.000 00	1.000 00	1.000 00	1.000 00	1.000 00
4.7	1.000 00	1.000 00	1.000 00	1.000 00	1.000 00	1.000 00	1.000 00	1.000 00	1.000 00	1.000 00
4.8	1.000 00	1.000 00	1.000 00	1.000 00	1.000 00	1.000 00	1.000 00	1.000 00	1.000 00	1.000 00
4.9	1.000 00	1.000 00	1.000 00	1.000 00	1.000 00	1.000 00	1.000 00	1.000 00	1.000 00	1.000 00

附表 3　χ^2 分布分位数 $\chi^2_\alpha(n)$ 表

$$P(\chi^2(n) \leqslant \chi^2_\alpha(n)) = 1 - \alpha$$

n \ α	0.250 00	0.100 00	0.050 00	0.025 00	0.010 00	0.005 00	0.001 00
1	1.323 30	2.705 54	3.841 46	5.023 90	6.634 89	7.879 40	10.827 36
2	2.772 59	4.605 18	5.991 48	7.377 78	9.210 35	10.596 53	13.815 00
3	4.108 34	6.251 39	7.814 72	9.348 40	11.344 88	12.838 07	16.265 96
4	5.385 27	7.779 43	9.487 73	11.143 26	13.276 70	14.860 17	18.466 23
5	6.625 68	9.236 35	11.070 48	12.832 49	15.086 32	16.749 65	20.514 65
6	7.840 81	10.644 64	12.591 58	14.449 35	16.811 87	18.547 51	22.457 48
7	9.037 15	12.017 03	14.067 13	16.012 77	18.475 32	20.277 74	24.321 30
8	10.218 85	13.361 56	15.507 31	17.534 54	20.090 16	21.954 86	26.123 93
9	11.388 75	14.683 66	16.918 96	19.022 78	21.666 05	23.589 27	27.876 73
10	12.548 86	15.987 17	18.307 03	20.483 20	23.209 29	25.188 05	29.587 89
11	13.700 69	17.275 01	19.675 15	21.920 02	24.725 02	26.756 86	31.263 51
12	14.845 40	18.549 34	21.026 06	23.336 66	26.216 96	28.299 66	32.909 23
13	15.983 91	19.811 93	22.362 03	24.735 58	27.688 18	29.819 32	34.527 37
14	17.116 93	21.064 14	23.684 78	26.118 93	29.141 16	31.319 43	36.123 87
15	18.245 08	22.307 12	24.995 80	27.488 36	30.577 95	32.801 49	37.697 77
16	19.368 86	23.541 82	26.296 22	28.845 32	31.999 86	34.267 05	39.251 78
17	20.488 68	24.769 03	27.587 10	30.190 98	33.408 72	35.718 38	40.791 11
18	21.604 89	25.989 42	28.869 32	31.526 41	34.805 24	37.156 39	42.311 95
19	22.717 81	27.203 56	30.143 51	32.852 34	36.190 77	38.582 12	43.819 36
20	23.827 69	28.411 97	31.410 42	34.169 58	37.566 27	39.996 86	45.314 22
21	24.934 78	29.615 09	32.670 56	35.478 86	38.932 23	41.400 94	46.796 27
22	26.039 26	30.813 29	33.924 46	36.780 68	40.289 45	42.795 66	48.267 62
23	27.141 33	32.006 89	35.172 46	38.075 61	41.638 33	44.181 39	49.727 64
24	28.241 15	33.196 24	36.415 03	39.364 06	42.979 78	45.558 36	51.178 97
25	29.338 85	34.381 58	37.652 49	40.646 50	44.314 01	46.927 97	52.618 74

续表

n \ α	0.250 00	0.100 00	0.050 00	0.025 00	0.010 00	0.005 00	0.001 00
26	30.434 56	35.563 16	38.885 13	41.923 14	45.641 64	48.289 78	54.051 14
27	31.528 41	36.741 23	40.113 27	43.194 52	46.962 84	49.645 04	55.475 08
28	32.620 49	37.915 91	41.337 15	44.460 79	48.278 17	50.993 56	56.8917 6
29	33.710 91	39.087 48	42.556 95	45.722 28	49.587 83	52.335 50	58.300 64
30	34.799 74	40.256 02	43.772 95	46.979 22	50.892 18	53.671 87	59.702 21
40	45.616 01	51.805 04	55.758 49	59.341 68	63.690 77	66.766 05	73.402 90
50	56.333 61	63.167 11	67.504 81	71.420 19	76.153 80	79.489 84	86.660 31
60	66.981 47	74.397 00	79.081 95	83.297 71	88.379 43	91.951 81	99.607 83
70	77.576 65	85.527 04	90.531 26	95.023 15	100.425 05	104.214 77	112.316 69
80	88.130 25	96.578 20	101.879 47	106.628 54	112.328 79	116.320 93	124.838 90
90	98.649 92	107.565 01	113.145 23	118.135 91	124.116 20	128.298 68	137.208 21
100	109.141 23	118.498 00	124.342 10	129.561 25	135.806 89	140.169 71	149.448 79

附表 4 t 分布分位数 $t_\alpha(n)$ 表

$$P(t(n) \leqslant t_\alpha(n)) = 1 - \alpha$$

n \ α	0.10	0.05	0.025	0.01	0.005
1	3.077 68	6.313 75	12.706 15	31.820 96	63.655 90
2	1.885 62	2.919 99	4.302 66	6.964 55	9.924 99
3	1.637 75	2.353 36	3.182 45	4.540 71	5.840 85
4	1.533 21	2.131 85	2.776 45	3.746 94	4.604 08
5	1.475 88	2.015 05	2.570 58	3.364 93	4.032 12
6	1.439 76	1.943 18	2.446 91	3.142 67	3.707 43
7	1.414 92	1.894 58	2.364 62	2.997 95	3.499 48
8	1.396 82	1.859 55	2.306 01	2.896 47	3.355 38
9	1.383 03	1.833 11	2.262 16	2.821 43	3.249 84
10	1.372 18	1.812 46	2.228 14	2.763 77	3.169 26
11	1.363 43	1.795 88	2.200 99	2.718 08	3.105 82
12	1.356 22	1.782 29	2.178 81	2.680 99	3.054 54
13	1.350 17	1.770 93	2.160 37	2.650 30	3.012 28
14	1.345 03	1.761 31	2.144 79	2.624 49	2.976 85
15	1.340 61	1.753 05	2.131 45	2.602 48	2.946 73
16	1.336 76	1.745 88	2.119 90	2.583 49	2.920 79
17	1.333 38	1.739 61	2.109 82	2.566 94	2.898 23
18	1.330 39	1.734 06	2.100 92	2.552 38	2.878 44
19	1.327 73	1.729 13	2.093 02	2.539 48	2.860 94
20	1.325 34	1.724 72	2.085 96	2.527 98	2.845 34
21	1.323 19	1.720 74	2.079 61	2.517 65	2.831 37
22	1.321 24	1.717 14	2.073 88	2.508 32	2.818 76
23	1.319 46	1.713 87	2.068 65	2.499 87	2.807 34
24	1.317 84	1.710 88	2.063 90	2.492 16	2.796 95
25	1.316 35	1.708 14	2.059 54	2.485 10	2.787 44

续表

n \ α	0.10	0.05	0.025	0.01	0.005
26	1.314 97	1.705 62	2.055 53	2.478 63	2.778 72
27	1.313 70	1.703 29	2.051 83	2.472 66	2.770 68
28	1.312 53	1.701 13	2.048 41	2.467 14	2.763 26
29	1.311 43	1.699 13	2.045 23	2.462 02	2.756 39
30	1.310 42	1.697 26	2.042 27	2.457 26	2.749 98
40	1.303 08	1.683 85	2.021 07	2.423 26	2.704 46
60	1.295 82	1.670 65	2.000 30	2.390 12	2.660 27
120	1.288 65	1.657 65	1.979 93	2.357 83	2.617 42
∞	1.281 55	1.644 85	1.959 97	2.326 35	2.575 83

附表5　F 分布表

(a) F 分布 0.10 分位数 $F_{0.10}(n_1, n_2)$ 表

n_2 \ n_1	1	2	3	4	5	6	7	8	9	10
1	38.96	49.50	53.59	55.83	57.24	58.20	58.91	59.44	59.86	60.19
2	8.53	9.00	9.16	9.24	9.29	9.33	9.35	9.37	9.38	9.39
3	5.54	5.46	5.39	5.34	5.31	5.28	5.27	5.25	5.24	5.23
4	4.54	4.32	4.19	4.11	4.05	4.01	3.98	3.95	3.94	3.92
5	4.06	3.78	3.62	3.52	3.45	3.40	3.37	3.34	3.32	3.30
6	3.78	3.46	3.29	3.18	3.11	3.05	3.01	2.98	2.96	2.94
7	3.59	3.26	3.07	2.96	2.88	2.83	2.78	2.75	2.72	2.70
8	3.46	3.11	2.92	2.81	2.73	2.67	2.62	2.59	2.56	2.54
9	3.36	3.01	2.81	2.69	2.61	2.55	2.51	2.47	2.44	2.42
10	3.29	2.92	2.73	2.61	2.52	2.46	2.41	2.38	2.35	2.32
12	3.18	2.81	2.61	2.48	2.39	2.33	3.28	2.24	2.21	2.19
14	3.10	2.73	2.52	2.39	2.31	2.24	2.19	2.15	2.12	2.10
16	3.05	2.67	2.46	2.33	2.24	2.18	2.13	2.09	2.06	2.03
18	3.01	2.62	2.42	2.29	2.20	2.13	2.08	2.04	2.00	1.98
20	2.97	2.59	2.38	2.25	2.16	2.09	2.04	2.00	1.96	1.94
25	2.92	2.53	2.32	2.18	2.09	2.02	1.97	1.93	1.89	1.87
30	2.88	2.49	2.28	2.14	2.05	1.98	1.93	1.88	1.85	1.82
60	2.79	2.39	2.18	2.04	1.95	1.87	1.82	1.77	1.74	1.71
120	2.75	2.35	2.13	1.99	1.90	1.82	1.77	1.72	1.68	1.65
$+\infty$	2.71	2.31	2.09	1.95	1.85	1.78	1.72	1.67	1.63	1.60

12	14	16	18	20	25	30	60	120	+∞
60.71	61.07	61.35	61.57	61.74	62.05	62.26	62.79	63.06	63.31
9.41	9.42	9.43	9.44	9.44	9.45	9.46	9.47	9.48	9.49
5.22	5.20	5.20	5.19	5.18	5.17	5.17	5.15	5.14	5.13
3.90	3.88	3.86	3.85	3.84	3.83	3.82	3.79	3.78	3.76
3.27	3.25	3.23	3.22	3.21	3.19	3.17	3.14	3.12	3.11
2.90	2.88	2.86	2.85	2.84	2.81	2.80	2.76	2.74	2.72
2.67	2.64	2.62	2.61	2.59	2.57	2.56	2.51	2.49	2.47
2.50	2.48	2.45	2.44	2.42	2.40	2.38	2.34	2.32	2.29
2.38	2.35	2.33	2.31	2.30	2.27	2.25	2.21	2.18	2.16
2.28	2.26	2.23	2.22	2.20	2.17	2.16	2.11	2.08	2.06
2.15	2.12	2.09	2.08	2.06	2.03	2.01	1.96	1.93	1.91
2.05	2.02	2.00	1.98	1.96	1.93	1.91	1.86	1.83	1.80
1.99	1.95	1.93	1.91	1.89	1.86	1.84	1.78	1.75	1.72
1.93	1.90	1.87	1.85	1.84	1.88	1.78	1.72	1.69	1.66
1.89	1.86	1.83	1.81	1.79	1.76	1.74	1.68	1.64	1.61
1.82	1.79	1.76	1.74	1.72	1.68	1.66	1.59	1.56	1.52
1.77	1.74	1.71	1.69	1.67	1.63	1.61	1.54	1.50	1.46
1.66	1.62	1.59	1.56	1.54	1.50	1.48	1.40	1.35	1.30
1.60	1.56	1.53	1.50	1.48	1.44	1.41	1.32	1.26	1.20
1.55	1.51	1.47	1.45	1.42	1.38	1.35	1.25	1.18	1.06

(b) F 分布 0.05 分位数 $F_{0.05}(n_1,n_2)$表

n_2 \ n_1	1	2	3	4	5	6	7	8	9	10
1	161.45	199.50	215.71	224.58	230.16	233.99	236.77	238.88	240.54	241.88
2	18.51	19.00	19.16	19.25	19.30	19.33	19.35	19.37	19.38	19.40
3	10.13	9.55	9.28	9.12	9.01	8.94	8.89	8.85	8.81	8.79
4	7.71	6.94	6.59	6.39	6.26	6.16	6.09	6.04	6.00	5.96
5	6.61	5.79	5.41	5.19	5.05	4.95	4.88	4.82	4.77	4.74
6	5.99	5.14	4.76	4.53	4.39	4.28	4.21	4.15	4.10	4.06
7	5.59	4.74	4.35	4.12	3.97	3.87	3.79	3.73	3.68	3.64
8	5.32	4.46	4.07	3.84	3.69	3.58	3.50	3.44	3.39	3.35
9	5.12	4.26	3.86	3.63	3.48	2.37	3.29	3.23	3.18	3.14
10	4.96	4.10	3.71	3.48	3.33	3.22	3.14	3.07	3.02	2.98
12	4.75	3.89	3.49	3.26	3.11	3.00	2.91	2.85	2.80	2.75
14	4.60	3.74	3.34	3.11	2.96	2.85	2.76	2.70	2.65	2.60
16	4.49	3.63	3.24	3.01	2.85	2.74	2.66	2.59	2.54	2.49
18	4.41	3.55	3.16	2.93	2.77	2.66	2.58	2.51	2.46	2.41
20	4.35	3.49	3.10	2.87	2.71	2.60	2.51	2.45	2.39	2.35
25	4.24	3.39	2.99	2.76	2.60	2.49	2.40	2.34	2.28	2.24
30	4.17	3.32	2.92	2.69	2.53	2.42	2.33	2.27	2.21	2.16
60	4.00	3.15	2.76	2.53	2.37	2.25	2.17	2.10	2.04	1.99
120	3.92	3.07	2.68	2.45	2.29	2.18	2.09	2.02	1.96	1.91
+∞	3.85	3.00	2.61	2.38	2.22	2.10	2.01	1.94	1.88	1.84

12	14	16	18	20	25	30	60	120	+∞
243.91	245.36	246.46	247.32	248.01	249.26	250.10	250.20	253.25	254.25
19.41	19.42	19.43	19.44	19.45	19.46	19.46	19.48	19.49	19.50
8.74	8.71	8.69	8.67	8.66	8.63	8.62	8.57	8.55	8.53
5.91	5.87	5.84	5.82	5.80	5.77	5.75	5.69	5.66	5.63
4.68	4.64	4.60	4.58	4.56	4.52	4.50	4.43	4.40	4.37
4.00	3.96	3.92	3.90	3.87	1.83	3.81	3.74	3.70	3.67
3.57	3.53	3.49	3.47	3.44	3.40	3.38	3.30	3.27	3.23
3.28	3.24	3.20	3.17	3.15	3.11	3.08	3.01	2.97	2.93
3.07	3.03	2.99	2.96	2.94	2.89	2.86	2.79	2.75	2.71
2.91	2.86	2.83	2.80	2.77	2.73	2.70	2.62	2.58	2.54
2.69	2.64	2.60	2.57	2.54	2.50	2.47	2.38	2.34	2.30
2.53	2.48	2.44	2.41	2.39	2.34	2.31	2.22	2.18	2.13
2.42	2.37	2.33	2.30	2.28	2.23	2.19	2.11	2.06	2.01
2.34	2.29	2.25	2.22	2.19	2.14	2.11	2.02	1.97	1.92
2.28	2.22	2.18	2.15	2.12	2.07	2.04	1.95	1.90	1.85
2.16	2.11	2.07	2.04	2.01	1.96	1.92	1.82	1.77	1.71
2.09	2.04	1.99	1.96	1.93	1.88	1.84	1.74	1.68	1.63
1.92	1.86	1.82	1.78	1.75	1.69	1.65	1.53	1.47	1.39
1.83	1.78	1.73	1.69	1.66	1.60	1.50	1.43	1.35	1.26
1.76	1.70	1.65	1.61	1.58	1.51	1.46	1.32	1.23	1.08

(c) F 分布 0.25 分位数 $F_{0.25}(n_1,n_2)$ 表

n_2 \ n_1	1	2	3	4	5	6	7	8	9	10
1	647.79	799.50	846.16	899.58	921.85	937.11	948.22	956.66	963.28	968.63
2	38.51	39.00	39.17	39.25	39.30	39.33	39.36	39.37	39.39	39.40
3	17.44	16.04	15.44	15.10	14.88	14.73	14.62	14.54	14.47	14.42
4	12.22	10.65	9.98	9.60	9.36	9.20	9.07	9.98	8.90	8.84
5	10.01	8.43	7.76	7.39	7.15	6.98	6.85	6.67	6.68	6.62
6	8.81	7.26	6.60	6.23	5.99	5.82	5.70	5.60	5.52	5.46
7	8.07	6.54	5.89	5.52	5.29	5.12	4.99	4.90	4.82	4.76
8	7.57	6.06	5.42	5.05	4.82	4.65	4.53	4.43	4.36	4.30
9	7.21	5.71	5.08	1.72	4.48	4.32	4.20	4.10	4.03	3.96
10	6.94	5.46	4.83	4.47	4.24	4.07	3.95	3.85	3.78	3.72
12	6.55	5.10	4.47	4.12	3.89	3.73	3.61	3.51	3.44	3.37
14	6.30	4.86	4.24	3.89	3.66	3.50	3.38	3.29	3.21	3.15
16	6.12	4.69	44.08	3.73	3.50	3.34	3.22	3.12	3.05	2.99
18	5.98	4.56	3.95	3.61	3.38	3.22	3.10	3.01	2.93	2.87
20	5.87	4.46	3.86	3.51	3.29	3.13	3.01	2.91	2.84	2.77
25	5.69	4.29	3.69	3.35	3.13	2.97	2.85	2.75	2.68	2.61
30	5.57	4.18	3.59	3.25	3.03	2.87	2.75	2.65	2.57	2.51
60	5.29	3.93	3.34	3.01	2.79	2.63	2.51	2.41	2.33	2.27
120	5.15	3.80	3.23	2.89	2.67	2.52	2.39	2.30	2.22	2.16
$+\infty$	5.03	3.70	3.12	2.79	2.57	2.41	2.29	2.20	2.12	2.05

12	14	16	18	20	25	30	60	120	+∞
976.71	982.53	986.92	990.35	993.10	998.08	1 001.41	1 009.80	1 014.02	1 018.00
39.41	39.43	39.44	39.44	39.45	39.46	39.46	39.48	39.49	39.50
14.34	14.28	14.23	14.20	14.17	14.12	14.08	13.99	13.95	13.92
8.75	8.68	9.63	8.50	8.56	8.50	9.46	8.36	8.31	8.26
6.52	6.46	6.40	6.36	6.33	6.27	6.23	6.12	6.07	6.02
5.37	5.30	5.24	5.20	5.17	5.11	5.07	4.96	4.90	4.85
4.67	4.60	4.54	4.50	4.47	4.40	4.36	4.25	4.20	4.15
4.20	4.13	4.08	4.03	4.00	3.94	3.89	3.78	3.73	3.67
3.87	3.80	3.74	3.70	3.67	3.60	3.56	3.45	3.39	3.34
3.62	3.55	3.50	3.45	3.42	3.35	3.31	3.20	3.14	3.08
3.28	3.21	3.15	3.11	3.07	3.01	2.96	2.85	2.79	2.73
3.05	2.98	2.92	2.88	2.84	2.78	2.73	2.61	2.55	2.49
2.89	2.82	2.76	2.72	2.68	2.61	2.57	2.45	2.38	2.32
2.77	2.70	2.64	2.60	2.56	2.49	2.44	2.32	2.26	2.19
2.68	2.60	2.55	2.50	2.46	2.40	2.35	2.22	2.16	2.09
2.51	2.44	2.38	2.34	2.30	2.23	2.18	2.05	1.98	1.91
2.41	2.34	2.28	2.23	2.20	2.12	2.07	1.94	1.87	1.79
2.17	2.09	2.03	1.98	1.94	1.87	1.82	1.67	1.58	1.49
2.05	1.98	1.92	1.87	1.82	1.75	1.69	1.53	1.43	1.32
1.95	1.87	1.81	1.76	1.72	1.63	1.57	1.40	1.28	1.09

(d) F 分布 0.01 分位数 $F_{0.01}(n_1,n_2)$表

n_2 \ n_1	1	2	3	4	5	6	7	8	9	10
1	4052.1	4999.5	5403.35	5624.58	5763.6	5858.9	928.36	5981.0	6022.4	6055.85
2	98.50	99.00	99.17	99.25	99.30	99.33	99.36	99.37	99.39	99.40
3	34.12	30.82	29.46	28.71	28.24	27.91	27.67	27.49	27.35	27.23
4	21.20	18.00	16.69	15.98	15.52	15.21	14.98	14.80	14.66	14.55
5	16.25	13.27	12.06	11.39	10.97	10.67	10.46	10.29	10.16	10.05
6	13.75	10.92	9.78	9.15	8.75	8.47	8.26	8.10	7.98	7.87
7	12.25	9.55	8.45	7.85	7.46	7.19	6.99	6.84	6.72	6.62
8	11.26	8.65	7.59	7.01	6.63	6.37	6.18	6.03	5.91	5.81
9	10.56	8.02	6.99	6.42	6.06	5.80	5.61	5.47	5.35	5.26
10	10.04	7.56	6.55	5.99	5.64	5.39	5.20	5.06	4.94	4.85
12	9.33	6.93	5.95	5.41	5.06	4.82	4.64	4.50	4.39	4.30
14	8.86	6.51	5.56	5.04	4.69	4.46	4.28	4.14	4.03	3.94
16	8.53	6.23	5.29	4.77	4.44	4.20	4.03	3.89	3.78	3.69
18	8.29	6.01	5.09	4.58	4.25	4.01	3.84	3.71	3.60	3.51
20	8.10	5.85	4.94	4.43	4.10	3.87	3.70	3.56	3.46	3.37
25	7.77	5.57	4.68	4.18	3.85	3.63	3.46	3.32	3.22	3.13
30	7.56	5.39	4.51	4.02	3.70	3.47	3.30	3.17	3.07	2.98
60	7.08	4.98	4.13	3.65	3.34	3.12	2.95	2.82	2.72	2.63
120	6.85	4.79	3.95	3.48	3.17	2.96	2.79	2.66	2.56	2.47
$+\infty$	6.65	4.62	3.79	3.33	3.03	2.81	2.65	2.52	2.42	2.33

12	14	16	18	20	25	30	60	120	+∞
6 106.32	6 142.6	6 170.1	6 191.5	6 208.73	6 239.83	6 260.6	6 313.0	6 339.39	6 364.27
99.42	99.43	99.44	99.44	99.45	99.46	99.47	99.48	99.49	99.50
27.05	36.92	26.83	26.75	26.69	26.58	26.50	26.32	26.22	26.13
14.37	14.25	14.15	14.08	14.02	13.91	13.84	13.65	13.56	13.47
9.89	9.77	9.68	9.61	9.55	9.45	9.38	9.20	9.11	9.03
7.72	7.60	7.52	7.45	7.40	7.30	7.23	7.06	6.97	6.89
6.47	6.36	6.28	6.21	6.16	3.06	5.99	5.82	5.74	5.56
5.67	5.56	5.48	5.41	5.36	5.26	5.20	5.03	4.95	4.86
5.11	5.01	4.92	4.86	4.81	4.71	4.65	4.48	4.40	4.32
4.71	4.60	4.52	4.46	4.41	4.31	4.25	4.08	4.00	3.91
4.16	4.05	3.97	3.91	3.86	3.76	3.70	3.54	3.45	3.37
3.80	3.70	3.62	3.56	3.51	3.41	3.35	3.18	3.09	3.01
3.55	3.45	3.37	3.31	3.26	3.16	3.10	2.93	2.84	2.76
3.37	3.27	3.19	3.13	3.08	2.98	2.92	2.75	2.66	2.57
3.23	3.13	3.05	2.99	2.94	2.84	2.78	2.61	2.52	2.43
2.99	2.89	2.81	2.75	2.70	2.60	2.54	2.36	2.27	2.18
2.84	2.74	2.66	2.60	2.55	2.45	2.39	2.21	2.11	2.01
2.50	2.30	2.31	2.25	2.20	2.10	2.03	1.84	1.73	1.61
2.34	2.23	2.15	2.09	2.03	1.93	1.86	1.66	1.53	1.39
2.19	2.09	2.01	1.94	1.89	1.78	1.71	1.48	1.34	1.11